栽培学
――環境と持続的農業――

森田茂紀・大門弘幸・阿部 淳

編著

朝倉書店

まえがき

　現代の大学生にとって，「栽培学」という言葉から連想されるイメージは，古色蒼然としたものかもしれない．実際，これまでに刊行された「栽培学」の教科書には優れたものが少なくないが，すでにかなりの時間が経っているものがほとんどである．また，大学農学部には必ず作物学研究室があるが，栽培学研究室を持つところは少ないし，農林水産省や各自治体の農業試験場では栽培関係の研究室が急速になくなっている．

　それでは，栽培学はすでに歴史的な役割を果たし，消えていく学問分野なのであろうか．私たちは「そうではない」と考えている．確かに，大学農学部において「栽培学」を冠した講義はなくなってきているが，その講義内容が完全に消えたわけではなく，「作物学」，「資源植物学」，「耕地生態学」といった講義の中で，部分的にカバーされているのが実情である．これは，農学部全体の講義数が限られている中で，「栽培学」における独自の方法論やその成果が見えにくいため，新しく発展している要素還元的な学問分野の陰に隠れてしまっているからであろう．

　しかし，現在，地球上では，人口，食料，環境，エネルギーをめぐって多くの問題が噴出していることは周知の事実である．これらは相互に関係する複雑な問題であるため，個別技術による対応だけでは十分でない．このような複雑な問題の解決のためには，対象全体を視野に入れたシステム論的なアプローチが必要となる．このような学問分野の確立は容易でないが，「新しい栽培学」がそれに代わるものにならなければいけない，と私たちは考えている．

　そこで，農学部において農学関係の広い分野を学ぶ学生に，まず日本および世界における作物栽培の歴史，現状と課題，そして今後の展望について概観しながら，農業を取りまく状況について自分自身のイメージをつくってもらうために，本書を企画した．もちろん，すでに農業や農学に関係する分野で働く人々や，このような分野に関心を持つ方々にも広く読んで頂くことを期待している．

　上記のような趣旨から，いくら古くても重要な概念や知見については，その後の発展も含めて取り上げているが，もちろん，時代の流れや内外の状況を考慮して，新しい話題やテーマも含めている．「新しい栽培学」は，従来の「栽培学」よりかなり広い範囲をカバーしなければならないからである．その結果，当初予定していたページ数をはるかに超える結果となってしまったが，日本を含む世界における農業とそれを取りまく自然環境や社会状況について，かなり網羅的に取り扱うことができた．本書の分担執筆者の方々には限

られた分量の中で，要領よくポイントを解説して頂いているので，後は引用文献・参考文献や巻末のホームページなどを利用しながら勉強を進めて頂ければと考えている．なお，本文中の作物の学名については，命名者名を省略してあることをおことわりしておきたい．

　本書の企画・編集については，朝倉書店編集部に大変お世話になった．心からお礼申し上げる．

　2006 年 1 月

森田茂紀・大門弘幸・阿部　淳

執 筆 者 (執筆順，＊は編集者)

＊森田 茂紀	東京大学大学院農学生命科学研究科	
＊大門 弘幸	大阪府立大学大学院生命環境科学研究科	
＊阿部 淳	東京大学大学院農学生命科学研究科	
山口 裕文	大阪府立大学大学院生命環境科学研究科	
吉田 智彦	宇都宮大学農学部生物生産科学科	
三位 正洋	千葉大学園芸学部生物生産科学科	
江原 宏	三重大学生物資源学部資源循環学科	
山岸 徹	東京大学大学院農学生命科学研究科	
荒木 英樹	山口大学農学部附属農場	
齊藤 邦行	岡山大学大学院自然科学研究科	
森田 弘彦	中央農業総合研究センター北陸研究センター北陸総合研究部	
矢野 勝也	名古屋大学大学院生命農学研究科	
猪谷 富雄	県立広島大学生命環境学部生命科学科	
恒川 篤史	鳥取大学乾燥地研究センター生物生産部門	
林 久喜	筑波大学大学院生命環境科学研究科	
山本 由徳	高知大学農学部附属暖地フィールドサイエンス教育研究センター	
在原 克之	千葉県農業総合研究センター生産技術部	
山路 永司	東京大学大学院新領域創成科学研究科	
山下 正隆	九州沖縄農業研究センター野菜花き研究部	
山下 研介	宮崎大学農学部食料生産科学科	
尾形 武文	福岡県農業総合試験場農産部	
澁谷 知子	中央農業総合研究センター耕地環境部	
鳥越 洋一	中央農業総合研究センター耕地環境部	
小田 雅行	大阪府立大学大学院生命環境科学研究科	
坂本 知昭	東京大学大学院農学生命科学研究科	
坂 齊	名城大学農学部生物環境科学科	
中野 明正	農林水産省農林水産技術会議事務局研究開発課	
馬場 正	東京農業大学農学部農学科	
藤澤 弘幸	果樹研究所企画調整部	
大杉 立	東京大学大学院農学生命科学研究科	
後藤 雄佐	東北大学大学院農学研究科	
長谷川利拡	農業環境技術研究所地球環境部	
辻 博之	北海道農業研究センター総合研究部	
伊藤 治	国際農林水産業研究センター生産環境領域	
桑原 恵利	山口県農林部経営普及課	
丸山 幸夫	筑波大学大学院生命環境科学研究科	
国分 牧衛	東北大学大学院農学研究科	
高見 邦雄	認定特定非営利活動法人緑の地球ネットワーク事務局	
松井 猛彦	三菱重工業株式会社先進技術研究センター	
小林 和彦	東京大学大学院農学生命科学研究科	
松丸 恒夫	千葉県農業総合研究センター生産環境部	
土肥 哲哉	株式会社西原環境テクノロジー研究開発部	
小柳 敦史	東北農業研究センター畑地利用部	
鴨下 顕彦	東京大学大学院農学生命科学研究科	
濱田 千裕	愛知県農業総合試験場企画普及部	
澁澤 栄	東京農工大学大学院共生科学技術研究部	
長谷川浩	東北農業研究センター畑地利用部	
奥村 俊勝	近畿大学農学部農業生産科学科	
大沼 洋康	国際耕種株式会社	
山内 章	名古屋大学大学院生命農学研究科	
荒幡 克己	岐阜大学応用生物科学部応用生物科学科	
宮川 修一	岐阜大学応用生物科学部応用生物科学科	
峯 洋子	東京大学大学院農学生命科学研究科	
深山 政治	前千葉県農業総合研究センター	
小鞠 敏彦	日本たばこ産業株式会社植物イノベーションセンター	
伊東 正一	鳥取大学農学部生物資源環境学科	

目　次

1. **食料生産と栽培学** ……………………………………… [森田茂紀・大門弘幸・阿部　淳] … 1
   - 1.1 現代社会の食料問題 ……………… 1
     - 1.1.1 食料と人口　*1*
     - 1.1.2 食味と品質・安全と安心　*1*
     - 1.1.3 フードシステム　*2*
   - 1.2 作物栽培と栽培学 ………………… 2
     - 1.2.1 生産量の構成要因　*2*
     - 1.2.2 栽培学と作物学　*3*
     - 1.2.3 品種と環境と技術　*3*
     - 1.2.4 栽培と育種　*3*
     - 1.2.5 栽培学の方法論　*4*
     - 1.2.6 新しい栽培学を目指して　*4*

2. **作物の起源と農耕文化** ……………………………………………………………… [山口裕文] … 6
   - 2.1 栽培植物の出現と特徴 …………… 6
   - 2.2 栽培植物の種類 …………………… 7
   - 2.3 農耕文化圏と栽培植物の多様性センター ………………………………… 12
   - 2.4 農耕文化・栽培植物センターと栽培植物 …………………………… 15
     - 2.4.1 地中海農耕文化　*15*
     - 2.4.2 サバンナ農耕文化　*15*
     - 2.4.3 根栽農耕文化　*16*
     - 2.4.4 新大陸農耕文化　*16*

3. **作物の遺伝的改良** ……………………………………………………………………………… 18
   - 3.1 作物の特徴と種類 ……… [吉田智彦] … 18
     - 3.1.1 作物の特徴　*18*
     - 3.1.2 作物の種類　*18*
   - 3.2 作物の遺伝的改良 ……… [三位正洋] … 20
     - 3.2.1 古典的育種　*21*
     - 3.2.2 バイオテクノロジーと遺伝子組換え作物　*22*
     - 3.2.3 作物育種の今後　*25*
   - 3.3 資源植物の多様性 ……… [江原　宏] … 25
     - 3.3.1 資源植物と民族植物学　*25*
     - 3.3.2 植物探検と植物園　*27*

4. **耕地生態系と環境条件** ………………………………………………………………………… 29
   - 4.1 耕地生態系の特徴 ……… [山岸　徹] … 29
   - 4.2 物理化学的環境条件 …… [荒木英樹] … 31
     - 4.2.1 土壌条件（物理性・化学性）　*31*
     - 4.2.2 水条件（乾燥と過湿・湛水）　*36*
     - 4.2.3 気象条件（温度・光・風雨）　*41*
   - 4.3 生物的環境条件 ……………………… 46
     - 4.3.1 病原菌　　　　[齊藤邦行]　*46*
     - 4.3.2 害　虫　　　　[齊藤邦行]　*47*
     - 4.3.3 雑　草　　　　[森田弘彦]　*48*
     - 4.3.4 共生微生物　　[矢野勝也]　*50*
     - 4.3.5 相互作用・アレロパシー　　　　　　　　　　　　[猪谷富雄]　*51*
   - 4.4 農業立地と景観 ………… [恒川篤史] … 52
     - 4.4.1 農業立地　*52*
     - 4.4.2 里地里山の景観　*54*

目次

5. 作物栽培と栽培管理 …………………………………… 56
- 5.1 種物と播種 ……………[林　久喜]… 56
  - 5.1.1 種物　56
  - 5.1.2 選種　57
  - 5.1.3 予措　57
  - 5.1.4 採種と貯蔵　58
  - 5.1.5 播種　59
- 5.2 苗と移植 ………………[山本由徳]… 59
  - 5.2.1 育苗の目的と意義　59
  - 5.2.2 育苗　60
  - 5.2.3 移植・定植　61
  - 5.2.4 間引き　61
  - 5.2.5 栽植密度　62
- 5.3 土壌管理 ………………[在原克之]… 63
  - 5.3.1 耕地土壌と立地条件　63
  - 5.3.2 基盤整備　63
  - 5.3.3 耕起・砕土・整地・均平　64
  - 5.3.4 マルチ・中耕・土寄せ　65
  - 5.3.5 草生栽培　66
  - 5.3.6 畝立て　66
- 5.4 施肥管理 ………………[在原克之]… 66
  - 5.4.1 肥料の種類　66
  - 5.4.2 施肥方式　67
- 5.5 水管理（灌漑・排水）…[山路永司]… 69
  - 5.5.1 水田の水管理　70
  - 5.5.2 畑の水管理　71
- 5.6 根圏管理 …………………………… 73
  - 5.6.1 断根処理　[山下正隆]　73
  - 5.6.2 根域制限栽培　[山下研介]　74
  - 5.6.3 土壌微生物　[矢野勝也]　75
- 5.7 植物保護 ……………………………… 76
  - 5.7.1 倒伏防止　[尾形武文]　76
  - 5.7.2 病虫害防除　[齊藤邦行]　77
  - 5.7.3 雑草防除　[澁谷知子]　79
  - 5.7.4 気象災害対策　[鳥越洋一]　81
- 5.8 挿し木と接ぎ木 …………[小田雅行]… 82
  - 5.8.1 挿し木　83
  - 5.8.2 接ぎ木　84
- 5.9 整枝・剪定 ………………[坂本知昭]… 85
  - 5.9.1 整枝・剪定の目的　85
  - 5.9.2 花芽分化と結果習性　86
  - 5.9.3 樹形と整枝法　86
  - 5.9.4 剪定法　86
  - 5.9.5 結実管理　87
- 5.10 生長調節物質 ……………[坂　齊]… 87
  - 5.10.1 植物成長調整剤の誕生　88
  - 5.10.2 農薬登録　89
  - 5.10.3 農業上の利活用　90
  - 5.10.4 今後の展望　90
- 5.11 施設管理・養液栽培 ……[中野明正]… 90
  - 5.11.1 施設栽培と養液栽培の歴史　90
  - 5.11.2 環境制御技術　91
  - 5.11.3 施設栽培の未来―人と環境にやさしい生産を目指して―　93
- 5.12 ポストハーベスト ………[馬場　正・藤澤弘幸]… 94
  - 5.12.1 ポストハーベストロスと栽培要因　94
  - 5.12.2 ポストハーベストにおける品質情報と栽培技術　95

6. 収量形成と生育診断 …………………………………… 97
- 6.1 生長解析と収量形成 ……[大杉　立]… 97
  - 6.1.1 収量の概念　97
  - 6.1.2 作物の生長　97
  - 6.1.3 作物の群落構造解析と生長解析　98
  - 6.1.4 収量形成過程の解析　100
- 6.2 生育段階と生育診断 …[後藤雄佐]… 104
  - 6.2.1 生育段階　104
  - 6.2.2 生育段階の同定　105
  - 6.2.3 生育診断　107
- 6.3 収量予測とモデリング …[長谷川利拡]… 108
  - 6.3.1 収量予測とモデルの考え方　108
  - 6.3.2 統計的モデル　109
  - 6.3.3 プロセス積み上げ型モデル　109
  - 6.3.4 モデリングへの期待　111

6.4	品質・食味・安全性 …［尾形武文］… 112		6.4.2	コメの食味 113
	6.4.1 コメの外観品質と検査 112			

7. 栽培様式と作付様式 ……………………………………………………………… 116

- 7.1 作物の時間的配置 ……［辻　博之］… 116
  - 7.1.1 連作・輪作 116
  - 7.1.2 緑肥・休閑 118
  - 7.1.3 田畑輪換 120
- 7.2 作物の空間的配置 ……［伊藤　治］… 121
  - 7.2.1 複合作付体系 121
  - 7.2.2 間作の定義と分類 122
  - 7.2.3 栽植密度 122
  - 7.2.4 間作の生産効率評価指標 123
  - 7.2.5 間作における窒素の挙動 124
  - 7.2.6 間作の病害虫防除効果 126
  - 7.2.7 間作の戦略とその利用 127
- 7.3 作業体系と労働生産性
  ………………………［荒木英樹・桑原恵利］… 127
  - 7.3.1 作業と農機具 127
  - 7.3.2 作業効率 132
  - 7.3.3 農作業の安全 134
- 7.4 作物栽培システム ……［丸山幸夫］… 136
  - 7.4.1 作物栽培システムの特徴 136
  - 7.4.2 わが国における作物栽培システムの発達 136
  - 7.4.3 水田における作物栽培システム 137
  - 7.4.4 畑地における作物栽培システム 137
  - 7.4.5 作物栽培システムの今後の課題 138

8. 世界の農業システム ……………………………………………………［国分牧衛］… 139

- 8.1 世界の農業類型 …………………………139
  - 8.1.1 世界の農業類型区分 139
  - 8.1.2 農業の集約度と基本類型 140
  - 8.1.3 イネの栽培技術の国際比較 141
- 8.2 地域別農業システム ………………………142
  - 8.2.1 各地域の農業形態の特徴 142
  - 8.2.2 アジア 143
  - 8.2.3 ヨーロッパ・アメリカ 145
  - 8.2.4 アフリカ 146
  - 8.2.5 南アメリカ 147

9. 環境問題と作物栽培 ……………………………………………………………… 149

- 9.1 水不足 …………………［高見邦雄］… 149
  - 9.1.1 中国乾燥地の自然と作物栽培 149
  - 9.1.2 伝統的智恵としての「耕起和土」 150
  - 9.1.3 マルチと環境保全 150
  - 9.1.4 灌漑と黄河の「断流」 151
- 9.2 砂漠化 …………………［松井猛彦］… 151
  - 9.2.1 砂漠と砂漠化 151
  - 9.2.2 砂漠化の原因 152
  - 9.2.3 砂漠化の現状 154
  - 9.2.4 砂漠化に対する対応策 155
- 9.3 大気二酸化炭素の増加と地球温暖化
  ………………………………［小林和彦］… 157
  - 9.3.1 CO_2 濃度上昇の直接的影響 158
  - 9.3.2 気候変化を通しての間接的影響 159
  - 9.3.3 作物への影響の予測と適応 160
- 9.4 環境汚染 …………………………………160
  - 9.4.1 大気汚染 ［松丸恒夫］ 160
  - 9.4.2 酸性雨 ［松丸恒夫］ 161
  - 9.4.3 肥料流出 ［山路永司］ 163
  - 9.4.4 重金属汚染 ［土肥哲哉］ 165

10. 低投入持続的農業・環境保全型農業 …………………………… 168

- 10.1 低投入持続的農業・環境保全型農業 …………[小柳敦史] … 168
  - 10.1.1 世界と日本における動き 168
  - 10.1.2 化学肥料の削減技術 169
  - 10.1.3 農薬の削減技術 169
  - 10.1.4 農業の環境保全機能 170
- 10.2 節水栽培 …………[鴨下顕彦] … 170
  - 10.2.1 圃場における水収支 170
  - 10.2.2 水利用効率と水生産性 171
  - 10.2.3 栽培管理 171
  - 10.2.4 節水灌漑方法 171
  - 10.2.5 節水栽培と育種方向 172
- 10.3 不耕起栽培 …………[濱田千裕] … 172
  - 10.3.1 不耕起栽培の意義 172
  - 10.3.2 不耕起栽培の実際 173
  - 10.3.3 低投入持続的農業・環境保全型農業としての不耕起栽培 174
- 10.4 精密農業 …………[澁澤 栄] … 175
  - 10.4.1 精密農業の作業サイクル 175
  - 10.4.2 コミュニティベースの精密農業 176
  - 10.4.3 リアルタイム土中光センサーによる土壌マップ作成例 178
- 10.5 有機農業 …………[長谷川浩] … 178
  - 10.5.1 世界と日本における有機農業の動き 177
  - 10.5.2 狭義の有機農業 178
  - 10.5.3 広義の有機農業 179
  - 10.5.4 「有機農業学」のこれから 179
- 10.6 バイオマス利用 …………[奥村俊勝] … 179
  - 10.6.1 バイオマスの化学肥料代替利用 179
  - 10.6.2 下水汚泥コンポスト化利用 180
  - 10.6.3 稲わらの水田すき込み利用 181
- 10.7 パーマカルチャー・アグロフォレストリー …………[大沼洋康] … 182
  - 10.7.1 パーマカルチャー・アグロフォレストリーの再評価 182
  - 10.7.2 パーマカルチャー 182
  - 10.7.3 アグロフォレストリー 185
- 10.8 ファイトレメディエーション …………[土肥哲哉] … 188
  - 10.8.1 ファイトレメディエーションとは 188
  - 10.8.2 ファイトレメディエーションにおける植物根の役割 189
  - 10.8.3 ファイトレメディエーションのメカニズム 190
  - 10.8.4 今後の展望 190

11. 今後の栽培研究 …………………………… 192

- 11.1 環境と共生の思想 …………[山内 章] … 192
  - 11.1.1 農業生産と環境問題 192
  - 11.1.2 「循環と共生」に根ざした農業生産 192
  - 11.1.3 環境保全型農業 192
  - 11.1.4 生産性と持続性とのトレード・オフ 194
- 11.2 作物栽培をめぐる社会状況 …………[荒幡克己] … 194
  - 11.2.1 先進国と発展途上国の食料需給 194
  - 11.2.2 日本の食料需給と消費者 195
- 11.3 環境行政・環境経済と作物栽培 …………[荒幡克己] … 196
  - 11.3.1 生物多様性と作物栽培 196
  - 11.3.2 環境問題と作物栽培 197
- 11.4 農業と自然再生 …………[恒川篤史] … 198
  - 11.4.1 里地里山の生物多様性 198
  - 11.4.2 自然再生事業 199
  - 11.4.3 環境保全型農業への転換 200
- 11.5 伝統農法の現代的見直し …………[宮川修一] … 201
  - 11.5.1 伝統農法とは？ 201
  - 11.5.2 近代農業と伝統農法 201

11.5.3	伝統農法の事例	*201*	11.7.1 遺伝子組換えと育種	*208*
11.5.4	伝統農法の特徴	*202*	11.7.2 有用遺伝子の単離	*209*
11.5.5	伝統農法に学ぶもの	*203*	11.7.3 遺伝子の導入法	*209*

11.6 施設型作物栽培と植物工場
　　………………………………［峯　洋子］… 203
　　11.6.1　施設園芸と植物工場　*203*
　　11.6.2　施設内環境の制御技術　*204*
　　11.6.3　栽培管理作業の効率化技術　*207*
　　11.6.4　施設園芸の今後の展望　*207*
11.7　遺伝子組換え作物の開発と利用
　　………………………………［坂本知昭］… 208

　　11.7.4　遺伝子組換え作物の安全性・リスク評価　*210*
　　11.7.5　遺伝子組換え作物の利用に向けた課題　*210*
11.8　栽培研究と普及事業 …………… 211
　　11.8.1　試験研究機関　［深山政治］*211*
　　11.8.2　産官学の連携　［小鞠敏彦］*213*
　　11.8.3　海外技術協力　［大沼洋康］*214*

作物栽培・食料・人口などに関する日本および海外のホームページ ……………［伊東正一］… 219
索　　引 …………………………………………………………………………………………… 223

1

食料生産と栽培学

1.1 現代社会の食料問題

1.1.1 食料と人口

20世紀には地球上の人口が爆発的に増加したが，食料生産量を人口で割ると，生きていくのに必要な最低限のエネルギーが確保できていた．すなわち，計算上は人口増加に対して食料生産が何とか追いついていたことになる．

人口と食料の問題はこのような割り算だけで考察できる単純なものではなく，政治的な色彩が濃い分配によって大きく左右される．すなわち，分配がうまくいかないために，一方で飽食がありながら，一方で飢餓や餓死が起こっているのが現実である．また，最近のわが国では，食べられることなく廃棄されていく食料もかなりの量になる．コンビニの弁当が賞味期限をすぎればそのまま捨てられることは，よく知られている．

以上のように，食料問題を考える場合には分配と廃棄も大きな問題となるが，本書では食料生産に着目し，作物栽培という視点から考えていく．農業生態系において最初に太陽エネルギーを固定するのが，作物だからである．私たちが毎日食べているものには家畜の肉や卵などもあるが，家畜も餌として作物を食べて育つので，食料生産の基本は作物栽培ということになる．

21世紀における人口の動態についてはいくつかのシナリオがあるが，地球全体で考えれば人口増加が続くことは必至である．したがって，食料を安定的に増産しなければならないことに変わりはない．このことが，本書における前提である．

1.1.2 食味と品質・安全と安心

食料問題を考える場合，生産量をあげることが第一に重要であるが，一般に所得があがるにつれて炭水化物の摂取割合は低下し，タンパク質が増えてくる．その典型的な例が，肉食化の進行である．肉食化が進むと食糧生産効率が悪くなる．例えば，牛肉1kgを生産するのに，穀物7kgが必要といわれている．すなわち，作物を直接食べるのに比較して，肉を食べるにはその何倍もの作物が必要となり，同じ作物を食べて生きることができる人間の数が減る．

しかし，お腹いっぱい食べることができるようになれば，次においしいものを食べたいと思うのが人情であり，量の次には食味や品質の問題が出てくる．わが国で全員がコメを食べられるようになったのはそれほど昔のことではないが，今では高くてもおいしい銘柄米がよく売れていることは象徴的である．

また最近，「食の安全と安心」ということをよく耳にするようになってきた．健康に対する関心の高まりを踏まえて，おいしいものということだけでなく，安全なものを食べたいという声が大きくなってきた．生産をあげるために農業の化学化が進み，肥料や農薬を多投した結果，残留農薬や地下水汚染などの問題が生じてきた．健康に悪影響が出るまでに時間がかかる場合には，見すごされがちな問題である．環境問題をいたずらにあおることは賢明ではないが，気がついたときには手

遅れということは避けなければならない．そのため，ポストハーベストを含めて，安全な食品の供給が強く求められている．

「食の安全と安心」といった場合，安全と安心が必ずしも一致するとは限らない．例えば，世界的にみると遺伝子組換え作物がかなりの面積で栽培されており，わが国にも輸入されていると考えられる．遺伝子組換え作物の栽培に関してはいろいろな考え方があり，その取り扱いが大きな社会問題となっている．

しかし，問題の背景や科学的な根拠が理解できていないと，不安につながる．遺伝子組換え技術に関する研究を行うことと，遺伝子組換え作物を農地で栽培することとは別の問題であるし，遺伝子組換え食品を買って食べるかどうかは消費者の選択の問題である．研究者は，これらの問題について科学的合理性の立場から説明する責任がある．ただし，科学的合理性だけで安心が得られるとは限らず，社会的合理性を無視することはできない．

1.1.3　フードシステム

生産としての作物栽培と，食料・食品の消費との間には，製造，流通，販売や，外食（最近はこの割合が高い）といった重要なプロセスがあり，これらを担う食品産業が食の安全と安心に大きな影響を及ぼすことになる．このような生産から消費に食品産業の果たす役割を含めた一連の流れをフードシステム（food system）という．特に，日本のように食料の多くを海外からの輸入に依存している国では，国際的な視野に立ったグローバルなフードシステムの理解が必要となる．

一方で「地産地消（地場生産・地場消費）」が注目されているが，地域に限定したフードシステムを理解することは，生産から消費にいたるプロセスが自らの生活環境にどのように影響するかを理解するうえで助けとなる．食料輸送に伴うエネルギー消費を考えたフードマイレージ（food mileage）の概念も，食の生産と消費を考えるうえでしっかりと認識しておく必要があろう．

BSE（牛海綿状脳症，いわゆる狂牛病）や病原性大腸菌の問題から，消費者と食品産業にかかわる人々はもとより，生産者が食のトレーサビリティー（フードシステムの追跡情報の開示）を重視し，「顔の見える」農産物を生産するようになった．スーパーマーケットなどで，栽培履歴が記載されたラベルやICチップのような情報媒体がついた食料・食品をしばしば目にする．農作物を栽培する場合も，これらの社会経済的な背景の変化をしっかりと把握しておかなければならない．

1.2　作物栽培と栽培学

1.2.1　生産量の構成要因

すでにみたように，食料生産の基礎としての作物栽培を考える場合，最終的な目標は安定的に生産量を増加させていくことであり，栽培学の最終的な目標もここにあるといってよい．その場合，

生産量＝耕地面積×収量　（×耕地利用率）

と考えることができる．すなわち，生産量は，作物を栽培する田畑の面積と，単位面積当たりどれくらいの生産量があるかという収量に大きく規定される．しかし，世界的にみても，耕地にしやすい場所はすでに開発されていることが多く，新しく利用できる面積は広くない．残っている条件の悪いところを利用するには，多くの時間と労力と金が必要となる．それどころか，管理がずさんであったために土壌劣化が進み，耕地面積が漸減しているというデータもある．一方の収量は，作物の遺伝的改良と栽培方法の改善との組合せによって，少しずつ増加してきた．遺伝子組換え技術の利用が今後どうなるかはまだ不確定であるが，いずれにしても，収量は技術によって大きく影響される側面が強い．

耕地面積と収量の2つの要因に比較すると見すごされがちなのが，耕地利用率である．これは，年間に同じ水田や畑を何回使うかをパーセントで表示したものである．例えば，同じ水田や畑を1

年間に2回使って作物を栽培すれば，その耕地利用率は200ということになる．耕地利用率の上昇は，時間という軸が入っているものの，耕地面積の増加と同じ意味を持つ．わが国では減反政策に伴って休耕田がかなりあり，ダイズの栽培が奨励されている．また，今では冬作がほとんど消えてしまったが，冬季に水田や畑でムギやナタネを栽培することも耕地利用率をあげることになり，わが国における食料自給率の上昇に貢献するはずである．

1.2.2　栽培学と作物学

耕地利用率をあげながら収量を増加させ，また食味や品質のよい作物の生産量を増やしていくための学問分野が栽培学といえる．ところで，多くの大学の農学部では，栽培汎論（あるいは栽培原論）という名称の講義が行われてきた．このことは，作物栽培に関する研究分野が古くから認知されていたことを意味している．また，栽培汎論と対をなす栽培各論が想定されることになるが，これが作物学であるという見方がある．栽培各論と作物学とが完全に一致するかどうかはさておき，栽培学が総論的であるのに対して，確かに作物学は各論的である．作物学は対象とする作物によって，食用作物学，工芸作物学，飼料作物学に分けられてきた（現在は資源植物学などの名称で呼ばれることもある）．

栽培学に比べて作物学が重視されてきたことは，研究室の設置からも分かる．作物学研究室がない農学部はないといってよいが，栽培学研究室を持つ大学はごく少数である．しかし，明治時代に生まれた農学は栽培研究として始まったといってもよい．それが，学問の発展に伴って専門化が進み，個別科学が分離独立していった．農学部における研究室の成立や学会の歴史にも，同じようなことが読み取れる．

1.2.3　品種と環境と技術

栽培学は現実の日本農業を背景にした総合農学として出発しながら，学問の発展に伴って専門化が進んでいくなかで，そのとらえどころのなさが顕在化してきたようである．それでは，栽培学というのはどのような研究分野であろうか．研究対象としては水稲だけでなく様々な作物を取り扱う可能性があり，しかも研究対象は単に作物だけではなく，作物を栽培する過程にかかわる様々な「もの」や「こと」であるため，研究分野として規定しにくいところがある．

従来の栽培学のテキストをみると，品種，環境，技術の3つのキーワードが共通して認められることが多い．ただし，それをどのようにとらえるかは研究者によって異なる．例えば川田（1976）は，① 品種の選択，② 作物の管理，③ 施肥，④ 土壌環境の整備・改良，の4本柱として整理し，そのバランスのうえに収量をあげることが作物栽培の基本としている．

すなわち，栽培学では作物学だけでなく，農学におけるその他の個別科学の成果を利用しながら，それを総合することで収量の向上を目指している．作物学とはやや異なり，個々の作物を対象とするだけではなく，栽培作物の組合せとしての作付体系や，耕地利用率が注目されるのも特徴といえる．また，農業経営的な視点が関係してくる場合もある．

1.2.4　栽培と育種

栽培学の研究内容を以上のように規定すると，作物の遺伝的背景にかかわる問題も含まれてくる．すなわち，本来の栽培学は育種学をその一部に含んでいたが，育種学の発展に伴って栽培学と育種学を別のものと考える傾向が強まったようである．すなわち，育種された作物や品種を栽培するというとらえ方で，これは農林水産省や自治体の農業試験場で栽培研究室と育種研究室とが設置されることが多かったことからもよく分かる．ただし，多くの試験場では栽培関係の研究室が消えつつあり，最近は土壌肥料関係の研究室が栽培関係の試験研究も担当しているケースがみられる．

しかし，狭義の栽培研究も，育種と対をなして初めて成果があがる．例えば，高収量性イネ品種の育種を中心に進められた「緑の革命」が，育成品種の能力を十分に発揮できる栽培環境を伴わない場合には期待されたほどの成功を収めなかったことは，大きな教訓として忘れてはならない．

また最近では，遺伝子組換え技術を中心にしたバイオテクノロジーが急速に発達した結果，どんな環境下でも高い収量をあげることができる作物を簡単につくり出せるかのようなイメージが先行しすぎている．すでに，「ポストゲノム」（正しくはポストシークエンスだろう）ということがいわれているが，多くの場合，遺伝子のオンオフを決めるのは環境条件であり，今後の研究のポイントは遺伝子機能の調節機構の解明や，その制御が中心となるであろう．すなわち，作物の遺伝的な能力をいかにうまく発揮させるかが栽培学の本質であり，その意味からも育種と栽培が車の両輪として発展することが期待される．

1.2.5 栽培学の方法論

育種学をはじめとする農学関係の個別科学と比較すると，栽培学は成果をあげにくいとか，成果が分かりにくいという傾向が確かにある．一つには，すでに述べたように，対象の複雑さが関係している．すなわち，対象が単一の実体や現象ではなく，最終的に作物栽培というシステム全体である．システムを構成する個別対象に対して個別科学はそれぞれの方法論を持っているが，システム全体を取り扱う栽培学固有の方法論が問題である．これは，個別の環境科学の総合として環境学が成立するかという問題提起に似ている．すなわち，環境学固有の方法論が確立していないことから「環境研究はあっても，環境学はない」という考え方があるが，同様に「栽培研究はあっても，栽培学はない」とする研究者がいる．

それでは，栽培学に固有の方法論はないのだろうか．川嶋（1986）は「農学における試験的研究」という表現を使い，栽培研究の基礎となるのは栽培試験であると主張している．ただし，栽培試験は時代や地域の強い影響を受けるため，そこから普遍的な原理を抽出することは必ずしも容易でないし，その原理を適用するには，そのための理論が必要となる．この理論構築が十分にできていないことが，栽培学をあいまいなものにしている．

栽培研究におけるもう一つの方法論として，経験的なアプローチがあることも忘れてはならない．これは，長年にわたって作物を栽培してきた農家の人々によって蓄積されてきた経験に注目する方法である．時間的・地域的に限られた情報であっても，事例の積み重ねからは多くのことを学ぶことができるはずである．老農が書いた農書のなかに，近代科学的な視点から再検討しても優れているものが少なくないことは，そのことを実証している．世界的にみても，作物栽培に直接，間接にかかわる「伝統的な知識」には貴重なものがある．

1.2.6 新しい栽培学を目指して

爆発的な人口増加が続き，また生態系レベルや地球規模での環境問題が発生している状況を考えると，できるだけ環境に負荷をかけないような作物栽培を構築していく必要がある．したがって，環境学と同様に，機構解明型であると同時に問題解決型の栽培研究が求められることになる．そのような栽培研究を進める場合，常に全体の構図を自分の頭のなかに描きながら，自分の研究をそのなかに位置づけておかなければならない．また，個人の枠を超えて，共同研究やプロジェクト研究を進める必要がある．

なお，できるだけ環境に負荷をかけないという意味から，欧米では「低投入持続的農業」（low input sustainable agriculture, LISA）とか，「精密農業」（precision farming）という概念が提示されている．わが国の場合，水田では2,000年にわたって「低投入持続的農業」が行われてきたというすばらしい歴史がある．したがって，以上の考

え方を導入する場合も，日本型農業を踏まえた適応が必要であり，特に水田の高度利用を考えていくべきではないだろうか（堀江，2000）．旧来の栽培学は，急速に影が薄くなりつつあるが，農学におけるフィールドサイエンス（第16期日本学術会議第6部，1998）の中心としての位置づけを確認したうえで，新しい栽培学へ脱皮する必要がある（森田，2002）．

〔森田茂紀・大門弘幸・阿部　淳〕

文　献

1) 川嶋良一（1986）：農業技術研究の原点を求めて，農業技術協会.
2) 川田信一郎（1976）：日本作物栽培論，養賢堂.
3) 第16期日本学術会議第6部（1998）：21世紀へ向けての新しい農学の展開，農林統計会.
4) 堀江　武（2000）：食糧・環境の近未来と作物生産技術の基本的な発展方向．農耕の技術と文化，**23**：1-42.
5) 森田茂紀（2002）：新しい「栽培学」を目指して．*UP*，**360**：34-39.

2 作物の起源と農耕文化

2.1 栽培植物の出現と特徴

　人類の祖先がゴリラやチンパンジーの仲間と分岐して地球上に現れたのは約450万年前と推定されている．これから150万年前のアフリカに派生した *Home erectus* は，100万年前には南アフリカ，東南アジア，ヨーロッパに広がり，50万年前には北東アジアに到達した．最終氷期のはじめに出現したヒト（*Homo sapiens*）は，さらに地球上に拡散し，最後の氷河の後退が始まる2万年前頃には，ユーラシアのみならず，海退によって生じた陸橋や氷橋を渡ってオーストラリア大陸や新大陸南部にも広がっている．この歴史のなかでは人類の祖先とヒトは，狩猟と採集により自然の動植物資源から食料を得て，自然生態系の一員として生活していた．ヒトは，およそ7,000～9,000年前頃に植物の栽培と家畜の飼養すなわち農耕を開始し，安定して食料を確保することに成功し，地球上で最も繁栄するようになった．人間の文明の基盤をつくり，多様な文化の発展をもたらした栽培植物（cultivated plant, 作物：crop）と家畜は，農業技術とともに高度化を遂げ，現在の私たちにとってなくてはならない存在となっている．

　地球上には25万種を超える維管束植物がある．そのうち約1万種はヒトの食用として利用され，少なくとも3,000種が積極的に利用されてきたと推定されている．しかし，栽培化された300種ほどの植物のうち，利用される植物の種は栽培植物そのものの改良や農業技術の高度化に伴って歴史とともに減少の一途をたどっている．現在，人間の食料の80%以上は，コムギ，イネ，サトウキビ，トウモロコシ，テンサイ，ジャガイモ，オオムギ，キャッサバ，サツマイモ，ダイズ，バナナ，カンキツ（ミカン）類などのわずか20種類の農作物によってまかなわれ，穀物などの主要作物では生産量のほとんどが少数の優良品種でまかなわれるようになっている．植物への食料の依存は，種としても品種においても単純化の方向にある．

　栽培植物は，人間が飢えをしのぐために目的に添った植物を意識的に選んだ結果として成立したと考えられやすい．しかし，そうではなく，自然植物資源の集団に人間が採集や利用という干渉を与えたのが栽培植物成立のきっかけである．人間活動が活発になる旧石器時代には地球上に疎林と草原が広がり，草食性のホ乳類が繁栄していた．植物は普通，乾湿や寒暖など周期的な環境のもとでは，次世代を確保するための種子や地下茎などの繁殖体を持つように進化する．私たちの祖先は，このような繁殖体である植物の貯蔵器官を採集し，食用などに利用したが，さらに狩猟のために林や草原を焼き，採集や利用という営みによって自然の攪乱（disturbance）を加速したのである．種子植物の適応は，攪乱条件と競争条件とでは異なった方向に進むが，攪乱環境では短命で土のなかに種子を残すような特徴を持つ攪乱依存性植物（ruderal）が進化しやすい．偶蹄類と人類の影響がもたらした早熟の性質を示す植物のなかに穀物を主とする今日の栽培植物の祖先が含まれ

ていた．収穫と利用のインパクトのなかで持続的に個体群を維持できた植物が原始的な農耕技術で栽培されることによって，集中した種子発芽や均一に成熟する性質を持つ栽培植物ができあがったのである．種子の保存と播種という技術の展開は，さらに植物の栽培化を加速することになった．農耕の曙のころ，ヒトは，食料を自然資源と栽培植物と家畜とに同じくらい依存するか，より自然資源へ依存していたが，その後，農耕技術の発達とともに食料の依存率を農作物や家畜に移していったと推定される（Rindos, 1984）．初期の人間文明の成立には，家畜や栽培植物へ食料の依存を変更するという生態的過程があった．

世界的に広く使われている栽培植物の多くは，自然の場所に生育する野生植物や田畑の雑草とは異なって，特有の性質を持っている．種子作物を例として栽培植物を野生祖先種（wild ancestor）と比べると，栽培植物は，① 全体的に巨大となる，② 種子や果実など利用器官が偏って巨大化する，③ 1個体の生産する繁殖体数が減少する，④ 種子の自然散布能力が喪失・低下する，⑤ 苦みや有毒成分が低下する，⑥ 刺や硬い皮など保護的器官が喪失する，⑦ 発芽遅延（種子休眠性）がなくなり，一斉に発芽する，⑧ 枝や花序などの器官が同調して成熟する，⑨ 多年草から一年草への変化のように生育期間が変更する，⑩ 根や花器が際立って変形する，⑪ 種内変異が増大する，などの野生植物にはみられない生態的特徴や形態的特徴を持っている（山口・島本，2001）．このような栽培植物に固有にみられる特徴を栽培化症候群（domestication syndrome）と呼び，これらの特徴を持つようになる現象や過程を栽培化（馴化：domestication）という．栽培植物の一つの種が栽培化症候群のすべての特徴を持つことはまれで，このうちのいくつかを重ね持っている場合が多い．なお，栄養繁殖で栽培されるイモ類や木として長期に栽培される果実類では少し違った栽培化の過程をたどっている（中尾，2004；堀田，2003）．

栽培植物は自然条件下では子孫を残すのが困難で，栽培植物固有の特徴の多くは，栽培行為という自然の攪乱と人間による繁殖の助けや保護によって維持されている．人間の住居の周辺や人為攪乱を受ける場所で利用に適した植物を半管理の状態で残す場合を半栽培（semi-domestication）という．イモ類などの栽培植物には，半栽培の段階を経て栽培化が進んだと考えられる種がある．農耕の開始とともに最初に出現した栽培植物を一次作物（primary crop）という．その多くは，現在の主要作物となっている．攪乱依存性植物には農耕の成立以降に作物を栽培するような人為的攪乱条件に適応した植物があり，畑や人家周辺に自然に生え，しばしば作物の生産に害を及ぼす植物を雑草（weed）という．栽培植物のなかには，ライムギ，エンバク，ニンジンのように耕地雑草を祖先とする二次作物（secondary crop）があり，初期は半栽培の状態で利用されていたと推定されている．栽培植物は自然に放たれると数代のうちに絶えてしまうか，栽培化症候群の多くの特徴をなくして自然条件下で生育することもある．栽培化の程度の低い種や遺伝的多様性の高い栽培種では意図せずに逃げ出して生育することがあり，これを逸出（escape）または野化（run-wild）という．近年，直播水田に広がっている赤イネはそのような例の一つであるが，赤イネは戦後まもなくまで日本中の水田で普通にみられていた．栽培化も野生化も短時間で簡単に起こる出来事である．

2.2 栽培植物の種類

植物は，様々な形で人間に利用される．食料として利用されるものには，食用植物，油料植物，蜜源植物，飲料植物，香辛料植物，飼料植物があり，このほかに，薬用（有毒），木材，繊維，ゴム・樹脂材，染料，タンニン源などに利用されたり，観賞用や環境保全用にも利用されている．これらのうち，農作物として利用されてきた栽培植

表 2.1 主要な栽培植物と原産地

群（用途）		和名	学名	原産地	別名／備考
穀類					
	イネ科	イネ	Oryza sativa	中国・インド	
		アフリカイネ	Oryza glaberrima	アフリカ	グラベリマイネ
		オオムギ	Hordeum vulgare	近東	
		コムギ	Triticum aestivum	コーカサス	パンコムギ
		マカロニコムギ	Triticum durum	近東	二粒系コムギ
		チモフェビーコムギ	Triticum timopheevi	近東	
		ライムギ	Secale cereale	小アジア／近東	
		エンバク	Avena sativa	小アジア／近東	ユーマイ
		アビシニアエンバク	Avena abyssinica	エチオピア	
		ストリゴサエンバク	Avena strigosa	ヨーロッパ	
		ハダカエンバク	Avena nudibrevis	ヨーロッパ	＝A. nuda
		ドクムギ	Lolium temulentum	オリエント	
		カナリークサヨシ	Phalaris canariensis	カナリア諸島	
		トウジンビエ	Pennisetum glaucum	中央アフリカ	
		モロコシ	Sorghum bicolor	中央アフリカ	コーリャン
		キビ	Panicum miliaceum	北西インド	
		アワ	Setaria italica	北西インド	
		ライシャン	Digitaria cruciata	インド東部	
		コドラ	Setaria glauca	南インド	
		コルネ	Paspalum scobiculatum	南インド	
		サマイ	Brachiaria ramosa	南インド	
		ヒエ	Echinochloa esculenta	東アジア	ニホンビエ
		インドビエ	Echinochloa frumentacea	インド	
		モソビエ	Echinochloa oryzicola	中国（雲南）	
		テフ	Eragrostis tef	エチオピア	
		シコクビエ	Eleusine coracana	エチオピア	
		フォニオ	Digitaria exilis	西アフリカ	
		ブラックフォニオ	Brachiaria mutica	西アフリカ	
		アニマルフォニオ	Brachiaria deflexa	西アフリカ	
		ハトムギ	Coix lachryma-jobi var. ma-yuen	南アジア（ナガランド）	
		トウモロコシ	Zea mays	メキシコ	
		アメリカマコモ	Zizania aquatica	アメリカ（五大湖）	ワイルドライス
		ムンゴ	Bromus mango	チリ	
		サウイ	Panicum sonorum	北米	
		キビの一種	Panicum obtsum	メキシコ，アメリカ	
	タデ科	ソバ	Fagopyrum esculentum	中国（西南）	
		ダッタンソバ	Fagopyrum tataricum	中国（西南）	
	ヒユ科	センニンコク	Amaranthus hypochondriacus	メキシコ	
		ヒモゲイトウ	Amaranthus caudatus	アンデス	
	アカザ科	キノア	Chenopodium quinoa	アンデス	
マメ類		エンドウ	Pisum sativum	近東／小アジア	
		ソラマメ	Vicia faba	近東	
		ヒヨコマメ	Cicer arietinum	近東	
		ガラスマメ	Lathyrus sativus	近東	
		ヒラマメ	Lens culinaris	西アジア	レンズマメ
		ハウチワマメ類	Lupinus sp.	近東	
		ササゲ	Vigna unguiculata	西アフリカ	
		フジマメ	Lablab purpurea	西アフリカ	
		バンバラマメ	Vigna subterranea	西アフリカ	
		シカクマメ	Psophocarpus tetragonolobus	アフリカ	若莢は野菜，塊根はイモ
		ゼオカルパマメ	Macrotyloma geocarpum	西アフリカ	
		クラスタマメ	Cyamopsis tetragonoloba	アフリカ	
		ナタマメ	Canavaria gladiata	アフリカ	中国西南ともされる

2.2 栽培植物の種類

群（用途）	和　名	学　名	原産地	別名／備考
マメ類 （続き）	リョクトウ	*Vigna radiata*	インド	
	ケツルアズキ	*Vigna mungo*	インド	
	モスビーン	*Vigna aconitifolia*	インド	
	ホースグラム	*Macrotyloma uniflorum*	インド	
	キマメ	*Cajanus cajan*	インド北西	
	ダイズ	*Glycine max* subsp. *max*	東アジア	
	アズキ	*Vigna angularis*	東アジア	
	タケアズキ	*Vigna umbellata*	東南アジア（タイ）	
	インゲンマメ	*Phaseolus vulgaris*	メキシコ，アンデス	
	ライマメ	*Phaseolus lunatus*	メキシコ，アンデス	
	ベニバナインゲン	*Phaseolus coccineus*	メキシコ	
	イヤーマメ	*Phaseolus polyanthus*	メキシコ	
	テパリマメ	*Phaseolus acutifolius*	メキシコ	
	ラッカセイ	*Arachis hypogaea*	ブラジル	
	タチナタマメ	*Canavalia ensiformis*	アマゾン	
油料植物	オリーブ	*Olea europaea*	中東	
	ヒマワリ	*Helianthus annuus*	アメリカ	
	アブラナ	*Brassica campestris*	地中海	ツケナ，ハクサイ
	セイヨウアブラナ	*Brassica napus*	地中海	スウェーデンカブ
	アマ	*Linum usitatissimum*	中東	繊維
	シアーバター	*Butyrospermum parkii*	ニジェール	
	アブラヤシ	*Elaeis guineensis*	ニジェール	
	ラードフルーツ	*Hodgsonia macrocarpa*	中国（雲南）	
	ベニーシード	*Sesamum* sp.	アフリカ	
	ベニバナ	*Carthamus tinctorius*	エチオピア	中東起源ともされる
	ニガーシード	*Guizotia abyssinica*	エチオピア	
	ゴマ	*Sesamum indicum*	インド	
	エゴマ	*Perilla frutescens*	中国南部	
	ケシ	*Papaver somniferum*	中国	中東起源ともされる
	アブラギリ	*Aleurites cordata*	中国	
	ココヤシ	*Cocos nucifera*	東南アジア	
	ヘチマ	*Luffa cylindrica*	インド	
	ノゲイトウ	*Celosia argentia*	アフリカ	
根栽	ジャガイモ	*Solanum tuberosum*	アンデス	
	オカ	*Oxalis tuberosa*	アンデス	
	ウルコ	*Ullucus tuberosus*	アンデス	
	アヌウ	*Tropaeolum tuberosum*	アンデス	
	ラカチャ	*Arracacia xanthorrhiza*	アンデス	イモゼリ
	クズイモ	*Pachyrhizus erosus*	中米	
	サツマイモ	*Ipomoea batatas*	メキシコ	
	キクイモ	*Helianthus tuberosus*	北米	
	ヤウティア	*Xanthosoma sagittifolium*	南米低地	近縁種含む
	ミツバドコロ	*Dioscorea trifida*	南米低地	
	キャッサバ	*Manihot esculenta*	南米低地	
	クズウコン	*Maranta arundinacea*	熱帯アメリカ	
	テンサイ	*Beta vulgaris*	地中海	フダンソウ
	ショクヨウガヤツリ	*Cyperus esculentus*	近東	
	コレウスの一種	*Coleus parviflorus*	南アジア	アンデス，アフリカにも有
	インドコンニャク	*Amorphophallus campanulatus*	インド	
	サトイモ	*Colocasia esculenta*	東南アジア	タロ
	ハスイモ	*Colocasia gigantea*	東南アジア	
	ヤム	*Dioscorea esculenta*	東南アジア	
	ダイジョ	*Dioscorea alata*	東南アジア	
	カシュウイモ	*Dioscorea bulbifera*	東南アジア	
	キイロギニアヤム	*Dioscorea cayenensis*	アフリカ	

群（用途）	和 名	学 名	原産地	別名／備考
根栽 （続き）	シロギニアヤム	*Dioscorea rotundata*	アフリカ	
	アフリカクズマメ	*Sphenostylis stenocarpa*	アフリカ	
	ウコン	*Curcuma domestica*	インド	カレー
	タシロイモ	*Tacca leontopetaloides*	インド	
	コンニャク	*Amorphophallus rivieri* var. *konjac*	ビルマ	
	ナガイモ	*Dioscorea oppostia*	中国南部	
	ヤマノイモ	*Dioscorea japonica*	日本	
	シナクログワイ	*Eleocharis tuberosa*	中国	オオクログワイ
	クワイ	*Sagittaria trifolia* var. *eduis*	中国	
	バナナ（アクミナータ種）	*Musa acuminata*	東南アジア	果実用
	バナナ（バルビシアーナ種）	*Musa balbisiana*	東南アジア	
	バナナ	*Musa paradisica*	東南アジア	料理用
	フェイバナナ	*Musa fehi*	南太平洋	
	サゴヤシ	*Metroxylon sagu*	マレーシア	
	エンセテ	*Ensete ventricosum*	エチオピア	偽茎, 根茎, 種子
	サトウキビ	*Saccharum officinarum*	ニューギニア	
	パンノキ	*Artocarpus communis*	ニューギニア	
果樹	ブドウ	*Vitis venifera*	小アジア・地中海	
	イチジク	*Ficus carica*	小アジア〜イラン	
	セイヨウナシ	*Pyrus communis*	ヨーロッパ	
	タマリンド	*Tamarindus indica*	アフリカ	
	パルミラヤシ	*Borassus flabellifer*	アフリカ	砂糖, 酢／オウギヤシ
	ナツメヤシ	*Phoenix dactylifera*	中近東, メソポタミア	
	ブンタン	*Citrus grandis*	マレーシア	
	マンゴー	*Mangifera indica*	インド・東南アジア	
	ランブータン	*Nephelium lappaceum*	東南アジア	
	マンゴスチン	*Garcinia mangostana*	マレーシア	
	ミカン類	*Citrus reticulata*	インド・東南アジア	
	モモミヤシ	*Guiliema gasipaes*	南米	
	パイナップル	*Ananas comosus*	南米	
	ドリアン	*Durio zebethinus*	マレーシア	
	ナツメ	*Ziziphus jujuba*	中国	
	イチョウ	*Ginkgo biloba*	中国	
	キウイフルーツ	*Actinidia chinensis*	中国南部	シナサルナシ
	ナシ	*Pyrus pyrifolia*	中国中北部	
	スモモ	*Prunus salicina*	中国	
	ウメ	*Prunus mume*	中国中部	
	モモ	*Prunus persica*	中国中北部	
	アンズ	*Prunus armeniaca*	中国	
	クリ	*Castanea crenata*	日本	
	ビワ	*Eriobotrya japonica*	中国南部	
	カキ	*Diospyros kaki*	中国	
	ザクロ	*Punica granatum*	南西アジア	
	リンゴ	*Malus pumila*	南東ヨーロッパ	
	キイチゴ	*Rubus idaeus*	ヨーロッパ, 北米	
	イチゴ	*Fragaria ananassa*	北米	人為交雑種
野菜	ペポカボチャ	*Cucurbita pepo*	メキシコ	
	カボチャ	*Cucurbita moschata*	中米	
	ミクスタカボチャ	*Cucurbita mixta*	メキシコ	
	セイヨウカボチャ	*Cucurbita maxima*	中南米	
	トマト	*Lycopersicon esculentum*	アンデス	
	ヒョウタン	*Lagenaria siceraria*	アフリカ	ユウガオ, フクベ
	オクラ	*Abelmoschus esculentus*	インド	
	タマネギ	*Allium cepa*	中央アジア	
	ネギ	*Allium fistulotum*	中央アジア	

2.2 栽培植物の種類

群（用途）	和　名	学　名	原産地	別名／備考
野菜 （続き）	ニンニク	*Allium sativum*	中央アジア	
	ワケギ	*Allium wakegi*	エチオピア	
	ツルレイシ	*Momordica charantia*	インド	ニガウリ
	トカドヘチマ	*Luffa acutangula*	インド	
	マクワウリ	*Cucumis melo*	西アフリカ	メロン，シロウリ
	スイカ	*Citrullus lanatus*	アフリカ	
	キュウリ	*Cucumis sativus*	インド	
	アーティチョーク	*Cynara scolymus*	西地中海	チョウセンアザミ
	アスパラガス	*Asparagus officinale*	西アジア	
	ニンジン	*Daucus carota*	西アジア	
	ダイコン	*Raphanus sativus*	東地中海	
	ナス	*Solanum melongena*	インド	
	マコモ	*Zizania latifolia*	中国	マコモタケ，茭白
	ウド	*Aralia cordata*	日本	
	ゴボウ	*Arctium lapa*	中国	
	ラッキョウ	*Allium chinense*	中国	
	トウガン	*Benincasa hispida*	東南アジア	
	パルキア	*Parkia javanica* など	東南アジア	
	キャベツ	*Brassica oleracea*	地中海，北欧	
香菜	ツルシー	*Ocimum basilicum*	インド	
	シソ	*Perilla frutescens* var. *crispa*	中国南部	
	ワサビ	*Eutrema wasabi*	日本	
	ミョウガ	*Zingiber mioga*	日本	
	ショウガ	*Zingiber officinale*	インド	
繊維	リクチメン	*Gossypium hirsutum*	中米	ワタ
	カイトウメン	*Gossypium barbadense*	アンデス	
	シロバナワタ	*Gossypium herbaceum*	アフリカ	
	キダチワタ	*Gossypium arboreum*	インド	
	リュウゼツランの一種	*Agave parryi*	北米	花と茎を野菜
	ツノゴマ	*Proboscidea parviflora*	北米	種子を食用
	タイマ	*Cannabis sativa*	中央アジア	アサ
	マニラアサ	*Musa texilis*	東南アジア	
	ケナフ	*Hibiscus cannabinus*	アフリカ	
	サイザルアサ	*Agave sisalana*	メキシコ	
	クワ	*Morus alba*	中国	
	ジュート	*Corchorus capsularis*	インド	モロヘイヤ
	イグサ	*Juncus effusus* var. *decipiens*	日本	
ゴム材	インドゴムノキ	*Ficus elastica*	マレーシア	
	パラゴム	*Hevea brasiliensis*	ブラジル	
染料	コブナグサ	*Arthraxon hispidus*	日本	黄色，黄八丈
	アイ	*Polygonum tinctorium*	東南アジア	
	リュウキュウアイ	*Baphicacanthus cusia*	熱帯アジア	
	オオボウシバナ	*Commelina communis* var. *hortensis*	日本	
その他	サトウカエデ	*Acer saccharum*	北米	樹液を甘味料
	チャ	*Camellia sinensis*	中国（西南）	
	コーヒー	*Coffea arabica*	エチオピア	
	カカオ	*Theobroma cacao*	中南米	
	コーラ	*Cola acuminata*	西アフリカ	
	コショウ	*Piper nigrum*	インド	
	キンマ	*Piper betle*	マレーシア	
	トウガラシ	*Capsicum annuum*	中南米	
	ホップ	*Humulus lupulus*	西アジア	
	タバコ	*Nicotiana tabacum*	アンデス	*N. sylvestris* × *N. tomentosiformis*

物には，種子を利用する穀類（主穀，雑穀），マメ類，油料植物，地下茎や根茎など貯蔵器官または果実や幹や茎に蓄積する炭水化物（デンプンや糖）を利用する根栽，果樹や野菜として利用する植物のほか，繊維や油脂，高分子成分や嗜好品などを目的とするものがあり，きわめて多様である（表2.1）．利用部位の多くは種子や果実などの有性繁殖器官や地下茎や塊根など栄養繁殖器官であり，野生祖先種でもそれらは一定の時期に集中して生産される．一つの種が単一の用途に供される場合が多いが，複数の目的に用いられる場合もあり，ココヤシやパルミラヤシはその例である．栽培植物は，種子農業に供される種類，根栽農業に供される種類，果樹などに供される種類に大きく分けられる．種子農業の作物である穀物には，イネ科の主穀や雑穀が多いが，ナデシコ目のタデ科・ヒユ科・アカザ科の栽培種である擬穀類のほか，種子や豆果（莢）を利用するマメ類がある．種子は油料用にも利用される．油料種子植物では，植物体を野菜とするものや，果実を果菜として利用するものもある．根栽のイモ類ではヤマイモ科・サトイモ科植物が多いが，ナス科・ヒルガオ科・カタバミ科・マメ科植物など広い範囲で根茎や塊茎が食用として利用される．果実や樹幹にデンプンなどを貯蔵するエンセテ，バナナ，パンノキなども根栽として扱われ，挿し木や株分けで繁殖され，熱帯地域で多く栽培される．果樹にはミカン（カンキツ）類など常緑の種とバラ科植物などの落葉性の種があり，世界的に種類も豊富である．野菜には根菜，果菜，葉菜，木菜などが知られるが，多くは種子繁殖され，薬味や調味材ともなる香菜もある．工芸用の栽培植物には繊維用のワタやアサ，樹脂を使うゴムのほか，染料や香辛料として栽培される種がある．

ほとんどの栽培植物では野生祖先種が現存しているが，祖先種が特定されていない種や絶滅したと推定されている種があり，コムギ（パンコムギ），ソラマメ，オクラなどでは野生種は知られていない．また，人工的につくられた種もあり，イチゴは人工的な交配種である．一般に栽培植物は，特に利用部位が野生祖先種と形態的に大きく異なるため，植物学的には野生祖先種とは別種と扱われることが多い．イネ（*Oryza sativa*）の直接の野生種は *Oryza rufipogon*（または *O. nivara*）と標記される．イネの例のように多くの場合，栽培種と野生祖先種との間には種（species）を分けるほどの遺伝的な差異はなく，近年は，ツルマメ（*Glycine max* subsp. *soja*）とダイズ（*Glycine max* subsp. *max*）のように野生祖先種と栽培種とを一つの種の下における亜種の関係として示すようになっている．単一の農作物としての歴史の長い植物では栽培化の程度が高く，原産地から世界各地に伝播する過程で，様々な品種を分化し，種内変異の大きくなったものが多い．一般に野生祖先種の生育地で栽培化は進んだとされ，その場所が栽培植物の原産地（起源地）と考えられている．

2.3 農耕文化圏と栽培植物の多様性センター

穀物，マメ類，油料用植物，イモ類（根栽）について栽培植物の原産地や栽培地の地理的分布をみると，野菜や果物や家畜の種類とともに，ある組合わせの作物が地域に固有の農具や方法によって栽培され，固有の食文化として利用され，文化的な複合を形成している．このような栽培植物の種類，栽培方法，利用形態などの農耕にかかわる技術や文化要素が複合的に集中している地域を農耕文化圏（agriculture zone）といい，その文化複合を農耕文化という．地球上には，大きく4つの農耕文化がある（図2.1）．栽培植物の原産地や古い品種群は，古代文明の栄えた場所に集中する傾向にある．このような地域や場所を栽培植物の多様性センター（diversity center）といい，バビロフ（Vavilov, 1926）の8大センターやハーラン（Harlan, 1975）の地域やノンセンターなど，まとめ方によって大きさと数が異なるが，世界には

2.3 農耕文化圏と栽培植物の多様性センター

地中海センター
コムギ類（パンコムギ，マカロニコムギなど），オオムギ，ライムギ，エンバク類，ドクムギ，カナリークサヨシ，エンドウ，ソラマメ，ヒヨコマメ，ガラスマメ，ハウチワマメ類，アブラナ類，タマネギ，ダイコン，ニンジン，アスパラガス，アーティチョーク，ブドウ，イチジク，オリーブ

東アジア（照葉樹林）センター
イネ（日本型），ヒエ（ニホンビエ），モソビエ，ハトムギ，ソバ，ダッタンソバ，ダイズ，アズキ，タケアズキ，エゴマ，ケシ，コンニャク，ヤマノイモ，ナガイモ，キウイフルーツ，ミカン，チャ，カキ，クリ，ナシ，モモ，ネギ，ワケギ，ラッキョウ，ウド

北（メソ）アメリカセンター
トウモロコシ，サウイ，アメリカマコモ，センニンコク，インゲンマメ（小粒系），ライマメ（小粒系），ベニバナインゲン，イヤーマメ，テパリマメ，ヒマワリ，サツマイモ，キイチゴ類

アフリカセンター
トウジンビエ，モロコシ，シコクビエ，テフ，アフリカイネ，フォニオ，ササゲ，フジマメ，バンバラマメ，シカクマメ，ゼオカルパマメ，アフリカクズマメ，ナタマメ，クラスタマメ，ベニーシード，ベニバナ，ノゲイトウ，エンセテ

インドセンター
イネ（インド型），インドビエ，アワ，キビ，コドラ，コルネ，サマイ，ライシャン，リョクトウ，ケツルアズキ，ホースグラム，キマメ，ゴマ

東南アジアセンター
サトイモ（タロ）(6種)，ヤム（6種），タシロイモ，バナナ（アクミナータ種とバルビシアーナ種），サトウキビ，サゴヤシ，ココヤシ，コショウ，ブンタン，マンゴー，ランブータン，ドリアン

南アメリカセンター
ムンゴ，ヒモゲイトウ，キノア，インゲンマメ（大粒系），ライマメ（大粒系），ラッカセイ，タチナタマメ，ジャガイモ，キャッサバ，タバコ，カカオ，カボチャ，トマト

サバンナ農耕文化 / 地中海農耕文化 / 根栽農耕文化 / 新大陸農耕文化

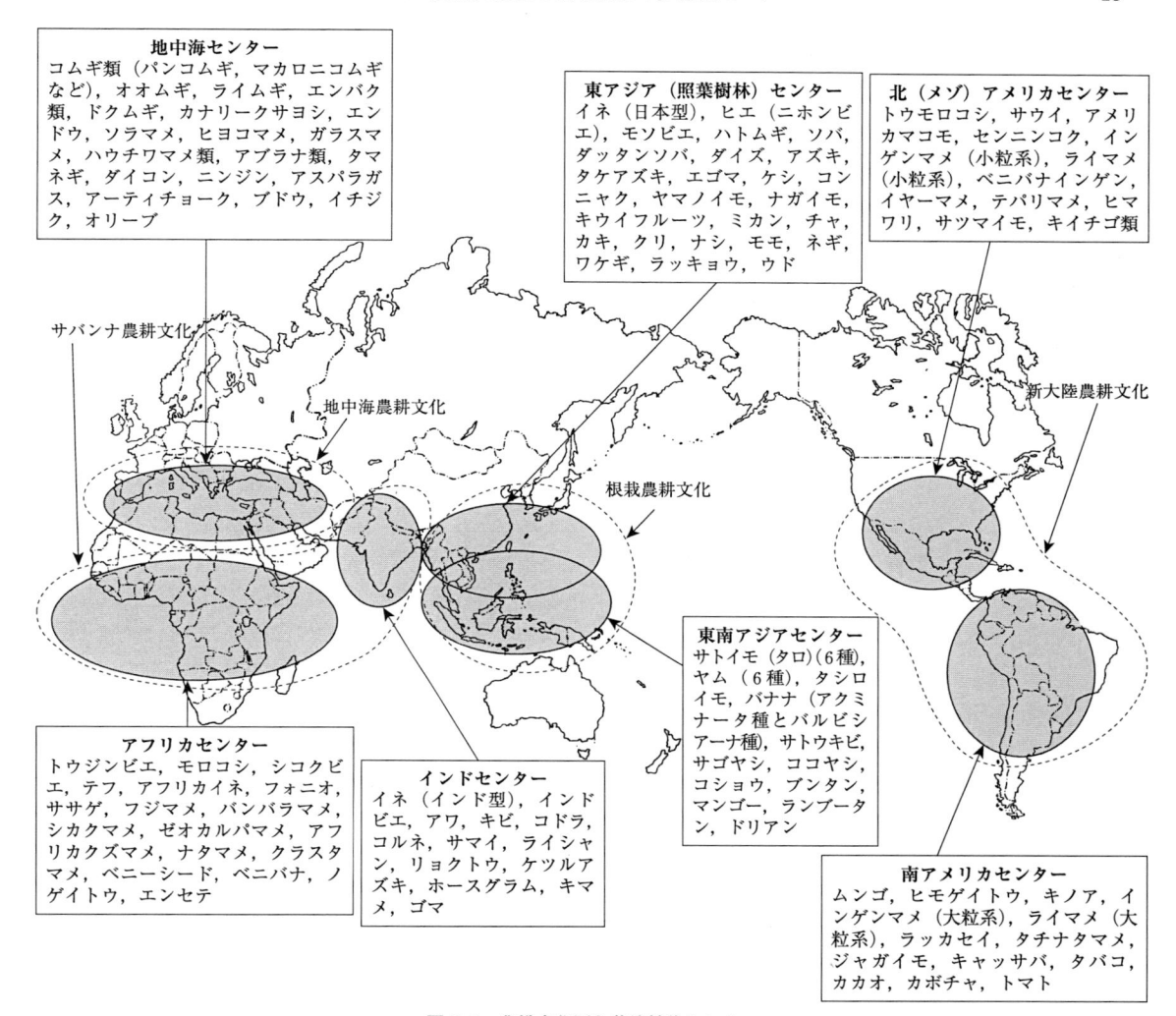

図 2.1 農耕文化圏と栽培植物センター

5～12カ所の大小センターがある．1つの農耕文化圏は1つあるいは複数のセンターからなっている（図2.1，表2.2）．多様性センターは1つの種において栽培品種や遺伝的多様性が集中する場所の意味にも使われるが，ここでは主に中尾(2004)の構成に従い，栽培植物センターとして解説する．

旧世界には，地中海とその周辺に西アジアと地中海沿岸を原産とするムギ類やエンドウなどを冬作で栽培する地中海農耕文化圏（Mediterranean agriculture region）があり，アフリカとインドの半乾燥地には夏作の多様な雑穀とマメ類を栽培す

るサバンナ農耕文化圏（Savanna agriculture region）がある．また，東南アジアおよび太平洋の島嶼(とうしょ)には，イモやバナナなどを主に栽培する根栽農耕文化圏（tuber-crop agriculture region）があり，その温帯域にあたる照葉樹林帯は特に照葉樹林文化圏（shiny leaves forest agriculture region）と呼ばれ，イモ類と湿性地の穀物や夏作のマメ類が栽培されている．新大陸にはサツマイモやジャガイモなどの根栽とトウモロコシやインゲンマメなどを掘棒で栽培する新大陸農耕文化圏（New World agriculture region）がある．

表2.2 栽培植物センターと主な植物種(一次センター構成種)*

センター	穀類	マメ類	油料植物	根栽(イモ類)	果樹	野菜	その他
1 地中海センター	コムギ,マカロニコムギ,チモフェービコムギ,オオムギ,ライムギ,エンバク,ハダカエンバク,ストリゴサエンバク,ドクムギ,カナリークサヨシ	エンドウ,ソラマメ,ヒヨコマメ,ヒラマメ,ガラスマメ,ハウチワマメ類	アブラナ,セイヨウアブラナ,オリーブ,アマ	ショクヨウガヤツリ,テンサイ	ブドウ,イチジク,セイヨウナシ,ナツメヤシ,リンゴ	タマネギ,ダイコン,ニンジン,アスパラガス,アーティチョーク,ネギ,ニンニク,キャベツ	タイマ,ホップ
2 アフリカセンター	モロコシ,トウジンビエ,シコクビエ,アフリカイネ,フォニオ,ブラックフォニオ,アニニマルフォニオ,テフ,アビシニアエンバク	ササゲ,フジマメ,ナタマメ,バンバラマメ,シカクマメ,ぜオカルポムマメ,クラススタマメ,ナタマメ	ベニノキ,ベニニガナ,ノゲシ,シアーバターノキ,ニガーシード	キイロギニアヤム,シロギニアヤム,アフリカカズマメ,エンセテ	バルミラヤシ,タマリンド	スイカ,マクワウリ(メロン),ヒョウタン	コーヒー,シロバナワタ,ケナフ,コーラ
3 インドセンター	イネ(インド型),ライシャン,インドビエ,コドラ,コルネ,サマイ	リョクトウ,ケツルアズキ,モスビーン,ホースグラム,キマメ	ゴマ,ヘチマ	インドコンニャク,タシロイモ,コレウスの一種,ウコン	ミカン	ナス,キュウリ,ツルレイシ,ヘチマ,トカドヘチマ,オクラ	ツルシン,キダチチタ,ジュート
4 東南アジアセンター	ハトムギ	タケアズキ	ココヤシ	サトイモ,ダイジョ,カシュウイモ,ハスイモ,ナガイモ,ヤム(ヤムイモ類),バナナ,パルビジアテーナ種,アクミナーナ,パルビジアテーナ種,フェイパン,サトウキビ,サゴヤシ,パンノキ	ブンタン,マンゴー,ランブータン,マンコスチン,ドリアン	トウガン,バルネキ	コショウ,マニラアサ,ショウガ,インドゴムノキ,アイ,リュウキュウアイ,キンマ
5 東アジア(照葉樹林)センター	イネ(日本型),ヒエ,モロコシ,ソバ,ダッタンソバ	ダイズ,アズキ	エゴマ,ケシ,ラードフルーツ,アブラギリ	ナガイモ,ヤマノイモ,コンニャク,シナクロダワイ,クワイ	キウイフルーツ,カキ,クリ,ナシ,モモ,アンズ,スモモ,ナツメ,ビワ,ザクロ,ウメ,イチョウ	ワケギ,ウ,ウド,ミツバ,マコモ	チャ,クワ,シソ,ミョウガ,ラッキョウ,ワサビ,イグサ,コウナナ,オオボウシバナ
6 北(メソ)アメリカセンター	トウモロコシ,サロイ,アメリカマコモ,センニンコク	インゲンマメ(小粒系),ライマメ(小粒系),ベニバナインゲン,イヤーマメ,テパリマメ	ヒマワリ	サツマイモ,キクイモ,クズイモ	イチゴ,キイチゴ類	ペポカボチャ,クスタカボチャ	トウガラシ,リクチメン,サイザルアサ,サトウカエデ,ツンゴマ,リュウゼツラン
7 南アメリカ(アンデス)センター	ヒモゲイトウ,キノア,ムンゴ	ラッカセイ,インゲンマメ(大粒系),ライマメ(大粒系),タチナタマメ		ジャガイモ,キャッサバ,ヤウティア,ミツバドコロ,オカ,ウルコ,アヌウ,ラクチチャ,クズウコン	パイナップル,モミヤシ	カボチャ,セイヨウカボチャ,トマト	タバコ,カカオ,カトウメン,パラゴム

* : 多様性二次センターは含まない.

2.4 農耕文化・栽培植物センターと栽培植物

2.4.1 地中海農耕文化

地中海農耕文化圏には，チグリス・ユーフラテス流域を主とする西アジア原産の多様な栽培植物を含む地中海センターがある．

地中海センター（Mediterranean center）は，東にメソポタミアおよび小アジアの小センターを，西にヨーロッパ小センターを携えた畑作のムギ類やマメを栽培する種子農業の文化圏で，家畜の飼養が発達し，飼料用の栽培植物がある（図2.1，表2.2）．主にメソポタミアにおいてコムギ類とエンバク類，エンドウ，ソラマメ，ヒヨコマメのような種子の貯蔵性に富む栽培植物が起源し，ブドウ，イチジク，オリーブなどの果樹とアブラナ類の野菜とがある．繊維用にはタイマが起源している．地中海西部ではストリゴサエンバク，ハダカエンバク，カナリークサヨシなどが独立して発祥し，西ヨーロッパ小センターを形成している．栄養系繁殖で栽培する根栽類はきわめてまれである．オオムギとコムギの野生祖先種はチグリス・ユーフラテス流域の肥沃な三日月帯（メソポタミア）に分布し，ザグロス山脈の丘陵にあるジェリコ（Jerico）の遺跡からは炭化したムギ類の種子が発掘されている．栽培植物の多くは一年生草本であり，鍬や鋤を用いた輪作が営まれ，この地域で家畜化されたウシや北方の草原起源の戦争・輸送用のウマなどの家畜を活用するグラスファローと呼ばれる農耕が営まれている．果樹園や牧野に侵入した野生種からニンジンやダイコンなどの野菜ができあがっている．穀物は，いったん粉に調整され，調理される．この農耕文化は，周辺地域へ大きく影響し，エチオピアではサバンナ農耕文化と複合化している．東アジアへはチベット高原を経て伝播している．

2.4.2 サバンナ農耕文化

サバンナ農耕文化圏はインドセンターとアフリカセンターを含んでいる．

アフリカセンター（African center）はサハラ砂漠の南縁に東西に広がる半乾燥地域の種子農業を主とする文化圏でニジェール川流域の西アフリカ小センターとナイル川上流の高原を含む東アフリカ（エチオピア）小センターがある．西アフリカセンターには，モロコシ，トウジンビエ，アフリカイネ，フォニオなどの雑穀とササゲ，バンバラマメなどの雑豆がある．スイカ，マクワウリ（メロン），コーラやアブラヤシの原産でもある．東アフリカセンターにはアビシニアエンバク，シコクビエ，テフなどの穀物のほかニガーシードがあり，コーヒーのほかエンセテやシロバナワタが利用される．アフリカセンター起源のパルミラヤシはココヤシに次ぐ多目的作物である．根栽は多くはないがギニアヤムやアフリカクズマメのほか，シカクマメ，ゼオカルパマメなど根茎や塊茎や地下結実性のマメを利用する栽培がある．基本的には種子を散播または条播する．畑作で，鍬を用い，作物は連作栽培される．穀物は粉として食される．

インドセンター（Indian center）はアフガニスタンからカシミールの北西インド小センターとデカン高原のある南インド小センターを含む半乾燥地帯の栽培植物センターであり，ここには主にアワ，キビ，ライシャンなどの雑穀とリョクトウ，ケツルアズキ，モスビーン，キマメなどの雑豆にゴマが知られる．半乾燥地の畑作ではコブのあるインドウシによる鋤と鍬を用いて穀物やマメが散播栽培される．穀粒は粉に挽かれ，マメや野菜はダル料理に使われ，雑穀やマメの茎やわらは家畜の飼料に供される．ガンジスおよびインダス川流域の水田ではインド型イネが栽培される．アフリカ原産のモロコシ，トウジンビエ，シコクビエ，ササゲなどは，古くにこの地域に伝播したと推定され，二次的な品種分化を遂げている．根栽類としてのイモ類はほとんどなく，東南アジアセンタ

ーに連続するタシロイモなどがある．インド東部のナガランドやヒマラヤ山麓では照葉樹林文化要素との複合化がみられる．

2.4.3 根栽農耕文化

根栽農耕文化圏には，東南アジアセンターと東アジア（照葉樹林）センターがある．

東南アジアセンター（Southeast Asian center）はマレー半島を中心とするインドシナから東の島嶼部に広がる地域の無種子農業の文化圏で，ここにはタロ（サトイモ数種を含む），ヤム（ヤマノイモ数種），サトウキビ，バナナ，ココヤシ，マニラアサなどいもや茎や果実を使う多年生栽培植物が多い．穀物ではハトムギとタケアズキのみが原産である．基本的には焼畑での掘棒栽培で栄養繁殖による種苗を移植栽培する．ほかの地域から導入された雑穀やマメ類でも点播と巣蒔きが耕作の基本である．果実の利用形態としては種衣（アリル）の利用が明瞭で，バナナ，パンノキ，ドリアンなどの例があげられる．サトイモやハトムギのほかイネが水田でつくられる．穀物は粒食で粉にはせず，固形食や発酵食品が発達している．農作物の多くは，貯蔵と輸送が困難で生食や石焼き料理を基本として利用されている．インドシナ半島部には，この地域起源のブタやニワトリの飼養と組合わさった文化複合が発達している．

照葉樹林（または東アジア）センター（shiny leaves forest center（East Asian center））は，東アジアの北部温帯域からヒマラヤ山麓の亜熱帯高地に広がる照葉樹林帯にある根栽類と種子農業が複合した文化圏で，東南アジアの根栽農耕文化へ影響したとされ，欧米の学者のいう中国センターと一致する部分が多い．中核部は東亜半月弧と呼ばれる．ヒエ（ニホンビエ），ダイズ，アズキ，イネ（日本型），ソバ，コンニャクなど，湿った土地に栽培される穀物と南アジア由来の根栽類に指標される．エゴマやシソ，チャ，クワなど，固有の栽培植物がある．大王朝が発達した中国では，ほかの地域原産の栽培植物が二次的に品種分化を遂げ，二次的多様性センターを形成している．穀物ではイネのほか，外来のアワ，オオムギ，トウモロコシなどに地域固有のモチ性品種が発達している．当初穀粒が利用されていたマコモは，現在，マコモタケとして利用されている．点播や条播で播種・栽培するが，多くの栽培植物で移植栽培される．穀物の利用ではモチ品種を使ったモチ性食品の利用や麹を使う醗酵食品が発達している．家畜や乳製品，油脂の利用に乏しい．

2.4.4 新大陸農耕文化

新大陸農耕文化圏には，旧大陸の根栽農業と種子農業にあたる文化要素が複合したメキシコを中心とする北（メソ）アメリカセンターとアンデスを中心とする南アメリカセンターの2つのセンターがある．

北（メソ）アメリカセンター（Mesoamerican center）は，中米およびメキシコのメソアメリカ・センターとアメリカの種子作物を含み，トウモロコシ，サツマイモ，インゲンマメ（小粒系），トウガラシ，ヒマワリなどの栽培植物がある．中標高地における根栽類であるサツマイモと種子農業のトウモロコシとに代表される農耕文化複合である．掘棒で耕した場所に点播や条播によって栽培する．ネイティブアメリカンは，穀物としてアメリカマコモやヒマワリの種子を集め利用していた．現在の油料用ヒマワリは後世にロシアで品種改良されたものである．この地域のインゲンマメとライマメは，南アメリカアンデスの系統とは異なり，野生種とともに小粒である．南アメリカとの交流伝播か独立起源かについてはセンニンコクと同様に論争がある．トウモロコシとワタはメキシコの紀元前5050〜3850年の遺跡から発掘され，インゲンマメは紀元前4000〜2000年，ペポカボチャとヒョウタンは紀元前7000〜5000年の遺跡から発掘されており，農耕の多起源を裏づける証拠とされる．

南アメリカセンター（South American center）は，アンデス高地，ギアナ高地，ブラジル高原と

それに囲まれたアマゾンの低地を含む．それぞれの地域が小センターをなしている．栄養繁殖による根栽農業にヒモゲイトウ，キノア，インゲンマメ，カボチャなどの種子農業が複合化した栽培植物センターである．高標高地には，ヒモゲイトウ，キノア，ラッカセイ，インゲンマメ（大粒系）などの種子農業と，ジャガイモのほかオカ，ウルコ，アヌウなどカタバミ科やケシ科の根栽がある．ラッカセイはブラジル西部高地の原産である．基本的にはイネ科の穀物を欠き，堀棒により点播栽培される．リャマが家畜化されている．高標高地のジャガイモでは凍結乾燥によって毒抜きされ，低地のイモ類とともに毒抜き技術が発達している．アマゾンなど低地の熱帯雨林の焼畑ではキャッサバやヤウティア，ミツバドコロなどが利用されるほか，ココアも原産である．

〔山口裕文〕

文献

1) Harlan, J.R. (1975): *Crops and Man*, American Society of Agronomy.
2) Rindos, D. (1984): *The origins of Agriculture : an Evolutionary Perspective,* Academic Press.
3) Vavilov, N. I. (1926): Studies on the origin of cultivated plants. *Bull. Appl. Bot. Plant Breed.*, **16**: 1-245.
4) 中尾佐助（2004）：農耕の起源と栽培植物．中尾佐助著作集　第1巻，北海道大学図書刊行会．
5) 堀田　満（2003）：根栽農耕で利用される「イモ型」植物．イモとヒト：人類の生存を支えた根栽農耕（吉田集而・堀田　満・印東道子編），平凡社．
6) 山口裕文・島本義也（2001）：栽培植物の自然史，北海道大学図書刊行会．

3

作物の遺伝的改良

3.1　作物の特徴と種類

3.1.1　作物の特徴

作物（crop）とは，「馴致せられた植物」（ダーウィン，1867），「人類の栽培する植物」（吉川，1927），「人と共棲的関係にある植物」（森永，1951），「農業に利用するため人の保護管理のもとにある植物」（星川，1980）などと定義されてきている．しかし馴致，栽培，農業の定義がさらに必要であるので，これらのことを総合して考えると，作物とは「利用することを目的に植物を特別に準備した場所（つまり田，畑）に植え，育て，収穫する人間の営みにおける，その植物のこと」，といえるであろう．生育途中での土中へのすき込みも広義の収穫と考え，緑肥にされるものも作物である．しかし原野にたまたまあるものは，収穫されることがあっても作物とはいわない．

それでは農業（agriculture）とは，「作物を育て（農耕），あるいは家畜を育て（牧畜），その結果得られたものを必要に応じて調整・加工し，市場に出す営み」となろう．広義には林業，水産業も含む．人類は当初，狩猟や採集の生活をおくっていたが，約1万年前に農耕や牧畜を始めたと考えられている．「農」，"agriculture"の語源はともに「土地を耕す」である（agri：土地の単位面積）．施設栽培はこの語が誕生したときは想定していなかった．

したがって作物学とは，作物の生産を行うに伴って生じる諸々の要求や問題点（例えば多収化，高品質化，投入資源量の最小化，維持可能な生産方法など）を解決・解明することを最終の目的として，作物の諸性質を究明する学問であり，実学である．形態学，遺伝育種学，生理学，生態学，植物病理学，作物栄養学，その他の関連学問の手法や成果を幅広く取り入れ，応用し，そのうえに構築される独自の学問である．英語では，作物学や栽培学を crop science（アメリカで，品種育成や遺伝的解明に重きをおく），agronomy（アメリカや西欧で，作物学と栽培学を関連させた技術学，作物栽培学），agricultural botany（イギリスで，応用植物学）という．なお農学とは，広義には広く農業にかかわる学問であり，食品加工や流通，林産，水産，経済政策などに関することも通常含める．狭義には作物生産に直接かかわる，栽培，育種，病害虫防除，あるいは土壌や肥料の取り扱いに関する学問である．

3.1.2　作物の種類

吉川（1924），佐々木（1942），戸苅・菅（1957）らは作物をその利用面から，図3.1のように分類した．農作物と園芸作物の違いは，前者では主にエネルギーや原料の供給を目的としており，経営体当たりの栽培面積が広く，単価は安い場合が多い点にある．食用作物とは主に人の食用になるものであり，飼料作物とは家畜の餌になるもの，工芸作物とは何らかの加工原料になるものである．もちろんこれらを兼ねる場合や区別のつきにくいものも多い．

食用作物を植物学的，形態的に分類し，世界や

3.1 作物の特徴と種類

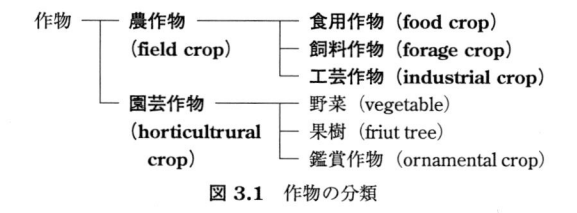

```
作物 ─┬─ 農作物        ─┬─ 食用作物 (food crop)
      │  (field crop)   ├─ 飼料作物 (forage crop)
      │                 └─ 工芸作物 (industrial crop)
      └─ 園芸作物       ─┬─ 野菜 (vegetable)
         (horticultrural ├─ 果樹 (friut tree)
         crop)           └─ 鑑賞作物 (ornamental crop)
```

図 3.1　作物の分類

わが国で栽培されている数，特徴をあげると表3.1 となる（星川，1980）．

人類がこれまで利用してきた食用作物は 2,000種類とも 3,000種類ともいわれているが，現在利用されているものはせいぜい 300種類足らずである．

さらに，エネルギー供給量の多い主要作物としては，表 3.2 があげられ，これらのわずか 20 程度の作物が今日の私たちの生活を支えているといえる．ただし，これら以外に飼料作物は世界の耕地面積，約 14億 ha（FAO, 2003）の約半分に栽培され，家畜を経過することでエネルギー供給の重要な部分を担っている．

また，作物はその繁殖（reproduction）様式で以下のようにも分類される．

① 栄養繁殖作物（asexually propagated crop）：栄養系（クローン）によって繁殖する作物のことで，塊根（サツマイモ，キャッサバ），塊茎（ジャガイモ），ほふく枝（多くの牧草類），茎（サトウキビ）などで繁殖する．倍数体である場合が多く，一般に多収で，不良環境にもよく耐える．

② 有性繁殖作物（sexual reproduction crop）：有性生殖を経る種子による繁殖を行う．花器の構造により，花は両性花（雌雄ずいを同一花に持つもの．イネ，コムギ）と，単性花に分けられる．単性花は雄花（雄ずいのみを持つ）と，雌花（雌ずいのみを持つ）があり，雌雄（異花）同株は同一個体に雄花と雌花を持つもの（トウモロコシ），雌雄異株は雄花と雌花が別株になるもの（タイマ，ホップ）である．

③ 無配（合）生殖作物（apomixis crop）：受精なしに子房の刺激で種子を生産するもので，遺伝子型は母親のものと同一である（ケンタッキーブルーグラス，ダリスグラス），交雑はまれで交配育種は困難である．

受粉様式によって以下のように分類され，この違いは品種改良を行う際に必ず考慮しなければいけない点である．

① 自家受粉（自殖）作物（self pollinated crop）：両性花で，もっぱら同一花内の花粉で受精が行われ（自家受粉），通常他家受粉が 5% 以下のもの（イネ，コムギ）．開花しなかったり，閉花で開薬することで自家受粉が起きる．

表3.1　主要作物の数，特徴

種類	世界での数	日本での数	特徴
禾穀類 (cereal)	54	14	イネ科種子のデンプン利用．重要なものが多い
マメ類 (pulse)	52	18	マメ科の子葉を利用．タンパク質や脂肪含有量が多い
その他の穀類	13	1	ソバなど
イモ類 (tuber crop)	42	9	植物体の地下部を利用．カロリー収量が高い
その他	8	0	バナナ，ココナッツなど
計	169	42	

表3.2　エネルギー供給量の多い主要作物名

種類	作物名
穀類	コムギ，イネ，トウモロコシ，オオムギ，ライムギ，エンバク，モロコシ，キビ類
マメ類	ダイズ，インゲンマメ，ラッカセイ，ヒヨコマメ
イモ類	ジャガイモ，サツマイモ（ヤム），キャッサバ
その他	サトウキビ，テンサイ，ココナッツ，バナナ

② 他家受粉（他殖）作物（cross pollinated crop）：もっぱら異なる個体間で受精が行われ（他家受粉），自家受粉がおおむね5％以下のもの．受粉は虫媒や風媒などによる．雌雄異株性は100％他家受粉である．雌雄同株では自殖は可能である．自家不和合性（クローバ，タバコ），雄性不稔，花器の構造（例えば雄ずい先熟）によっても他家受粉となる．

③ その中間：ワタでは虫媒により，5～25％の他家受粉が起きる．

日長への反応で分類すると，

① 短日作物（short-day crop）：秋の短日条件で花芽形成や開花が促進されるもの（イネ，ダイズ，トウモロコシの通常の品種）．イネの品種改良では日長を8時間に制限して開花を早め，世代促進を行う．弱光でも影響は大きく照度10 lxの夜間終夜照明は多くのイネ品種の出穂を遅延させる（笹村ほか，1970）．

② 長日作物（long-day crop）：春の長日条件で花芽形成や開花が促進されるもの（コムギ，オオムギ，テンサイ）．なおコムギ，オオムギでは長日条件のみでなく幼植物の時期に低温が通常必要である．

③ 中性作物：花芽形成や開花が日長にあまり影響されないもの．一般に日長反応は品種間差が大きいが，極早品種は通常中性的なものが多い．

生存期間で分類すると，一年生作物と，多くの牧草類のように多年にわたって生存し収穫される永（多）年生作物とがある．ソバ，キビのように特に生育期間が短いものは短期作物ともいう．

栽培時期で分類すると，主な生育時期が夏期であるものを夏作物，冬期であるものを冬作物という．コムギ，オオムギは典型的な冬作物であるが，春に播種するムギ類は夏作物ということになる．

その他の分類では，栽培場所が水田か畑かで分類すると田作物と畑作物とがある．

栽培場所の環境条件では温度条件により，寒地作物，温帯作物，熱帯作物とに，水分条件により乾燥作物，湿地作物とに分類される．

栽培の目的の主従，順序で分類すると主たる作物を主作物，副次的なものを副作物，それらを輪作するときは主作物を表作物，副作物を裏作物，主従に関係なく輪作の後にくるものを後作物，前のものを前作物という．

さらに，特別な目的で分類すると，

① 置換作物（catch crop）：主作物が生育途中で失敗し，その代わりに急きょ栽培されるもの．短期作物が使われる．

② 被覆作物（cover crop）：土壌を被覆し土壌保全や地力増進のために栽培されるもの．茎葉を緑肥としてすき込む．

③ 随伴作物（companion crop）：他作物と同時に播種され収穫は別に行われるもの．牧草と禾穀類を同時に播種し牧草の生育が不十分な初年目に禾穀類のみを収穫すると土地の有効利用が図れる．この場合の禾穀類をいう．

〔吉田智彦〕

文献

1) FAO（2003）：*Yearbook Production*.
2) 佐々木喬（1942）：綜合作物学，地球出版．
3) 笹村静夫ほか（1970）：日本作物学会紀事．
4) ダーウィン（1867）：星川（1980）による．
5) 戸刈義次・菅 六郎（1957）：食用作物，養賢堂．
6) 星川清親（1980）：新編食用作物，養賢堂．
7) 森永俊太郎（1951）：農学考，養賢堂．
8) 吉川祐輝（1924）：作物分類論，日本学術協報．
9) 吉川祐輝（1927）：工芸作物各論，成美堂．

3.2　作物の遺伝的改良

作物の遺伝的な改良，すなわち育種は栽培技術の開発や改良とともに作物の生産を支える最も重要な課題である．ここでは植物が本来持っている生殖能力を利用した古典的な育種方法とともに，最近急激な発展を見せている遺伝子組換えを中心としたバイオテクノロジー（バイテク）を利用した育種について述べる．

3.2.1 古典的育種

a. 交雑育種

一般に同一種内において行われる育種法であり，望ましい形質を備えた優良個体同士を交配し，そのなかから両方の長所を兼ね備えた個体を選抜することを目的とする．種子繁殖，栄養繁殖性作物を問わず，最も広く行われている育種法である．一二年草などのように種子繁殖用の品種が一般的な作物では，その品種の遺伝的な均一性が要求される．したがって交雑によって選ばれた優良形質を兼ね備えた個体は7～10世代の自殖を重ねて純系とし品種とする（純系育種）か，異なる純系同士を交配し，その一代雑種（F_1）を品種として利用する（F_1育種）のが一般的である．自殖性植物であるイネやムギ類などの主要食用作物はほとんど純系の品種である．一方，多年生草本や木本類などは播種から開花まで数年から10年以上を要するため，純系育種をすることは困難である．したがって，既存の品種はすべて交雑して出現した優良個体をそのまま品種として利用しており，遺伝的にはヘテロ性の高い個体である．これらは栄養繁殖され品種となっているので，交雑は優良個体の作出手段として利用されている．交雑はその両親において隠れていた劣性遺伝子が発現する機会を与えるとともに，ある形質に関与する複数の遺伝子を同一個体に集め，今までにない新たな表現型の個体を見出す機会を提供することになる．交雑を繰り返し，多くの実生個体を得る間に，各世代で起こりうる突然変異の発見される機会も増加することになる．

b. F_1育種（一代雑種育種）

野菜や花などの一二年草はほとんどF_1品種である．F_1育種は雑種強勢の起こる他殖性植物に利用され，自殖系統間での交配によってF_1種子を採種している．このような植物は本来自殖が困難であるため，蕾受粉などの技術を用いて強制的に自殖させて種子をとる必要がある．こうして自殖を繰り返していくと，得られる植物は一般に強い生育の阻害（自殖弱勢）を示し，純系を得ることが困難となる場合も多い．こうして得られた，弱勢を示す純系個体間で交配すると，組合わせによっては大幅な生育の回復を示す場合がある．このような両親の組合わせで得られた雑種第一代を品種としたのがF_1品種である．植物によっては，自殖できても弱勢が起こる場合もあり，そのような作物にもF_1育種は適用されている．

F_1の種子を得るためには，両親の間でのみ交雑が起こり，片親同士では交配が起こらないようにする必要がある．多殖性植物は本来自家不和合性を持つ植物が多いので，それを利用してF_1種子を効率よく採ることが期待できる．しかし，栽培化された作物では個体ごとに不和合の程度に大きな差があって，ある程度自家受精するものもあり，また基本的には不和合であっても，環境によって不和合性に強弱が生じる場合もある．こうした不安定性はF_1種子を採種する際の大きな障害となっている．

自家不和合性とともに，一代雑種育種に重要な形質として雄性不稔がある．F_1品種を作出する際，種子親（雌側）に花粉の出ない系統，すなわち雄性不稔系統を用いると，自殖の危険性を回避して確実に目的の2系統間で受精した種子を得ることができる．そのため，雄性不稔系統の発見や人為的な作出が重要な課題となっている．

c. 突然変異育種

育種を行うためには，すでに存在する変異を探し出し，それを効率よく利用することが重要である．人類が古くから栽培してきた植物には野生種にはみられないような多様な変異が蓄積されているが，それらは突然変異によって出現した有用な形質に関して，意識的に選抜を繰り返してきた結果であると考えられる．しかし，そのような変異の幅には当然限界があり，育種上は新たに必要とされる重要な遺伝子を，突然変異によって得られないかどうかが問題となる．自然に起こる突然変異の確率はきわめて低いため，それを人為的に誘導する可能性が検討され，γ線やX線などの放射線やエチルメタンスルホネートなどの化学薬品処

理のほか，最近ではイオンビーム処理などが有効であることが分かっている．このような人為的突然変異の誘発は，変異した細胞から植物体が再生されることが前提条件であるから，茎頂分裂組織を持つ種子や腋芽(わきめ)などを対象に行われている．変異原の違いによって，変異の出現率や変異の種類に違いがあることが経験的に知られているが，基本的には変異に方向性はなく，意図して目的の変異形質を得ることは不可能である．

d. 倍数性育種

植物は本来ゲノムを2セット持った二倍体が一般的であるが，何らかの原因でゲノムが整数倍になった個体が出現することがある．これらを倍数体と呼んでいる．倍数体のなかでも最もよくみられるのは三倍体と四倍体である．四倍体はコルヒチンなどの紡錘糸形成阻害剤を成長点に処理することにより，比較的容易に作出できるため，人為的に四倍体を作出し，その作物としての特性評価が行われてきた．四倍体は特に花が大きくなる，植物体が大型化する，茎や葉が剛直になる，耐病性が増すなど，もとの二倍体と比べて性質が大きく変化することが多い．花卉(かき)ではこうした変化が観賞価値を高めたり，栽培しやすくなることにつながるため，倍数体品種の作出が盛んに行われている．しかし，食用作物では，開花期の遅延や果実，種子の品質劣化など，マイナスの評価を受けることが多く，そのような植物では二倍体レベルでの品種開発が中心となっている．四倍体と二倍体を交配すると三倍体が得られるので，人為的に作出した三倍体の利用も古くから検討されている．三倍体は花粉が不稔となるために，タネなしスイカの作出に利用されてきたが，種子ができないことで個々の花の寿命や株全体の開花期間が延びることが多く，それを目指した花卉の育種も行われるようになっている．

e. 遠縁交雑育種

種内変異の拡大にはおのずと限界があるので，さらなる変異の拡大や新たな形質の導入を図る場合には，ほかの種と交雑し種間雑種をつくることが有効である．しかし，ごく近縁の種間組合わせ以外では，受精が起きても雑種胚(はい)が発育を停止し，退化してしまうことが多い．このような場合には，胚培養などの組織培養技術を用いて，雑種胚を退化する前に救済することができる．これを胚培養というが，実際には胚珠(はいしゅ)内にある微小な胚を取り出すことは技術的に難しく，かつ取り出した胚を単独で培養することもその培養条件が単純ではないために容易ではない．したがって，胚珠ごと切り出して培養するか，さらに胚珠を胎座につけたままの状態，すなわち子房ごとまたは子房の切片として培養するのが一般的である．また，花粉は発芽するが，途中で生長を停止してしまうような場合であれば，花柱(かちゅう)を切断し短縮して，その切断面に受粉すると，発芽した花粉は生長の停止が起こる前に胚珠に到達し，受精にいたることもある．これは花柱切断法と呼ばれ，ユリのような大きな花をつける植物で適用され，雑種作出に大きな成果が得られている．ただし，花柱切断法が有効な植物であっても，受精後に起こる未熟胚の退化を防ぐことはできないので，この技術は胚培養との併用が必要である．

胚培養で得られた種間雑種自体は稔性の低下や不稔を示すことが多いが，それを倍加した個体は複二倍体となって減数分裂が比較的正常に行われるので，稔性を回復するのが一般的である．コムギ，サツマイモ，ジャガイモ，ナタネ（*Brassica napus*），タバコなどの重要な作物は，自然にできた複二倍体の種間雑種が起源と考えられており，雑種化して利用価値が高まり，作物として進化してきたと考えられている．したがって，人為的な複二倍体作出は倍数体育種にとって，今後大きな意味を持つものと考えられる．

3.2.2 バイオテクノロジーと遺伝子組換え作物

a. 育種の基礎技術としての組織培養

古典的な育種技術にはそれぞれ限界があり，その限界を超える技術として組織培養，細胞融合，遺伝子組換えなどのバイオテクノロジーの諸技術

の育種への応用が検討されている．なかでも組織培養は，ほかのバイテク技術を応用するための基礎技術であるため，育種への応用を試みる前提条件として，対象とする細胞から植物体を再生する手法を開発しておくことが不可欠である．組織培養による植物体再生は，茎葉を形成する能力をもともと持っている茎頂分裂組織を利用するのが最も確実で効率がよいことが分かっているが，後述する細胞融合や遺伝子組換えの応用にあたっては，カルス，単細胞，プロトプラストなどのように未分化の細胞や組織から植物体を再生する方法を確立しておく必要がある．しかし，カルスや単細胞・プロトプラストなどから植物体を再生することは，植物種によってはきわめて困難であり，いまだに成功例のない重要な作物は多数存在する．また，植物体再生能力に関しては，大きな品種間差，すなわち遺伝的な差異がみられ，そのことが細胞工学的な育種を困難にしているという場面も多々見受けられる．多種多様な育種対象がある以上，個々の植物種ないしは特定の品種を対象に植物体再生系を確立することが必要となっている．

b. 組織培養を利用した変異の拡大

放射線などの突然変異育種は，従来種子や腋芽などの分裂組織しか対象にならなかったが，組織培養によって単一の細胞から植物体再生が可能となったことによって，培養細胞を対象とした突然変異育種が可能となってきた．したがって，効率よく植物体再生が可能な培養細胞や組織が誘導できる植物では，その突然変異育種への利用が検討されている．一方，組織培養を行って再生しただけの植物体に，変異体が出現することが経験的に知られており，体細胞変異，ソマクローナル変異，培養変異などと呼ばれている．その大部分は形態的な奇形など望ましくない変異が多いが，花色や花型，花茎長，花数，草姿の矮化，耐病性，開花期の早晩など，有用な様々な変異も出現するために，それらの積極的な利用も図られている．培養変異の原因は多種多様であり，培養に用いた植物成長調節物質の後遺症と解釈されるようなものから，狭義の突然変異（塩基レベルの変異），DNAのメチレーション，トランスポゾンの転移，倍数化・異数化などの染色体レベルの変化など，様々な原因が知られている．

c. 配偶子培養による半数体育種

イネなどの純系育種や，野菜，花卉などのF_1育種において，その基本は純系の作出にある．純系の作出には自殖の繰り返しによる遺伝的なホモ化が必要であるが，一年生作物でも最低7年程度は必要とされている．この純系を短期間で作出するための手段として，花粉や卵細胞などを培養して半数体植物を人為的に作出し，それを倍加することが試みられてきた．純系が短期間で作出できれば，果樹などの永年生作物でも，純系品種やF_1品種化の可能性が出てくる．半数体作出技術として，最も広く行われているのは雄性配偶体である花粉から半数体植物を作出することである．一般に花粉を単独で培養するよりも，葯に入ったままで培養することが多く，これを葯培養と呼んでいる．花粉培養に適したその発育時期は限られており，しかも分裂のしやすさは遺伝的な要因に支配されている．したがって，この方法が適用できる植物は限られており，さらに可能な植物でもその効率は概して低く，タバコやイネ，ナタネなどごく一部の作物で利用されている程度である．最近では未受精胚珠の培養や放射線処理をして，受精能力を失った花粉を受粉することにより，偽受精を起こさせた後，その胚珠を培養して卵細胞の単為発生を促し半数体植物を得ようとする試みもあり，タバコ，ガーベラ（*Gerbera jamesonii*），カーネーション（*Dianthus caryohyllus*）などで成功例が報告されている．しかし，育種の手段として利用できるほど効率のよい手法とはなっていない．

d. 細胞融合による種間雑種作出

胚培養が適用できない遠縁の種間で雑種を作出する手段としては，細胞融合技術が大きな意味を持っている．植物は細胞壁を持っているために，

単細胞同士でも細胞間に融合を起こすことはできない．したがって，細胞壁を酵素処理して得られるプロトプラストを用いて融合を起こさせている．人為的に融合を起こさせる手段としては，ポリエチレングリコールのような薬剤を用いる方法と，電気的な処理で融合を引き起こす電気融合法が用いられている．異種間で細胞融合を引き起こすことは比較的簡単であるが，融合の前提となる，プロトプラストからの植物体再生条件が確立されている植物は限られており，融合雑種の作出にいたっている組合わせ例はそれほど多くはない．また，遠縁の種間の組合せや属間融合雑種は植物体再生が困難であったり，生育が異常で栽培ができないなど，解決すべき問題が多く残されている．さらに食用作物においては，対象となる食用部分の品質を含めて，雑種に要求される条件がきわめて厳しく，遠縁種間の体細胞雑種がただちに実用的な品種に結びつく可能性は低い．したがって，片親に野生種などを用いた場合には，雑種を戻し交配することにより不必要な遺伝子を除去することが不可欠である．一方，栄養繁殖性の観賞用植物では，不稔になってもその雑種自体に利用価値があればそのまま品種として利用できる可能性はある．したがって，細胞融合を実際の育種場面に応用する場合には，その目的に応じた種間の組合わせをあらかじめ考慮することが大事である．

細胞融合は当然同種間でも行うことができるため，倍数体の作出に利用できる．その際，同一個体から得たプロトプラスト同士の融合であれば，コルヒチン処理と同じように同質倍数体ができるが，異品種間などで融合を行えば，今までにない倍数性雑種の作出を行うことができる．

e. 遺伝子組換え作物

遺伝子組換えは，その品種の特性を変えることなく必要とする形質だけを追加または除去（発現抑制）できる技術であり，利用できる遺伝子は全生物から供給可能である．したがって，通常の交配技術によってはまったく期待できなかったような形質を導入できる可能性があり，将来にわたって最も可能性の高い育種技術として関心が深まっている．植物の遺伝子組換えには，土壌細菌の一種であるアグロバクテリウムが本来持っている植物への遺伝子組込み能力を利用する方法や，遺伝子銃（パーティクルガン）で金属粒子に付着させた遺伝子を細胞内に強制的に打ち込む方法などがあり，それぞれ一長一短がある．いずれの方法を用いる場合でも，遺伝子導入は個々の細胞単位で起こることであり，遺伝子の導入された細胞（形質転換細胞）を選抜し，その細胞から植物を再生する技術の確立が不可欠である．形質転換した細胞を効率よく選抜するためには，抗生物質耐性や除草剤耐性遺伝子など，マーカー遺伝子と呼ばれる遺伝子が利用されている．

遺伝子組換えの育種への応用は始まったばかりであり，正しく利用されていけば，その将来的な利益は計り知れないものがあると考えられる．しかし，その潜在的な危険性を考慮して実験および栽培は法律によって規制されており，食用作物に関しては，さらにその食品としての安全性に関しても法的な規制が加えられている．現在実用化されている組換え作物には，除草剤耐性のダイズやナタネ，トウモロコシ，害虫耐性のトウモロコシ，ワタ，ジャガイモ，日持ち性を向上させたトマトなどがあり，アメリカを中心に大規模に作付けされている．このような組換え作物は生産者にとって栽培上大きな利点を持つものであるが，消費者のメリットになっているとはいいがたい．さらに導入された遺伝子や組換え体を選抜するために使われる抗生物質耐性等のマーカー遺伝子がつくるタンパク質に関しては，その食品としての安全性が確認されているものの，根強い不安や不信感があることも事実である．このような社会的背景を考慮し，マーカー遺伝子を組込まない遺伝子組換えの方法を確立することが，今後の大きな課題となっている．組換え体の安全性や環境への遺伝子の拡散などに関しては，組換え作物を受け入れるための社会的な合意，いわゆるパブリックア

クセプタンス（PA）を形成するうえで不可欠な要素であり，今後の大きな社会的問題となっている．

その一方で，遺伝子組換えをより消費者の利益にかなった作物の育種に利用しようとする研究も当然行われている．作物によって育種目標は多様であるから，遺伝子組換えによって実現が期待される形質も様々であり，多様な遺伝子の利用の可能性が検討されている．食用作物では，味などの品質に関与する遺伝子の導入や，特定の機能性を持った成分の含量を増加させようとする様々な試みが進行中であり，その成果が世に問われる日も近いと思われる．しかし，その一方ではまだまだ利用できる遺伝子の種類，遺伝子の導入方法，導入した遺伝子の発現の安定性など解決すべき課題は多く残されているのも事実である．

3.2.3 作物育種の今後

ある植物に人間が利用価値を認めれば，その植物は潜在的な作物としての価値を持つ．それが実際に作物として登場できるかどうかは，繁殖と栽培が可能であるかという技術的な問題の解決と同時に，それを消費者である私たちが受け入れるかどうかということが問題となる．植物の育種はこれらの問題に対処するための技術として発展してきた．放射線照射や組織培養を利用した突然変異の誘起，胚培養や細胞融合を利用した種間雑種作出による変異の大幅な拡大，遺伝子組換えによる交配不可能な生物からの有用遺伝子の導入など，遺伝的変異の多様性を最大限に拡大するための技術として，バイオテクノロジーを駆使した育種技術はこれからも大いにその活用と発展が期待される．しかし，仮に遺伝子組換えなどにより優れた品種が開発されても，それが永久に重要性を持つわけではなく，絶え間ない新品種の開発が要求されるので，組換え体の作出は，その作物全体への新たな遺伝子資源の提供と考え，以後の様々な品種の育種素材として利用していく姿勢が大事であろう．このように，バイテクによる育種の成果は，従来の交配と選抜の繰り返しによる育種技術に最終的には組込まれていくはずであり，古典的な育種技術の重要性は今後も変わらないであろう．

〔三位正洋〕

3.3 資源植物の多様性

3.3.1 資源植物と民族植物学

人口の増加，食料の不足，地下資源の減少に対する危機感が高まるなか，資源としての植物の重要性が見直されてきた．21世紀に入って，資源の持続的利用を基本とした循環型社会システムの構築が求められるようになり，再生産可能資源である植物への期待はさらに高まっている．植物資源とは，食用（含蔬菜・果樹），繊維，嗜好料，油料，香辛料，糖質，樹脂，染料，薬用，飼料，緑肥など，私たちの生活において利用されるあらゆる植物を指す．これらの植物は資源植物（economic plant）と呼ばれ，栽培植物（cultivated plant）や，半栽培植物（semi-domesticated plant），あるいは野生採取の形で利用されている有用植物だけでなく，栽培植物の原種とその近縁種も含んでいる．半栽培とは，有用植物を移植したり，ほかの植物を除去するなど簡単な保護を行っている状態をいう．なぜ栽培植物の原種や近縁種が資源植物の範疇に含まれるかというと，新たに品種改良を図るには多様な育種素材を保有していることが重要であり，また，野生種の有用形質を開発することにより，新規作物を作出できる可能性も広がるからである．

資源植物のうち，消費財（農産物）・加工品の原料となるものは，原料資源として栽培されている開発経済植物（improved plant），野生有用植物から直接に消費財を採る未開発経済植物（unexploited plant），およびその中間の開発中経済植物（underexploited plant）に分けられる．それぞれの定義は次のとおりである．

① 開発経済植物：育種が進み，栽培品種（cultivar）も多く，原種との差異が明瞭．

表3.3 資源植物のカテゴリーと作物の分類

資源植物のカテゴリー	作物の分類	植物名
1. 開発経済植物	a. 主要作物	イネ，コムギ，トウモロコシ，ジャガイモ，バナナ，タマネギ，キャベツ，レタス，トマト，リンゴ，コーヒーなど
	b. 準主要作物	ソバ，タロ，サツマイモ，ビート，ハス，ゴボウ，ハクサイ，ネギ，カボチャ，アブラナ，チャ，リーク，プラムなど
2. 開発中経済植物	c. 地域作物	アワ，キビ，ヒエ，シコクビエ，トウジンビエ，モロコシ，ヒユ，キノア，キャッサバ，ヤム，食用カンナ，パンノキ，ニガウリ，ヨウサイ，フキ，オオクログワイ，ペピーノ，ルバーブ，ドリアン，バンレイシ，ココヤシ，サトウカエデ，グアユールなど
3. 未開発経済植物		サゴヤシ，マンゴスチン，ランブータン，クズ，チョウセンニンジン，オウレン，パルミトをとるヤシ科植物，グッタベルカ，ラタンなど

② 開発中経済植物：育種が遅れており，栽培品種はあるがその数は少なく，原種との差異が小さい．

③ 未開発経済植物：野生植物を利用しており，栽培品種がみられない（有用性は認められているが実用されていない未利用有用植物も含まれる）．

また，栽培植物の原種（直接，間接の祖先種）とその関連植物（栽培植物およびその原種の近縁種）は，未開発経済植物と同様，天然資源として有用な野生植物といえる．

作物の種類については3.2節で詳しく述べられているが，栽培化の歴史や栽培地域の広がりによって，①主要作物（major crop：世界中で広く栽培されている．汎熱帯性・汎温帯性を含む），②準主要作物（sub-major crop：地域的に重要だが汎世界的ではない），③地域作物（minor crop：かなり限られた地域で利用・栽培されている）に分類できる（小山，1992）．栽培地域がさらに局地的なものは地方品種（land race），部族変種（folk variety）などと呼ばれる．資源植物のカテゴリーにあてはめると，主要作物および準主要作物が開発経済植物，地域作物は開発中経済植物もしくは未開発経済植物にあたる（表3.3）．

将来どのような植物が資源として有用かを見きわめるためには，フィールドワークにより植物を採集すると同時に様々な情報を収集し，形質分析を行って農業形質などを評価していく必要がある．この過程はインベントリー（inventory）研究の一部であり，調査・解析の方法としては，民族植物学的アプローチが重要となる．民族植物学（ethnobotany）とは，植物と人間の間に存在する多様な相互関係を明らかにしてゆく研究分野である（阪本，1990）．すなわち開発中あるいは未開発・未利用の資源植物について，過去から現在までの利用の状況と方法，形態的特長，同属植物の種類などを調べあげ，栽培化を含む開発・利用を検討するための基礎的知見を提示することを目的としている．

主要作物が高度に利用され，労働集約型の農業生産が行われている地域では，有用植物の地方色があまりみられなくなってきていることから，民族植物学研究の主なフィールドは発展途上国であり，住民の間で伝統的に利用されてきた植物が対象となる．発展途上国のローカルなマーケットや屋敷畑（home garden）では，地方色豊かな有用植物がみられる．例えば，インドネシアのジャワ島にはプカランガン（pekarangan）と呼ばれる伝統的な屋敷畑が発達しており，食用，香辛料，燃料，薬用などの多様な植物が自家消費・換金目的に植えられている（廣瀬ほか，1998）．このような形で利用されている地方固有の有用植物のなかには，新たに重要な作物として開発しうる可能性の高いものが含まれていると考えられる．現在，世界中では約27万種の植物が知られているが，そのなかで私たちが利用しているものは約3,000種，栽培が一般的なものは約300種であり，

主要作物にいたっては約40種にすぎない．したがって，作物の多様化を図るうえでは，民族植物学的研究を通じて資源植物の多様性（diversity）を明らかにし，有用形質を見出して導入・開発していくことがきわめて重要なのである．

3.3.2　植物探検と植物園

資源植物研究における最初のステップは，植物の収集である．栽培植物の祖先種の探索，フローラ（植物誌）研究，モノグラフ（種属誌）研究などの様々な目的で，植物採集のために行うフィー

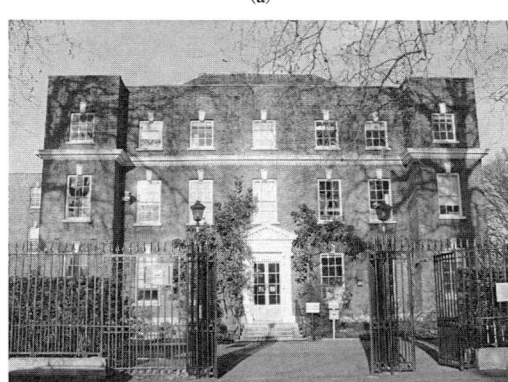

図 3.2　英王立キュー植物園
(a) 正門，(b) 標本館，(c) ヤシ科植物を展示するパームハウス（1848年竣工），(d) 標本館内の乾腊標本のキャビネット群，(e) マウントされた乾腊標本．

ルドワークを植物探検（botanical exploration, botanical expedition）という．フローラ研究のための探検では，特定の地域において植物採取に有能なフィールド採取者が同定可能な植物を細大もらさずに採集し，モノグラフの研究者や農学，薬学研究者はそれぞれの専門とする植物群について，重点的，選択的に収集する（小山，1987）．採取した植物は乾腊標本や液浸標本とし，同定して研究の基礎資料とする．標本はマウントし，学名，科名，一般名，地方名（俗名：vernacular name），採取者，採取地，生育環境，形態的特長，利用状況，採取年月日，同定者などのデータを記録したラベルを貼り，系統的に分類整理する（図3.2）．このラベル情報は標本そのものとともに，新たな植物探検を計画するための貴重な予備調査資料となる．

植物の同定は植物園（botanic garden, botanical garden）の主な業務の一つである．植物の栽培，保存，研究，開発などの機能を備えた総合植物園に設置されている標本館（herbarium）には，「ハーバリウムサービス」（標本の受け入れ，調整，交換，貸与等），「研究・教育」（分類研究や研修等），「収蔵」（標本収納と維持・管理）の3つの機能がある．組織の規模・質とも世界一と称されるのがイギリスの王立キュー植物園（Royal Botanic Gardens, Kew）であり（図3.2），植物園の発展，世界中の植物の探検・採集，インベントリー研究，植物導入に最も寄与してきた．ロンドンの南西，サリー州リッチモンドのテムズ河畔に300エーカーの敷地を持ち，約2万5,000種の生植物，約635万の植物標本を保有する．500人強のスタッフを擁し，その60％が植物，真菌類の専門家であり，標本館，ジョードリル実験所，資源植物センターなどの付属施設において同定，分類学，解剖学，生化学，細胞遺伝学，分子系統学，生物系統学研究に携っている．また，植物，真菌類の保全と持続的利用，歴史的景観の管理に関する教育と専門知識の提供や，世界中の植物の総索引である Index Kewensis の編纂を行っている．2003年には，1759年開設以来の植物学，環境科学への貢献と歴史的重要性から，ユネスコ世界遺産に登録されている．

植物の分類では種（species）が最も基本的な階級である．類縁の近いものから種を集めると，近縁種は共有される形質で定義でき，いくつかの種をまとめて属（genus），科（family）といったより上位の分類群が設定される（岩槻，1997）．栽培学的には種内の変異が重要なことが多く，このレベルで異なるものを品種と呼んでいる場合もあるが，本来は栽培品種として認識すべきである．栽培品種という分類群は野生植物にはない階級で，変種（varietas：variety）とは違い，品種（forma：form）に相当するものが多い．

ある植物の有用性が認められた場合，同属あるいは科内の種について，モノグラフなどを使って系統学的に研究することにより，有用植物の数を増やせる可能性が出てくる．しかし，資源化に向けては遺伝子プール（植物体自体）を所有していること，すなわち数多くの生きた植物の種を保有していることが必要不可欠となる．近年，地球規模での環境の変動，人的要因による自然環境の悪化，あるいは栽培の単一化などにより植物の多様性が急速に失われつつある．今後，資源循環型の持続的生産・利用を実現できるか否かは，栽培や加工の技術開発はもちろんであるが，資源たる植物の多様性をいかに保全していくかにかかっているといえる．

〔江原　宏〕

文　献
1) 岩槻邦男（1997）：多様性の生物学，岩波書店．
2) 小山鐵夫（1987）：資源植物学，講談社．
3) 小山鐵夫（1992）：資源植物学フィールドノート，朝日新聞社．
4) 阪本寧男（1990）：雑穀のきた道，日本放送出版協会．
5) 廣瀬昌平・三宅正紀・林　幸博（1998）：熱帯における作付体系，国際農林業協力協会．
6) 山口裕文・河瀬眞琴（2003）：雑穀の自然史，北海道大学図書刊行会．

4

耕地生態系と環境条件

4.1 耕地生態系の特徴

　耕地を一つの生態系と見なすことは,「ある土地に生きる生物は他の生物と相互作用を持ち,また,それら生物は環境と相互作用(関係)を持つ」という生態学における考えが,耕地においても成り立ち,耕地の管理に必要だからである.

　耕地生態系は自然生態系と同様に多くの要素から構成されているが,土壌・空気・水という無機的要素と,植物・動物とそれら由来の有機物という有機的要素に大きく分けられる.それらは,生物的要素・非生物的要素と考えることもできる.さらに非生物的要素は,地形,土壌,栄養塩類,土壌水分,土壌空気,土壌有機物,地温などの土壌環境と,日射,温度,降雨,風などの地上環境に分けられる.生物的要素は,太陽エネルギーをもとに有機物生産をする植物,すなわち生産者,生産者由来の有機物を食べる消費者,また,死んだ有機物を食べる分解者に分けられ,生産者・消費者・分解者はそれぞれ多数の種から構成されている.耕地では作物,雑草,害虫・益虫とその他の虫,土壌小動物,病原菌,共生微生物,その他の土壌微生物という分類もできる.これらの要素の間を物質やエネルギーが移行しながら,生態系は時間とともに変化していく.この変化は生物の変化だけでなく,土壌の性質・構造の変化なども伴い,遷移という.

　耕地は農作物を栽培するために人間が管理する土地であるが,その系を規定する物理的・生物学的法則と,自然生態系を規定する諸法則との間に違いがあるわけではない.しかし,耕地生態系を理解するうえで重要となる法則は,必ずしも自然生態系と同じではない.

　耕地では,一次生産者は作物が主であり,ほかの生産者である雑草はきわめてわずかしか存在しない場合もある.作物も多くは一年生であり,また,育種の結果,個体間変異が小さいなど,自然生態系の植物とはその性質がかなり異なっている.消費者も放牧地を除けば昆虫が主であり,大型の動物はきわめてまれである.植物により生産された有機物の多くは,生産物として系外に搬出されるか,残渣として分解者に利用される.一方,作付けごとの耕起によって,耕地生態系は裸地となり,植生に関しては自然生態系における遷移の初期段階に絶えず戻されている.物質の流れも,自然生態系では生物から生物という流れや,生物と土壌の間の流れという生態系内での流れが主要であり循環型であるのに対し,耕地生態系では,施肥,収穫など系の内外にまたがる流れが大きな割合を占め,開放型の性格が強い.これら耕地生態系と自然生態系の違いは,人による働きかけによって維持されている.

　さて,耕地生態系は,人が食料を確保するという目的を持った人為生態系である.そのため,多くの食料を生産すること,年次変動を持つ気象条件や病虫害の発生に対し安定した生産をあげること,長年にわたり食料を供給することという,生産性・安定性・持続性が重要である.

　耕地生態系は構成要素が単純であること,また

遷移の初期段階にあることから，自然生態系と比べると不安定であるという考え方がある．砂漠化，塩類集積，土壌侵食などによって農業生産が困難となった地域もあるが，何千年にもわたる農業の歴史のなかで，崩壊した農業システムより継続している農業システムの方が多く，世界の人口も増加していることから，耕地生態系が不安定であるというのは一面的な見方と考えられる．

このように自然生態系と比べて単純化され，一見，不安定に見える耕地生態系の安定性・持続性を維持しているのは，人間による耕地生態系の管理である．耕起，施肥，播種，除草，病害虫防除，灌水などによって，年ごとの気象変動の影響を小さくし，地力の維持を保ち，生産性の向上が図られている．また，間作・混作・輪作は作物の種組成を多様化し，不安定性を解決するという目的で行われる．このような管理には，様々な形でエネルギーを必要とするが，これらは補助エネルギーといわれる．補助エネルギーは，肥料・農薬・農業機械・その他の資材などの製造に要するエネルギーや，農業機械の燃料，そして，労働力という形で投入される．そのエネルギー総量は，生産物の持つエネルギーより多い場合もしばしばある．物質・エネルギーの流れを制御しているものが，自然生態系においては構成要素の自立的な働きであるとすれば，耕地生態系においては人間による管理，補助エネルギーの投入が大きく関与し，この投入を制御しているものが，栽培技術といえる．

砂漠化，塩類集積，土壌侵食などによって耕地として維持できなくなった地域においても，もともとは生産性の向上，安定性の維持のために行われた管理が破局の原因となったことは広く知られている．長年にわたる灌漑・耕起などの管理が不適切に行われたことにより，土壌に悪影響が生じたことによる．これらは，耕地における物質の流れが開放型であることによって，長年にわたり物質の蓄積あるいは損失が進んだことによる．このことは，耕地生態系の管理において重要な生産性・安定性・持続性のうち，持続性という視点が最も欠落しやすいことを示している．またこのような地域を比較すると，気象条件，地形などが比較的類似した地域であることが分かる．このことは，耕地生態系の非生物的要素と補助エネルギーの投入の仕方が，生産性の維持に密接に関係していることを示している．

耕地生態系としての機能が維持されている場合でも，補助エネルギーの多投は，しばしば他の環境への悪影響をもたらす．肥料の多投は地下水や河川の水質に影響し，農薬は散布者の健康被害だけでなく，周辺の生態系の生物にも悪影響を与えることは広く知られている．このことは，耕地生態系を独立した系として考えるだけでなく，地域生態系の一つの構成要素として考える必要があることを意味している．

耕地を生態系として明示的に理解することは，必ずしも実際の耕地の管理において必要でないかもしれない．しかし，耕地生態系の構成要素は，場所によって種類も重要性も異なるし，同じ場所であっても重要性は年によって異なり，季節によって変化していく．したがって，耕地生態系を理解するためには，個々の要素に関する法則性を十分理解するだけでなく，個々の系において鍵となる要素を判断する必要がある．そのためには，どのように耕地生態系が管理されているかという視点から，農民が長い時間をかけて築いてきた管理の意味を理解していくことが重要となるであろう．今後の人口増加に見合う収量の増加を図るためには，さらに補助エネルギーの投入が必要となるであろうが，それによって，耕地生態系の安定性・持続性の破綻をきたさないためには，生態系として耕地を理解することが重要と思われる．

〔山岸　徹〕

文　献

1) 秋田重誠（1998）：耕地における食糧生産．農学教養ライブラリー4　人口と食糧（東京大学農学部編），朝倉書店，pp. 36-52.
2) 玖村敦彦（1975）：自然生態系との比較から見た耕地生

態系の特質．作物の光合成と生態—作物生産の理論と応用（村田吉男・玖村敦彦・石井龍一），農山漁村文化協会，pp. 1-44.
3) タイヴィ，J. 著，小倉武一訳（1994）：農業生態学，養賢堂．
4) ポンティング，C. 著，石 弘之訳（1994）：緑の世界史（上下），朝日新聞社．
5) ルーミス，R. S.・コナー，D. J. 著，堀江 武・高見晋一監訳（1995）：食料生産の生態学—環境問題の克服と持続的農業に向けて—，農林統計協会．

4.2 物理化学的環境条件

4.2.1 土壌条件（物理性・化学性）

土壌の硬さ，通気性，保水性，排水性などの物理性や，保肥性やpHなどの理化学性は，土壌を構成する土壌粒子の性質と，土のミクロ～マクロな構造によって決まる．土壌の物理性と化学性は，土壌中の物質の保持や移動，根の機能を規定する最も大きな要因である．作物を栽培するために耕うんや施肥を行うときに，土の構造や性質を十分に考慮しなければ，栽培技術の効果が半減するばかりか，むしろその耕地の生産性を低下させることにもなりかねない．本項では，土を取り扱ううえで基本的な要素を取り上げ，実際の栽培管理との関係について説明する．

a. 土壌の構成物

私たちが栽培に用いる土壌は，もともとは岩石や火山の噴火活動によって堆積した火山灰などの鉱物（一次鉱物）である．これらの鉱物は雨や風による物理的な風化過程を経た後，植物から供給される有機物の作用によって化学的な変化が起こり粘土鉱物（二次鉱物）へと変化してきたと考えられている．さらに植物や土壌生物から供給された有機物（腐植）によって粒子が結合し，植物根や土壌生物を育む環境が整い，栽培に適した土壌が形成されてきた．

粘土鉱物はAl，Fe，Mg，Ca，Siなどの元素によってつくられる結晶によって形成されている．Si（主としてSiO_2）の結晶とほかの元素の結晶との結合の仕方によって，粘土鉱物は1:1型鉱物（カオリナイトなど），2:1鉱物（スメクタイト群やバーミキュライトなど），2:1:1型鉱物（クロライトなど），非晶質鉱物（アロフェンなど）などに分けられる（久馬編，1997，図4.1）．粘土鉱物は安定的な構造とは限らず，酸の働きなどによってケイ酸塩が脱落し化学的風化が進む．さらに風化が進めば，非常に構造が単純なAlやFeの酸化物となる．養分の吸着や粘土間の結合を取り持つ有機物を腐植という．腐植は，植物残渣に含まれるヘミセルロースやセルロース，タンパク質が分解されるときに，一部の低分子有機物が微生物に分解されにくい腐植物質になることによってできる．

b. 粒子の大きさと土性

土壌は大きさが異なる粒子によって構成されている（図4.2）．土壌の養分保持力は，鉱物の表面積，すなわちイオン交換基を有する粒子の表面積によって決まる．表面積は粒子の大きさによって決まるため，同じ重量でも粘土は砂に比べて表面

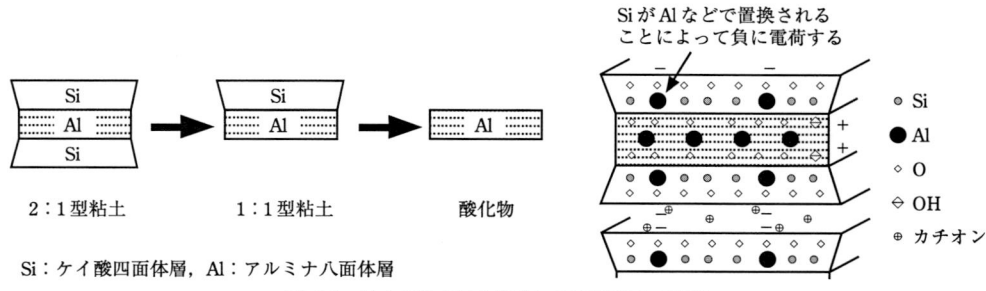

図4.1 粘土鉱物の風化過程と2:1型粘土の電荷

Si：ケイ酸四面体層，Al：アルミナ八面体層

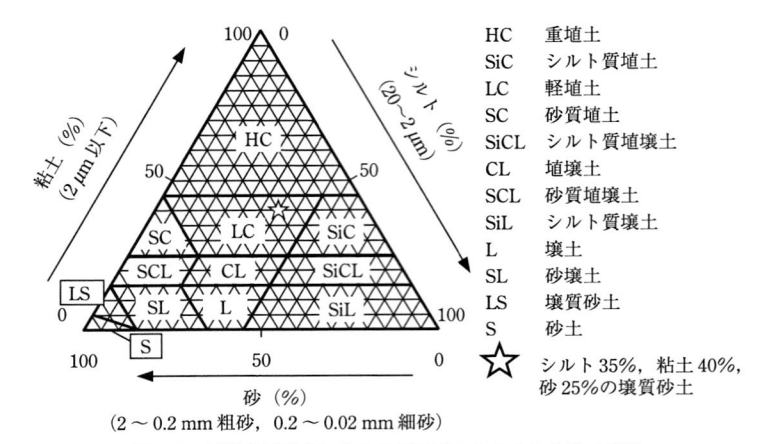

図4.2 国際土壌学会による土壌粒子の大きさと土性の定義

積が1,000倍も大きい．土壌の種類（土性）は，砂，シルト，粘土の混合比によって区別される．砂を多く含む土は孔隙が大きい反面，表面積が小さい．したがって，砂地の土壌は水はけや通気性が優れているが，保水性や養分保持能力が低い．粘土が多い土では，その逆の性質を示す．溶液土耕栽培などを除けば，一般に，壌土や埴土が作物の栽培に適している．

土壌を構成する粘土の特性や土の由来に応じて，さらに詳細に土壌を分類することもある．わが国の農耕地土壌を黒ボク土や低地土などと分類する方式のほかにも，アメリカ農務省やFAO/Unescoによる分類方法もある（久馬編，1997）．

c. 土壌の三相

土壌は気体，液体，固体といった3つの状態の物質によって構成されている物質の複合体とみることもできる．これらの構成要素は，それぞれ気相，液相，固相と呼ばれ，その構成比率を三相分布という．各相の比率は単位体積当たりの土壌中に各相が占める体積の割合（m^3/m^3）で表される．気相率は粗い土壌粒子や団粒が発達した土壌で高く，20%を超える．固相以外の液相率と気相率をあわせたものは孔隙率（間隙率）と呼ばれる．栽培に適した土壌の気相率はおよそ60〜75%である．固相率は土性によって大まかに決まっており，一般に砂を多く含む土壌ほど高い．また，固相率は耕起などによって攪乱されていない土壌ほど高くなるため，作土層で低く心土層で高い．

d. 孔隙率と団粒構造

仮に土壌粒子間の隙間が最大になるように並べたとしても，孔隙率は50%程度にすぎない（西尾ほか，2000）．しかし，実際の土壌の孔隙率は黒ボク土では70%にもなる．この原因は，土壌の団粒構造にある．土壌では粒子がばらばらになるのではなく，複数の粒子が微小団粒をつくり，それが集結して団粒構造を形成する．団粒の内部には微細孔隙ができあがり，団粒間には粗孔隙ができる．後述するように，水や土壌空気の移動や保持力は孔隙の大きさによって決まるため，団粒構造が発達することによって，保水性を維持したまま排水性や通気性が高まるようになる．団粒は陽イオンや粘土鉱物，有機物の働きによって形成される．有機物を多く含む黒ボク土や有機質施肥を継続する田畑では，発達した団粒構造がみられる．栽培学的には，水によっても破壊されない団粒が重要であり，そのような団粒を耐水性団粒という．団粒の大きさは1〜5 mm程度が栽培に適しているといわれ，0.5 mm以下になると通気性が低下する（久馬編，1997）．

e. 土壌の硬さ

土壌は水分の増加と低下によって膨潤と収縮を

繰り返す．水分が高いときはぬかるみ，乾燥した土壌では硬直化する．水分状態によって土の力学的挙動が変わることをコンシステンシーという．コンシステンシーは，特に農業機械の走行や耕起の効率などに影響する．

土壌硬度が変化するもう一つの要因は土壌粒子のち密さである．団粒構造に富んだ土壌では軟らかく，逆に大型機械の踏圧などによってち密化した土壌では硬くなる．単位容積当たりの乾土の重さ（容積重，仮比重）と土壌硬度との間には密接な関係がみられ，同じ種類の土壌では容積重が大きいほど硬い．土壌硬度は，土壌に加えられた外圧に対する抵抗力で評価することができる．実際の測定では，円錐状の金属針を土壌や土壌断面に突き刺したときに生じる単位面積当たりの抵抗値（貫入抵抗）を測定する．わが国では，指標硬度（mm）や圧入抵抗値（kPa あるいは kgf/cm^2）で硬さを表す山中式硬度計や，深さ 90 cm までの貫入抵抗値（kPa あるいは kgf/cm^2）を測定する貫入式土壌硬度計（大起理化工業）が広く使われる（土壌環境分析法編集委員会編，1997）．両装置によって示される値は同じ土壌でも若干異なる点に注意する必要がある．黒ボク土の場合，山中式指標硬度が 21〜22 mm 程度のときに貫入抵抗値は 1,500 kPa 程度になる．水田で代かき後の土壌硬度を評価するためには，ゴルフボールを地上 1 m の高さから落とし，ボールの埋まり方によって作土の硬度を比較する（土壌環境分析法編集委員会編，1997）．

土壌の硬さは作物根系の根の伸長や塊根の肥大に大きな影響を及ぼす．根の伸長は山中式硬度計で 18 mm（0.5 kPa）前後で抑制され始めるといわれている．土壌のち密化によって，土壌内の根密度が低下したり，根系が浅くなることによって根域が小さくなり，養水分吸収が不十分になる．水や養分が欠乏した条件下ではち密化による生長

表 4.1 黒ボク土壌における基本的な改善目標値*

土壌の性質	水田土壌	普通畑土壌	果樹地土壌
作土の厚さ	15 cm 以上	25 cm 以上	60 cm 以上
すき床層のち密度 （山中式硬度）	14〜24 mm	—	—
主要根群域の最大ち密度 （山中式硬度）	24 mm 以下	22 mm 以下	22 mm 以下
主要根群域の粗孔隙量	—	容量で 10% 以上	容量で 10% 以上
主要根群域の易効性有効水分保持能	—	20 mm/40 cm 以上	30 mm/40 cm 以上
湛水透水性	日減水深 20〜30 mm	—	—
pH(H_2O)	6.0〜6.5	6.0〜6.5 （石灰質土壌では 6.0〜8.0）	6.0〜6.5 （石灰質土壌では 6.0〜8.0）
CEC（乾土 100 g 当たり）	15 me	15 me	15 me
EC	—	0.2 S/m 以下	—
有効態リン酸含有量 （乾土 100 g P_2O_5 として）	10 mg 以上	10 mg 以上	10 mg 以上
有効態ケイ酸含有量 （乾土 100 g SiO_2 として）	15 mg 以上	—	—
有効態窒素含有量 （乾土 100 g N として）	8〜20 mg	5 mg 以上	

*：地力増進基本指針から一部抜粋．黒ボク土以外の土壌に関しては地力増進基本指針を参照．

不良が顕著に現れる．このような土壌では，地力増進基本指針（表4.1）に示された目標値となるように，有機物を丹念に施用して土壌改良を進めるとともに，プラウなどによって定期的に深耕して土壌のち密化を防ぐ．

f. 土壌中のイオン交換反応

耕地に投入された栄養元素の一部は，作物の収穫物として持ち出されたり地下水へと流脱するため，耕地外へと流出する．また，土壌粒子や有機物と強固に結合して，不可吸態として耕地に残余するものもある．それらの栄養素を補うために施肥が行われる．例えば水稲では，目標玄米収量を500 kg/10 aとした場合，流脱や不可吸態となった窒素量に，雨や灌水によって供給される窒素量を差し引いても6 kg/10 aの窒素が不足する（西尾，1997）．一方，極端に流脱量が少ない乾燥地や施設栽培の土壌では，塩類が蓄積しやすく土壌塩分濃度が上昇しやすいため，合理的に施肥量を決定する必要がある．

土壌の理化学性は土質と土壌鉱物の特性，および有機物などの腐植物質の特性によって決定される．作物が利用する土壌養分元素は土壌溶液に含まれるものと，土壌粒子に吸着したものとに二分できる．土壌の養分元素にはNH^+，K^+，Ca^{2+}，Mg^{2+}，Fe^{3+}などの陽イオン（カチオン）とNO_3^-，PO_4^{3-}，Cl^-，SO_4^{2-}などの陰イオン（アニオン）がある．鉱物はもともと電気的に中性であるが，結晶性粘土鉱物ではケイ素四面体（＋4価）などの一部がアルミニウム（＋3価）などに置き換わって正の電荷が不足し，粒子全体では負に荷電している（図4.1）．したがって，粘土鉱物は陽イオンを電気的に引きつけて保持する特性がある．一方，陰イオンの多くは鉱物から離れた液相部分（外液）に溶解している．土壌中の主な陽イオンは，$H^+ > Ca^{2+} > Mg^{2+} > K^+ = NH_4^+ > Na^+$の順で，鉱物の負に電荷した部分に吸着されやすい．ただし，吸着されやすいイオンが結合した土壌鉱物でも，大量のK^+やNH_4^+が付与された場合には，イオン交換が起こる（図4.3）．したがって，施肥を行った直後は，土壌の化学的な特

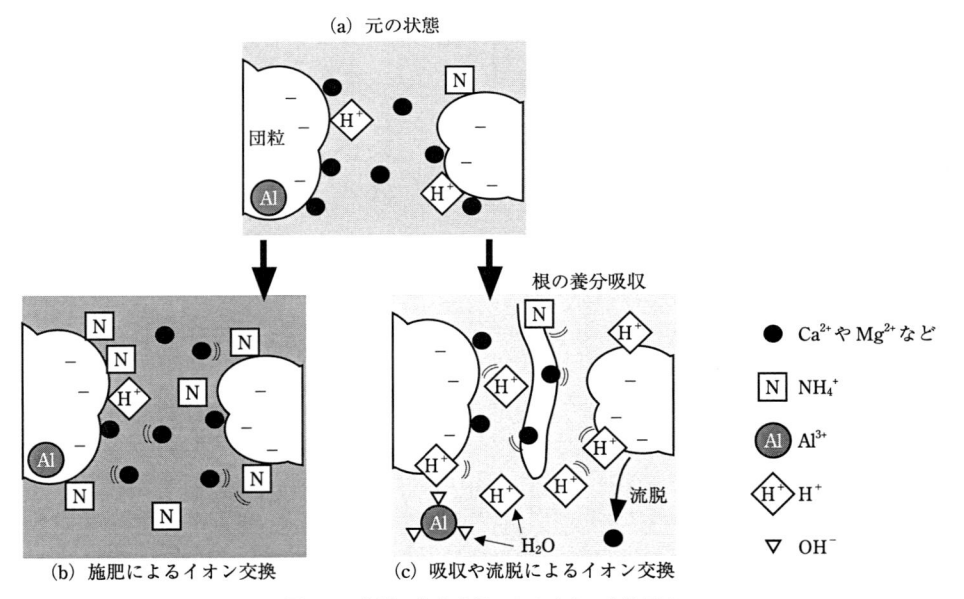

図4.3 施肥や養分吸収によるイオン交換反応
(b) 施肥によって大量のイオンが供給された場合，土壌に吸着していた塩とイオン交換が起こる．(c) 根の養分吸収や流脱によって粒子表面や土壌溶液中のH^+が多くなる．H^+が増えると土壌中のアルミニウムが溶出し，酸性化が進む．

性が急激に変化する．

g. CECとEC

土壌の陽イオンを交換・保持する能力を陽イオン交換容量（cation exchange capacity，CEC）という．土壌の構成物のなかでは，2：1型粘土鉱物や腐食物質でCECが高い．粘土や腐植を多く含む土壌では，有用な陽イオンの吸着能力が高く，雨や灌水による陽イオンの溶脱量が少なくなる（肥料もちがよくなる）．粘土鉱物には陰イオンを吸着する部位もあり，その能力を陰イオン交換容量（anion exchange capacity，AEC）という．AECはCECと比較してはるかに小さい．

土壌中の陽イオン量がCEC以下である場合，投入した肥料の多くは土壌に吸着され，作物の吸収に応じて土壌溶液に溶け出してくる．しかし，過剰に肥料要素を与えれば，土壌溶液にも多くの肥料成分が溶解した状態となる．施肥量が適切かどうかを検定する指標として，土壌の電気伝導度（electric conductivity，EC）が広く用いられている．EC（dS/m，デシジーメンス・パー・メーター）は，溶質が多く溶解した土壌溶液ほど電気伝導度が高くなるという性質を用いている．塩類が集積した土壌ほどECは高くなり，4 dS/m以上になった土壌では多くの作物で塩ストレスによる塩類濃度障害が発生し始める（土岐ら，2000）．

h. 土壌吸着と作物の養分吸収

解離度が小さいイオンでは，土壌に吸着されたイオン量に対して溶出量がきわめて小さい．それに対して解離度が高いイオンでは，土壌溶液中の濃度が低くなると平衡式に従って土壌粒子からイオンが速やかに補給される．こうした元素の吸着特性と根系の発達は密接に関係している．すなわち，土壌溶液に溶解したイオンは植物が吸収する水に溶け込んでいるため，蒸散による水の流れ（蒸散流）に乗って植物に供給されやすい．一方，溶解度の低い元素では，植物は直接根を伸ばして土壌粒子に吸着したイオンを直接吸収しなければならない．したがって，相対的に吸着度が高いNH_4態窒素やリン酸を吸収するためには，溶解度が高いNO_3態窒素を吸収するよりも多くの根が必要である．このように，根の発達は水吸収だけでなく養分吸収においても重要な要素であるといえる．

i. 土壌pH

土壌の化学性を特徴づける大きな要因にpHがある．ほかの化学反応と同様に，土壌のなかでもpHに依存的なイオンの析出と吸着が起こる．例えば，酸性土壌では鉄イオンやアルミニウムイオンが溶出しやすくなり，中性〜弱アルカリ性ではカルシウムイオンやマグネシウムイオンが溶出しやすくなる．作物は，生育に要する養分に違いがあり，作物にとっての好適な土壌pHも種によって異なる．多くの場合，作物を栽培する土壌の適性pHは6.0〜7.5前後であるが，チャのようにアルミニウム要求度が高く酸性土壌（pH 4.5〜6.5）を好むものもある．

土壌の酸性化・アルカリ化のメカニズムはきわめて煩雑であるが，pHの変化を起こす主な要因は，土壌の水環境によるものと施肥によるものに大別できる．わが国のように多雨で，蒸発量より降水量が多い環境では，陽イオンの溶脱量が多くなる（図4.3）．このような環境では，相対的に土壌中のH^+が多くなるとともに，OH^-を結合しやすいアルミニウムイオンも溶け出すため，土壌は酸性になっていく．一方，乾燥地や施設栽培などの乾燥した栽培環境では，土壌表層に塩類が結晶となって集積し，次第にアルカリ性になっていく．

施肥によって生じる酸性化は，作物が選択的に養分を吸収することによって起こる．すなわち，硫安（$(NH_4)_2SO_4$）や塩安（NH_4Cl），塩カリ（KCl），硫カリ（K_2SO_4）などを施用すると，作物はNH_4^+やK^+などを多く吸収し，陰イオンをあまり吸収しない．また，土壌中では硝化細菌によってNH_4^+がNO_3^-へと酸化される．陰イオンが相対的に多いと土壌は負に荷電するため，電気的に中性になる方向に化学反応が進む．その際，粘土鉱物や腐植物質に吸着していたH^+が放出さ

れ酸性化する（図 4.3）．石灰質土壌や石灰質資材を過剰に投入した場合，Ca^{2+} が土壌溶液中にも溶け出す．その場合，酸性化のメカニズムとは逆に OH^- が相対的に多くなりアルカリ性となる．

j. リン酸の固定

リン酸吸収効率は施肥量の 5～20% 程度にすぎない．リン酸は pH に依存的な元素の一つで，酸性土壌では溶出してきた Al や Fe，有機酸など結合して不可吸態となる．それに加えて，リン酸は土壌鉱物中の Al や Fe と結合する水酸基と特異吸着を起こして，pH に関係なく強固に土壌に吸着される．多雨で土壌が酸性化しやすいことに加え，Al や Fe を多量に含む火山灰性土壌が多いわが国の土壌ではリン酸が不溶化しやすい．乾土 100 g の土壌が固定する P_2O_5 の質量（mg）をリン酸吸収係数という．リン酸吸収係数は黒ボク土では 1,500 以上，非黒ボク土では通常 700 程度である．黒ボク土の耕地では，溶成リンを大量に投与することによってリン酸吸収能を飽和させるようにした結果，生産性が飛躍的に向上した．

k. 根圏の理化学

土壌中でも根の影響力を強く受ける領域を特に根圏という．根圏の特徴としては，① 根の養水分吸収によって含水率やイオン濃度が低い，② 根から分泌される H^+ や有機酸などによって理化学的な特性が異なる，③ 根から炭素源や共生誘導物質が供給されるため周縁土壌とは異なる微生物相を形成する，などの特徴がある．ある種の緩効性肥料では，② の特性を活かして根圏の低 pH に反応して栄養分が溶け出すようにしている．また，鉄欠乏耐性が高いオオムギやコムギでは，根から分泌されるムギネ酸を分泌することによって，高 pH 下で不溶化した Fe をキレートし植物に吸収可能な形にする（日本土壌肥料学会編，1993）．キマメ（*Cajanus cajan*）やルーピン（*Lupinus albus*）も根からクエン酸などの酸を分泌することによって，Ca と結合したリン酸を吸収可能にするだけでなく，Fe と結合したリン酸もキレートすることによって吸収できるといわれている．これらの作物は肥沃度の低い耕地での栽培に有用であると考えられる．

4.2.2 水条件（乾燥と過湿・湛水）

土壌の乾燥や過湿など，不好適な水環境にさらされた作物では，様々な生理障害が発生し，収量や品質が低下する原因となる．畑作を主とするアメリカにおける試算では，乾燥害と過湿害（湿害）をあわせると，環境ストレスによる総被害の 3 割強を占める（野並，2001；Kramer and Boyer, 1995）．わが国の場合，風水害（33%）と乾燥害（15%）で被害要因の 40% 程度を占める（久馬編，1997）．耕地で乾燥害や湿害が発生する原因は降雨量など気象学的な要因によるものであるが，土壌管理によっては作物への影響が小さくも大きくもなる．

a. 作物と水

作物は光合成を行うために気孔を開き，CO_2 を取り込む．その反面，植物体内はほぼ水で飽和しており，気孔から乾燥した空気中に水が拡散する．この一連の水の拡散を蒸散という．蒸散速度は，葉内と大気の水蒸気濃度勾配（飽差）が大きい環境ほど高くなる．また，作物の水消費量は日を受ける葉面積に比例し，生育が進むに従って多量の水が必要となる．植物体に含まれる水は乾物の 3 倍程度にすぎないが，作物が 1 kg の乾物を生産するために必要な水（要水量）は，水利用効率が高い C_4 植物で 200～300 kg/kg，C_3 植物で 300～900 kg/kg にもなる（ラルヘル，1999）．実際の栽培では，蒸散による水の放出に加えて，蒸発や流亡などでも耕地から水が消失する．栽培期間中に要する総水量を用水量という．

ストレスがないケースでは，蒸散が起こると，多少の時差は生じるものの根系から同量の吸水が起こり植物体内の水収支は保たれる．しかし，土壌が乾燥したり，過湿によって根の吸水力が低下すると植物体内で水収支のアンバランスが生じ，葉の水分状態が悪くなり気孔が閉鎖する．また，多くの作物には乾燥や過湿を感知した根が化学シ

グナル（ルートシグナル）を葉に送り，気孔を閉鎖させるような機構がある（平沢，1999）．作物は気孔を閉鎖することによって過剰な水分損失を抑制するが，同時にCO_2の同化速度も低下するため植物の乾物生産が低下する．

蒸散速度の低下は養分吸収にも影響する．例えば，NO_3^-やK^+などの多くは蒸散によって生じる蒸散流に乗って作物の地上部へと輸送される．したがって，蒸散量が減少するに従ってこれらのイオンの吸収量も低下する．乾燥ストレスにさらされた植物体で葉の黄化（窒素欠乏）がみられる原因の一つは，蒸散速度の低下であると考えられている．

b. 干ばつ害

乾燥ストレスは作物の生産性に強く影響する．乾燥ストレスの影響は，① 根系が未発達な時期の苗立ち率，定着率の低下，② 葉の小葉化，分げつ数の低下，③ 生殖器官（葯，花粉，雌しべなど）の発育低下，機能障害，④ 貯蔵デンプン量あるいは同化産物量の低下による登熟不良，として現れる．特に，子実を収穫する作物では幼穂あるいは花芽が分化する時期の乾燥ストレスに弱く，この時期に干ばつが起こると子実数の低下，あるいは不稔粒の増加によって収量が著しく低下する．

乾燥害を軽減するためには，① 作期や作物の生育期間を調整して，干ばつが多発する時期を避ける，② 根の張りがよい，あるいは乾燥に対して耐性がある品種を選定する，③ 根が土壌深層まで十分発達するように土壌改良を行う，④ 土壌からの蒸発を抑えるために被覆や耕起，中耕を行う，⑤ 干ばつ多発地帯では灌水設備を整える，などの対策がある．

c. ストレスを利用した栽培

乾燥ストレスや塩ストレスをかけるとトマトやミカンなど果実の糖度が高まることを利用して，ストレスによる高品質果実栽培が行われている．このような栽培管理は，主に降水の浸入を防いだり，土壌培地の乾燥程度やECを変化させやすい施設栽培で行われる．両ストレス条件下では，果実への水の流入が抑えられる反面，糖の蓄積が進むため，糖度が上昇する．ストレス強度が高いほど糖度は効果的に上昇する．しかし，ストレスが強すぎれば，植物体を弱らせる，減収程度が大きくなる，イオン吸収量の低下による生理障害果の増加など，負の影響も大きくなる．

d. 土壌水分の評価

土壌中の水分状態は，量と質を区別する必要がある．水分量を評価する指標としては，体積当たりの水の体積（体積含水率，m^3/m^3），サンプル土重当たりの水の重さ（含水率，Mg/m^3），水の重さと乾土重の比（含水比，g/g）が用いられる．降水量のようにmmで表されることもあり，この場合どれだけの厚さの水層があるのかを示す．同じ量の水が土壌に含まれるといっても，作物にとって湿り具合や乾き具合が同じであるとは限らない．例えば，体積含水率が$0.4\ m^3/m^3$であっても，砂土では湿潤な状態，壌土ではきわめて乾燥した状態となる．土質が異なる土壌水分の状態を評価するためには，水ポテンシャルやpFによって表す．

e. 土壌の水ポテンシャル

土壌水の保水性や排水性は，主に粗孔隙と細孔隙の構造によって決定される．乾燥した土から水を搾り出すためには，スポンジから水を出すためにスポンジを握りつぶすのと同様に，圧力や遠心力をかけなければならない．これは，土壌中の水が吸着力や毛管力によって粒子に結合しているためである．このように，土壌中の水に働く張力（引圧）をマトリックポテンシャルΨ_m（kPaやMPa）といい，乾燥程度の指標にすることができる（Kramer and Boyer, 1995）．マトリックポテンシャルと土壌孔隙の直径は，次式で近似される．

$$\Psi_m\,(\mathrm{kPa}) = -300/d$$

ここで，dは孔隙の直径（μm）を示す．例えば，$\Psi_m = -100\ \mathrm{kPa}$の土壌では，$3\ \mu m$以下の孔隙にのみ水があることが分かる．重力によって働く下方への力はおよそ$-5\ \mathrm{kPa}$であるため，直径60

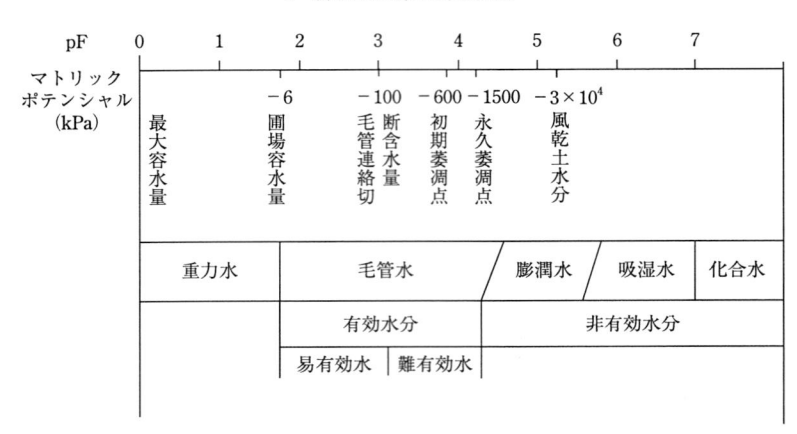

pF	0	1	2	3	4	5	6	7
マトリックポテンシャル (kPa)			−6	−100	−600 −1500	−3×10⁴		
	最大容水量		圃場容水量	毛管連絡切 断含水量	初期萎凋点 永久萎凋点	風乾土水分		
	重力水		毛管水		膨潤水	吸湿水	化合水	
			有効水分			非有効水分		
			易有効水	難有効水				

図 4.4 マトリックポテンシャルと pF に対する土壌の水分状態

μm 以上の孔隙には毛管水が保持されない．比較的大きな間隙が多い砂質土壌では，含水率の低下に伴ってマトリックポテンシャルが急激に減少するのに対し，小さな間隙が多い埴土では緩やかに低下する．

土壌液中に溶けた塩類の浸透圧を負数にしたものを浸透ポテンシャル Ψ_o，重力によって水に働く力を重力ポテンシャル Ψ_g といい，マトリックポテンシャルと同様に土壌の水ポテンシャル Ψ_w（$= \Psi_m + \Psi_o + \Psi_g$）の主要な成分となる．塩化した土壌では特に Ψ_o が大きくなる．土壌−植物体−大気連続体（soil−plant−atmosphere continuum, SPAC）をめぐる水の移動は，構成要素間の水ポテンシャル勾配によって生じる．蒸散が生じている環境では，土壌＞植物＞大気の順に水ポテンシャルが高く，土壌から大気に向けて水が流れる．乾燥や塩化が進んだ土壌では，土壌の水ポテンシャルが低くなるため吸水が生じにくくなる．

土壌水の張力は水柱の高さの対数（pF）で表されてきたが，国際単位の広まりとともにマトリックポテンシャルによって表されることのほうが多くなっている．pF とマトリックポテンシャル（kPa）との関係は，

$$pF = \log(-10.2\,\Psi_m)$$

と表される．マトリックポテンシャルや pF を用いることによって，その土壌の水分状態が作物にとってどれだけ吸水可能であるのかがわかる（図

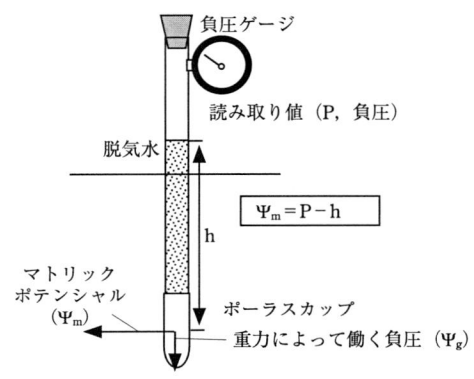

図 4.5 テンシオメータによるマトリックポテンシャルの測定
この方法では，圧力の単位を水柱で表すと計算が便利だが，最近では kPa を使うようになっている．

4.4）．多量の雨が降った直後にすべての間隙が水で満たされた状態を最大容水量という．その 1 日後に重力水が排水された水分状態を圃場容水量（field capacity）という．水が孔隙から消失するに従って，吸水しにくい小さな孔隙にのみ水が残るようになる．初期萎凋点は日中に一時的に萎れがみられる土壌水分，永久萎凋点は萎れが回復せずに枯死する水分状態を示す．最終的には，マトリックポテンシャルが低すぎて植物が吸収することができない非有効水のみが残る．なお，−60 kPa 程度までの土壌水ポテンシャルは，テンシオメータを使って測定する（図 4.5）．

f. 土壌中の水の動き

乾燥が進むと同時に，土壌中の水の移動速度は

極端に低下する．土壌の水移動速度はダルシー－リチャードの法則によって決まる（久馬編，1997）．単位面積当たりの水のフラックス（q）は $q = k\Delta P$ によって計算することができる．ここで，k は不飽和透水係数，ΔP は 2 点間のマトリックポテンシャル勾配を示す．乾燥した土壌では直径が小さい孔隙のみ水が残るため，k が小さくなり q が低下する．湿潤条件下では直径が大きな孔隙が水を通しているため，砂質な土壌で k が高く粘土質な土壌で k が低い．一方，乾燥条件下では，多くの間隙で毛管が途切れやすい砂質土壌で k が低下しやすい．したがって，砂質な土壌では土壌〜根の間の水移動速度が低下しやすく，軽度な乾燥状態でも植物体は水欠乏に陥りやすくなる．

g. 乾燥害を軽減する土壌管理

作物の栽培現場では，土壌の特性を利用した土壌管理が行われている．例えば，中耕には，毛管の連続性を断ち切って，土壌を乾燥させ雑草を効果的に枯死させるとともに，下層土壌からの水の上昇を抑え土壌中に有効水分を多く保持させるという効果がある．逆に，プラウなどで強く土壌を撹乱した場合には，適度に鎮圧することによって毛管による下層からの水供給を確保し，乾燥に弱い種子や苗を保護する．粘土の比率が高い土壌では，雨滴や灌水によって土壌表層に透水性が乏しいクラスト（皮膜）が形成されやすく，水が十分に浸透しないという問題が生じる．その場合，クラストを破壊して水の浸透性を維持する必要がある．

h. 過湿ストレス条件下の土壌

排水機能を超える雨が降ると，畑作地は一時的に耕地が過湿あるいは湛水状態となる．また，水稲がいくら湛水に適応的であるといっても，土壌中の状態によっては湛水によって生育不良が生じることもある．過湿ストレスによる作物の生育障害を湿害という．

通常，畑作土壌は十分な酸素があるため酸化的な状態である．水田でも田面水には十分な酸素が

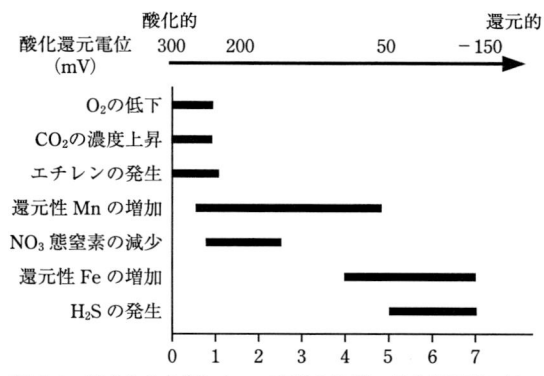

図 4.6 湛水した土壌において気体や物質の変化が顕著に起こる時期

溶けており，これが土壌中に浸透してイネ根や微生物に供給される．湛水や過湿条件下では，孔隙が水で満たされることによって，そこを通り道としていた気体の移動速度が極端に低下する．したがって，酸素濃度が低下すると同時に，根や微生物の呼吸によって発生する二酸化炭素濃度が上昇する（図 4.6）．酸素がなくなると土壌が還元的になり，酸化還元電位が低下して土壌中の微生物群は硝酸や亜硝酸に結合した酸素を呼吸に用いるようになる．酸素が奪われた窒素は気体となって植物にとって利用不可能な形となる．この現象を脱窒（だっちつ）という．さらに溶存酸素が低下すると，Mn や Fe が還元されて 2 価のイオンが増加する．鉄が還元されると結合していたリン酸が放出されるものの，S などと結合して鉄が不溶化し鉄欠乏が生じやすくなる．SO_4 イオンや有機物などが還元される強い還元土壌では，植物にとってきわめて有毒な SH_2 や CH_4 が発生するようになる．強還元田では鉄欠乏や有害ガスの発生によって，葉の枯死や不稔などが起こる．

i. 土壌の物理性と土壌空気の動き

流体の動きには，流体が塊として移動するもの（マスフロー）と濃度勾配に従って高い濃度から低い濃度へと移動するもの（拡散）がある．土壌中では，気体のマスフローは無視できる程度にしか起こらず，ガス交換は主に拡散によって起こる．土壌中のガスの移動速度（q）は次式によっ

て示される．すなわち，

$$q = D(\Delta C/\Delta z)$$

と表される．ここで，D はガス拡散係数，ΔC は2点間のガス濃度勾配，Δz は移動距離を示す．大きな孔隙がある土壌ほど D は大きく，孔隙が水膜でふさがると D が著しく低下して通気性が悪くなる．D は気体によっても異なるため，土質や水分状態が異なる土壌の間でガスの移動性を比較する場合には，大気中の拡散係数 D と土壌中の拡散係数 D_0 との比 (D/D_0) が用いられる．D/D_0 が 0.02 まではガス交換がスムーズに行われる．土質ごとにみると，大きな孔隙が多い砂土では孔隙が水でふさがりにくく，$-6\,\mathrm{kPa}$ のマトリックポテンシャルで D/D_0 が 0.02 を超えるのに対し，埴土ではかなり乾燥が進んだ $-1{,}000\,\mathrm{kPa}$ 以上でようやく 0.02 を超える．粘土を多く含む土壌では，通気性を高める土壌管理が不可欠であることが分かる．

j．湿害

畑作地において，過湿土壌の大きな問題の一つが苗の発芽・定着不良である．この時期に過湿が起こると，苗立ち率が低下し欠株が多発するとともに，初期成育が著しく悪くなる（有原，2000）．夏作の畑作作物は播種時期が梅雨の多雨時期と重なることが多く，苗立ち不良が起こることが多い．欠株は単収が低下するという程度で起こる場合もあれば，降雨量によってはほとんど発芽しないというくらい深刻な被害を招く場合もある．また，作物は一般に初期成育の不良が生育後期まで影響することが多く，ダイズでは生育初期に根が低酸素条件にさらされただけでも生育量が低下することが知られている（有原，2000）．

過湿ストレスは作物の光合成にも影響する．過湿土壌では，酸素濃度の低下や二酸化炭素濃度の上昇など，根の呼吸や生理代謝を阻害する要因が多くなり，根の吸水力が低下する（Kramer and Boyer, 1995）．地上部で蒸散要求が大きくなった場合，蒸散速度に見合った吸水を行うことができず気孔が閉鎖してしまう．著しい湛水条件の場合，葉身の萎れが観察されるケースもある（Kramer and Boyer, 1995）．また，嫌気的な状態では根の生育も抑制される．排水性が乏しい畑では，梅雨時期の長雨によって根系が浅くなり，雨が寡少な夏期に乾燥ストレスが生じる危険性が増す（Hirasawa et al., 1994）．

過湿な土壌では，窒素をはじめとする栄養元素が作物にとって吸収できない形になりやすい（図4.5）．同時に，浸透水とともに土壌塩が溶脱される．ダイズなど窒素固定を行う作物は，全吸収窒素の 25〜90％ が根粒菌による固定窒素であり，収量が高くなるほど固定窒素の役割が大きくなる（有原，2000）．その反面，ダイズの根や根粒は酸素消費量が高いため，低酸素状態になるとその活性は大きく低下する．これらの原因から，過湿ストレスにさらされた作物では葉の黄化などの養分欠乏症状がみられることもある．

それ以外にも，過湿な土壌条件下では病気の発生や作業の停滞，穂発芽の発生，収穫部の汚れなどによって，商品価値が低下するという問題も生じる．

k．湿害を軽減する土壌管理

多湿なわが国では，栽培中に多量の降雨があることは避けられず，特に排水性が悪い転換畑では耕地の排水設計が重要となる．栽培地の排水性を高めるためには，第一に暗渠や深い側溝を設け，排水性を高めるとともに地下水位を 40 cm 以下に保つことが効果的である．しかし，これらの方法では多大な労力とコストがかかることや，立地によっては効果が小さい場所もある．したがって，大規模な耕地の改良を伴わない日々の管理も重要な湿害対策となる．

湿害が起こる耕地では，① 降雨後の排水を促すため明渠を整える，② 高畝を設け畝下の地下水位を低くする，③ 耐湿性に優れた作目および品種を選定する，④ 有機質肥料を施用し団粒形成を促す，⑤ 過湿によって生じる作物の窒素欠乏を補うために窒素肥料の追肥を行う，などが基本的な対策となる．また，近年では転換畑でのダ

イズの単収を高めるため，不耕起や浅耕をうまく利用して，酸素が十分にある浅い層に根を張らせるような栽培技術の確立が試みられている．

4.2.3 気象条件（温度・光・風雨）
a. 放射と光の種類

熱を有する物体からは照射エネルギーが射出されており，放射される波長は物体の表面温度によって異なる．太陽（表面温度 6,000 K）が出す電磁放射を太陽放射あるいは日射という．日射の波長域は 170～4,000 nm と短いため短波放射ともいう．それに対して，地面や物体（表面温度約 300 K）から放射されるエネルギースペクトルの波長はおよそ 3～80 μm と長く，ほとんど太陽放射と重ならない．この放射は長波放射と呼ばれる．

人間が可視光以外の波長域である紫外線や赤外線を感知することができないのと同様に，作物の生長にとって最も影響力の強い光にも特定の範囲がある．植物が光合成に利用できる波長（光合成有効放射）は 400～700 nm とされていて，可視光（380～760 nm）に比べれば若干狭い．特に，光合成に利用できる波長域の光を光合成有効放射（photosynthetic active radiation）という．光合成有効放射以外の波長光でも作物にとってある種の影響力を持つ光もある．例えば，赤色光（660 nm）や遠赤光（730 nm）は熱を供給したり，休眠打破などの生理活性物質を誘導する．オゾン層の破壊に伴って問題となっている近紫外放射（300～400 nm）は，人類にとってのみならず，植物にとっても遺伝情報系や生理組織を破壊するなどの悪影響を及ぼす（野内，2001）．

b. 日射強度と照度

光の強さを表すときに，日射強度（日射フラックス）と照度という言葉をよく使う．作物の生長を考える場合，光のエネルギー量を直接的に示す前者を指標としたほうがよい．日射強度（W/m^2 あるいは J/m^2 s）は単位時間中に単位面積で受ける光エネルギーの量をいう．光合成と光強度の関係を考える場合には，1 分子の CO_2 が固定されるのに要する放射量を光量子として，単位面積当たりに受ける光合成有効光量子束密度（photosynthetic photon flux density, PPFD, μmol/m^2 s）の大きさを光強度の指標とする．それに対して，照度（ルクス：lx）はあくまで人の視覚にとっての明るさを示したものである．人の視覚は緑～黄の光を特に眩しく感じ，可視光の両端である青と赤の光は暗く感じる．人工灯を使った場合，私たちが眩しく感じても作物にとっては暗い場合が多い．例えば，蛍光灯で四方を囲った人工培養装置でも光合成有効放射量はせいぜい 300 μmol/m^2 s 程度で，作物にとってはどんよりとした曇り空に近い．

ところで，植物の葉は PPFD が 350～500 μmol/m^2 s を超えたあたりから光合成速度の増加が鈍くなる．この光強度を光飽和点という．真夏の光強度は 2,000 μmol/m^2 s 近くになり，横に垂

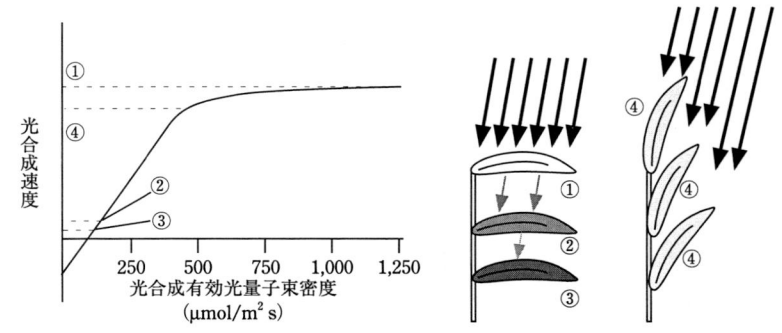

図 4.7 個葉の光-光合成曲線（左）と個体全体でみた葉の光合成
左図中の数字は，右図の各個葉における光合成速度を示している．

れてまともに光を受けた葉は，光を効率的に生産に結びつけることができない（図4.7）．しかし，葉が直立した個体は，光合成に有効な光を下位葉まで光をあてることができるため，個体全体でみれば生産性が高くなる．そのため，受光体勢が優れた個体をつくることが育種の課題の一つである．また，栽培的にも多肥によって受光体勢が悪化することがあり，生産性を悪くする原因にもなる．

c. 日長と日照

日長時間は栽培地の緯度によって決まる（図4.8）．日照時間は，日長から雲などによって光が遮蔽された時間を引いたもので，実際に作物が光を受けた時間を示す．高緯度の地方になるに従って夏の日長は長く，冬の日長は短い．したがって，温度などの問題がなければ，高緯度の地方ほど夏作作物の生産性は高い．

d. 温度が変化する原因

熱の移動は，伝導，対流，放射に分けられる．伝導とは2点間の温度差に応じて熱が固体中に伝わる形態である．水や空気などの対流による熱の移動がなければ，土壌中の温度変化は土壌粒子を介した伝導で起こる．対流は，温度が異なる固体と流体（水や空気）の間，あるいは流体間で起こる伝熱形態で，流体の流速が速いほど効率的に起こる．施設栽培では，昼間に太陽からの強烈な放射によって施設内の温度が高くなりすぎないように，換気やファンを用いて放熱する．また，施設栽培ではミスト（霧）を噴霧することで水の気化熱によって屋内の熱を奪い，室温を低下させる栽培方法も確立されている．

放射には短波放射（太陽放射）と長波放射があり，それぞれ昼間と夜間の温度変化に深くかかわっている．昼間に短波放射によって暖められた植物体や土壌の熱は，夜間の長波放射によって放熱する．水蒸気や雲など放射を遮るものがない天気の夜間に，土壌から大気への放射によって地表面が大気よりも冷えることがある．こうした現象を放射冷却という．放射冷却が起こると，上空よりも地表面の温度が低くなる．チャの栽培では凍霜害を防ぐために，電柱のような柱につけた大型扇風機（防霜ファン）によって畑上空の暖かい空気を対流させる．トマトなどの夏作野菜は光要求が高いため，透過性が高いガラスやポリエチレンフィルムを用いた施設で栽培するが，夜間の保温のみを目的とすれば，ポリエチレンフィルムよりは透過性が低い塩化ビニルフィルムやアルミフィルムなどを併用する方が効果的である（高倉，2003）．

e. 温度と作物の生長

温度は作物の栽培時期や品種を選択するうえで重要な要素となる．作物の生長速度が最も大きくなる適温は作物によって異なり，イチゴは15〜20℃と低く，その他の作物では25〜30℃であることが多い（高倉，2003）．作物の栽培にとっては上限・下限温度も重要であり，水稲の場合それぞれ35〜40℃および10〜15℃であるといわれている．ただし，栄養生長に比べて幼穂分化における下限温度は比較的高く，水稲では生殖生長期に15〜22℃以下になると冷害が発生する．有効積算温度と生長速度の関係を調べた場合，両者に密接な関係がみられる場合が多い．生長にとっての適温と，収穫量にとっての適温は異なる点に留意しなければならない．例えば，コムギでは生長速度が最大になる温度で栽培すると，登熟期間が短縮して収量が低下する．また，作物の生長には昼温

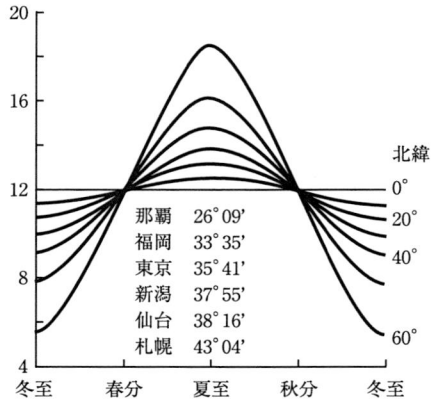

図4.8 北緯が異なる地方における日長時間の年変化

（グラフ内ラベル）
北緯 0°, 20°, 40°, 60°
那覇 26°09′
福岡 33°35′
東京 35°41′
新潟 37°55′
仙台 38°16′
札幌 43°04′
冬至　春分　夏至　秋分　冬至

のみならず，夜温や地温も密接に関係している（高倉，2003）．トマトなどの野菜類では，昼夜温差が大きい環境ほど果実への糖の分配が進み品質が高くなるといわれている．また，地温は通常20℃前後で生長が最大となる．

f. 作物の早晩性と環境条件

作物の品種は，生殖生長の転換までに要する期間の長さ（早晩性）によって早生，中生，晩生品種に分けられる．最も花芽分化が起こりやすい環境下での栄養生長の長さは基本栄養生長性という．また，早晩性は作物の光や温度に対する反応（感光性と感温性）によっても変化する．これらの3要因の相対的な影響力は品種によって異なる（星川，1980）．

植物は，花芽分化に必要な日長条件によって，長日植物，短日植物，中性植物に大別できる．長日植物では明期が限界日長よりも長くなると花芽分化が始まり，短日植物では暗期が長くなると分化が始まる．中性植物は日長に関係なく分化する．短日植物の花芽分化では，暗期の連続性が重要であることが知られ，暗期中に赤色光を照射することで開花が抑制される．キクは典型的な短日植物であり，秋ギクの電照栽培ではこの性質を用いて開花時期を調節する．感温性は，一般に高温によって生殖生長への転換が促される性質をいう．

水稲やダイズは短日植物で，わが国の品種の場合，早生品種ほど感温性が強く，晩生品種ほど感光性が強い（星川，1980）．各地方での栽培に適した品種や植付け時期は，早晩性と栽培地域の環境との兼ねあいを吟味したうえで選抜されている．例えば，水稲の場合，高緯度地方では秋冷がくる前に収穫を終えるため感温性が高い水稲品種が栽培されてきたのに対し，温暖な西日本地方では，高温下でも出穂が早まらないよう，感温性が低く感光性が高い品種が栽培されてきた．

g. 冬作作物と寒さ

コムギやオオムギでは幼穂分化が低温処理（春化）によって促される．低温要求が弱い品種は春にまいても出穂するため春播性品種（spring wheat），低温要求が強いものは秋播性品種（winter wheat）と呼ばれている．一般的には，寒地の夏作と暖地の冬作に春播性品種（農林61号など），寒地では秋播性品種（ホクシンなど）が栽培されている．このような品種の使い分けには，植物体の低温抵抗性が関係している．すなわち，苗を寒さに順化（ハードニング）させるため寒冷地では早播きを行うが，本格的な低温期がくる前に出穂しないように秋播性程度が強い品種を栽培する．暖地では十分な低温期が得られないため春播性品種を栽培する．その際，早く出穂しないように早播きは行わない．このような慣行的な品種の選抜基準に対して，収穫の早期化を目的とする暖地での早播栽培や，春コムギの栄養生長期間の拡大を目的として冬期に播種する根雪前栽培に，秋播性が強い品種を用いるなどの新たな動きもみられる．

h. 水稲の温度障害

日本農業の中心である水稲は元来低温に弱く，歴史的にみても関東以北に広がったのはそれほど古い時代のことではない．水稲の冷害は，次のように区別される．

① 遅延型冷害：栄養生長期の低温によって分げつや葉の発達が悪くなる．また，生育全体が遅れ収穫期が秋の寒冷な時期にずれ込み，登熟不良が起こる．このケースでは，低温によって登熟が進まず晩秋になっても株が青々とする青立ちと呼ばれる現象が起こる．

② 障害型冷害：生殖生長期（特に減数分裂～開花期）に冷温に遭遇し，花粉の機能障害によって不稔が起こり減収する冷害をいう．出穂前10～15日に最低気温が14℃以下になると低温に弱い品種ではほぼ完全に不稔が起こる．

③ 混合型冷害：上記の冷害が併発するような冷害をいう．大冷害年と呼ばれる年は，5月から9月頃まで低温が続き遅延型と障害型の冷害が併発する．

④ いもち型冷害：低温によって病害，特にいもち病が蔓延し，収量や品質が低下する．

低温に際しては，熟期を早めるために早植えする，深水によって幼穂（ようすい）がある部位を保護する，漏水を抑えるあるいは蒸発を抑えて田面水の温度を高める，などの対策が有効である．

また，近年では夏期の高温によってコメの品質が低下することが，農業経営上無視できない問題になっている．水稲は，登熟初中期に高温に遭遇すると未熟粒の発生率が高くなり，背白，心白，乳白米の割合が増す．実際，1994 年や 1999 年などの高温年は，乳白米が増加し一等米の割合が低下した．また，水稲の熟期が高温期と重なる西日本地域では，登熟初期が 8 月中旬に差し掛からないような栽培体系が望ましいとされている．

i． わが国の降水量

わが国の年平均降水量は 1,750 mm で湿潤な地域に属している．降水量には地域的な変動も大きく，九州南部や四国南部，北陸などでは年間降水量が 3,000 mm を超えるのに対し，瀬戸内海沿岸や東北太平洋岸，梅雨のない北海道では 1,200 mm 以下になることもある．梅雨や春秋の停滞前線，日本海側の降雪などによって，季節的な降水量の変動も大きい．日々の詳細な気象データは地方ごとに気象庁のホームページで随時更新され，簡単に閲覧することができる．

j． 干ばつと水害

5～8 月の降水量が 30％程度少ない年には干ばつ害の発生が多くなる．畑作栽培では，10 日間以上晴天が続くと被害面積が上昇し始め，20 日間以上続くとほぼすべての栽培地で被害が生じる（堀口ほか，1992）．

降雨が集中的に起こったり長期化した場合，その程度に応じて様々な水害が発生する．農業における水害による被害は，農作物の生長や品質に直接的に影響するだけではなく，作業環境や施設にも及ぶ．浸水や冠水が起こると，① 過湿ストレスによる作物の生長抑制，② 収穫物の品質低下，③ 耕地の破壊と土壌流亡，④ 作業の非効率化，⑤ 施設の破損，⑥ 病害の発生などが発生する．水害が起こる主な原因は，台風や低気圧，梅雨・秋雨前線などの活動などである．したがって，水害が起こる場合，日照不足や低温などと複合ストレスを形成する場合が多い．

k． 雨と作物の生長，栽培環境

雨は露地で栽培される作物にとって重要な水源の一つである．しかし，過剰な雨によって弊害も起こる．湿害はその最も顕著な例である．また，降雨によって植物体がぬれると，病気の発生や急激な湿度変化による障害果の増加，穂発芽による穀物の商品価値の低下などの被害が起こることもある．

雨は水のほかにも作物の栄養元素や汚染物質を耕地にもたらす．雨は大気中に浮遊する窒素（3～7 kg/ha），リン酸（0.4～0.7），カリウム（3～8），カルシウム（9～11），マグネシウム（1～3）などを溶解しながら落下する（木村，1987）．一方，わが国のような多雨な栽培環境では，雨は土壌養分の流脱および pH の低下の原因となる．近年では，酸性雨がこの問題を助長している（野内，2001）．

雨によって土壌流亡（水食）が起こる．水食には，面侵食（土壌表面が一様に削られる），ガリー侵食（表層の凹部を中心に降水が流去し，水路のように土壌が削られる），崩壊侵食（深層土壌が水で飽和することによって地盤が緩み，地すべりが起こる）など，3 つのパターンがある（堀口ほか，1992）．特に，栽培が行われていない裸地や疎植な栽培環境では，雨滴の衝撃や流去水の流れを緩衝する障害物がないため面侵食やガリー侵食が生じやすい．侵食を抑えるためには，作物やわらなどで耕地を被覆する．

l． 微風と強風

植物の葉面には気体の拡散が起こりにくい葉面境界層がある（矢吹，1990）．葉面境界層は空気の膜で，光合成に必要な CO_2 ガスの交換速度を低下させるため，境界層が厚いと光合成速度が低下する．葉面境界層は微風があると薄くなる．また，風通しのよい環境では湿気がなくなり病気も抑えられる．また，熱交換という観点からみて

も，風は栽培の現場にはなくてはならない環境要因である．

しかし，台風や発達した低気圧が来襲し風力が強くなると風の影響は一変する．風害は，強風害，潮風害，寒風害，乾風害，風食害などに分けられる（堀口ほか，1992）．強風害は風の機械的な力によって，作物や栽培施設が破損するような害をいう．作物では倒伏，折損，枝梢・茎葉の損傷や摩擦，落葉・落果・脱粒などが起こる．特にイネやムギの収穫期に強風が起こると，倒伏によって収穫作業の効率が落ちたり，地面の湿気を含んだ穂の粒が穂発芽するなどの被害が起こる．また，強風は作物から過剰な水分を奪うことにもなり，乾燥害のような生理障害を起こすこともある．

潮風害は，海岸地帯において海水を含んだ風が内陸に吹きつけることによって起こる．高濃度の塩が作物に付着することによって塩障害が発生する．乾風害はフェーン風によって起こる．気流が山越えをするときに雨を降らして乾燥し，風下側の斜面では乾いた風が吹きつけることをフェーン現象という．フェーン風は高温・低湿であり，作物から水を奪い瞬間的に強い水ストレス障害を起こす．特に，開花期など生殖生長にとって重要な時期にフェーンが生じると不稔粒が多発し，まったく粒をつけない白穂が発生する．水食と同様に，強風によっても表層土の侵食が起こる．風による侵食を風食という．

m．強風対策

風害を軽減するに最も効果的な対策は，防風施設を設けることである．防風施設には，防風林，防風垣，防風網などがある．防風施設は風エネルギーを吸収したり減殺するものであるため，防風林の場合，背が高く奥行きがあるものほど効果が高い．栽培用ハウスでは，強風によってビニルが飛ぶ，あるいは鉄骨が折れ曲がるといった被害が起こらないよう，ハウス内に風が入り込まないように完全に密封したり，さらに強風の場合はビニルを撤去する．

栽培学的には，短稈性の品種や，根の張りがよい品種や台木ほど倒伏が起こりにくく，これらの特性を持った作物を栽培する．穀物ではケイ酸を多く含むものほど稈が強くなるため，ケイ酸資材を施用することによって稈の強度を高めることができる．また，多肥によって徒長や過繁茂した作物は稈も弱くなるため，無理な多肥栽培を行わないようにする．

〔荒木英樹〕

文 献

1) Hirasawa, T. *et al.* (1994)：Effects of pre-flowering soil moisture deficits on dry matter production and eco-physiological characteristics in soybean plants under drought conditions during grain filling. *Japanese Journal of Crop Science* **63**：721-730.
2) Kramer, P. J. and Boyer, J. S. (1995)：*Water Relations of Plants and Soils*, Academic Press.
3) 有原丈二（2000）：ダイズ 安定多収の革新技術，農山漁村文化協会．
4) 木村和義（1987）：作物にとって雨とは何か，農山漁村文化協会．
5) 久馬一剛編（1997）：最新土壌学，朝倉書店．
6) 高倉 直（2003）：植物の生長と環境，農山漁村文化協会．
7) 土壌環境分析法編集委員会編（1997）：土壌環境分析法，博友社．
8) 西尾道徳（1997）：有機栽培の基礎知識，農山漁村文化協会．
9) 西尾道徳ほか（2000）：作物の生育と環境，農山漁村文化協会．
10) 阿江教治・有原丈二・岡田謙介（1993）：キマメのリン酸吸収機構とピシディン酸誘導体の役割．植物の根圏環境制御機能（日本土壌肥料学会編），博友社，pp. 85-124.
11) 土岐和夫・下野勝昭・西田忠志・川原祥司（2000）：ハウス土壌における塩集積の進行とその回避策．塩集積土壌と農業（日本土壌肥料学会編），博友社，pp. 96-122.
12) 野内 勇（2001）：大気環境変化と植物の反応，養賢堂．
13) 野並 浩（2001）：植物水分生理学，養賢堂．
14) 平沢 正（1999）：水環境と植物の生態生理．植物の環境応答（渡邊 昭ほか監修），秀潤社．
15) 星川清親（1980）：新編食用作物，養賢堂．
16) 堀口郁夫ほか（1992）：新版農業気象学，文永堂出版．
17) 矢吹萬壽（1990）：風と光合成，農山漁村文化協会．
18) ラルヘル, W. 著，佐伯敏郎監訳（1999）：植物生態生理学，シュプリンガー・フェアラーク東京．

4.3 生物的環境条件

4.3.1 病原菌

a. 作物の病気と発病

植物が環境の悪化や病原体の感染によって生理的，形態的に異常をきたし，健康な状態を保てなくなることを病気という．病原菌（糸状菌・細菌）・ウイルスなどに起因する伝染性のものと，温・湿度，日照・風速などの環境要因や化学物質に起因する非伝染性のものとに分かれる．病原体の存在（主因）と寄生しやすい環境条件（誘因），作物の病気に対する感受性（抵抗性の小さい性質）の3つの要因がそろったときに発病する．

b. 病原体の種類と性質

病原体は核膜を有する真核生物（糸状菌・線虫類）と持たない原核生物（細菌類・ファイトプラズマ）および無生物のウイルス，ウイロイドに大別される．わが国で報告されている病気のうち73％が糸状菌，11％が線虫，6％がウイルス・ウイロイドを病原とする．

c. 糸状菌

1）変形菌類　粘菌ともいい，通常アメーバ状をしている．アブラナ科植物根こぶ病菌は，休眠胞子が土中発芽して遊走子を生じ，根毛から侵入して変形体を形成する．有性の配偶子を生じ融合した接合子は根皮層に侵入，増殖肥大してこぶを生じる．

2）鞭毛菌類　栄養体は単細胞／菌糸状で隔膜がなく，有性生殖では卵胞子を形成し遊走子のうを生じる（ジャガイモ疫病菌・べと病菌）．無性生殖では遊走子が発芽し，作物体と接触，被のう胞子を形成後侵入する．

3）接合菌類　栄養体は菌糸状で隔膜がなく，有性生殖では腐敗した組織中で接合胞子を生じ胞子のうを形成後，胞子を放出する（サツマイモ軟腐病菌）．無性生殖では胞子の侵入・発芽後，仮根により栄養を摂取し，ほふく枝により罹病域を広げ，胞子のうを形成後胞子を放出する．

4）子のう菌類　多くは有隔の菌糸状で，有性生殖では子のうを形成し，子のう胞子を生じる．子のうは直接露出するものと子のう果という特殊な器官につくられる．子のう果の形態が分類の基準となっている．うどんこ病菌，炭そ病菌，モモ縮葉病菌，いもち病菌，ばか苗病菌，ごま葉枯病菌，赤かび病菌などが含まれる．うどんこ病は葉や茎の表面に分生子（無性生殖）が多数生じ，うどん粉をまぶしたように白くなる．さらに進むと病斑は灰色となり，そのなかに子のう球が形成される（有性生殖）．

5）担子菌類　栄養体は有隔の菌糸状で，菌糸にかすがい連結を持つものが多い．キノコの大部分が含まれ，有性生殖の結果，担子胞子を形成する．黒穂病菌，コムギ赤さび病菌，ナシ赤星病菌などが含まれる．

6）不完全菌類　有性世代がないか，不詳の菌群で無性胞子の分生子を形成する（リゾクタニア菌は無胞子）．ウリ類つる割病，苗立枯れ病菌，イネ紋枯病菌，紫紋羽病菌，雪腐小粒菌核病菌，白絹病菌などが含まれる．

d. 細菌

病原細菌の形状は桿状で，グラム反応，好・嫌気性，鞭毛，色素産生の有無により5属に分類される．胞子をつくらないので，菌体が伝染源となる．イネ白葉枯病，キュウリ斑点病，キャベツ黒腐病，トマト・ナス青枯れ病，トマトかいよう病，ハクサイ・ダイコン軟腐病，カンキツかいよう病，根頭がんしゅ病などがある．

e. ファイトプラズマ

細菌より小型で植物維管束などで繁殖し，一般には萎縮叢生症状を示す．虫によって媒介され，クワ萎縮病，マメ類てんぐ巣病などがある．

f. ウイルス・ウイロイド

核酸とそれを取りまく外皮タンパク質よりなる（ウイロイドは小さな核酸だけからなる）生きた細胞のなかでしか増殖できない．葉のモザイク，全体の萎縮，壊死，黄化などを生じる．直接有効な農薬がないので予防が重要である．キュウリモ

ザイク病（CMV），トマト黄化えそ病（TSWV）などがある．

4.3.2 害虫

昆虫類（節足動物門，昆虫網）は命名されているもので120万種以上，全生物種の過半数，動物種の70%を占める．成虫は2対の羽と3対の足を持ち，頭部・胸部・腹部の3つに分かれている．害虫の多い目は，直翅目（ちょくし）・半翅目（はんし）・鱗翅目（りんし）・双翅目（そうし）・鞘翅目（しょうし）などである．

農耕が起源して以降，生物相が単純化した農耕地生態系には特定の害虫が生息するようになり，わが国でも稲作の開始以来ウンカ類の多発が飢饉（ききん）を招いたことは歴史的な事実である．昭和年代においても，メイチュウ・ウンカ・コブノメイガの多発は水稲単収の変動に大きく影響している．主要害虫として『作物病害虫ハンドブック』（1986）に記載されているだけでも，普通作物ではイネ47種，ムギ類13種，雑穀類9種，マメ類25種，イモ類20種，特用作物，園芸作物を含めて合計614種類に達する．日本産農林害虫としては2,000種あまりが知られ，作物の種類，地域，気象条件により発生する害虫は多岐にわたる．餌となる作物の栽培期間に，移動や産卵により害虫が侵入して増殖が起こり被害が出る．その増殖率が作物の状態や気温，日長等の環境要因，また捕食性・寄生性天敵の群集密度により大きく変動し，大発生を招く．

a． ニカメイガ（*Chilo suppresalis*，鱗翅目）

幼虫はイネの葉鞘や茎内部を食害して蛹となり，茎は枯死するか白穂となる．年2世代，最盛期は6月上〜中旬と8月中旬に発生する．稲作の最重要害虫といわれたが，最近では発生が減少している．

b． ウンカ類（Delphacidae，半翅目）

セジロウンカ（*Sogatella furcifera*）とトビイロウンカ（*Nilaparvata lugens*）は本州では越冬せず，アジア東部で越冬した成虫がジェット気流に乗って，海を越えて飛来し侵入世代となる．セジロウンカは夏ウンカといわれ，7月から8月の発生が多い．長い口吻をイネの導管（どうかん）や師管（しかん）に差し込んで吸汁するが，稲の生育が悪くなる程度で壊滅的な被害とはならない．トビイロウンカは秋ウンカと呼ばれ，遺伝的に長翅型と短翅型が発現しやすいタイプがあり，短翅型が多いほど増殖率が高く，9月下旬から10月にかけて吸汁による坪枯れを生じ，大被害を及ぼす．ヒメトビウンカ（*Laodelphax stratella*）は春先に麦などで繁殖したあと，水田に飛来しイネを加害する．成虫・幼虫の加害による直接の被害は小さいが，縞葉枯（しまはがれ）病などのウイルスを媒介する．

c． イネミズゾウムシ（*Lissorhoptrus oryzophilus*，鞘翅目）

海外からの侵入害虫で1976年に愛知県で確認された．体長3 mmほどの甲虫で，越冬成虫は5月頃イネ茎に産卵する．ふ化した幼虫は根を食べて成長し，成虫は葉を食害する．根の食害により，稲の生育が悪くなり，減収することもある．

d． カメムシ類（半翅目）

ホソヘリカメムシ（*Riptortus clavatus*），クモヘリカメムシ（*Leptocorisa chinensis*），トゲシラホシカメムシ（*Eysarcoris aeneus*），シラホシカメムシ（*Eysarcoris ventralis*）などはイネの穎花（えいか）を吸汁して黒褐色の斑点米を発生させ，玄米品質を低下させる．ダイズの莢（さや）を食害するものはイチモンジカメムシ（*Piezodorus hybneri*），ホソヘリカメムシ，アオクサカメムシ（*Nezara antennata*），ミナミアオカメムシ（*Nezara viridula*），ブチヒゲカメムシ（*Dolycoris baccalum*）などがあり，発育中の子実に口吻を刺して吸汁するため，子実肥大が停止したり，子実が変形・変色したりする．

e． アワヨトウ（*Ostrinia furnacalis*，鱗翅目）

水稲，アワ，ヒエ，トウモロコシ，ソバ，飼料作物を幼虫が加害し，年間少なくとも，4回以上発生する．老齢になると昼間は株元にひそみ，夜間出て食害する．羽化した成虫は移動分散する．

f. アブラムシ類（Aphididae，半翅目）

生活史は複雑で，年間に多くの生活型（幹母，無翅胎生雌虫，有翅胎生雌虫，両性雌虫）が現れる．大部分は無翅胎生雌虫で繁殖を繰り返すので増殖が著しい．卵や胎生雌虫で越冬する．寄主植物を季節的に変える移住型が多いが，非移住型もある．植物体の各部位に寄生するが，主として新梢や新葉，花蕾などに群がり，汁液を吸収するため，葉が巻いたり虫こぶができたり，萎凋枯死などの被害が出る．排泄物にすす病菌が発生したり，ウイルス病を媒介伝染させる．

g. テントウムシダマシ（Endomychidae，鞘翅目）

幼虫・成虫ともにナス科作物の葉を裏側から食害し，葉脈のみを残す．

h. ヤノネカイガラムシ（*Unaspis yanonensis*，半翅目）

カンキツ類の葉，枝，果実に寄生する．中国原産で，介殻の形が矢尻に似ているので，矢の根（ヤノネ）と命名された．ミカンの大害虫であったが，中国からヤノネキイロコバチ（*Aphytis yanonensis*），ヤノネツヤコバチ（*Coccobis fulvus*）が天敵として導入されて，その威力は衰えた．雌は成虫，雄は幼虫で越冬し，年2～3回発生する．

i. 果実吸ガ類（鱗翅目）

果実吸ガ類には，成虫が夜間に飛来して果実に口吻で孔をあけて加害するヤガと刺孔などから果汁を吸収し，果実の腐敗を引き起こすヤガとが知られている．吸ガ類による被害は，トマト・ピーマンなどの野菜や，ブドウ，リンゴ，モモ，ミカン，ナシなどの果樹でみられる． 〔齊藤邦行〕

文　献
1) 梶原敏宏・梅谷献二・浅川　勝編（1986）：作物病害虫ハンドブック，養賢堂．

4.3.3　雑　　草

雑草（weed）は，「野草とは異なり人間による攪乱のあるところに生育できるが，作物のように栽培すなわち人間の積極的な保護を必要としない，人間の活動を何らかの形で妨害する植物群」（伊藤，2004）と定義されている．雑草の生物学的特性は，新石器時代以降の人類の活動による土地の攪乱と裸地の拡大，局地的な乾燥・富栄養化の進行といった環境条件に適応・進化した植物群である．「人間活動の妨害」は人為的な要因によって多様に変動する．雑草は発生場所によって，農耕地に生じる耕地雑草（arable weed）と，森林，水系，河川敷，道路法面，公園緑地などに生じる非農耕地雑草（non-arable weed）に分けられ，耕地生態系では前者が問題となる．耕地雑草は，湛水や高い土壌水分条件で生育する水田雑草と，それ以外の畑地・草地・樹園地雑草などに区分される．

自然分類体系からみると，雑草の多くは種子植物の草本であるが，木本やタケ・ササ類も含まれ，また，胞子植物のシダ植物，蘚苔植物，藻類に属するものもある．種子植物ではイネ科，カヤツリグサ科，キク科，ゴマノハグサ科，マメ科，アブラナ科などの分類群が雑草種を多く含む．イネ科，カヤツリグサ科以外の科に属する雑草は広葉雑草（broadleaved weed）と総称される．生態的特性の休眠型（dormancy form）からみると，種子から発生し，1年以内に開花・結実して枯死する一年生雑草（annual weed）と，種子または塊茎などの栄養繁殖体（vegetative propagule）から発生して，種子および根茎，塊茎，鱗茎などの栄養繁殖体を生産して繁殖する多年生雑草（perennial weed）に区分される．栄養繁殖体からの幼植物は，種子発生の幼植物に比べてサイズが大きいため，初期生育が早く，枯殺に要する除草剤（herbicide）を多く要することから，多年生雑草はしばしば難防除雑草とされる．水田でのイヌホタルイ（*Scirpus juncoides* Roxb. var. *ohwianus* T. Koyama）のように，耕地では主に種子で繁殖する多年生雑草もある．休眠型と自然分類を組合わせた区分が防除の観点から使用される（表4.2）．

表 4.2 休眠型と自然分類の組合わせによる実用的な雑草の区分

(a) 水田雑草

			休眠型による区分	
			一年生雑草	多年生雑草
自然分類などによる区分	イネ科雑草		タイヌビエ, ヒメタイヌビエ, イヌビエ, ヒメイヌビエ, アゼガヤ	キシュウスズメノヒエ, エゾノサヤヌカグサ, サヤヌカグサ, アシカキ, ウキガヤ, ハイコヌカグサ, ハイキビ
	カヤツリグサ科雑草		タマガヤツリ, コゴメガヤツリ, ヒナガヤツリ, ヒデリコ	マツバイ, ミズガヤツリ, クログワイ, コウキヤガラ, ウキヤガラ, シズイ, ハリイ, イヌホタルイ, タイワンヤマイ
	広葉雑草	単子葉	コナギ, ミズアオイ, ヒロハイヌノヒゲ, ホシクサ, イボクサ, ミズオオバコ	オモダカ, アギナシ, ウリカワ, ヒルムシロ, ウキクサ, アオウキクサ, クロモ, ヘラオモダカ, サジオモダカ, ガマ
		双子葉	キカシグサ, アゼナ, アメリカアゼナ, アブノメ, オオアブノメ, アゼトウガラシ, スズメノトウガラシ, ミゾハコベ, チョウジタデ, ヒメミソハギ, タカサブロウ, タウコギ, アメリカセンダングサ, キクモ, ヤナギタデ, クサネム	セリ, アゼムシロ, ミズハコベ
	シダ, コケ植物		ミズワラビ	デンジソウ, アカウキクサ, オオアカウキクサ, サンショウモ, イチョウウキゴケ
	藻類など		シャジクモ, アオミドロ, アミミドロ, フシマダラ, 藻類による表層剥離	

(b) 畑雑草

			休眠型による区分	
			一年生雑草	多年生雑草
自然分類などによる区分	イネ科雑草		イヌビエ, ヒメイヌビエ, アゼガヤ, メヒシバ, アキメヒシバ, オヒシバ, スズメノテッポウ, スズメノカタビラ, エノコログサ, アキノエノコログサ, タツノツメガヤ	ギョウギシバ, ハイキビ, オガサワラスズメノヒエ, セイバンモロコシ, チガヤ, チカラシバ
	カヤツリグサ科雑草		カヤツリグサ, チャガヤツリ	ハマスゲ, ショクヨウガヤツリ, ヒメクグ
	広葉雑草	単子葉	ツユクサ, マルバツユクサ	サルトリイバラ, ノビル, ネジバナ, カラスビシャク
		双子葉	シロザ, ホソアオゲイトウ, エノキグサ, ザクロソウ, トキンソウ, コハコベ, ミチヤナギ, ハルタデ, オオイヌタデ, ナズナ, スカシタゴボウ, イチビ, ハキダメギク, ノボロギク, ヒメジョオン	クズ, イヌガラシ, スイバ, ヒメスイバ, エゾノギシギシ, オオバコ, ヒルガオ, コヒルガオ, ガガイモ, ワルナスビ, ハルジオン, セイタカアワダチソウ, ヨモギ
	シダ, コケ植物			ワラビ, スギナ, ゼニゴケ
	藻類など		ネンジュモ	

主に日本に発生する雑草名をあげた.

耕地での主要な雑草害(weed loss)は,水・肥料成分・太陽エネルギーなどをめぐる競合(competition)を通しての作物の減収である.雑草害は,種子などの混入による品質低下,管理作業の能率低下,病害虫の増殖の助長,家畜・養殖魚への毒性などの局面に及ぶ.

雑草の防除には除草剤を主とした化学的防除(chemical weeding)と化学物質を使用しない手取り除草(hand weeding)および耕種的(cultural),機械的(mechanical),生物的(biological)

防除がある.　　　　　　　　　〔森田弘彦〕

文　献
1) 伊藤操子 (2004):雑草学総論 (訂正版),養賢堂.
2) 伊藤操子ほか7名 (2005):植物防疫講座―雑草編―,(社) 日本植物防疫協会.
3) 草薙得一・近内誠登・芝山秀次郎編 (1994):雑草管理ハンドブック,朝倉書店.
4) 山口裕文編著 (1997):雑草の自然史 (たくましさの生態学),北海道大学図書刊行会.
5) 森田弘彦 (2004):雑草防除ハンドブック,国際農林業協力協会.

関連ホームページ
1) JA全農 (農耕地の雑草):http://www.agri.zennoh.or.jp/visitor/appines/zassou/default.asp
2) 九州沖縄農業研究センター (水田作雑草関係):http://konarc.naro.affrc.go.jp/padi/weed/weed.html
3) (財) 日本植物調節剤研究協会:http://www.japr.or.jp
4) 畜産草地研究所 (写真でみる外来雑草):http://nilgs.naro.affrc.go.jp/NASU/weedlist/title.html
5) 中央農業総合研究センター (水田雑草関係):http://narc.naro.affrc.go.jp/kouchi/suiden/suiden.htm
6) 中央農業総合研究センター (畑雑草関係):http://narc.naro.affrc.go.jp/kouchi/hataza/index.html
7) 東北農業研究センター (水田作雑草関係):http://ss.omg.affrc.go.jp/weed/weed.html
8) 日本雑草学会:http://wssj.jp

4.3.4　共生微生物
a. 根粒菌

マメ科植物の根には,根粒(こんりゅう) (root nodule) と呼ばれるこぶ状の組織が観察される (図4.9).これは細菌の一種である根粒菌 (rhizobia) と根の共生組織で,根粒菌がマメ科植物の根に侵入することで形成される.根粒菌にはいくつか種類があるが,栽培上重要なのは *Rhizobium* 属と *Bradyrhizobium* 属である.その他,湿地性マメ科植物のセスバニア (*Sesbania rostrata*) の茎に茎粒 (stem nodule) を形成する *Azorhizobium* 属も知られている.根粒菌の宿主特異性は強く,特定の組合わせで根粒が形成される.

根粒組織の内部では,根粒菌の多くは分裂能を欠くバクテロイドとなる (図4.9).このバクテロイドは,ニトロゲナーゼ (nitrogenase) によって N_2 を NH_3 に還元し,アンモニア態窒素を宿主に供給する.この結果,マメ科植物体窒素の7割から8割は大気窒素に由来し,窒素施肥なしでも正常に成長できる.窒素固定で必要となるエネルギー源は,宿主からの炭素化合物に依存し,1gのNを根粒で固定するためには6~10gのCを要する.

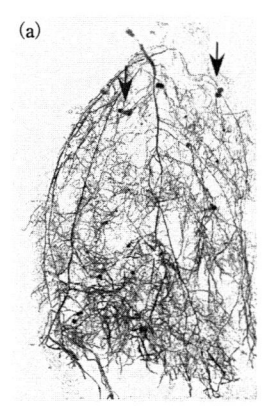

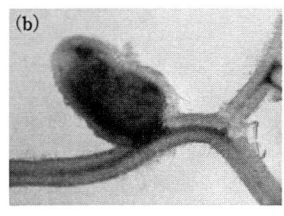

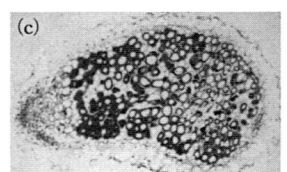

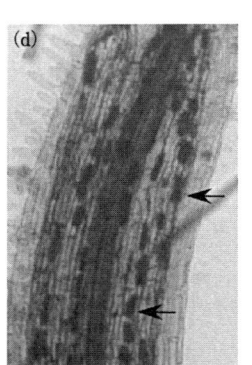

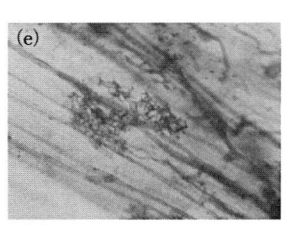

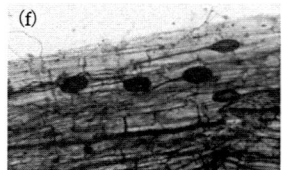

図4.9　植物根と土壌微生物の共生組織 ((a)～(c):根粒,(d)～(f):VA菌根)
(a) の矢印は根粒を示す.(b) は根粒組織,(c) は根粒内部のバクテロイド.(d) はVA菌根菌が共生した根で,矢印は成熟した樹枝状体を示す.(e) は若い樹枝状体,(f) はのう状体.(b) と (c) の写真は吉岡博文氏 (名古屋大学大学院生命農学研究科) のご厚意による.

b. エンドファイト

エンドファイト（endophyte）とは，植物体内に生息できる非病原性の微生物を意味する．最近，一部のエンドファイトが植物体内で窒素固定することが分かり，注目されるようになった．その契機となったのが，ブラジルのサトウキビから見出された *Acetobacter diazotrophicus* で，ありふれた酢酸菌の一種である．この細菌はサツマイモでも見出され，植物体窒素の2割程度を窒素固定でまかなっている可能性がある．この窒素供給能は基肥で与える無機窒素肥料に匹敵する．その他に窒素固定能を持つエンドファイトとして，*Herbaspirillum* 属や *Azoarcus* 属の細菌も知られている．

窒素固定エンドファイトは宿主特異性が低く，トウモロコシ，ソルガム（*Sorghum bicolor*），パイナップル，バナナ，コーヒー，ススキ（*Miscanthus sinensis*），イネ科雑草など広範囲の植物種で見出され，さらに広がっていくと思われる．その定着場所や生理生態には，まだ不明な点が多い．

c. VA菌根菌

アブラナ科やアカザ科を除くほとんどの陸上植物の根には，VA菌根菌（vesicular-arbuscular mycorrhiza fungi）が侵入しVA菌根（VA mycorrhiza または arbuscular mycorrhiza）という共生組織をつくる．この糸状菌は接合菌の一種で *Glomales* 目に属し，*Glomus* 属や *Gigaspora* 属などがある．宿主の根に共生した菌糸は樹枝状体（arbuscule）と呼ばれる特殊な構造物を形成し，*Gigaspora* 属などの一部を除き，のう状体（vesicle）と呼ばれる構造物も構築する（図4.9）．

VA菌根が形成されると，根から土壌中に数cmの範囲にまで伸びた菌糸が種々の土壌養分を吸収して宿主に輸送する．その効果は土壌中での移動速度が低いリン酸で顕著に認められ，宿主植物のリン栄養が改善される場合が多い．土壌養分を輸送する代わりに，VA菌根菌は宿主から炭素化合物を供給される．宿主の根から土壌中に伸長した菌糸は異なる植物根にも共生可能で，例えばイネ科作物とマメ科作物が菌糸ネットワークで結ばれることもある．耕うんを省略した不耕起土壌では，この菌糸ネットワークが保存されるので，菌根形成が促進されて宿主作物のリン吸収能が高まることも知られている．

〔矢野勝也〕

4.3.5 相互作用・アレロパシー

耕地生態系における生物的環境条件として，生物間すなわち植物，微生物および動物間の相互作用がある．耕地における植物には作物と雑草，動物には害虫と天敵，微生物には病原菌と拮抗菌，有用微生物も含まれる．例えば，輪作や連作において前作の作物が後作の作物に影響を及ぼすことがある．連作障害の原因となる寄生生物の密度が高まるため，生育抑制や病気が発生したり，逆に根粒菌や菌根菌などの微生物が後作の作物に生育促進の効果を残したりすることがある．また，有毒物質を含むことで動物からの食害を免れるイモ類や，逆に成熟期に芳香を発散して鳥や動物に食べられ種子を散布する果実もある．

1980年代より，植物が昆虫などの植食者に食べられた場合，その植食者の捕食性天敵を誘引する物質を生産・放出するという現象が明らかになり，昆虫・微生物・動物を含めた新たな「生物間相互作用」が注目されている．これは，「植物，微生物，動物等の生物が同一個体外に放出する化学物質が，同種の生物を含むほかの生物個体における，発育，生育，行動，栄養状態，健康状態，繁殖力，個体数，あるいはこれらの要因となる生理・生化学的機構に対して，何らかの作用や変化を引き起こす現象」，すなわち化学物質による生物個体間の攻撃，防御，協同現象，あるいは何らかの情報伝達に関する相互作用を意味する．生態系におけるこのような生物間の相互作用を，媒介する化学物質を通して理解しようとする分野である「化学生態学」（chemical ecology）は，フェロモンや虫の食草選択の解明をはじめ，近年急速に成果を上げている．

化学生態学の一分野である「アレロパシー」（他感作用：allelopathy）はドイツのモリシュ（Molisch, 1937）が allelo（相互）と pathy（作用）からつくった言葉で，微生物を含む植物相互間の生化学的な関わり合いを広く指している．すなわち，高等植物が環境中に放出する化学物質が，ほかの植物に阻害，あるいは促進作用などの何らかの影響を及ぼす現象である．通常，害作用が顕著に現れることが多いが，促進作用も含む概念である．アレロパシーは，自然生態系においては植生の遷移要因の一つであり，農業生産の場においては作物の生育阻害や，畑作物や果樹など永年生作物の連作障害（忌地現象）の原因の一つと考えられている．

作用する物質「アレロケミカル」（allelochemicals）が物質的に解明された研究例として，リンゴ果実が放出するエチレンがキウイフルーツの成熟を促進する現象，クログルミ（*Juglans nigra*）のユグロンによる雑草抑制現象，サルビア属植物の出すテルペン類による生育阻止帯（サルビア現象），セイタカアワダチソウ（*Solidago altissima*）のシス-デヒドロマトリカリアエステル，ユーカリ（*Eucalyptus* spp.）のテルペン類の研究などがある．作物では，オオムギのグラミン，ムクナ（*Mucuna pruriens*）の3,4-デヒドロフェニルアラニンなどがアレロケミカルであることが報告されており，またその抑制のされ方は草種によって大きく異なることも興味深い．

アレロパシー研究によって，選択性が高く副作用が少ない新たな除草剤開発のヒントにする，落葉や植物残渣をマルチに用いる，アレロパシー植物による圃場の被覆を行い雑草の発生を抑制する，アレロパシーの強い品種・系統を選抜して，雑草抑制能の高い作物をつくったりすることが考えられる．アメリカ農務省（United States Department of Agriculture, USDA）は大規模直播栽培に最もコストのかかる除草剤を減らすことを目標にアレロパシー研究に取り組み，保存系統のなかから水田雑草アメリカコナギ（*Heteranthera limosa*）の生育をほぼ完全に抑制するイネ品種を見出した．わが国の農林水産省でもマメ科飼料作物であるヘアリーベッチ（*Vicia villosa*）を利用した樹園地や休閑田の雑草管理技術など応用学問としての成果もあげている．アレロパシーに基づく雑草防除は，作物生産に被害が出ない程度に雑草を減少させることを目標にした雑草管理技術には十分役立つと思われ，生態系全体を考慮した安全性の高い環境調和型農業につながるものと期待される．

〔猪谷富雄〕

文　献
1) Molisch, H.（1937）: *Der Einfluss einer Pflanze auf die andere — Allelopathie*, Fischer.
2) 伊藤操子（1993）：アレロパシー．雑草学総論，養賢堂，pp. 158-171.
3) 古前　恒・林　七雄（1985）：身近な生物間の化学的交渉—化学生態学入門，三共出版．
4) 藤井義晴（2000）：アレロパシー—他感物質の作用と利用，農山漁村文化協会．

4.4　農業立地と景観

4.4.1　農業立地

a．農業立地論

立地（location）とは，経済活動などの様々な活動が行われる場所のこと，あるいはその場所を選択することをいう．農業は，ほかの産業と比べて，気象条件や地形条件などの自然条件に強く規定され，また他の産業とは異なる社会経済的条件に左右される．そのような農業の立地を説明する理論が農業立地論である．

農業立地論の基礎を築いたのはドイツ人のチューネン（Johann Heinrich von Thünen, 1783〜1850）である．チューネンは，自ら農場を入手・経営して，そこでの経験から立地論の古典とされる『孤立国』を著し，都市からの距離の遠近によって営まれる農業経営組織が異なることを明らかにした．

チューネンは，自然条件が均質な地域にある孤

4.4 農業立地と景観

立した大都市（このことを「孤立国」と呼んでいる）を仮定し，その大都市の周辺でどのような農業が成立するかを考察した．彼は農業生産の純収益は，農産物の市場売却額から種子代・肥料代・労賃などの生産費用と，生産物を市場（都市）に運ぶ輸送費を差し引くことで決まると考えた．特に輸送費を考えた点が重要で，輸送費は生産物の重さと距離に比例するから，このことが距離に応じて最高収益をあげる農業生産組織が異なることにつながる．そこで，これらの条件のもとで利潤を最大化するように立地を選択すると，大都市の近傍から順に，自由式農業，林業，輪栽式農業，穀草式農業，三圃式農業，牧畜といった農業経営組織が同心円状に広がると考えた（図4.10）．

その後，一般均衡理論と不完全競争の前提を取り入れたレッシュ（August Lösch, 1906～45），立地論を基礎に地域科学の手法を発展させたアイザード（Walter Isard, 1919～）などにより，立地論はさらに精緻化されており，土地利用モデルなどの今日的な課題のなかにも立地論からの知的資産が継承されている．

b. 農業の立地を規定する要因

農業の立地を規定する要因を，ここでは自然的要因，経済的要因，および社会的要因に分けて説明する．

自然的要因としては，気象的要因，土壌的要因，および地形的要因がある．例えば果物を例にとれば，カンキツ類は西南日本から関東地方中央部まで，リンゴは東北地方から長野県までの地域に広がる，というような気象条件（この場合は特に気温条件）に対応した分布がみられる．気温・降水量が国土スケールでの農業立地を規定しているのに対し，地形および土壌は，より微視的に影響している．わが国における農林業的土地利用を地形との対応でみれば，およそ山地および丘陵地の斜面には森林，台地には畑，低地部には水田といった関連がみられる．このような分布の違いは，水稲は低地の湿潤な環境を要求するのに対し，畑作物は台地の高燥な環境を好むといった各作目の要求する自然条件に由来している．

経済的要因としては，チューネンも指摘したように，農産物の市場価格，生産費，輸送費などが大きな要素となる．市場（都市）に近ければ近いほど，輸送費は安くなり，また輸送時間・距離が短くなることから，生鮮野菜，軟弱野菜にとっては有利であるが，一方，都市に近いほど地価も高いので，より高収益をあげられる農産物に作目は限定される．また，日本農業を見渡したときに経済的条件が特に厳しいのは，いわゆる中山間地域（hilly and mountainous area）である．中山間地域とは，一般には平野の周辺部から山間部にいたる，まとまった耕地が少ない地域をさす．中山間地域は傾斜地が多く，まとまった耕地が少ないことから零細な農家が大半を占め，農業生産性が低い．そこで，中山間地域等直接所得支払制度などの地域振興策の対象とされている．

次に社会的条件であるが，工業や商業に対する農業の特色の一つに，担い手の特殊性があげられる．すなわち，今日にいたっても農業生産の主たる担い手は農家，およびその集合体である農村で

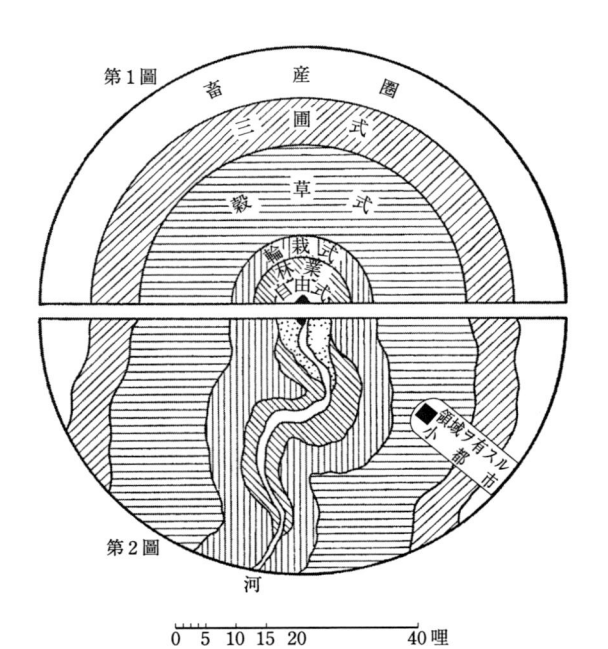

図4.10 チューネンの「孤立国」（近藤訳（1943），原図はThünen（1826））

ある.農村は互助的な共同体でもあり,作目を決定する際にも共同体としての農村の存在を抜きには語れない(例えば上に述べた中山間地域等直接支払制度でも支援の対象は個々の農家ではなく,協定を結んだ集落となっている).また農業従事者の高齢化と,新規農業参入者の少ないことも,日本農業の社会的条件を規定している.

4.4.2 里地里山の景観

里地,里山には厳密な定義はないと思われるが,例えば武内ら(2001)は,人里近くに存在する二次林や二次草地を「里山」(satoyama, traditional rural landscape of Japan)とし,里山に周辺の農地,集落を含めた地域全体を「里地」と定義している.また行政の世界では,「里地里山」を,人間の働きかけを通じて環境が形成されてきた地域で,二次林,農地,ため池,草原などで構成される地域概念だと規定している(例えば新・生物多様性国家戦略(2002)).面積的には里山(二次林,二次草地)で国土の2割,周辺農地なども含めた里地全体では,国土の4割と広い面積を占めている.

歴史的にみれば,およそ近世から1960年代までの400年間,里地里山では地域の生物資源生産に大きく依存した生活が送られてきた.すなわち樹林地・農地において,大気中から得られる二酸化炭素や雨から得られる水などを原料として,太陽からの放射エネルギーを化学エネルギーに変換することによって,有機物が生産される.このいわば自然エネルギーを用いた植物工場によって生産される生物資源のうち,穀物・野菜は食料として,作物残渣や里山の下草,落葉は飼料や肥料,燃料として,里山で生長する木材は建築材として利用されてきた.いわば自然の恵みを最大限に活用しながら,持続的な循環型・自然共生型の生活が営まれてきた.

ところが1960年代以降,燃料革命,肥料革命が広まり,また円高の定着,貿易自由化という流れのなかで,外国産の木材や家畜飼料の輸入が急増した.その結果として,今日,農家はかろうじてコメ・野菜の生産の場としての農地との関わりを維持しているが,1960年代以前に存在していた燃料,肥料,飼料,建築材の供給源としての里地里山の意義は薄れている.

しかし,里地里山の機能は,食料や木材の供給だけにとどまるものではない.里地里山には,水田,畦,ため池,畑,雑木林など多様な生物生息空間がモザイク状に広がり,このことが多様な生態系を構成し,豊富な生物相を支えている.里山林は土砂崩壊を防止し,水源を涵養する.また里地里山は,人々に安らぎと憩いを与えるレクリエーションの場でもあり,美しい里地里山の景観は人々の心をなごませ,ふるさとの原風景として日本人の心に刻み込まれている.木工細工,風景画,草花を使った遊びなど,様々な伝統的な文化や芸能が里山を舞台に継承されてきた.

図4.11は,典型的な谷津田の景観である.谷津田とは,丘陵地や台地を刻む狭い谷底に発達する棚田状の水田のことで,谷戸田とも呼ばれる.もともと自然の湿地となっていたため,最も古い時代から,天水や湧水を利用した水田であった.しかし,大型機械の導入が困難で,また,水利設備も整っていないことが多いため,農業生産性は低く,近年では耕作放棄されている場合も多い.しかし谷津田は,水田,周辺の水路,畦,ため池など,様々な空間から構成されており,それらは微妙に異なる水分条件を持つことから,多様な生物の生息を可能としている.実際,谷津田とその

図4.11 谷津田の景観

周辺には，絶滅危惧種(ぜつめつきぐしゅ)の多くが生育・生息していることが近年の研究から分かってきた．

このように近年，農林業が環境保全に果たす役割が注目されている．特に都市周辺部に残存する里地里山に対しては，その本来の目的である農業生産機能に加えて，生物多様性の保全，レクリエーション，景観保全，文化の継承の場などの多様な機能に着目しつつ，その保全を考えていくことが必要である．

また都市域の拡大に伴い，里地里山と都市住民との物理的な距離が縮まっている．すなわち，里地里山の近くに都市住民が近寄ってきている．このような状況のなかで，里地里山と都市住民といった新たな関係の構築も重要な課題となっている．里地里山の今日的な意義や価値を改めて見直しつつ，里地里山と人々との新たな関係を構築していくことが求められている．

〔恒川篤史〕

文献

1) アイザード，W. 著，木内信蔵監訳（1964）：立地と空間経済，朝倉書店．
2) 環境省自然環境局自然環境計画課（2002）：新・生物多様性国家戦略，環境省．
3) 武内和彦・鷲谷いづみ・恒川篤史編（2001）：里山の環境学，東京大学出版会．
4) チウネン，J. H. von 著，近藤康男訳（1943）：孤立国，日本評論社．

5

作物栽培と栽培管理

5.1　種物と播種

5.1.1　種　　物

作物栽培は，圃場，園地あるいは施設内にたねや苗を植えることから始まる．この繁殖源を栽培学では，種物（seeds）と呼ぶ．種物には有性繁殖による植物学上の種子（seed）および果実（生産上，両者をあわせて「たね」あるいは「種子」と呼んでいる），ならびに無性繁殖による栄養体がある（表 5.1）．繁殖様式にかかわらず，栽培者が育成された苗を入手して植える体系が一般化しており，その場合は苗が種物となる．例えば，購入した水稲の苗，サツマイモのウイルスフリー苗，野菜や花のセル成型苗，接ぎ木苗，挿し木苗などである．

種物の良否は植付け後の生育のみならず収量，品質にも影響を及ぼす．また，種物の選択は，品

表 5.1　種物の種類

繁殖様式	部　位	作　　物
有性繁殖	種子	マメ科作物（ダイズ・ラッカセイ・インゲンマメ・クローバ類・アルファルファ・スイートピーなど） アブラナ科作物（ナタネ・ダイコン・カブ・ストックなど） ナス科作物（タバコ・トウガラシなど） ワタ，ゴマ，アマ，センニンコクなど
	果実	イネ科作物（イネ・ムギ類・トウモロコシ・イタリアンライグラスなど） キク科作物（ヒマワリ・ベニバナ・ゴボウ・レタス・コスモス・アスターなど） セリ科作物（ニンジンなど） ソバ，テンサイ，タイマ，ヤクヨウニンジン，シソ，アブラヤシなど
	植物体全体（苗）	イネ・スイートコーン・レタス・キャベツ・ハクサイ・キュウリ・トマトなどの野菜，花
無性繁殖	茎	塊茎：ジャガイモ・タロイモ・ヤムイモ・ショウガ・カラー 球茎：コンニャク・グラジオラス・クロッカス・フリージア 根茎：ワサビ・スズラン・フクジュソウ 鱗茎：ラッキョウ・チューリップ・スイセン・アマリリス・ユリなど 地下茎：ホップ 地上茎：キャッサバ・サトウキビ むかご：ヤムイモ 生子：コンニャクなど
	茎葉	パラゴム，コショウ，シクラメン，果樹の多くなど
	葉	ユリ，ベゴニア，セントポーリアなど
	根	塊根：サツマイモ・ダリア・ラナンキュラス・シャクヤク・日本サクラソウなど
	植物体全体（苗）	サツマイモ・イチゴ・アスパラガス・レタス・キャベツ・トマトなど野菜 ラン・ユリ・シュッコンカスミソウ・キク・カーネーションなど花 ブドウ・バナナ・パパイヤ・ナツメヤシなど果樹

種を選択することでもあり，その意味では，作期，作型や栽培管理にまで影響する．なお，種苗（seed and seedling）はしばしば種物と同義に使用されている．種物が具備すべき条件は，一般に，① 優れた遺伝形質を保持していること，② 遺伝的純度が高いこと，③ 活力が高く，旺盛に生育すること，④ 病害虫におかされていないこと，⑤ 他品種・他作物・雑草の種子，土砂，茎，動物の遺骸などの夾雑物（impurity）を含まないことであり，種子では ⑥ 出芽が斉一であること，苗では ⑦ 徒長していないこと，⑧ 栽培環境に順化していること，⑨ 根系が十分に発達していること，などである．

種子は，デンプン，脂肪，タンパク質などをエネルギー源として発芽する．これらの貯蔵物質は胚乳あるいは胚自身（子葉や胚軸）に蓄積されており，前者を有胚乳種子（albuminous seed：イネ科，ナス科，セリ科，ユリ科，アカザ科の各作物，ヒマ，ソバなど），後者を無胚乳種子（exalbuminous seed：マメ科，アブラナ科，ウリ科，キク科，バラ科のナシ亜科およびサクラ亜科の各作物など）という．

一般に，完熟した種子は温度，水分および酸素が適正な条件にあると発芽を開始する．しかし，一部の種子は，外被による機械的発芽阻害，外被による水・ガスの不透化性や発芽阻害物質の蓄積により適正な条件下でも発芽しない状態，休眠（dormancy），がある．このような種子に対しては，外被に傷をつけたり，高温処理，低温処理や植物ホルモンなどで発芽阻害物質を消失させる休眠打破（dormancy breaking）を行う．また，ヤシなどでは，種子が親株から離脱する時期には胚の成熟が不完全で，発芽には一定期間の後熟（after ripening）を要する．

一方，発芽能力を持った種子が特定の環境下で再び休眠状態になる場合もあり，これを二次休眠（secondary dormancy）と呼ぶ．休眠は栽培植物には都合の悪い場合が多いが，植物にとっては良好な環境下で発芽を行う環境モニター的な役割を持ち，雑草種子ではシードバンクの維持・形成に関与し，作物では穂発芽の面などで品質・収量に影響している．

5.1.2 選　　種

種子は適期に採種されたものでも，充実度が高く，外観の勝るもののみを選別し，夾雑物を除去して純度（種子に含まれる純正種子の質量比）を高めた良質な種子とする必要がある．これが選種（seed selection, seed grading）である．

選種は，物理的性状に基づいて行われる．粒大選別として，篩，米選機，揺動選別機，粒形選別としてシリンダセパレータ，ディスクセパレータ，摩擦力選別として箕，ベルト選別機，比重選別として石抜機，気流選別として唐箕，サイクロンなど，および色彩選別として色彩選別機を使用する．

比重選別として古くから種子を水に漬けてしいなを除去する水選が行われていた．横井時敬が 1882 年に考案した塩水選（seed selection with salt solution）は，塩水により比重の重い種子を選別する方法で，溶質には食塩のほか，硫安やにがり汁を用い，比重測定に比重計が使用できない場合は新しい鶏卵が利用できる．

塩水選の比重は水稲のうるち（無芒）で 1.13，水稲うるち（有芒），水稲もち（無芒），陸稲うるち（無芒）で 1.10，水稲もち（有芒），陸稲もち（無芒）で 1.08，コムギ，ハダカムギで 1.22 である．なお，塩水選は比重と質量との間に正の相関があるものに限られ，マメのように相関のないものや，ナタネ，ワタのように油脂含量が多いものに対しては効果がない．

5.1.3 予　　措

植付け前に種物に対して行う人為的操作を予措（pretreatment）という．その目的は ① 発芽促進，② 病害防除，③ 鳥害の回避，④ 播種作業の簡易化・高精度化などである．

種物の生理機能を高め，発芽を促進させて斉一

な生育に導くことは作物栽培で最も重要な管理目標の一つである．そのため，種子を水に浸漬する浸種(しんしゅ)（seed soaking），ジベレリンなどの成長調整剤溶液への浸漬，硬実に対する傷皮処理や濃硫酸浸漬，休眠打破のための低温処理や高温処理，プライミング（priming）などがある．プライミングはポリエチレングリコール，イオン性無機塩類，多孔質資材，頁岩(けつがん)粉末などを用いて$-1.0 \sim -1.5$ MPa 程度の発芽しないぎりぎりの水ポテンシャルにする処理で，播種後の発芽，特に低温・高温・過湿などの不良環境下での発芽が促進され，かつ斉一化する．

催芽(さいが)（hastening of germination）は，発芽後初期の生育促進を目的に種子をあらかじめ萌芽させる処理で，多くの作物で行われている．水稲の湛(たん)水直播(すいちょくはん)では土壌の還元状態下における出芽を促進する目的で，過酸化カルシウムを被覆する．

病原菌やウイルスの防除を目的とした，薬剤浸漬，薬剤粉衣，乾熱処理や温湯浸漬なども行われる．また，発芽後の鳥による食害を回避する目的で，忌避剤を種子に粉衣することもある．

播種精度を高め，種子の過剰播種をなくし，かつ，間引き作業を省力化する目的で，小粒や不整形な種子に対しては種子を皮膜で覆って一定の大きさの球状やラグビーボール状にするコーティング，あるいはペレット化が行われる．水稲では，催芽させた種籾数粒を球形に造粒した複粒化種子を直播することで高精度な株形成を促し，移植水稲と同様な本田状態を形成する技術も確立されている．

また，水溶性あるいはバクテリア分解性の資材に種子を一定間隔で封入したシードテープ（seed tape）あるいはシードシートが広く普及している．前者は間引き作業の省力化が可能で，後者は1シートが育苗箱やプランターの大きさのため，播種作業が省力化できる．

5.1.4 採種と貯蔵

品種特性を維持しながら優良な種子を増殖するには，世代交代数を極力抑え，適正な採種法を採用して厳正に栽培管理する必要がある．自殖性作物では自然突然変異，自然交雑，遺伝的分離，他殖性作物ではこれらに加えて近交弱勢，逆淘汰，機会的浮動の遺伝的要因により，品種固有の遺伝的特性が消失し，品種退化（degeneration of variety）が発生する．このほか，混種，生育期間中の環境条件が種子の生理的資質に影響を及ぼす生理的影響，病虫害の発生などが品種退化をもたらす．

イネ，オオムギ，コムギ，ハダカムギおよびダイズでは優良な種子生産のための制度が主要農作物種子法関連法規で決められており，指定種子生産圃場の指定や原種・原々種の確保，圃場や生産物の審査が課せられている．採種は隔離圃場で行われることはもちろん，優良な種子が生産できる自然環境や生産技術のもとで行われる．

種子をわが国の自然状態に近い温湿度で保存した場合，通常，採種翌年の夏を経過すると発芽力が低下してしまう．発芽力の低下した種子は発芽が不斉一になり，その後の生育もそろわない．種子の貯蔵可能期間は，種子の寿命，成熟度，水分含有率のほか，貯蔵の温湿度条件で大きく変動する．種子の寿命は，種子含水率が$5 \sim 14$%の範囲では1%増加するごとに，貯蔵温度が$0 \sim 50$℃の範囲では5℃増加するごとに，それぞれ半減するとされている．

貯蔵方法としては，種子をシリカゲルなどの乾燥剤とともにデシケータや密封容器に入れ冷蔵庫で保存したり，十分乾燥させた種子をポリエチレンやアルミ箔の防湿袋で密封したり缶詰にして保存する方法がある．低温，乾燥条件で貯蔵することで種子の酵素活性および呼吸を低く抑えれば，長期間発芽力を維持することが可能となる．

栄養体は水分含有率が高いので0℃付近以下の温度では冷害や凍結による障害が生じる．また，湿度が低すぎると栄養体から水分が消失する．例えば，イモ類における貯蔵の適温湿度は，ジャガイモで3℃，$90 \sim 95$%，サツマイモで$13 \sim 15$℃，

80～90%，コンニャクで7～10℃，80%である．

5.1.5 播種

種子を圃場，播き床やポットにまくことを播種（sowing, seeding）といい，栄養体では植付け（planting）という．播種期，播種量，播種深度，鎮圧による覆土の硬さ，播種時の土壌水分は出芽の良否・早晩・斉一性，ひいては生育・収量に影響するので，播種には一般に高い精度が要求される．

播種法は栽植様式から，散播，条播，点播に区分される．散播（broadcasting, broadcast sowing）は圃場全面にばらまくもので，高い播種密度を得たいときや簡便な作業を目的に行われるが，播きむらが大きく，多量の種子を必要とし，出芽の斉一性も悪く，管理作業が困難などの欠点もある．ムギ，牧草，ソバで主に採用されており，播種後覆土をしない表面散播，播種後に攪拌耕覆土を行う全層播き，播種後飛散土覆土する定層播きがある．

条播（drilling, row sowing）は一定の距離（畝幅）をおいてすじ状に播種するもので，播種後の中耕（intertillage），除草（weeding），培土（ridging）などの管理作業が可能で，播種量も節約でき，散播より一般に多収を得られる．ムギ類，雑穀，ニンジン，カブなど管理作業を必要とする作物で用いられる．播き幅の形状により，播き幅のある広幅播き，播き幅のない条を2～3条寄せ畝でまく複条播，播き幅のない条を20 cm前後の狭い畝幅でまく密条播がある．

点播（hill sowing）は畝のなかに株間をとって播種するもので，数粒播種する場合を巣播き，1粒播種する場合を1粒播種と呼ぶ．茎葉がよく繁茂し生育空間が広いダイコン，ゴボウなどの野菜に適している．巣播きでは生育にあわせて1，2回に分けて間引き（thinning）が必要となる．

また，播種作物の数から，単一作物を播種する単播（single sowing），複数作物種子を同時にまぜ播きする混播（mixed sowing）に区分でき，牧草では散播による混播がよく行われている．

〔林　久喜〕

文献

1) 今西英雄・田中道男ほか（1997）：園芸種苗生産学，朝倉書店．
2) 西　貞夫監修（1996）：野菜園芸ハンドブック，養賢堂．
3) 日本農作業学会編（1999）：農作業学，農林統計協会．
4) 農山漁村文化協会編（2002）：花卉園芸大百科7 育種／苗生産／バイテク活用，農山漁村文化協会．

関連ホームページ

1) 水稲複粒化種子：http://www.naro.affrc.go.jp/top/seika/2003/tohoku/to03007.html
2) 主要農作物種子法関係：http://www.pref.saitama.lg.jp/A06/B400/tane/houki/hou_top.htm

5.2 苗と移植

5.2.1 育苗の目的と意義

移植栽培（transplanting culture）は，育苗（raising seedling）に労力や経費がかかるために，省力・低コスト生産の観点からは直播栽培（direct sowing culture）と比べると不利となる．しかし，①苗床で苗を育苗することにより，本圃（本田や本畑）の栽培期間を短縮でき，耕地利用率を高めることができること，②収穫期と播種期との労力の分散が図れること，③栽培管理上の種々の有利性があること，④作物の種類によっては，直播栽培より移植栽培の方が収量や品質が優れ，経営上，有利であること，などの利点がある．

特に，③の栽培管理上の有利性としては，i) 直播栽培を行うには種物が少ない場合に，植付ける苗を増やすことができること（サツマイモの苗など），ii) 直播栽培では生育期間が短く，減収となる場合（二毛作や二期作における水稲栽培など）に，早くから加温下で苗を育成して，収穫時期を早める（水稲の保護苗代や野菜類の温床育苗など）ことができること，iii) 幼植物を病虫

害，冷害，霜害，干害，雑草害などから保護できること，iv）周到な集約的管理により斉一な良苗を育てることができること，などがあげられる．

5.2.2 育　　苗

一般に，苗といえば草本性作物であるイネ，サツマイモ，タバコ，イグサ，野菜類，花類などの場合をさし，果樹や花木などの木本性作物の苗は，苗木（nursery stock）という．草本性作物では，苗の育成に種子や栄養器官の一部などの種物が利用されるが，種子から育苗した苗は実生苗（seedling）と呼ばれる．

育苗するために設けられたところを苗床（nursery bed）というが，特にイネでは苗代，果樹では苗圃（nursery garden）という．苗床は，田畑の一部をそのまま利用する場合を露地床，育苗枠を設けた場合を枠床という．苗床の設けられた場所や苗床の種類によって，様々な育苗法がみられる．まず，育苗する場所によって露地育苗と室内（ハウス，温室）育苗に分けられる．苗床の温度条件に関しては，醸熱資材（発熱を促すために，炭素源としての稲わらや落葉と窒素源としての米ぬかや油かすなどを混合したもの）を苗床に入れて，人工的に加温する場合を温床（hotbed）育苗，醸熱資材を入れずに自然の温度条件下で行う場合を冷床（cold bed）育苗，上面をビニルなどで覆い，輻射熱を利用する場合を保温育苗という．さらに，熱源として育苗に電気を用いる場合は，電熱温床（electric hotbed）育苗という．温床育苗は，主に低温期の野菜類の育苗に用いられる．

苗の良否は，移植後の本圃での生育や収量，品質に大きく影響するために，昔から「苗半作」や「苗七分作」などといわれてきた．育苗された苗の品質は，苗素質（character of seedling）と呼ばれ，苗床の種類，培地（床土）の種類や施肥量，灌水量，育苗期間の温度や湿度，日射量，通気量などの影響を受ける．特に高温，低日射，過灌水や床土の通気不良，多施肥などは苗素質を低下させやすい．良苗として求められる素質は，作物の種類や栽培条件などによって異なる場合があるが，一般には，① 節間が詰まって草丈が徒長せず，葉色が十分で，茎が太くて強健である，② 生育が斉一で，移植操作が容易である，③ 移植後の活着が早い，④ 病虫害にかかっていない，などがあげられる．

水稲では，1970年頃までは，水田や畑の一部を苗代として育苗していたが，その後，田植機の急速な普及により，プラスチック製の育苗箱（長さ60 cm，幅30 cm，深さ3 cm）によるマット苗が一般的となった．現在，葉齢や育苗日数などの異なる苗が使用されているが，稚苗と中苗が主流である（表5.2）．稚苗，中苗の育苗は，種子の予措（選種，消毒，浸種，催芽）→播種・出芽→緑化→硬化の順に行われる．播種後，苗箱は室内に設置された30〜32℃の育苗器内に移され，2〜3日間で出芽させる．出芽後，苗箱はビニルハウスまたはトンネル内に移されて育苗されるが，強光による苗の白化を避けるために寒冷紗や不織布などで2〜3日間覆いをする（緑化）．緑化が終了すると，覆いを取り外し，昼温25℃以下，夜温10〜15℃を目安に温度管理を行い，最後の10日間くらいは自然温度下で生育させ硬化処理（ハードニング：hardening）を行う．

野菜類の苗は，ハウス内でプラスチックやポリエチレン製の鉢（ポット）で育苗されるのが一般的であるが，定植までの機械化・自動化を目的としたセル成型苗（プラグ苗）の育苗も普及しつつある．

表5.2　水稲苗の種類と特性（山本，1997より改変）

苗の種類	葉齢	播種量（g/箱）	育苗日数（日）	植付け箱数（/10 a）
乳苗	1.8〜2.5	200〜250	5〜7	10〜15
稚苗	3.0〜3.5	150〜200	15〜20	18〜22
中苗	4.1〜5.5	80〜120	30〜35	25〜35
成苗	5.0〜6.0	40〜60	35〜50	45〜55

乳苗，稚苗，中苗は箱（長さ60 cm，幅30 cm，深さ3 cm）育苗．成苗はポット（上径16 mm，下径13 mm）育苗．

5.2.3 移植・定植

植物体を今まであった場所から新たな場所に移し替えることを，総称して移植（transplanting）という．また，育苗した苗を本圃に移植する場合を定植（setting, planting）といい，定植までの間，苗床を移し替えて移植することを仮植（temporary planting）という．水稲では，本田への移植を田植え（rice transplanting）と呼ぶ．

移植栽培における定植では，苗床から苗を抜き取って本圃に移し替えるために，一般には断根を伴い，移植直後に養水分の吸収が停滞して，地上部の生長速度が低下する，いわゆる植え傷み（transplanting injury）が生じる．植え傷みは，根による養水分の吸収量の低下と地上部の葉からの蒸散量とのバランスが崩れて水ストレス状態となり，体内の代謝が乱れることによって生じる．しかし，移植された苗から新根が発生伸長（rooting）して，養水分の吸収が回復するとともに，地上部の生長速度も回復し，苗は本圃という新しい環境下での生育を再開する．これが苗の活着（seedling establishment, rooting）である．苗の植え傷みを軽減して活着を早めるためには，素質のよい苗を育苗すること，移植に際しての断根をできるだけ少なくすることが重要である．苗の断根を少なくするためには，ポット育苗が適する．

植え傷みから活着にいたる過程は，苗の素質や断根の程度のほかに，移植後の気象条件や土壌条件などの環境条件の影響を大きく受ける．移植後の気象条件としては，苗は断根されて吸水能力が低下しているので，強日射や強風などの蒸散を盛んにするような日の移植は避け，無風で曇りの日を選ぶ方がよい．また，定植時期が早くて外気温が低く，発根の下限温度に達しないような場合には，保温資材によるマルチングやトンネルなどにより地温の上昇に努めることが必要である．苗の発根の下限温度は，苗齢や素質によっても異なり，水稲苗では苗齢が若い苗ほど，また素質のよい苗ほど活着の下限温度が低いとされている．

土壌条件としては，耕起後の砕土を十分にして，移植された苗と土壌とが密着し，毛管水が利用できるようにする．また，移植後の土壌が乾燥ぎみの場合は，苗をやや深植えする．土壌水分の不足が著しい場合や活着を促進する場合には，灌水を行うことがある．逆に，重粘土壌のように水はけの悪い土壌では，畝立てをして浅植えすることが活着をよくするうえで必要となる．

水田の砕土作業は水を入れた状態で行われ，これを代かき（puddling and levelling）という．代かきは普通，1～3回行われ，砕土とともに土壌を均平にし，田植え作業を容易にする効果がある．この他に，水田の漏水防止効果や肥料の混和，雑草の発生抑制効果などがある．代かき後1～2日して，土壌が適度の固さになったときに，田面の一部が露出する程度の浅水状態で田植えを行う．植付け深度は2～4 cmとし，田植え後は苗の草丈に応じて4～6 cm程度の深水として，苗を低温や風害から保護する．10 a当たりの田植え時間は，歩行型の田植機で20分から1時間，乗用型で15～25分である．

5.2.4 間引き

種子による直播栽培や育苗が行われる場合には，種子自体や苗床の不均一性などのために，播種したすべての種子が出芽するとは限らない．そのために，播種は必要量以上に行い，出芽後の比較的早い時期に，過密部分や生育不良個体，病虫害におかされた個体などを抜き取り，個体の間隔が斉一となるようにする．この作業を間引き（thinning）という．

間引き作業には，ダイコンなどの例にみられるように，子葉や本葉の形がその品種特有の形をしたもの以外の個体を除去する効果も含まれている．間引き作業は，あまり早い時期に行うと個体間の助け合い効果（cooperation）をなくして生育が悪くなり，また，あまり遅くに行うと個体間の競合作用（competition）によって生育が悪くなるとともに，引き続き生育させる個体への損傷を大きくする．間引きは一度に最終間隔とはせず

に，子葉が展開した頃から数回に分けて徐々に間隔を広げて最終間隔となるように行う．

5.2.5 栽植密度

本圃における面積当たりの最終的な個体数を栽植密度（planting density）といい，栽植密度が高い場合を密植（dense planting），低い場合を疎植（sparse planting）という．栽植密度は，施肥とならんで作物の生育や収量・品質を決定する重要な栽培管理要因である．一般には，晩植え，やせ地，少肥の条件下では，早植え，肥沃地，多肥の条件下に比べて密植とする方が多収穫となる．しかし，作物の栽植密度は，品種の分枝（分げつ）特性など，草型によっても異なり，分枝や分げつ能力の高い品種は低い品種に比べて疎植条件下でも多収をあげることができる．

各作物や品種における栽植密度は，作物や品種の生育特性と栽培環境条件などを考慮して，経験的におおよその値が決められている．普通，栽植密度が高くなるにつれて，光，CO_2濃度，養水分などの環境要因に対する個体間の競合が大きくなり，草丈や稈長などを除くと個体当たりの生育や収量は低下する．しかし，密植による影響の受け方は，器官や部位によって異なり，主茎に比べて分枝（分げつ）で，また地上部に比べて根で大きく，分枝（分げつ）重／主茎重比や根重／地上部重比は密植に伴って低下する．また，密植により面積当たりの個体数が増えるために，収穫対象となる果実（子実）や塊根，塊茎などの数は増加するが，個々の生育は劣り，子実作物では，稔実歩合や着莢率，登熟歩合や粒重などが低下する（表5.3）．

栽植密度と作物の生育や収量との関係を物質生産面からみると，密植により個体数が増加すると葉面積指数が増加し，群落光合成が増加して面積当たりの乾物生産量は増大する（表5.3）．この密植に伴う乾物生産量の増加程度は，作物の種類や品種によって著しく異なり，葉面積指数の増加による群落内の光条件の悪化程度（吸光係数の増加程度）が群落光合成量を決定する重要な要因となる．すなわち，葉が大型で水平的配置を示す作物や品種は，葉が小型で直立的配置を示す作物や品種に比べて葉面積指数の増加に伴う群落光合成量の低下が大きく，葉面積指数がより少ない段階で群落光合成量が最大値に達し，葉面積指数がそれ以上となると群落光合成量は低下する．また，密植により収穫部位への乾物分配率，すなわち収穫指数は一般に低下する．したがって，収量が最大となる最適栽植密度が存在する．

水稲の栽植密度は，植付け株数と1株当たりの植付け苗数の2つの要因によって決定される．面積当たりの植付け苗数（栽植密度）が同じでも，植付け株数と1株苗数の種々の組合わせが考えられ，その組合わせによって収量や収量構成要素が

表5.3 水稲の栽植密度と収量および収量構成要素（武田・広田，1971より改変）

形 質	栽植密度（株/m²）					
	2	10	20	50	100	300
全乾物重 (g/m²) (a)	866 (433)	1,547 (155)	1,569 (78)	1,682 (34)	1,672 (17)	1,815 (6)
穎花数 (粒/m²)	15,871 (7,936)	30,114 (3,011)	29,952 (1,498)	34,152 (683)	34,987 (350)	36,392 (121)
登熟歩合（%）	81.4	79.1	72.6	65.0	66.7	52.0
玄米千粒重（g）	25.3	24.4	24.9	23.9	23.9	23.9
玄米収量 (g/m²) (b)	327 (163.5)	545 (54.5)	537 (26.9)	529 (10.6)	559 (5.6)	453 (1.5)
収穫指数 (b/a)	0.377	0.352	0.342	0.316	0.334	0.247

カッコ内の数値は1株（2本植）当たりの値を示す．

変化する．一般に，栽植密度が同じ場合には，植付け株数を多くして，1株苗数を少なくする方が多収穫となり，1株苗数が多くなると，1株当たりの茎数は多くなるが，株内部に位置する苗の生育が抑制され，有効茎歩合が低下し，1穂穎花数や登熟歩合も低下する．現在のわが国の田植機による栽植密度は，条間 30 cm，株間 15～20 cm（22.2～16.7 株/m²）が一般的であり，1株苗数は 2～4 本が適当であるとされている．〔山本由徳〕

文　献

1) 清水　茂監修（1985）：野菜園芸大辞典，養賢堂，pp. 279-291.
2) 鈴木芳夫編著（2002）：野菜栽培の基礎知識，農山漁村文化協会．
3) 武田友四郎・広田　修（1971）：水稲の栽植密度と子実収量との関係．日本作物学会紀事，**40**：381-385.
4) 野口弥吉監修（1982）：農学大辞典，養賢堂，pp. 1211-1251.
5) 堀江　武・岩間和人・国分牧衛・鳥越洋一・山本由徳・窪田文武（2004）：作物，農山漁村文化協会，pp. 58-138.
6) 山本由徳（1997）：自然と科学技術シリーズ―作物にとって移植とはなにか，農山漁村文化協会．

5.3　土壌管理

5.3.1　耕地土壌と立地条件

　一般に土壌（soil）は，気候，生物，地形ならびに人為的な影響を受けながら，長い時間をかけて，岩石が風化してできた礫（gravel），砂（sand），粘土（clay）などの無機物と動植物や微生物の遺体とその分解物である有機物とが相互に作用してできあがったものである．水田土壌のように，その場の植生や耕作といった人為的な要因が強く反映した土壌であっても，それらは数百年の単位で生成されたものと考えられる．自然土壌に対して，「自然には起こりえない，異質土壌物質が 35 cm 以上盛土され，これに対応する土壌断面が農耕地土壌に見あたらないほど大きく変化した土壌」（農耕地土壌分類第 3 次案改訂版，1995）が造成土である．わが国の耕地土壌は，各都道府県農業試験場による地力保全基本調査で，土壌の断面形態，母材ならびに堆積様式によって 16 土壌群（1994 年以降は，造成土などが追加されて 24 土壌群）に分類されている．

　代表的な水田土壌群としては，河川流域や海沿岸域に分布する灰色低地土（Gray Lowland soil）とグライ土（Gley soil）が国内の水田面積の約 70％を占めている．これらの土壌群は低地に分布しているため，地下水位が高く排水性は不良であるが，湛水することにより施肥した肥料成分の分解速度を調整したり灌漑水中の肥料成分を自然供給できるので，水稲の収量性を支えるには好適な土壌である．このほかに，多湿黒ボク土（Wet Andosol）や黒ボクグライ土（Gleyed Andosol）などがある．

　代表的な畑土壌群（upland soil group）としては，風に運ばれて堆積した火山灰（volcanic ash）と植物遺体などによって生成された黒ボク土（Andosol）があり国内の畑土壌全体の約 50％を占めている．黒ボク土は，施肥リン酸を固定する性質があるものの，良好な排水性に加えて，腐植含量が多いことから保水力などの土壌の物理性が良好で，窒素肥沃度も高い．このほかに，扇状地や沖積段丘に分布する褐色低地土（Brown Lowland soil）や山麓，丘陵に分布する褐色森林土（Brown Forest soil）などがある．

5.3.2　基盤整備

　基盤整備と呼ばれる土地改良には，用排水施設整備，面整備ならびに農道整備などがある．

　基盤整備は，施肥，病害虫防除，機械作業などの栽培管理技術と同様に，土地利用型作物を栽培するうえで不可欠な技術となっている．つまり，水稲を栽培するうえではさほど問題とはならない湿田も，コメの生産過剰対策として進められている転換畑利用では，ダイズやムギ類などの畑作物を良好に生育させるために，暗渠排水施設を整備し乾田化を促す必要がある．また，農業従事者の

減少や高齢化を補うには，大型農作業機による高効率化が必要であり，面整備によって，一区画面積を拡大することで，より低コストで省力な栽培管理が可能となる．

しかし，基盤整備では，十数トン・クラスの大型重機を用いて数千万 m³ の土砂を削り採って移動するため，長い時間をかけて熟成され，ある一定の平衡状態を保っていた土壌の理化学性がこれらの作業によって壊されることになる．このため，改善手法として実施した基盤整備が，栽培に際して新たな問題となることもある．例えば，① 土砂の移動により作土層土壌の窒素肥沃度が不均一となって生育や収量にむらを生じたり，② 排水性の改善によって腐植の分解が進んで急激に窒素肥沃度が低下したり，③ 重機の走行によってち密な圧密層（pan）が形成されて根の伸長が阻害されたり，④ 農作業機の走行を支持していた耕盤層（plow sole pan）が切り取られて車輪が落下するなどの問題が生じる場合がある．つまり，基盤整備後の水田は，造成土ほどではないものの，人為的影響が残っており，新たな理化学的平衡状態に向かう出発点にあるので，深耕や有機物施用などの営農的改善手法による「熟成」が必要である（在原・渡辺，1988）．

基盤整備は，工業用地や宅地のような単なる地盤形成目的ではなく，農地として利用することを目的とするものである．したがって，整備の効果をより早く発現させ，土壌の熟成を促して生産性を高められるように，農業土木分野と営農分野の専門家が相互に十分に理解をして整備にあたることが重要である．

5.3.3 耕起・砕土・整地・均平

プラウによって凝集固化した土壌を反転させ，地表面にある植物残渣（ざんさ）を土中にすき込む作業が耕起である．しかし，プラウ耕作業による砕土の効果は低く，土塊が大きいまま残るので，改めて砕土や整地作業が必要となる．一方，ロータリ耕は，作業機部についている鉄製の爪が回転して土壌を砕き膨軟にする作業であり，爪の回転数を多くすることによって砕土効果を高めることができる．したがって，ロータリ耕は，耕起と砕土だけでなく整地と均平も 1 工程で行える簡便な方法であり，多くの農家が導入している．農業機械の分野では，プラウでの作業を「耕起」とし，耕起に加えて砕土，整地，均平が同時にできるロータリでの作業を「耕うん（tillage）」として区別する場合がある．

プラウは，昔，農耕家畜に装着した「和鋤」に似たもので，トラクタによるけん引で作業が行われる．ロータリ耕が土壌を砕く作業であるのに対して，プラウ耕は作土層土壌を引き剝がして反転させる作業ととらえることができる．プラウで水田を耕起する場合，土壌が乾燥して硬く締まった状態で作業を行うよりも，やや湿った状態で行うほうがけん引時の抵抗が小さくなる．また，作業後の土塊が大きくなるので土塊と土塊との隙間が多くなり，降雨後の排水性がよくなり，その後の冬季の乾燥によって土塊が砕きやすくなる．一方，ロータリ耕は，作業時の土壌水分によって作業の精度が異なり，そのことが土壌の物理性に影響を与える．土性にもよるが，土壌が乾いた状態で作業した場合には，砕土率（全土塊に占める径 20 mm 以下の土塊の重量比）は高くなり膨軟な状態が得られるが，土壌水分が高いと，回転する爪が土壌を練り返してしまうため，砕土率の低下だけでなく透水性をも低下させることになる．

降雪の少ない関東以西の温暖地や九州，四国の暖地では，水稲収穫後から，スズメノテッポウ（*Alopecurus aequalis*），スズメノカタビラ（*Poa annua*），タネツケバナ（*Cardamine flexuosa*）といった冬生雑草が出芽して繁茂する．図 5.1 は，プラウ耕とロータリ耕による冬生雑草の防除効果を比較したものである．冬生雑草の発生量はプラウ耕に比べてロータリ耕で多く，耕うん・耕起によって雑草種子の分布が異なることを示している．つまり，ロータリ耕では，土層の攪拌により表層の種子が作土層土壌全体に散在したために発

5.3 土壌管理

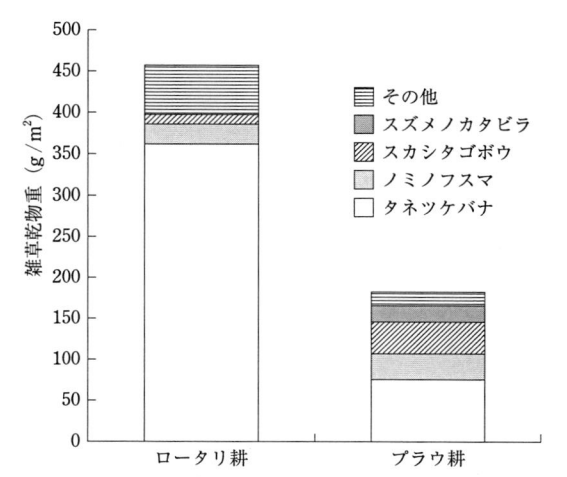

図5.1 秋耕の違いが冬生雑草の発生に及ぼす影響（在原・小山, 2002）
その他の主要雑草は，ハコベ，オオアレチノギク，ノゲシ．

図5.2 クローラ型トラクタによるレベラ整地作業

生量が増加したのに対して，プラウ耕では，土層の反転によって表層の種子が下層へ埋没したため，出芽が抑制されたとみることができる（在原・小山, 2002）．

前述したように，ロータリ耕は砕土，整地，均平の作業が1工程でできる．プラウ耕では，作業後の土塊が大きく地表面の凹凸も大きいため，この状態で播種や苗を定植すると作業精度が低下して出芽や活着不良が生じるので，砕土，整地，均平の作業が必要となる．大きな土塊を砕くには，ロータリやハローといった作業機を用いる．砕土作業によって，土塊が細かくなると同時に地表面の凹凸が解消されて圃場全体が均一な状態となり，出芽や生育がそろい，その結果高い収量が得られるようになる．

近年，プラウ耕と均平作業を組合わせた整地法が開発され，区画面積1ha規模の圃場で利用されている．その方法は，図5.2のように排土板を装着したクローラ型トラクタによって行われ，プラウ耕によってできた大きな土塊をトラクタのクローラで踏みつぶし，砕かれた土塊を排土板によって移動するものである．作業では，圃場外から一定の高さで発光させたレーザ光をトラクタが感知し，内蔵されているコンピュータによって排土板の位置が制御されるようになっている（屋代ほか，1996）．これにより，凸部の土壌は排土板で削られて凹部まで運ばれ，圃場内のどの地点の標高も同じになる．実際，この整地法による均平精度は，圃場面積に対して80～90%の面積を高低差±25 mmの範囲に納めることができ，田面の凹凸が，出芽不良の原因と考えられている乾田直播栽培では，改善効果がある（在原ほか, 2003）．

5.3.4 マルチ・中耕・土寄せ

マルチ（mulching）は，稲わらや麦わらあるいはポリエチレンなどの化学合成資材を用いて土壌を被覆することで物理的に雑草の発生を抑制したり土壌水分の蒸発防止や地温の制御を目的として行われる．しかし，わらは，機械収穫の際に切断されて圃場へ還元されるために入手が困難となり，現在では実用例は少なくなってきた．一方，化学合成資材は，露地，施設を問わず野菜栽培で多く利用されるほか，ラッカセイや食用サツマイモの栽培でも利用される．

中耕（intertillage）は，作物の生育期間中に畝間を耕うんする作業で，耕種的な雑草防除法として行われることが多く，ダイズ栽培では，後述する土寄せ（培土：earthing up）と同時に行い（中耕・培土作業），雑草防除に加えて倒伏防止効果がある．中耕は，降雨などの影響で硬く締まった地表面の土壌を砕き，通気性や排水性を改善する効果があるが，水田転換畑では蒸発が促されて土

壌水分の低下をまねくこともある．また，土壌の撹拌によって，埋土されている雑草種子が地表面に持ち上げられて出芽し，新たな雑草害をまねく場合もある．中耕は，深さによっては作物の根を切断するので，作業時には，耕うんの深さや作業幅に注意が必要である．

水稲栽培では，労働負荷が大きいために敬遠されていた中耕が除草剤削減の視点から見直され，小型エンジン搭載の歩行型機械の普及に加えて乗用型も開発されている．最高分げつ期までに2，3回中耕することで条間部の雑草を防除できるが，株間の防除効果は低い．中耕作業を導入した初年目作では，除草剤を使用した慣行栽培と同程度の収量が得られるが，栽培を継続すると残草の影響が現れて減収する場合もある．

土寄せは，畝間の土を作物の株元へ寄せる作業で，中耕と同時に行われることが多い．土寄せによって，ダイズでは不定根の発生が促され，倒伏の軽減が期待できることから，開花期までの間に1，2回行われる．また，株元への土寄せによって，畝間は明渠としての役割を果たすことになる．サトイモでも，地下部の肥大を促すために行われている．過去には，ムギ類の栽培でも，無効分げつの抑制や株を杯状に開かせることで受光態勢の改善が図れることから実施されていたが，土寄せによって地表面に波状の起伏ができて機械の走行性が不安定となることから最近では行われなくなった．ダイズでは，不安定な機械収穫によって，土壌が収穫物と一緒に機械の内部に取り込まれて汚粒を発生させることもあり，これを防ぐために無中耕・無培土による栽培も増加している．

5.3.5 草生栽培

クロバやヘアリーベッチなどのマメ科植物やイタリアンライグラス（*Lolium multiflorum*）やオーチャードグラス（*Dactylis glomerata*）などのイネ科植物を，敷わらの代わりに土壌表面を覆うように栽培することを草生栽培（sod culture system）といい，これに対する栽培法を清耕栽培（clean cultivation system）という．草生栽培は，土壌有機物の供給や侵食防止策として，果樹園で導入されることが多い．しかし，導入植物の生育が旺盛になると農作業に支障をきたすので，草刈り等の管理作業が必要となる．水稲栽培では，収穫後にマメ科植物のレンゲ（*Astragalus sinicus*）を播種し，翌春，レンゲの繁茂した圃場へ入水し，代かきをしないまま移植（不耕起移植）する栽培法が検討されている．これは，繁茂したレンゲによって雑草発生を防止し，同時に窒素源として利用することを目的としたものである．

5.3.6 畝立て

耕起と砕土後に整地された圃場で，ある一定の間隔で帯状に土を寄せ，凸部（畝：ridge）と凹部（畝間：inter-row space）からなる培地をつくる作業を畝立てという．形成された畝へ，苗を定植したり播種をする．畝間は，作物管理作業用の通路や排水路として利用される．畝立てにより，作物の有効土層が広がるとともに降雨後の重力水は畝間へ排水されるため，水田を利用したキャベツやレタス（*Lactuca sativa*）などの野菜栽培で行われる．園芸分野では，1つの畝に2列以上作物を栽培する場合には，「平高畝」と呼ばれている．

5.4　施肥管理

5.4.1　肥料の種類

肥料は，普通肥料と特殊肥料とに分けられる．普通肥料は，使用する人の経験や五感ではその種類や成分の判定が難しく，判定には化学分析が必要である．そのため，農林水産大臣や都道府県知事への登録や届出が必要で，成分の保証や原料，製造業者名，生産日などを記載した保証票の貼りつけが義務づけられている．肥料取締法で，普通肥料は，含まれる成分（窒素，リン酸，カリなど），溶解性（水溶性，く溶性など），製造方法（化成，配合など）ならびに外観（粒状，液状，

被覆など）により分類される．また，肥料取締法では言及されていないが，成分含量の多少（高度，普通）や肥効の遅速（速効性，緩効性）によっても分類され，作物，施用成分，施用時期などに対応した銘柄が市販されている．

特殊肥料とは，法律で厳しく取り締まらなくても，使用する人の経験や五感によって種類や品質の判定が可能なもので，品質が一定でないため厳密な規格化になじまず，流通範囲の限られたものが多い．登録や成分などを表記した保証票を貼りつける義務はないが，商品として市場流通させる場合には都道府県知事への届出が必要である．特殊肥料としては，未粉砕の有機質や稲わら，汚泥，バークなどの堆肥やコンポストなどがある．

一般に農家は，窒素，リン酸，カリなどの多成分（2成分以上含むものを複合肥料という）が含まれている化成肥料や配合肥料を施用し，1成分だけを含む硫酸アンモニウム（硫安），過リン酸石灰（過石），塩化カリウム（塩加）などの単肥を，農家自らが配合して施用することは少なくなった．

窒素，リン酸，カリを含む複合肥料は，3要素の含有率が同じものを「平型」，リン酸の含有率が窒素とカリよりも高いものを「山型」，リン酸の含有率だけが低いものを「谷型」などと呼び，成分のバランスで実用的に仕分けされている．作物が必要とする成分量と肥料成分のバランスとを考慮して肥料を選択することは，作物の生育を良好にするだけでなく環境保全の視点からも重要である．複合肥料をむやみに選択すると，特定の成分については適正量が施用されるものの，ほかの成分量が過剰あるいは過少となり生育阻害の原因ともなる．上述の「型」の選択例として，水稲栽培では，栄養生長期（分げつ期）にリン酸が必要であることから，基肥には平型や山型の肥料が施用され，出穂期以降の養分補給として施用される穂肥では，リン酸を含まないか含有率の低い谷型の肥料が用いられる．

ここ数年，食料に対する安全志向が高まり，速効性の無機肥料ではなくナタネ油かすや魚かすなどの有機質を原料とした配合肥料（普通肥料）や堆肥などの特殊肥料の利用が増えてきた．また，窒素，リン酸などの成分が農地から水系へ流れ込む危険性を避けるため，これまで主流であった水溶性成分を含む速効性肥料に代わって，肥料成分の溶出期間の長い緩効性肥料（slow-release fertilizer）として，肥効調節型肥料（controlled release fertilizer）の利用が増えてきた．しかし，「複合肥料や肥効調節型肥料は手間が省けて楽だから，特殊肥料や有機質肥料は沢山施用しても安心だから」という考えは，生産性や環境面からは問題でもあり，栽培する土壌中の養分を確実に把握（土壌診断）して，実態にあわせて単肥で対応するなどの配慮が必要である．

5.4.2 施肥方式

作物の生育に必要な栄養素は13要素（炭素，水素，酸素を除く）であり，なかでも窒素，リン酸，カリは植物の3要素として知られ，植物に多量に吸収される．これに次いで，カルシウム，マグネシウム，硫黄が吸収量の比較的多い要素である．作物によって各要素の吸収量が異なり，栽培土壌中の含有量も異なることから，3要素を除く各要素については，土壌pHの矯正を目的とした土壌改良資材や家畜糞堆肥などの有機物として施用されることが多い．したがって，施肥にあたっては主に3要素の施し方が重要となる．特に，作物による吸収量が多く，施用量の多少が生育や収量に顕著に影響を及ぼし，一方，過剰に施用されると地下水，河川，湖沼の汚染原因ともなる窒素の施用方法に留意することが重要である．前項で述べたように，市販の複合肥料の種類は多く，農家の選択肢も広いため，含有成分のバランスを示した「型」を適正に選択して窒素施用量を決定すれば，リン酸とカリの施用量も好適範囲に納まることになる．

窒素施用量を決定する際には，作物の種類と栽培する土壌の窒素肥沃度（灌漑水からの窒素も含

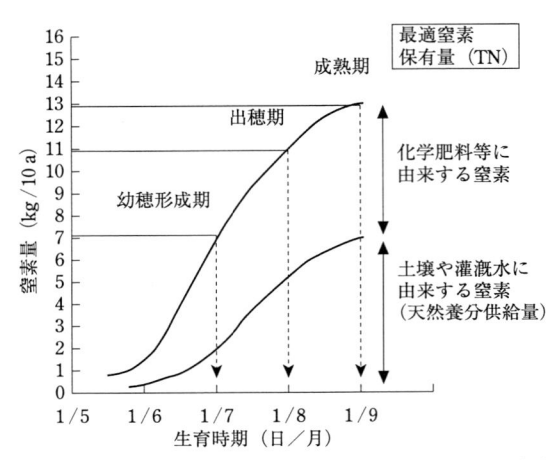

図5.3 水稲の最適窒素保有量と土壌や灌漑水に由来する窒素ならびに施肥窒素との関係（温暖地早期栽培の場合）

めて天然養分供給量として表される）を考慮しなければならない．つまり，図5.3に示したように，作物の吸収量から土壌有機物と灌漑水に由来する窒素量を差し引いたものが，施肥に由来する窒素であり，これに基づいて施肥窒素量を算出し，施肥方法を決める．例えば，水稲の場合，目標収量を得たときの窒素吸収量を最適窒素保有量とし，この値から，土壌有機物と灌漑水に由来する窒素だけで栽培した（無施肥栽培）際の窒素吸収量を差し引いた残りを施肥に由来する窒素とする．実際には，施肥した窒素量のすべてが水稲に吸収，利用されるわけではなく，肥料の形態や施用時期によって窒素の利用率（吸収された施肥窒素量を施肥窒素量で除した値：nitrogen recovery rate）は異なる．水稲では，一般的には基肥窒素の利用率は約40％，穂肥窒素で約65％とされている．

このような方法で算出した窒素量を，どの時期に，どのような方法で施用するかが施肥方法であり，作物の生育と収量に直結した栽培管理技術の一つである．以下に，代表的な施肥方法について解説する．

a. 全層施肥

基肥施用方法としてよく用いられ，播種や苗の植付け前に肥料を作土層の土壌全体へ混和する方法を全層施肥（fertilizer incorporation of plow layer）という．水稲栽培では，田植え前の代かき作業時に，水稲が吸収しやすいアンモニア態窒素を，還元状態（空気が少ない状態）の泥土へ混和することで，アンモニア態窒素が土壌に吸着して維持され，水稲による利用率が高くなる．この施肥方法は，ダイズやムギ類などの畑作物や露地野菜でも利用される．

b. 表層施肥

全層施肥に対して，水稲の活着肥や穂肥など，生育途中で行われる追肥は，土壌表面に施用することから表層施肥（surface application）という．全層施肥に比べて，肥料の施用効果（肥効）が早く現れるが，空気に触れやすいため，アンモニア態窒素が硝酸態窒素に酸化されて土壌から流亡して利用率が低下する．

c. 深層施肥

作土層の深い位置に肥料を施用することから深層施肥（deep application）という．これは初期生育時よりも作物が生長して根が伸長した時期から吸収させようとするものであり，水稲栽培における基肥施用として用いられているほか，ダイズ栽培では開花期以降の窒素栄養を補う施肥方法の一つである．

d. 側条施肥

生育初期から積極的に肥料を吸収させる方法であり，苗を植付けたり播種する部分の横へ，肥料を施用することから側条施肥（side dressing）という．移植水稲栽培では田植え機に，直播水稲，ムギ類，ダイズでは播種機に装着された装置によって施肥する．この方法は，田植えや播種作業と同時に施肥を行うことから省力的な方法であり，また，全層施肥に比べて田面水中への窒素の溶出が少ないことから，周辺水系への排出負荷の軽減が図れる方法でもある．

e. 肥効調節型肥料

全層施肥では土壌混和によって肥料濃度を希釈し，深層施肥では種子や根に直接肥料が触れないように施用することで，水溶性成分の溶出による

濃度障害を避けることができる．しかし，肥料成分の利用率を高めるには種子や根の周辺に施肥することが有効であり，これを可能にした窒素肥料が肥効調節型肥料である．これは被覆尿素と呼ばれ，尿素がポリオレフィン系樹脂やアルキド系樹脂で被覆されているため，急激に成分が溶出しないので，種子や根に直接触れても濃度障害を起こさない．その溶出量は積算地温との関係から推定でき，図5.4のように，シグモイド型被覆尿素を用いた育苗箱施肥温度に比例して直線的に溶出するリニア型，初期は溶出が抑制され，ある程度日数が経過した後に溶出量が増えるシグモイド型とがある．また，リニア型とシグモイド型には，溶出する期間の違うタイプが数種類あり，作物の生育ステージごとの積算地温を計測し，それに対応した日数でタイプを選択することができる．水稲栽培では，基肥と穂肥とを分施するが，基肥として速効性肥料あるいは50～70日間かけて溶出するリニア型被覆尿素と穂肥窒素分となるシグモイド型の被覆尿素とを混合して，窒素全量を田植え前あるいは田植え時にまとめて施用する全量基肥栽培も増加している．また，図5.5のように，育苗土と種籾との間に，本田へ田植えされた後に溶出し始めるシグモイド型の被覆尿素肥料をサンドイッチ状に施用することで，育苗箱へ基肥窒素を施肥することも可能である（藤井・安藤，2003）．

育苗箱施肥は，本田への施肥作業が省けるだけでなく，肥料が根に抱えられた状態となるので窒素利用率が高く，これまでの基肥と穂肥との分施体系よりも施肥窒素量を減量できるので，化学肥料の低投入技術として導入が始まっている．

〔在原克之〕

文　献

1) 在原克之・岩淵善彦・小山　豊（2003）：田面凹凸に起因する乾田直播水稲の出芽不良要因の解明．千葉県農業総合研究センター報告，**2**：35-41.
2) 在原克之・小山　豊（2002）：水稲の表層代かき同時移植栽培における冬雑草の防除法．千葉県農業総合研究センター報告，**1**：55-62.
3) 在原克之・渡辺春朗（1988）：客土造成田の水田土壌化について．土肥誌，**59**：607-613.
4) 日本土壌肥料学会編（1990）：水田土壌の窒素無機化と施肥，博友社．
5) 農耕地土壌分類委員会編（1995）：農耕地土壌分類第3次案改訂版．農業環境技術研究所資料，第17号．
6) 藤井弘志・安藤　豊（2003）：肥効調節型肥料を用いた育苗箱全量施肥法の初期生育の改善．土肥誌，**74**：827-830.
7) 藤原俊六郎・安西徹郎・小川吉雄・加藤哲郎編（1998）：新版土壌肥料用語事典，農山漁村文化協会．
8) 屋代幹雄・藤森新作・中山豊一（1996）：大区画圃場における耕うん・均平技術の開発（第1報）レーザー光利用による耕盤・表層均平作業技術．農業研究，**31**(別1)：21-22.

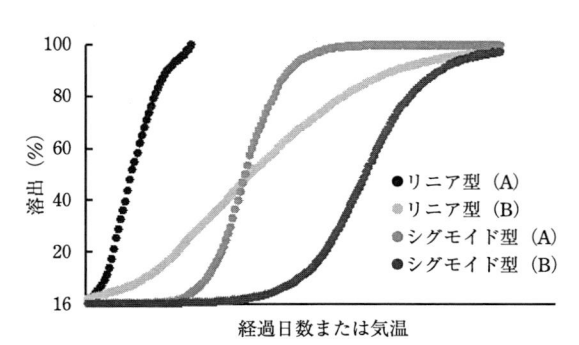

図5.4 被覆尿素の溶出パターンのモデル

図5.5 シグモイド型被覆尿素を用いた育苗箱施肥

5.5　水管理（灌漑・排水）

農作物の栽培に水は不可欠であると同時に，過剰な水は作物に害を及ぼす．そこで適切な灌漑（irrigation）と排水とが必要になる．灌漑排水のためには，水源施設（ダムやため池），取水施設

(頭首工，揚水施設など)，送水施設（水路，分水工など），排水施設（水路，排水機場など），給水施設（取水口，蛇口など）が必要であるが，ここでは圃場（水田や畑）における水管理のみを述べることとする．

5.5.1 水田の水管理

a. 水田の特徴

水田ではイネ（水稲），イグサ，ハス（*Nelumbo nucifera*）などが栽培される．これらが栽培される水田は，常時水を湛えている（湛水される）のが通例であるが，水不足の国や地域では十分な水が得られない場合もあり，例えば1週間に1回だけ灌漑される．この場合，稲作期間中の水田面は，湛水状態→湿潤状態→やや乾いた状態の繰り返しになる．

水田では水を湛えるためにあぜ（畦畔）がつくられており，水が漏れないように，また壊れないように，維持管理される．深い湛水の場合にはそれほど重要ではないが，浅い湛水の場合には，湛水深を均一化するために水田面を平らにすること（均平）が重要となる．

b. 湛水の効果

湛水条件下で水稲を栽培する目的と効果は，以下の5つに要約できる．① 水稲生育に必要な水分を供給する，② 湛水によって雑草・病虫害を抑制する，③ 土壌線虫や有害物質を除去・洗浄し，連作障害を回避する，④ 湛水深の変化により水温調節を行い，冷害防止や高温対策を可能とする，⑤ 地力の消耗を抑制し，灌漑水により肥料分を供給する．

c. 水管理のパターン

日本の稲作における水管理の一例は図5.6の通りである．(f) は水田の湛水深であり，苗が小さい時期には浅く，ある程度生長してからはやや深い一定の水深を目標としている．そのために落水口（角落としなど）の高さが (e) のように操作される．実際には降水 (a) があり，取水量 (b) を調節するが，完全に一定の水深とはならない．

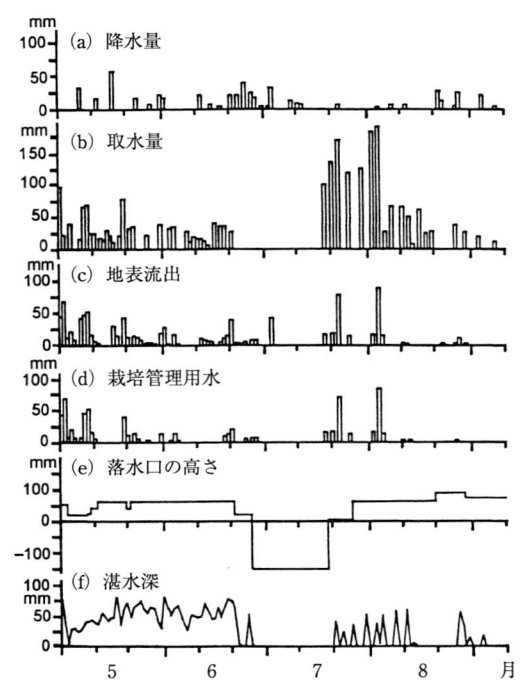

図5.6 典型的な水田の水管理の例（農業土木学会「新編・水田工学」編集委員会編，1999）

多くの水田では，有効分げつ決定期以降に中干し（排水）がされ，作土を固め，根の活力維持を図る．その後，間断灌漑となり，収穫の数週間前に落水される．

d. 用排水施設

未整備の水田は用水路と排水路が分離されておらず，いわゆる「用排兼用水路」であった．また，すべての圃場に用水路・排水路が接することがなく，田越し灌漑が行われていた．

整備後水田では，すべての区画が用水路・排水路と接しており，自由に取水・排水が可能となった．用水路は，土やコンクリートブロックによる開水路が主流だったが，近年の整備ではパイプライン化が進んでいる．排水路はほとんどの場合開水路であるが，パイプラインにする水田も少しずつみられるようになっている（図5.7）．

e. 圃場の均平

稲の生育を均質化し，また用水量を最小限にするために，均平作業が行われる．通常は代かき作

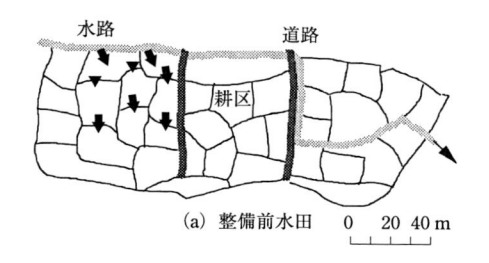

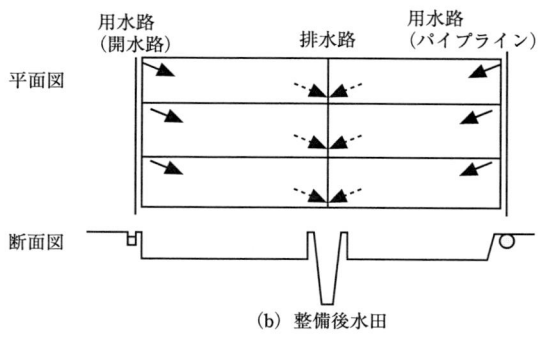

図 5.7 未整備水田と整備水田の水管理
(a) 整備前水田
(b) 整備後水田

業が均平作業を兼ねているが，均平が不十分である場合には，非作付期に高いところの土を低いところに運び，均平化される．

均平でない水田では，相対的に高いところは水深が浅かったり湛水されなかったりし，相対的に低いところでは水深が深すぎることになり，均一な生育が保証されない．

均平は原則として水平で平らにすることであるが，用排水を順調に行うために排水路側を若干低くするなどの配慮もなされる．諸外国の巨大水田の場合には，特に良好な排水のために，緩やかな傾斜のままとし，あえて水平にはしない場合が多い．

f. 用水量のコントロール

水田で消費される水は，蒸発散と浸透（下方浸透，畦畔浸透）であり，これを合わせた量が，湛水している場合には湛水深の低下量となり，これを減水深と呼ぶ．その量は一般的には，10〜25 mm/日程度である．

蒸発散量は主に気象条件と稲の生育状況によって変化するが，稲の生育に必須のものであるため，これを減ずることは好ましくない．一方，浸透量は主に水田の土壌条件（特に透水性）と水理条件（地下水位，排水路水位）によって大きく異なる量であり，コントロールが可能である．

5.5.2 畑の水管理
a. 畑地灌漑の特徴

畑で栽培される作物は，生育のために水分を必要とすると同時に，過湿を嫌う傾向がある．そこで，畑は排水性のよい傾斜地に立地することが多い．平坦地に立地する場合には，土壌・土層の排水性が良好であることが必要で，そうでない場合には十分な排水対策が不可欠である．

わが国はアジアモンスーン地帯にあり年間降雨量が比較的多いので，畑地灌漑は不足する水量のみを補給すればよいという補給灌漑の考え方が強い．その場合，作物の必要水量をすべて灌漑でまかなう必要はないが，畑地灌漑に必要な水量は，作物の生育促進のための水分補給に加えて，栽培管理の改善，気象災害の防止，管理作業の省力化などのためにも必要である．すなわち，灌漑用水は多目的に利用されている．

b. 灌漑方式

水田灌漑が基本的に湛水灌漑一つであったのに対し，畑地灌漑の方式は多様である．畑地灌漑方式の選定にあたっては，土地の傾斜や土壌条件などの立地条件，栽培作物や栽培方法，経営規模や集団化の程度などの営農条件，水源水量や消費水量などの水利条件，建設費・維持管理費などの経済条件を十分に検討し，種々の方式から選定する．

経営規模・区画規模が大きく，機械作業主体の場合は，圃場内に固定施設をおかないことが望ましいため，周辺道路沿いの給水栓に接続する地表固定式スプリンクラー，大型の自走式スプリンクラー，畝間灌漑などが適している．樹園地では樹木の間にほぼ等間隔に配置する固定式スプリンクラーの採用が多い．施設園芸（ハウス）では，埋設または定置式が主である．以下，わが国で採用されている灌漑方式を簡単に説明する．

① スプリンクラー：回転するノズルより圧力

水を噴出させて降雨状に散布する方式で，多様な条件に適合できる．

② マイクロスプリンクラー：低水圧，少流量，節水型スプリンクラーである．

③ 大型（高圧）スプリンクラー：高水圧で大量に散布する場合に用いる．圃場が大きくない場合には，圃場中央に設置して灌漑し，圃場が大きい場合は，移動しながら灌漑する．

④ 点滴灌漑：ドリップ灌漑，トリクル灌漑とも呼ばれる．作物の条間に地表定置のポリエチレン管を配置し，管に取りつけられた点滴ノズルまたは滴下孔から，作物の根元のみに滴下する．低圧で少量を長時間連続的に作物の根元に供給する方式で，水源が乏しく節水を必要とする場合に適する．

⑤ 多孔管灌漑：硬質パイプあるいは径の大きい軟質ホースに多くの孔をあけ，これらの孔から散布する方式．比較的低圧であるが，灌漑強度は大きい．

⑥ 畝間灌漑：畝間に間断的に水を流す方式．流された水が畝の側面から浸潤して作物の根群域を潤す．土壌のインテークレート，畝の長さ，流し込み流量などによって灌漑効率に差が生じる．

c. 用水量

畑地灌漑の計画用水量は，純用水量（圃場単位用水量から有効雨量を引いた水量）に損失水量を加えた粗用水量から地区内利用可能量を差し引いて求められる．

圃場単位用水量は計画日消費水量と栽培管理用水量からなり，日消費水量は圃場において作物が正常に生育しうる状況下で消費される水量（土壌水分減少量）であり，次式で求められる．

計画日消費水量（mm/日）
　＝計画蒸発散量－上向き補給水量

栽培管理用水量は，作物が必要とする水分の補給以外の栽培環境の保持・改善など多目的の利用を可能とする用水量である．

d. 排水と土壌保全

畑作物は過湿を嫌うものが多いため，大雨の場合には不要な水を良好に排出させるよう設計する．しかし降雨排水の際には，同時に畑の土が持ち去られる．これが土壌侵食（水食）である．したがって，土壌侵食を起こさないように気をつけながら，迅速な排水を達成することが要求される．

畑地における水食は，雨滴の衝撃や雨水による流水が，畑地内を侵食し，畑地周辺の法面の崩壊などを引き起こすものである．降雨による土壌侵食の過程は，次のようである．

① 雨滴は，衝撃エネルギーを持って地面を打撃し，土塊を分散させ，土粒子を飛散させる．

② 表面水が多くなってくると，雨滴は土壌を攪拌し，懸濁浮遊状態の小粒子が土壌間隙を充填する．雨水の地中への浸透が次第に阻止され，地表流出量が増し，分散された土壌が下方に輸送されることによって，地表面侵食が進行していく．

③ さらに侵食が続くと，地表面に水みちができ，水みちが雨裂（リル，ガリ）となり，発達して，大きな侵食をもたらす．

水食を防止する方法は，次のようにまとめられる．① 雨水の地下浸透を促し，地表流出水をできるだけ少なくする，② 地表面流水の流速をできるだけ小さくする，③ 集中する水を安全に流下させるように排水路を整備する，④ 土壌の団粒化など土壌の耐食性を高めるとともに，工事後の圃場面の裸地化を極力回避する．

以上の各手段は，畑地整備の際に行われる土木的水食防止と，営農段階で行われる農法的水食防止があるが，片方のみでは不十分で，両方の水食防止対策が重要である．　　〔山路永司〕

文　献

1) 農業土木学会「新編・水田工学」編集委員会編 (1999)：*Advanced Paddy Field Engineering*（新編・水田工学），信山社サイテック，p. 39, p. 177.

5.6 根圏管理

5.6.1 断根処理

　養分貯蔵や養水分吸収を担う重要な器官である根を失うことが，植物にとって大きな負担になるであろうことは容易に想像できる．しかし，農業，園芸，林業などの現場では生育調節の手段として，断根処理（root pruning）が栽培管理のなかで利用されている．根の切断によって最初に起きる最大の作用は生育の抑制である．これは養水分吸収力の低下，内生ホルモンバランスの変化，体内養分の分配の変化等に起因する．わが国独特の盆栽では，植え替えの際に根を切る（根回し）ことによって生育を抑制し，植物体を矮小化させている．また，果樹類やイチゴなどの果菜類では栄養生長を抑えることで開花を促進したり，水分吸収を抑えることで果実の糖度を高める等の目的で断根処理が行われている．一方，作物の種類によっては，処理後に生ずる旺盛な新根の再生が生育抑制を一時的なものに止め，その後の作物の生育を増進する場合がある．それは土壌理化学性の改善とあわさって最終的に収量や品質の向上を可能にする．イネでは，中耕（intertillage）や中干し（midseason drainage）が根系の更新にも役立っている．チャでは断根処理が樹勢更新（regeneration of plant vigor）手段の一つとして利用されている．また，林木，イネ，野菜類などにおける苗の移植も断根後の根系の回復を利用した生育促進法といえる．これらの効果は断根後の根の再生能力に負うところが大きいが，その能力は作物の種類だけでなく，品種，栽培条件，生育時期などによっても大きく異なる．

　断根処理の生育促進効果について興味深い例をあげてみよう．チャでは断根処理による樹勢更新の歴史は古く，原型は『農業全書』（宮崎安貞，1697）にみることができる．年に一度初秋期に耕うんを兼ねて根を切ることで樹勢回復ができるとされてきた．しかし，この処理効果には年次的なふれの大きいのが難点であった．そこで，根系形成の特性を詳細に調査し，その結果に基づいて根の再生能力を最大限に高める条件を究明した（図

図 5.8 断根処理されたチャの根系の再生状態（樹齢2年）
(a) 断根処理されたチャ（9月に断根処理と同時に耕うんと窒素施肥を行い，6カ月後に掘り取り）．活力の高い白色根（white root）が多量に形成されている．(b) 無処理のチャ．

5.8）．この条件を満たす断根処理を行った結果，樹勢の弱まったチャは安定した生育の回復・増進を示した．また，樹勢の衰えの著しい樹齢130年のシダレザクラ（*Prunus itosakura*）の樹勢回復でも断根処理の効果が実証されている．

断根処理では作物の種類や目的に応じて様々な方法がとられている．苗床で育苗された樹木苗や野菜苗の場合は，苗床からの抜き取りに伴う根の切断のほか，移植前に苗床の土を耕うんしたり刃物を使って切ることで根の一部を切断する．イネでは中耕作業に伴って根を切る．チャでは畝間を鍬やトレンチャで耕うんして根を切断する．ウンシュウミカン（*Citrus unshiu*）ではチェンブロックを使って樹体をつり上げ，細根を切る手法もある．いずれにしても多大の労力と時間を要する作業であり，これに見合う効果が前提となる．

多くの植物は環境への適応能力の一つとして，旺盛な根の再生能力を有しており，断根によって一部の根を失っても，補償が可能である．断根処理は，作物の生育抑制と促進，収量・品質の向上，ストレス耐性の強化などの目的で幅広い応用が期待できる栽培的な生育調節技術といえる．

〔山下正隆〕

文 献
1) Russell, R. S. 著，田中典幸訳（1981）：作物の根系と土壌，農山漁村文化協会．
2) 多賀正明・後藤宏光（2003）：シダレザクラ断根処理による樹勢回復．根の研究，**12**：35-40．
3) 山下正隆ほか（1998）：根の事典（根の事典編集委員会編），朝倉書店．
4) 山本由徳（1997）：自然と科学技術シリーズ―作物にとって移植とはなにか，農山漁村文化協会．

5.6.2 根域制限栽培

根の主な役割は植物の生長に必要な養水分を吸収することにあるが，土中に根を張って植物体自体を支えていることや，ときに貯蔵養分を蓄積する器官となっていることも忘れてはいけない．このことは熱帯雨林の林木をみれば明らかで，太く大きな根系がなければホロンとしての樹体は成立し得ない．しかしながら，私たちにとって身近な農園芸作物を栽培するに際しては，施肥，灌水の効率をあげるとともに，その根域（rooting zone）を積極的に制限して，土中深くへの根の伸長を阻止し，植物体の高さを制限することも重要となる．ここでは果樹と野菜の根域制限について概説する．

a. 果 樹

苗床で養成された苗木を果樹園に定植し栽培を始めると，樹高の調節が大きな問題となる．これは，露地栽培においてもハウス栽培においても同じであるが，施設の高さが制限要因となるハウス栽培においては，きわめて重要である．樹高調節のためには，植物体の主根（直根）の成長を極力抑え樹体の矮化（わいか）を図らなければならない．ここに根域制限の一つの方法として遮根という概念が生まれた．不織布防根シートの利用がそれであるが，現在，2つの方法が採用されている．一つは大きな不織布袋（ポット）に土を盛って苗木を植付ける方法であり，ほかの一つは園地の土を全面にわたって一定の深さまで掘り上げ，そこに不織布防根シートを張りめぐらした後，土を戻し，畝立て後に苗木を植付ける方法である．後者は準備に手がかかるが，開園時に実施しておけばその効果はとても大きく，カンキツ類や大木性のマンゴーのハウス栽培などにおいて樹高調節に効果を上げている．

なお，果樹栽培においては，従来から矮性台木（dwarfing rootstock）の使用による樹高の調節が指向されており，例えば，ウンシュウミカンにはヒリュウ（カラタチの変種）台を，またリンゴのフジにはM9台を使用して低樹高栽培に努めている．この場合，台木の矮性形質により根系の発育は自ずと旺盛にはなりえず，根域は狭くなる．

b. 野 菜

野菜栽培においては土壌病害虫が問題となることが多く，抵抗性台木の開発が試みられてきた．また，農薬を使用した防除では，臭化メチルなど

のくん蒸剤による土壌消毒により，各種の病害の発生を抑え，線虫駆除に努めてきたが，環境保全の視点から2005年には臭化メチルの使用が禁止となり，メロン栽培をはじめ多くの野菜栽培で防除法の確立が急がれている．その対策の一つとして根域制限を利用した次のような栽培システムが開発されており，メロンのハウス栽培などで試行されている．まず，ハウス内の土壌を全面的に20 cm程度掘り上げ，ここに不織布シートを敷き詰める．その上に土を戻して幅120 cm×高さ10 cm程度の畝（ベッド）を立てる．次に，ベッド上にミストチューブを張り，これに80℃の温水を流して噴出孔から流出させ，温湯によってベッド内の培土に生息する線虫や有害糸状菌を駆除する．このベッドにメロンの苗を2列に植付けると植物体は健全に成長する．土耕栽培では，このような栽培システムが病害虫防除の方法として開発されているが，病害虫の被害や連作障害を抜本的に回避する方法として，養液栽培が開発された．これには礫耕と水耕があり，砂礫で盛ったベッド内に根群を限定する礫耕は，根域制限の一つの形といえる．　　　　　　　　　　〔山下研介〕

5.6.3　土壌微生物

植物の根は，土壌から養分や水分を吸収するとともに，様々な物質を放出する．この結果，根の表面から数mm程度範囲の根周辺土壌では，水分，pH，イオンや有機物の質・量などの物理化学性が大きく変化する．根の影響で変化するこの領域を根圏（rhizosphere）と呼び，根の影響が及ばない離れた領域と区別している．

根から根圏土壌に放出された有機物は，土壌に生息する微生物の栄養源となるため，根圏土壌の生物性も非根圏土壌とは大きく異なる．根圏では，糖など低分子の有機物を栄養源とする細菌や糸状菌の活動が旺盛となり，さらに細菌などを捕食するアメーバや線虫などの原生動物も活動が活発になる．このように，根が放出する有機物に端を発して，多様な生物の関与する食物連鎖が根圏で発達する．

多様な生物の活動は根圏生態系の安定化を担うと同時に，特定の機能を持つ土壌微生物を新たに導入しようとする際の障壁ともなりうる．例えば，窒素固定能が高い根粒菌（rhizobia）系統を耕地土壌に接種しても，その土壌環境によく適応した土着の根粒菌が根粒を形成してしまい，接種効果がみられないことは珍しくない．実験室レベルでは土壌に蓄積する難溶性リンを溶かすリン溶解菌も，ほかの微生物との相互作用が無視できない根圏土壌では機能を確認できない場合も多い．同様の問題は，近年盛んに販売されている様々な微生物資材にもあてはまる．有用土壌微生物を活用するうえで，根圏にいかに定着させるか，根圏環境でどれだけ機能させることができるかが，克服すべき課題である．

外部からのインプットに対しては安定な根圏生態系も，基盤となる植物根の影響には敏感な側面を持つ．同一作物を連作すると，その作物根圏に適応した特定土壌病原生物の増加をまねきやすい．これは連作障害と呼ばれる作物生産性低下の原因の一つである．北海道の網走地域においては，施肥方法を工夫することで，ジャガイモそうか病の発生を抑えている．そこでは，株近辺の土壌領域に窒素（硫酸アンモニウム）のみを与え，それ以外のリン酸やカリウムはそこから離れた位置に施用している．その結果，イモが形成される領域の土壌pHは低く維持され，このことが発病の抑制につながったと考えられる．

一般的に，植物の根が陽イオンを吸収するとその根圏は酸性化し，逆に陰イオンを吸収すると根圏はアルカリ化する．植物が土壌から栄養素として吸収するイオンで最も多いのは窒素で，利用可能な形態として陽イオンのアンモニウムイオンと陰イオンの硝酸イオンの2種類がある．植物が吸収する窒素形態に応じて根圏pHは変動し，その結果は根圏生物相にも影響するが，上の例はこのことを利用した連作回避技術と位置づけられる．

窒素肥料を多く投入すると作物生産性は向上す

る一方で，作物体が軟弱となって病虫害を被りやすくなるジレンマを抱える．オーストラリアでは，1980年代以降，ルーピン（マメ科）やナタネ（アブラナ科）との輪作によって，コムギ収量を増加させている．これは，ルーピンやナタネの根がコムギ連作で増殖した土壌病原菌を抑制する効果を持ち，結果的にコムギに対する窒素施用量の増加を可能にしたことが大きい．なお，ナタネを含むアブラナ科植物全般およびマメ科植物のなかで例外的にルーピンは，共生微生物のVA菌根菌（vesicular-arbuscular mycorrhizal fungi）を排除する点でも共通している．

同様に，マリーゴールド（*Tagetes* spp.）やルドベキア（*Rudbeckia hirta*, キク科），ギニアグラス（*Panicum maximum*, イネ科），クロタラリア（*Crotalaria* spp., マメ科）などの植物は，植物寄生性センチュウ（plant-parasitic nematode）を抑制する効果を持ち，連作障害を軽減する手段として検討されている．畑作では連作障害の問題は深刻で，歴史的・地理的に様々な作付体系が試みられてきた理由の一つがそこにある．病原生物に対する植物根圏の拮抗作用（antagonism）について，さらに知見を積み重ねていく必要がある．

〔矢野勝也〕

文　献
1) 日本土壌肥料学会編（1993）：植物の根圏環境制御機能，博友社．
2) 堀越孝雄・二井一禎編著（2003）：土壌微生物生態学，朝倉書店．

5.7　植物保護

5.7.1　倒伏防止
a. 耐倒伏性の評価

作物が倒伏（lodging）すると収量が減少したり，品質が低下するため，倒伏の防止は作物共通の重要な課題である．生産の現場において作物の倒伏防止技術を確立する際には，それぞれの作物に対応した耐倒伏性の評価技術の確立が重要となる．倒伏の様相は作物の種類や栽培法で異なるが，イネ，ムギ類では稈基部から折れる挫折型倒伏（breaking type lodging）が多い．イネの倒伏は，出穂以降登熟が進むに伴い，特に生育のよい場合に発生しやすい．倒伏が地域の栽培面積の大部分で発生するような場合は，各圃場の栽培法による影響もあるが，その年の気象的要因が原因であることが多い．倒伏は，繁茂した茎葉部に風雨などの外的要因が加わって，茎葉部と根系の支持力との間のバランスが崩れることによって生じる．イネの湛水直播栽培においては，なびき型倒伏（bending type lodging）や挫折型倒伏に加えて，移植栽培に比較して播種深度が浅いために，移植栽培では発生しないころび型倒伏（root lodging）も発生して複雑な様相を呈する．ころび型倒伏には根系を構成する冠根の形態がかかわっており，冠根の直径が大きく，下方向に伸長する冠根が多く，土壌深層における根量が多いと，耐倒伏性が大きくなるといわれている．湛水直播栽培においては，このように耐倒伏性と根の生育特性との関係が明らかにされているため，作物の根系が茎葉部を支えている力の大きさと倒伏との関係を力学的に解析することが試みられてきた

表5.4　植物の根の支持機能の簡易な測定方法

作　物	測定項目と方法	提唱者
トウモロコシ	引き抜き抵抗（上方へ引っ張りあげたときの最大抵抗）	Penny（1981）
水稲	冠根の直径の計測（根が太いほどころび型倒伏に強い）	滝田・櫛渕（1983）
水稲	引き倒し抵抗（稲株を45°まで引き倒すときの最大抵抗）	上村ほか（1985）
水稲	押し倒し抵抗（稲株を45°まで押し倒すときの最大抵抗）	上村ほか（1985）

（表 5.4）．押し倒し抵抗値（pushing resistance）を測定することで根の支持機能を評価しようという方法は，測定値が茎の物理的性質の影響を受けにくく，測定方法が比較的簡便であるため，耐倒伏性の評価指標として有効である（図 5.9）．ほかの作物の例では，ダイズでも押し倒し抵抗値による耐倒伏性の評価が試みられており，ムギではチェイン法によるなびき型倒伏の評価が行われている．

b．倒伏防止技術

倒伏を防ぐためには茎葉の軟弱徒長を防ぎ，根張りをよくして植物体基部の強度を増大する工夫を行う．イネ栽培で倒伏に関係する要因としては，気象，品種，栽培管理（移植時期，栽植密度，施肥法，水管理等），病虫害等があげられる．具体的な倒伏防止技術としては，①耐倒伏性が「難」の品種を栽培することである．②移植時期によっては稈長が長くなり，倒伏しやすくなることがある．特に，移植が遅くなると，栄養生長期間が短縮し，生育が確保できずに倒伏しにくくなる．③密植は稈が細くなり，挫折抵抗力を減少させるので適正な栽植密度とする．④施肥法，特に窒素肥料の過多によって稈が伸長し軟弱徒長ぎみとなり倒伏が起こるので，基肥を減じ生育量を適正に保つ必要がある．窒素の追肥，特に穂肥の施用にあたっては量がすぎないよう，時期が遅れないように注意する．この穂肥の施用により，玄米中の窒素含有量が左右され，食味に大きく影響するので，高品質・良食味米生産のためには地力や生育に応じた適正な施肥設計が重要である．⑤水管理，特に中干しは生育中期の重要な水管理技術であり，多収穫には欠かせない生育調整法である．中干しの時期，強さ，期間は，気象，イネの生育状態，土壌の性質，施肥，水利条件等によって異なる．⑥イネの葉鞘は茎を包み，挫折抵抗に大きく寄与するため，葉鞘に障害を与える病虫害の防除は徹底する．稈の挫折抵抗力に対するケイ酸の効果は高く，ケイ酸質土壌改良材の積極的な投入による倒伏防止は不良環境条件下では有効である．

〔尾形武文〕

文　献

1) Penny, L. H. (1981): Vertical-Pull resistance of maize inbreds and their test crosses. *Crop Science*, **21** : 237-240.
2) 上村幸正・松尾喜義・小松良行 (1985)：湛水直播水稲の倒伏抵抗性について．日本作物学会四国支部紀事，**22**：25-31.
3) 滝田　正・櫛渕欽也 (1983)：直播栽培適応型水稲品種育成における根の太さの選抜の意義と選抜法．農業研究センター研究報告，**1**：1-8.
4) ファイトテクノロジー研究会 (2002)：ファイテク HOW to みる・きく・はかる，養賢堂．
5) 森田茂紀 (2003)：根のデザイン，養賢堂．

5.7.2 病虫害防除

気象条件の変化と密接に関連する病害虫の発生は，気象災害とならんで作物の生産性を低下させる主要な要因である．現在では，多くの病害虫に対する発生予察技術が確立され，また，各病害虫に対する有機合成農薬と動力散布機が開発され，地域における共同防除の普及が進んだことから，主要病害虫に対する延べ防除面積は増大している．水稲栽培では，病害虫の多発年にはその発生面積に対する延べ防除面積は，いもち病で

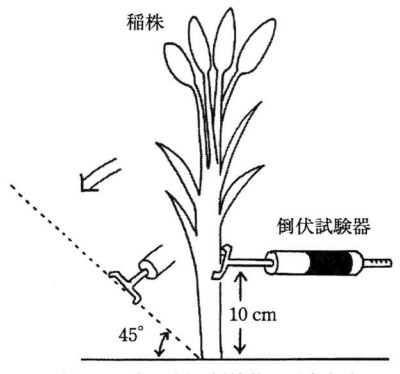

図 5.9　押し倒し抵抗値の測定方法
① 稲株の地表面上から 10 cm の高さの部位に倒伏試験器を直角にあてる．
② 稲株が 90°（直立）から 45°に傾くまで押し倒すのに要した応力を測定する．押し倒すときは稲株に対し，倒伏試験器は常に直角に保つ．

400％，トビイロウンカでは200％を超えるまでになっている．以下に病害虫に対する防除について概説する．

a. 病害防除

1) 発生予察 空中に浮遊する糸状菌の胞子や細菌などを定期的に採集して，その浮遊密度と発病との関連性を調べ，これらのデータを気象要因などのデータとあわせてコンピュータに取り込み病害発生予測モデルを作成し，各作物の発病予察に用いる．

2) 耕種的防除 作物の種類や作期によっても異なるが，① 抵抗性品種の採用，② 前年の被害作物，越冬病原菌の除去・消毒，③ 圃場周辺の雑草や中間宿主の除去，④ 病原菌の圃場持ち込み禁止，⑤ 種苗消毒とウイルスフリー種苗の利用，⑥ 抵抗性台木の利用，⑦ 疎植，窒素肥料制限，⑧ 病原体や媒介昆虫の活動最盛期と作物の罹病性の高い時期を異にする，⑧ 輪作による土壌病害の回避，などが耕種的防除法（cultural pest control）として重要である．

3) 物理的防除 ① 種子の比重選による劣悪な種子の排除，② 蒸気や太陽熱による土壌消毒，③ 紫外線除去フィルムによる胞子形成阻害，④ 紫外線除去フィルムやシルバーマルチによる媒介昆虫の飛来抑制，などが実用化されている．

4) 生物的防除 ① ウイルスの干渉作用による弱毒ウイルスの利用，② 拮抗作用を利用した大型アメーバや線虫による菌類の捕食，③ 土壌微生物の分泌酵素による溶菌や抗生物質による発育阻害，④ 菌糸融合によるプラスミドの移行に伴う病原性の喪失，などの利用の可能性があげられる．一部の拮抗微生物は「生物農薬（biopesticide）」として登録されている．

5) 化学的防除 病気の防除に用いられる農薬は殺菌剤（fungicide）と称され，殺菌効果，静菌効果，宿主植物に対する抵抗力の増強効果を示すものがある．合成殺菌剤は，無機剤（銅剤，硫黄剤）を除くと有機化合物である．抗生物質は低濃度で選択毒性が高いが，薬効の持続期間が短く，また，同じ薬剤を連続使用すると，耐性菌が増加して十分な防除効果が得られなくなる場合がある．

b. 虫害防除

1) 発生予察 害虫密度の調査法には，① 予察灯の利用，② 合成フェロモントラップの利用，③ 黄色水盤の利用，④ すくい取り法（捕虫網），⑤ 見とり法，⑥ 払い落し法などがあり，これらを利用した調査結果を解析して各作物の発生予察に用いる．

2) 耕種的防除 上述の病害の防除と同様に，作物の種類や発生する害虫の種類によるが，① 適地適作・耐性品種などの作物や品種の選択，② 除草による害虫の越冬や潜伏場所の除去，③ 輪作や田畑輪換，間作・混作の導入，④ 対抗作物の栽培，⑤ 作期移動，などが耕種的な防除法として重要である．

3) 物理的防除 ① 捕殺や袋掛け，網被覆，溝，粘着物などによる害虫の侵入防止，② 点灯誘殺法，③ シルバーマルチや紫外線除去フィルム被覆による害虫の飛来抑制，④ 天日乾燥やハウスの密閉による害虫の死滅，などの防除法がある．

4) 生物的防除 生物的防除にはしばしば天敵（natural enemy）が利用される．生物社会には，捕食者，寄生者または病原微生物として害虫を死滅させる天敵が存在するが，土着の天敵を防除に利用するのは難しく，一般にはそれぞれの害虫に対する天敵を栽培システムに導入して害虫密度を低減させる．その成功例として，ベダリアテントウムシ（*Rodolia cardinalis*）（イセリアカイガラムシ（*Icerya purchasi*）），ルビーロウアカヤドリコバチ（*Anicetus beneficus*）（ルビーロウカイガラムシ（*Ceroplates rubens*）），シルベストリコバチ（*Encarsia smithi*）（ミカントゲコナジラミ（*Aleurocanthus spiniferus*））などが知られている（天敵名と害虫名（括弧内）を示す）．天敵を大量増殖して農薬的に利用することも行われており，オンシツコナジラミ（*Trialeurodes vapo-*

rariorum）に対するオンシツツヤコバチ（*Encarsia formosa*），ハダニ類に対するチリカブリダニ（*Phytoseiulus persimilis*）などの例がある．天敵微生物である土壌細菌（*Bacillus thuringiensis*）が産生するタンパク質性毒素のBT剤や，病原性の強い不完全菌類を用いたカミキリムシ類の防除剤が市販されている．また，マツカレハ（*Dendrolimus spectabilis*）を対象とした細胞質多核体病ウイルスも市販されている．

5）化学的防除 害虫の発生に対する防除手段の基幹は殺虫剤（insecticide）の散布である．殺虫剤は，速効性があり，混合により多数の病害虫を防除でき，剤型と防除機具が選択でき，省力的で経済的であることから，急速に普及して今日にいたっている．殺虫剤は成分によって有機リン系，カーバメイト系，有機塩素系，ピレスロイド系などに分類され，害虫の神経機能を阻害する．また，作用性により，消化中毒剤，接触剤，くん蒸剤，浸透移行剤に，さらに，剤型により，乳剤，粉剤，水和剤，粒剤，くん蒸剤に分類される．

6）その他防除法 不妊虫を大量に放飼する方法で，ラセンウジバエ（*Cochliomyia hominivorax*），ミカンコミバエ（*Dacus dorsalis*），ウリミバエ（*Zeugodacus cucurbitae*）が根絶された．交信攪乱法（communication disruption）は，合成性フェロモンにより交尾行動を阻害し雌成虫の交尾率を低下させる方法である．メチルオイゲノールを雄成虫の誘因源としたフェロモントラップ法によりミカンコミバエが根絶された．

7）総合的害虫管理 総合的害虫管理（integrated pest management, IPM）は，「あらゆる適切な技術を相互に矛盾しない形で使用し，害虫密度を経済的被害許容水準（economic injury level, EIL）以下に減少させ，かつ低いレベルに維持するための害虫個体群管理システム」と定義される．今日では，農業生態系のみならず自然生態系や人間の生活圏の環境に対する負荷を最小限に抑えることも含まれる．桐谷ほか（1971）は，害虫管理手段を，A：低密度低変動に長期間抑制する（天敵，耕種的手法），B：低密度に一時的に抑制する（農薬，フェロモン等），C：根絶する（不妊化法），の3つに分け，総合的害虫管理においては，手段Aを基幹的に用いて密度を低レベルに維持し，さらに密度の変動を小さくするために手段Bを副次的に用いることを提案している．

〔齊藤邦行〕

文 献

1) 梶原敏広・梅谷献二・浅川　勝編（1986）：作物病害虫ハンドブック，養賢堂．
2) 桐谷圭治・笹波隆文・中筋房夫（1971）：害虫の総合防除―生態学的方法―．防虫科学，**36**：78-98．
3) 久能　均・白石友紀・高橋　壮・露無慎二・眞山滋志（1998）：新編 植物病理学概論，養賢堂．
4) 中筋房夫（1997）：総合的害虫管理学，養賢堂．

5.7.3 雑草防除

作物栽培における雑草防除とは，作物の収量や品質を低下させないように，雑草の発生や生育を管理することであり，作物や雑草の種類によって防除目的も異なる．また，雑草は多種多様であり，効果的な防除のためには，雑草の生理・生態的特性を知る必要がある．雑草防除手段は，生態的（耕種的）防除法（ecological weed control, cultural weed control），機械的（物理的）防除法（mechanical weed control, physical weed control），生物的防除法（biological weed control），化学的防除法（chemical weed control）に分けられる．なお，これらの防除法の区分は，専門家の間で必ずしも一致していない．目的に応じてこれらの手段を選択し，さらに各手段を組合わせて総合的に雑草を防除することが重要である．

a．生態的（耕種的）防除

作物栽培上の耕種手段（耕起，作付体系など）を利用して，雑草の発生や生育に不利な環境をつくって防除する方法である．作物の品種，栽植密度，播種時期などを適切に栽培管理することで作物の生育を良好にし，雑草に対する競争力を高め

ることが基本となる．

耕起には，作物栽培前管理として反転（プラウ）耕と攪拌（ロータリ）耕がある（5.3節参照）．また，作物栽培中管理として中耕がある．反転耕は，土壌を深く耕起するため，発生雑草や雑草種子を下層深くに埋め込み，雑草発生を抑制する．攪拌耕や中耕は，土壌表面を浅く耕起するため，発生雑草を切断して土中に埋め込む一方，新たに埋土種子を地表近くに出して発生を促したり，多年生雑草の繁殖器官を切断して拡散を助長することもある．

作付体系には，輪作や田畑輪換などがある．輪作では，異なる作期や栽培管理を組合わせることにより，特定の作物栽培に適応する雑草の優先化を防ぐので，作付体系全体を通して雑草を防除することができる．田畑輪換では，水田と畑という水分条件が著しく異なる状態を数年ごとに繰り返すことにより，それぞれの水分条件に適応していた雑草を生育不良環境にさらして発生生育を抑制する．畦間に植物を生育させたり，被覆植物を利用する栽培法は，主に遮光や競合により，雑草の発生と生育を抑制する．

b. 機械的（物理的）防除

除草用器具・機械の使用による刈り取り等に加えて，何らかの物理的な方法によって雑草を防除する方法であり，火・熱の利用，遮光による防除を含める．除草用器具・機械は，各種の構造のものが製造されており，栽培条件，立地条件，雑草の種類によって選択する．中耕除草機は，中耕という耕種作業と雑草防除を同時に行うもので，畑作で多く使用されている．火の利用は，火炎式除草機で雑草を直接枯殺する方法と収穫後の畑などに火入れをするものがあるが，環境への配慮から，利用は少ない．熱の利用としては，プラスチックフィルムで被覆した土壌表層の温度を太陽熱で上昇させ，雑草種子を死滅させる方法がある．遮光による防除は，各種マルチ資材（プラスチックフィルム，不織布，再生紙，植物など）で土壌表面を被覆し，光を遮ることにより雑草の発生と生育を抑制する方法であり，資材によって，透光性，透水性，生分解性などに特徴がある．

c. 生物的防除

微生物，昆虫類，動物などの生物を利用する方法であり，期待されている分野であるが，生態系への影響も十分検討しなければならない．微生物や昆虫の利用に関しては，農薬取締法によって規制されている．微生物の利用は，雑草だけに感染する宿主特異性を持つ植物病原菌を利用する方法で，わが国での微生物除草剤は，1997年にザントモナス　キャンペストリス液剤が芝におけるスズメノカタビラを適用雑草として初めて農薬登録され，その後，2004年にドレクスレラ　モノセラス剤が移植水稲におけるノビエ（*Echinochloa* spp.）を適用雑草として農薬登録されている．昆虫の利用は，狭食性昆虫に雑草を特異的に摂食させる方法で，わが国では，土着の昆虫であるコガタルリハムシ（*Gastrophysa atrocyanea*）によって草地における強害雑草であるエゾノギシギシ（*Rumex obtusifolius*）を防除した研究例がある．動物などの利用は，直接的な雑草摂食や間接的な生育抑制による方法であり，水田ではアイガモ（*Ahas platyhnchos*），コイ（*Cyprinus carpio*），カブトエビ（*Triops* spp.），スクミリンゴガイ（*Pomacea canaliculata*）などが利用されている．

d. 化学的防除

除草剤を利用して防除する方法であり，農薬取締法によって規制されている．使用にあたっては，作物ごとに農薬登録されている使用基準（対象作物，対象雑草，処理時期，処理方法，処理量など）を遵守しなければならない．

除草剤は，処理時期と方法によって，雑草出芽前であれば土壌処理型，雑草生育期であれば茎葉処理型に大別され，茎葉処理型はさらに選択性と非選択性に分けられる．同じ場面で使用する除草剤でも有効成分によって，作用機構，植物体内や土壌中での移行性や残留性などに特徴がある．また，同じ有効成分でも剤型（粒剤，水和剤，乳剤，液剤など）が異なるものもある．

除草剤処理時の環境条件，特に降雨や気温などは除草剤の効果に大きく影響する．作物や環境に影響が少なく，雑草防除効果を高くするためには，除草剤の特性を把握し，作物と雑草の生育状況，環境条件を検討して適切に使用する必要がある．

〔澁谷知子〕

文　献
1) 伊藤操子（1993）：雑草学総論，養賢堂．
2) 草薙得一・近内誠登・芝山秀次郎編（1994）：雑草管理ハンドブック，朝倉書店．
3) 野口勝可・森田弘彦（1997）：除草剤便覧選び方と使い方，農山漁村文化協会．

関連ホームページ
1) 日本雑草学会：http://wssj.jp/
2) 日本植物調節剤研究協会：http://www.japr.or.jp/
3) 農林水産省農薬対策室：
   http://www.maff.go.jp/nouyaku/

5.7.4　気象災害対策

わが国はアジア大陸の東岸に位置する南北に長い山岳島である．また中緯度にあり四季が明瞭であり，気温の年較差が大きい．夏と冬に季節風の交替があり，脊梁山脈を境に季節風の風上と風下とでは気候に極端な違いが生ずる．このような気象環境の変化がわが国で栽培される作物の種類を多様にし，一方で様々な気象災害を各作物に引き起こす原因ともなっている．気象災害は気象要素が異常な値を示した時に発生するので，その災害を気象要素別に分類することができる．例えば，温度が異常に低くなったときは，冷害，寒害，霜害，凍害，凍結害など，反対に高くなったときは，高温害，暖冬害などが発生する．また，水の過不足により，水害，雨害，干害などが起きる．台風や冬の季節風による被害を風害という．台風来襲時に発生する風水害は，風害と水害に分けて被害を評価できないため一括して表現される．

水稲の気象災害の代表ともいえる冷害について，対策技術の歴史的進展を東北地方を例に概説する．冷害は4，5年に一度の頻度で発生し，過去も現在もほとんど変わらない．最近では，1993（平成5）年と2003（平成15）年に大きな冷害があったことが記憶に新しい．1934（昭和9）年の大冷害が近代科学による冷害克服への胎動となった．明けて1935（昭和10）年，冷害防止に関する試験研究事業が農林省と東北6県の農事試験場を中心にして創設組織され，農林省農事試験場においては，特に冷害実験室を設立して，基礎的な冷害生理の研究が開始され，中央気象台には東北における冷害を調査する一係が設けられた．これらの諸施策は，冷害生理の解明といった面から一連の輝かしい成果となって現れ，その後の総合的な冷害対策の基礎となった．以下に述べる画期的な成果から，対策技術の歴史的な背景と総合性が理解できよう．

a.　保温折衷苗代

長野県軽井沢の篤農家荻原豊次と県農事試験場岡村政勝の協力で1942（昭和17）年に原型が完成した「油紙保温折衷苗代」は，ビニルやポリエチレンの開発に伴って技術化がいっそう加速化され，1950（昭和25）年には普及に移された．この技術により1か月も早く播種，田植えができるようになり，遅延型冷害（floral sterility caused by low temperature）の被害はかなり軽減されるようになった．

b.　耐冷性検定装置

1980（昭和55）年以降，障害型冷害（cool summer damage due to delayed growth）が頻発したが，その解決には耐冷性育種が大きく貢献した．宮城県古川農業試験場で開発された耐冷性検定法である「恒温深水法」は，処理用水の水温を19℃に制御し，20 cm以上の水深を保ち，強制循環させて水温のムラをなくして検定できる装置を利用したものである．この方法では，障害不稔を再現性高く発生させることができ，小面積で多数の育種素材を精度高く検定できるようになった．

c.　安全作期策定手法

早生で多収の耐冷性品種（「藤坂5号」など）が育成され，育苗法としてもビニル畑苗代などの

保護苗代が開発され，早い時期に発根力の強い健苗を育成できるようになった．しかし，極端な早植えでは，穂ばらみ期が梅雨期の低温に遭遇して不稔を発生する．秋冷による登熟障害と梅雨末期の不稔障害という2つの障害が問題となった．八柳（1960）は，安全出穂期・好適出穂期を中心とする計画栽培の基本的な考えを提案した．この考えは後に内島（1983）によって安全作期の策定手法として体系化され，東北稲作の安定多収に貢献し，同時に冷害による被害も軽減してきた．

d． 前歴・危険期深水管理

水管理は昔から稲作りの基本的な技術として重要視されてきた．昼間止水・夜間灌漑は水温上昇の基本技術して，また穂ばらみ期深水管理は障害不稔防止の応急技術として被害軽減に役立ってきた．最近では，穂ばらみ期以前の前歴水温の効果，すなわち幼穂形成期から穂ばらみ期までの前歴深水管理による不稔防止効果が顕著であることが示された．前歴期間と危険期間の深水管理を組合わせることで，障害不稔発生を大きく軽減できるため，冷害危険度の高い地域や耐冷性の弱い品種については，このような水管理が基本技術とされている．

e． 発育モデルによる被害予測

冷害発生を予測し，被害程度を診断する技術を開発するためには，精度の高い生育予測手法が不可欠となる．現在，生育ステージ，乾物生産量，不稔発生などを予測する各種モデルが開発されているが，今後は，実用レベルでかつリアルタイムな情報として提供できるモデルの開発が望まれる．また広域的な診断に活用が期待されるメッシュ気候値は，当初は気象生産力の広域的評価に利用されていたが，最近では農業立地評価，水田微気象予測，作物の生育予測，病害虫発生予測などにも活用され始めている．

f． 総合的な情報発信システム

インターネットを中心とした情報技術革新が急速に進展しており，水稲生産においても，冷害を回避するための総合的な情報発信技術が開発されつつある．例えば，東北農業研究センターが開発している水稲冷害早期警戒システムは，① 気象，水稲生育といもち病の発生予測に関する情報を東北の稲作関係者にリアルタイムに提供すること，② 一般の人たちにも東北の稲作の実態を理解してもらい，冷害時の社会的な混乱を最小限に止めることを目的に運用されている． 〔鳥越洋一〕

文　献

1) 内島立郎（1983）：北海道，東北地方における水稲の安全作季に関する農業気象学的研究，農業技術研究所研究報告，**A 31**．
2) 川田信一郎（1976）：日本作物栽培論，養賢堂．
3) 坪井八十二・根本順吉（1976）：異常気象と農業，朝倉書店．
4) 東北農業試験場（1996）：東北の稲研究，東北農業試験場稲作研究100年記念事業会．
5) 八柳三郎（1960）：東北地方における稲作の計画栽培について（1）〜（6），農業及び園芸，**35**．

関連ホームページ

1) 水稲冷害早期警戒システム：
http://tohoku.naro.affrc.go.jp/cgi-bin/reigai.cgi

5.8　挿し木と接ぎ木

第3章でも述べたように，草本植物の多くでは種子繁殖によって遺伝特性が均質な固定品種やF_1品種の種苗が供給されている．種子繁殖は増殖効率が高く，貯蔵・輸送性も優れるが，優良な品種を育成するための期間が比較的長くかかる．一方，栄養繁殖では，栽培中に起きることのある突然変異を利用した枝変わり（芽条変異：bud mutation）や交雑で得られた形質の異なる後代個体のなかから，優良な個体を見つけて迅速に増殖して品種化することができる．しかし，栄養繁殖は種子繁殖と比較して増殖効率が低いので，普及に長い年月を要する．優良な個体や枝は，挿し木（cutting），接ぎ木（grafting），取り木（layering, layerae）といった繁殖方法によって増殖される．株分けや分球も栄養繁殖に分類される．本項では，挿し木と接ぎ木の実際について概略する．

5.8.1 挿し木

挿し木は，母株（stock plant）から切り採った枝などを床土に挿して不定根（adventitious root）を発生させる苗増殖技術である．

a. 方法

挿し木に使用する部位によって茎挿し，葉挿し，葉芽挿し，根挿しに分けられる（図5.10）．

茎挿しは，枝挿しともいわれ，木本植物では木化の進んだ熟枝挿しと新梢を用いる緑枝挿しがある．熟枝挿しは，秋から冬に採穂（挿し木のための穂木を採集すること）して春に挿し木する場合が多いので，挿し木するまでの間は挿し穂を冷暗所で貯蔵する．落葉樹の休眠期の枝を用いる場合には，休眠枝挿しという．葉挿しは，茎を含まない葉柄より先の葉の部分を切って床土に挿す方法である．葉脈を含む数片に切断して挿す場合もある．葉芽挿しは，1枚の葉と葉柄基部にある腋芽にわずかに茎をつけて挿す方法である．根挿しは，切り取った根の一部を挿す方法で，茎挿しが困難な場合に行うが，不定芽の分化しやすい植物に適用される．

b. 用土

挿し木用土（床土：rooting medium）は，挿し穂の固定と挿し穂に水分と酸素を供給する役割を担う．用土には，保水力があって排水性と通気性に優れ，土壌伝染性の病虫害の心配がなく，有機質，肥料分を含まない土壌や人工培地が適する．一般的に，砂，赤土，バーミキュライト，パーライト，鹿沼土，ロックウールなどが用いられる．

c. 発根に影響する要因

挿し穂は水分ストレスを受けやすいので，保水力のある挿し木用土で十分に給水するとともに，地上部の空気湿度を高く保って蒸散を抑制する．葉を持つ挿し穂への光照射は光合成には有効であるが，強光は萎れを発生させる原因にもなるので注意を要する．挿し穂に蓄積された炭水化物は，根原基の分化よりも分化した根の発達に影響を与える．炭水化物は植物生長の基質であり，挿し穂中の濃度が高いほど不定根の発達を促進する．挿し穂に葉があれば，光合成産物の供給により不定根の発達はいっそう促進される．

生長点や腋芽で生成される内生オーキシンのIAA（インドール酢酸）は，求基的に移動して挿し穂の茎切断部付近で高濃度になり発根を促進する．IBA（インドール酪酸）などの合成オーキシンを外生的に与えた場合も発根促進はみられ，オーキシンを主成分とする発根促進剤が市販され，普及している．

d. 設備と管理

露地の挿し木床では，強い日射を避ける目的で寒冷紗をかけて60〜90％程度遮光する．トンネルでは，全面を寒冷紗(かんれいしゃ)で被覆すると，風も防ぐことができ，挿し木の水分損失をより小さくできる．透明フィルムで被覆すれば，保温にも効果があるが，フィルム開閉の管理に注意しないと日射によりトンネル内が高温になり，挿し木が全滅する危険がある．

ミスト室は，霧状の水（ミスト）を発生させる装置によって高湿度を維持して挿し穂の蒸散を最小限に抑えながら，光合成をさせて活着を促進する施設である．高温・強光になる夏季を除けば，挿し木は萎(しお)れないので，寒冷紗は不要である．夏は日中に10〜15分間隔で10〜20秒間，冬は20〜30分間隔で10〜30秒間噴霧する．タイマー制御を用いる場合には，曇雨天時に加湿になりやすいので，葉表面のぬれ具合や積算日射量を測定して制御した方がよい．冬季には，ミスト室全体や

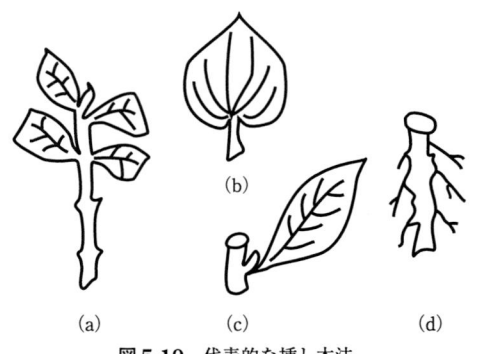

図5.10 代表的な挿し木法
(a) 茎挿し，(b) 葉挿し，(c) 葉芽挿し，(d) 根挿し．

挿し床またはベンチを加温する．

e. 挿し穂の貯蔵

親株の効率的な利用と需要期における集中的な出荷を目的として，挿し木を行うまでの間低温で代謝を抑制して挿し穂を貯蔵する．落葉樹では，休眠期に採穂・貯蔵して春に挿し木する．挿し穂を冷暗所または0～2℃の冷蔵庫で貯蔵する際は，ポリエチレンフィルムなどで包んで乾燥を防ぐ．挿し穂のぬれは，腐敗の原因になるので避ける．

5.8.2 接ぎ木

a. 目 的

接ぎ木は，① 遺伝的に固定していない枝変わりや優良個体の増殖，② 果樹などの品種の早期更新，③ 樹勢のコントロール，④ 不良環境耐性の付与，⑤ 土壌伝染性病虫害に対する抵抗性の付与，⑥ 収穫物の品質向上，⑦ 花芽分化・収穫期の促進，⑧ 穂木と台木に育種目標を分けることによる育種の容易化，⑨ キメラ植物の作出による新品種の育成，などを目的として行われる．

b. 方 法

接ぎ木法の名称は必ずしも統一されていないが，① 穂木として用いる器官に基づいて命名された芽接ぎ，枝接ぎ，② 台木上の接ぎ木位置に基づく高接ぎ，腹接ぎ，根接ぎ，③ 穂木と台木の合わせ方に基づく切り接ぎ，割り接ぎ，合わせ接ぎ，寄せ接ぎ，挿し接ぎ，接ぎ挿し，④ 台木を植えたままと掘り上げて接ぎ木する居接ぎと揚げ接ぎなどがある（図5.11）．穂木と台木を保持する材料によって，クリップ接ぎ，チューブ接ぎ，接着剤接ぎ，テープ接ぎと呼ぶこともある．

c. 不親和と不調和

接ぎ木生理学の研究は必ずしも十分でなく，接ぎ木が成功するか否かという概念である接ぎ木親和性（graft compatibility）のこれまでの定義は，きわめてあいまいである．一般に，実用上の問題が少ない「台勝ち」は親和とされ，生育後期に突然萎凋・枯死するような「台負け」が発生する場合は，遅延型不親和と分類されることがある．

最近では，接ぎ木不調和（graft discordance）という考え方が導入されつつある．一般的には，組合わせる台木と穂木とが遺伝的に遠縁なほど活着しにくく，生育後期に異常が発生しやすい．台木と穂木は，それぞれ固有の生育速度や，根系の広がり，吸肥特性などを持っているので，生育後期にそれらの不均衡が拡大して不調和を生じると考えられる．したがって，接ぎ木不親和は，接ぎ木直後の不活着に適用できる用語である．果樹などで実用化されている矮性台木（dwarfing rootstock）は，根系が狭いので穂木に対する養水分供給が制限される結果，穂木が矮化するという現象を利用したものであり，接ぎ木不調和の実用例である．

接ぎ木不親和の原因物質として植物体内で生成される青酸化合物がある．高温下でナシをマルメロ台に接ぎ木すると，マルメロ（*Cydnia oblonga*）

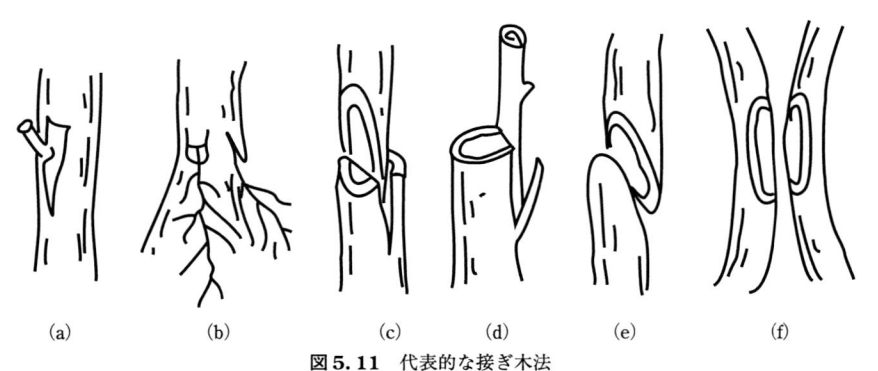

図5.11 代表的な接ぎ木法
(a) 芽接ぎ，(b) 根接ぎ，(c) 割り接ぎ，(d) 切り接ぎ，(e) 合わせ接ぎ，(f) 寄せ接ぎ．

が生成するシアン配糖体の一種プルナシンが接ぎ木部を通ってナシの木部に入り，接ぎ木境界面で青酸になり，接ぎ木面の細胞を壊死させる．しかし，この接ぎ木を低温下で行うと，毒物質の生成が少なくなるので活着する．

d. ウイルスの影響

ウイルスに感染した台木または穂木を組合わせると，生育抑制や枯死がみられるが，この現象はしばしば接ぎ木不親和（graft incompatibility）と間違えられる．この場合，茎頂培養によってウイルスフリー化した母株を育成して用いれば接ぎ木が可能になる．

ウイルスに対する植物の抵抗性型には，ウイルスが植物体内に存在する保毒型と感染した細胞の壊死によってウイルスの植物体内への侵入を防ぐ過敏感型がある．同じ型の抵抗性を持つ穂木と台木を組合わせないと，接ぎ木植物が感染したときに致命的な被害を受ける．すなわち，抵抗性型が異なる接ぎ木組合わせでは，感染した保毒型植物から過敏感型植物にウイルスが継続的に供給されて過敏感型植物が枯死する．

e. 維管束の連絡過程

接ぎ木直後の穂木と台木の切断面にはカルスが形成され，それらが相互に絡み合ったなかに細い維管束が形成され，次第に太くなる．接ぎ木の際に穂木と台木切断面の維管束が相互により多く接触するほど，また両切断面を圧接して両維管束が相互により近づくほど，活着が促進される．穂木と台木の維管束の一部しか連絡しなかった場合には，連絡した維管束がより太くなって蒸散流量を確保できるようになる．

f. 接ぎ木苗の養生・順化

接ぎ木した植物は，順化（acclimation）してから栽培環境に移す．順化は，切断面に傷が治癒するまでの養生（healing）と接ぎ木植物を外界に慣らせるための硬化（hardening）に分かれる．養生中は空気中の湿度を100％近くに保ち，光を制限するが，硬化中は徐々に光強度を増し，湿度を下げる．順化中の周到な管理が接ぎ木の成否を決定する．

〔小田雅行〕

文　献

1) 今西英雄・田中道男ほか（1997）：園芸種苗生産学，朝倉書店．
2) 小林　章編（1973）：果樹園芸ハンドブック，養賢堂．
3) 塚本洋太郎（1973）：花卉総論，養賢堂．
4) 松本正雄・大垣智昭・大川　清編（1989）：園芸事典，朝倉書店．

5.9　整枝・剪定

果樹類の整枝（整姿）は枝の配置などを考慮して樹形をつくることであり，剪定は樹形と樹勢を整えることを目的として枝を切ることである．したがって，整枝（training）と剪定（pruning）はそれぞれ独立した技術ではなく，広義の剪定には整枝も含まれる．

5.9.1　整枝・剪定の目的

果樹は永年生作物であり果実生産（良果多収）を目的としている．したがって，整枝・剪定を行う主な目的は，樹冠の拡大を抑えて樹形を維持しつつ，充実した花芽を安定的に確保することにある．

枝葉の伸長，すなわち栄養生長は樹自身の生存のためであるのに対し，開花結実，すなわち生殖生長は子孫を残すことを目的としている．したがって，栄養生長と生殖生長は相反する傾向がある．すなわち，樹勢が強く生育が旺盛な樹では栄養生長にバランスが傾いて花芽分化が抑制され，逆に老化や病虫害などにより樹勢が低下すると生殖生長に傾き花芽が多く着生する．しかし，良果を生産するためには，ある程度の樹勢を維持して果実の肥大成熟に必要な物質生産を確保しなければならない．果樹栽培では栄養生長と生殖生長をバランスよく保たせるために，整枝・剪定が重要な役割を果たしている．

5.9.2 花芽分化と結果習性

　果樹は通常春に開花するが，ほとんどの落葉果樹の花芽は前年の6〜8月に，カンキツ類では12〜2月頃に，生長が停止し充実している枝の葉腋（節）に分化する．すなわち，この時期はその年の果実と翌年の花芽が混在しているため，着果過多は両者の間で養分競合を引き起こして花芽分化を抑制し，結果的に隔年結果（biennial bearing）の原因となる．

　花芽には萌芽して花だけを生じる純正花芽（pure flower bud）と，花とともに枝葉も生じる混合花芽（compound flower bud）がある．前者の例としては，ウメ，モモ，ビワ，後者にはリンゴ，ニホンナシ，ブドウ，カキがあげられる．また，種類によって着生位置が異なり，新梢の先端だけが花芽となる頂生花芽，頂芽とそれに次ぐ数節が花芽となる頂側生花芽，新梢のすべての節に花芽が着生する側生花芽に分けられる．頂生花芽にはリンゴ，ニホンナシ，ビワ，頂側生花芽にはカキ，カンキツ類，側生花芽にはウメ，モモ，ブドウが例としてあげられる．このような花芽の種類と着生位置をあわせて結果習性（fruting habit）と呼ぶ．実際の剪定はこの結果習性を考慮して行う必要がある．すなわち，側生花芽の樹種では新梢の先端を切除しても花芽は残るが，頂生または頂側生花芽の樹種では先端ばかり切除する剪定を行うと花芽の数が極端に減ってしまう．

5.9.3 樹形と整枝法

　樹形を構成している枝はいくつかに定義される．1本の樹が枝葉を広げている範囲が樹冠（tree crown）で，樹冠の中心となる幹を主幹と呼ぶ．主幹から発生し樹冠の骨格を形成するのが主枝，主枝から発生し結果部の拡大を図る亜主枝，主枝または亜主枝から発生して結果枝，結果母枝を着生するのが側枝である．結果枝は花芽や果実を着生する枝で，長さにより長果枝，中果枝，短果枝に分けられる．結果母枝は結果枝を着生する枝で，カンキツ類，ブドウ，カキにみられる．

　栽培されている果樹の樹形は立木仕立てと棚仕立て（trellis training）に大別される．立木仕立てには主幹形から開心形まで数多くの樹形が派生している．主幹形は樹冠の中心を1本の主幹が貫き，全体として円錐形になる．年数の経過に伴い樹冠内部への光の透過が悪化し，結果部のはげあがりを起こしやすいので，幼木期にはこの樹形を採用し，次第に主幹を切り詰めて変則主幹形や開心自然形に移行させることが多い．変則主幹形では，主幹を2〜3 mの高さで切り，主枝を3〜4本配置する．開心自然形では，主幹を60〜90 cmとし，主枝を2〜4本斜めに立てて配置する．開心形は主幹が地表面近くで終わり，2〜3本の主枝が杯状に広がった樹形で，樹冠内部への通風・採光には優れるが，主枝が横方向に広がっているため主幹との結合部位が弱く，着果量が多い場合などは主枝が裂開を起こしやすい．

　棚仕立てはブドウとニホンナシなどで行われている．ブドウはつる性であるため栽培には支柱が必要となる．欧州では垣根仕立て（espalier training）で栽培されているが，果実生育期に高温多湿が続くわが国では，枝葉の過繁茂を抑え均一に受光させるために棚仕立てとし，病気の発生抑制と果実品質の向上を目的として雨よけを併用する場合もある．ニホンナシの平棚仕立ては，果実成熟期の台風による被害を軽減する目的で考案されたが，新梢を棚面に誘引することにより栄養生長を抑制し花芽の着生を促す効果や，立木仕立てと比べて労働を軽減できる利点がある．同じ理由から最近はオウトウ，モモ，カキなどでも棚仕立てが試みられている．

5.9.4 剪定法

　剪定には切り返し剪定（cutting back pruning）と間引き剪定（thinning-out pruning）があり，切り返し剪定はその程度により強剪定と弱剪定に分けられる．剪定の強弱は栄養生長と生殖生長のバランスに密接に関係する．弱剪定の場合，芽数

が多く残るので新梢（しんしょう）の発生数が多くなり，個々の新梢の生育は早く停止する．そのため樹冠内部の日照不足を引き起こしやすくなるが，花芽分化期には枝が充実し花芽の着生が促される．それに対して強剪定の場合，芽数が減り新梢の発生数が少なくなるので個々の新梢は遅くまで生育を続ける．そのため樹勢の回復には効果があるが，花芽分化期に枝が充実しておらず花芽は形成されにくくなる．一方，混み合った枝を基から切除する間引き剪定は，受光の確保と樹勢の抑制に効果がある．したがって，生育の旺盛な幼・若木の時期には弱剪定と間引き剪定により日照を確保しつつ樹勢を安定させ，樹勢が低下して生殖生長に傾いてきた老木では強剪定により若返りを図る．

一般に落葉果樹の剪定は冬期に行われる．この時期は休眠期で生育が停止しており，落葉によって樹形が把握しやすく，花芽を確認できることなどが理由としてあげられる．一方，生育期間中に行われる夏期剪定には，不要な芽（不定芽）を取り除く芽かき（disbudding），伸長中の新梢の先端を切除し生育を止める摘芯（てきしん）（pinching），新梢の誘引や捻枝（ねんし）（twisting）なども含まれる．樹勢の調節効果は夏期剪定の方がより高く，先端部の強い新梢の生育を抑えることにより樹冠内部の弱い新梢の生育を助け，各新梢の充実を促すことができる．従来，夏期剪定は冬期剪定の補助手段として行われていたが，最近はむしろ夏期剪定に重点をおいて樹全体の樹勢バランスを整える栽培法が試みられている．

5.9.5 結実管理

品質のよい大きな果実を生産するためには樹種や品種に応じて適正な着果量が決まっているが，放任した場合の着果量は適正着果量よりもはるかに多いので着果量を減らす作業が必要となる．果実の大きさは細胞数と細胞の大きさで決まるが，細胞分裂は受粉後の短期間に限られるため，この時期の養分競合は特に不利となる．養分の無駄を省くためには早い段階で余分な果実を摘除することが望ましいが，晩霜害や病虫害，生理落果などによる意図しない果実数の減少は甚大な影響を与える．したがって，実際には摘蕾（てきらい）（removal of flower bud），摘花（てきか）（flower thinning），摘果（てきか）（fruit thinning）を組合わせて段階的に着果量を減らしていく．それぞれの作業の時期や程度は，樹種や品種の特性，地域条件などを考慮して決められる．

〔坂本知昭〕

文　献

1) 熊代克巳（2000）：果樹栽培の基礎，農山漁村文化協会．
2) 志村　勲（2000）：改訂果樹園芸，全国農業改良普及協会．
3) 間苧谷徹（2002）：新編果樹園芸学，化学工業日報．

5.10　生長調節物質

栽培植物のライフサイクルは，基本的には遺伝的プログラムに組込まれている．しかし，フィールド条件下では，温度・水・風雨・栄養状態等最適な成育条件から外れて，絶えず変動する環境ストレス要因や立地・高度・緯度，気圧等の地理的，地勢的条件によって遺伝子発現が複層的に修飾を受け，生理・生化学的代謝機能の変化を通して形態や機能等の表現形が変わる．そのために，個体や群落が示す草丈や収量はストレスに応じた個体・群落間や地域間で顕著な違いを生じることになる．人類は，豊富な経験を通して，古来こうした環境要因に上手に対処して，種や系統に特有な生理・生産機能を効率よく発揮させて収穫時期を判定し，高収量性や高品質に結実させてきた．堆きゅう肥等の有機質肥料の選定とその投与時期の設定による栽培植物の栄養条件の調節，土壌被覆や適切な灌排水による土壌水分の調節，あるいは遮光等による光合成・光質の調節など人為的な栽培生態的な環境制御事例は枚挙にいとまがない．

こうした植物の生長機能と各種環境ストレスとの仲介をする内生微量物質が植物ホルモン

表 5.5 植物ホルモンの分類

ホルモン種	天然型,合成型	化合物の事例
オーキシン類 インドール酢酸系	天然型	インドール酢酸（IAA），4-Cl-IAA，インドール酪酸（IBA）「キシベロン」等
	合成型	α-（インドール-3）プロピオン酸，エチル-5-クロロ-IH-インダゾール-3-イル酢酸「エチクロゼート」
フェノキシ酢酸系	天然型	なし
	合成型	2,4-ジクロロ-フェノキシ酢酸「2,4-D」，4-クロロ-フェノキシ酢酸「4-CPA」，4-クロロ-2-ヒドロキシメチル-フェノキシ酢酸Na「クロキシホナック」*，4-クロロ-2-メチルフェノキシ酢酸「MCPA」
安息香酸系	天然型	なし
	合成型	2,3-6-トリクロロ安息香酸，3,6-ジクロロ-2-メトキシ安息香酸「ディカンバ」，「ピクロラム」等
ナフタレン酢酸系	天然型	なし
	合成型	ナフタレン酢酸（NAA），ナフチルアセトアミド「トランスプラントン」，「ナプロアニリド」
ジベレリン	天然型	GA1, GA3, GA4, GA8, GA9, GA12, GA19, GA24, GA34 等 120種余「ジベレリン」
	合成型	なし
サイトカイニン	天然型	トランスゼアチン，ゼアチンリボチド，イソペンテニルアデノシン（2iPA），ディスカデニン等
	合成型	カイネチン，「ベンジルアデニン」（BA），ジフェニル尿素，1-（2-クロロ-4-ピリジル）-3-フェニル尿素「ホルクロルフェニュロン」，クロロフェニル尿素
アブシジン酸	天然型	t-アブシジン酸（t-ABA），「c-アブシジン酸」（c-ABA）
	合成型	なし
エチレン	天然型	エチレン
	合成型	「エテホン」
ブラシノステロイド	天然型	ブラシノライド（BL），カスタステロン，ドリコステロン等
	合成型	エピブラシノライド，ホモブラシノライド，TS-303 等
ジャスモン酸	天然型	ジャスモン酸，ジャスモン酸メチル等
	合成型	「プロヒドロジャスモン」等
その他*	天然型	サリチル酸，γ-アミノレブリン酸，フシコクシン

*：近年，その特異な生理活性作用から，新規の植物ホルモンとして取り上げる動きがある．
天然型は植物に由来する化合物で，合成型は天然物の類似体をはじめ，完全な有機合成化合物を含む．
表中の（ ）は化合物名の略称を，「 」は登録農薬の一般名を示した．

（plant hormone）などの生理活性物質である．したがって，それらの作用生理機構を熟知し，体内での存在量やその質を人為的にコントロールすることが，意図する栽培植物全体あるいは組織・部位の生長・分化の特性を発現させることになる．

5.10.1 植物成長調整剤の誕生

現在知られている植物ホルモンを認知順に並べてみると，オーキシン，ジベレリン，サイトカイニン，アブシジン酸，エチレン，ブラシノステロイド，ジャスモン酸の6種類（表5.5）．このうち，ジベレリンは，抽出・同定当初から，インタクトな植物体に投与すると濃度に依存した見事な形態形成促進作用を発揮することに注目が集まり，化学・生理研究の深化の一方で，植物の生長・分化，特に生産機能を人為的に制御できるとの発想のもとで利用開発研究が進められてきた．わが国では1960年にジベレリン処理による種無しブドウ（品種，デラウエア）が東京の市場に出荷された．成長調整剤第1号の誕生である．その後，こうした実用化に向けた研究は盛んになり，各種のホルモンそのもの（天然物質），それらの類縁体（天然に近い活性物質），あるいは大幅に修飾されて別の骨格が母体になった活性化合物（有機活性物質），さらに完全な有機合成化合物（4-CPA，2,4-D 等．後者は除草剤として登録）など次々と植物成長調整剤（plant growth regulator）として農薬登録され，実用化されるように

5.10 生長調節物質

表 5.6 有用植物生理活性物質によるイネおよび畑作関連作物の植物生長調節作用

対象作物	使用目的（使用方法）	成長調整剤等生理活性物質の一般名
イネ	・ムレ苗防止・健苗育成（緑化始期に育苗箱処理，播種前・播種時に培土処理）	イソプロチオラン，ヒドロキシイソキサゾール–メタラキシル，メタスルホカルブ，イナベンフィド
	・発芽苗立ち促進・安定（乾籾に粉衣）	過酸化カルシウム（カルパー）＋ヒドロキシイソキサゾール–メタラキシル
	・根の発育・活着促進（播種前に培土に混和）	ニコチン酸アミド，インドール酪酸，シイタケ菌糸体
	・苗の老化防止（1〜1.5葉期に茎葉散布），植え傷み防止（移植前に茎葉散布）	パラフィン，ワックス
	・成熟期の倒伏軽減（出穂60〜40日前，20〜10日前，15〜10日前，あるいは10〜2日前に土壌灌注，茎葉散布）	イナベンフィド，ウニコナゾール-P，パクロブトラゾール，プロヘキサジオンカルシウム塩
	・登熟向上（出穂60〜40日前，20〜10日前，15〜10日前，あるいは出穂期前後に土壌灌注，茎葉散布）	イナベンフィド，パクロブトラゾール，イソプロチオラン，ヒドロキシイソキサゾール–メタラキシル
ムギ類（コムギ，オオムギ）	・成熟期の倒伏軽減（秋播コムギの出穂40〜20日前，出穂始期に茎葉散布）	エテホン，クロルメコート（CCC）．ほかにトリアゾール系矮化剤あり
サツマイモ	・塊根の肥大促進（移植30〜50日に茎葉散布）	コリン塩
	・萎凋・植え傷み防止による活着促進（移植前日に苗浸漬）	パラフィン
	・つるぼけ防止（生育盛期に茎葉散布）	マレイン酸ヒドラジド
ジャガイモ	・貯蔵中の萌芽抑制（茎葉の黄変期に散布）	マレイン酸ヒドラジド
	・過繁茂軽減（着蕾終期頃に散布）	クロルメコート
テンサイ	・過繁茂軽減・増糖（収穫3〜6週間前に散布，収穫前に2回散布）	マレイン酸ヒドラジド
タバコ	・腋芽抑制（芯止め後に茎葉散布）	デシルアルコール，ペンディメタリン，マレイン酸ヒドラジド
	・植え傷み防止・発根促進（植付け1〜2日後に土壌散布）	ナフチルアセトアミド
	・光化学オキシダント障害防止（開花時頃から7〜10日間隔で2回下葉に散布）	ピペロニルブトキシド
シバ類（コウライシバ，ノシバ，西洋シバ）	・発根・活着促進（芝張り直後，および生育期間を通して散布）	インドール酪酸，クロレラ抽出物，ベンジルアミノプリン，混合生薬抽出物，シイタケ菌糸体抽出物
	・草丈の伸長抑制（刈り込み7日前〜直後，生育中に茎葉散布）	パクロブトラゾール，フルプリミドル，ベンジルアミノプリン，メフルイジド，マレイン酸ヒドラジド

農薬登録された成長調整剤を中心に，使用目的，使用方法の概略を記載した．試験研究上の使用は問題ないが，農業現場への利用に際しては，2003年に改正された農薬取締法の中身を熟知したうえで対処する必要がある．

なった（表5.6）．

なお，表5.6から分かるように，登録薬剤には，植物ホルモンの範疇に入れられていないビタミン（ニコチン酸アミド，コリン塩等）をはじめ，ワックス（植物体からの蒸散抑制），過酸化カルシウム（湛水下でのイネ籾発芽時の酸素供給）なども成長調整剤として扱われている点は興味深い．また，除草剤のMCPB（リンゴの落果防止）・ペンディメタリン（タバコの腋芽抑制），殺虫剤のNAC（リンゴの摘果），殺菌剤のイソプロチオラン（イネ発芽時のムレ苗防止，登熟向上）・ヒドロキシイソキサゾール（イネの健苗育成，登熟向上）にみるように，ほかの農薬から適用拡大した登録薬剤もある．さらに近年は，シイタケ菌糸体（イネ・シバ類の根の発育促進），クロレラ抽出物（シバ類の発根，活着促進）といった薬剤の成分が完全には特定できない天然物登録薬剤もある．

5.10.2 農薬登録

実験によってフィールド作物の生長制御に役立つと判明した化学物質や天然物質でも，直ちには

農業に適用できない．野外でのステップを踏んだ効能試験とともに，毒性や残留性の試験を経て安全性を確認して農薬登録することになる．登録された成長調整剤は，殺菌剤・殺虫剤・除草剤等とともに農薬を構成する一群で，近年の環境保全型農業にも有用なアイテムとなっている．2003年には農薬取締法が改正され，農業現場への適用に対して新たな注意が喚起されている．

5.10.3 農業上の利活用

植物成長調整剤の水田作・畑作関連作物に対する適用事例を掲げた表5.6を再びみてみよう．対象作物種の使用目的・使用方法の違いにより，植物成長調整剤は発芽，移植・挿し苗などの初期成長の調整剤（イソプロチオラン，パラフィン，イナベンフィド，インドール酪酸等），腋芽生長，伸長抑制，倒伏軽減など生長途上の調整剤（ウニコナゾール–P，ペンディメタリン，クロルメコート等），そして登熟，肥大の調整剤（コリン塩，エテホン，イソプロチオラン，パクロブトラゾール等）に3大別できよう．ブラシノステロイドやサリチル酸はわが国では未登録薬剤ではあるが，実験的には不良環境耐性を付与する機能が発現する場合がある．使用に際しては，対象作物のライフサイクルの特性を十分に把握して，薬剤投与の時期を遵守し，薬量を設定どおりに調整して使用することが肝要である．しかし，こうした見事な制御手法技術が開発されているにもかかわらず，その制御機構はいまだにほとんど解明されていないのは残念である．

5.10.4 今後の展望

アメリカのウィットワー（S. H. Wittwer）が，その著書で，1983年を基準にした50年後の作物の収量増に寄与する農業技術を評価した結果をみると，生理活性物質関連技術は，従来型の品種改良のそれには及ばないが遺伝子工学に比肩する技術と位置づけている．20年後の現在をみると，生理活性物質関係のそれは，確実なものとして定着するにはまだ程遠い状態である．開発に値するマーケット市場規模が限られていることもあるが，上述のように，現在登録されている薬剤の生理・生化学的，あるいは分子生理学的な作用機構の解明がほとんど進んでいないことも要因の一つではないだろうか．

興味深い作用生理・生産機能を発揮する個々の薬剤の，対象作物における機構解明はきわめて重要な課題であり，その解明を通してこそ，革新的な新規生理活性物質の探索や環境に配慮した作物の新たな生長制御技術手法の開発・利用の展望が見えてくると期待される． 〔坂　齊〕

文　献

1) 坂　齊（1994）：植物成長調整剤．植物ホルモンハンドブック（下）（高橋信孝・増田芳雄編），培風館，pp. 408-431.
2) 坂　齊（2004）：植物ホルモン．新編農学大事典（山崎耕宇ほか監修），養賢堂，pp. 834-865.
3) 坂　齊・田中丸邦彦（2002）：ジベレリン．日本の農薬開発（佐々木満・梅津憲治・坂　齊・中村完治・浜田虎二編），日本農薬学会，pp. 365-378.

5.11　施設管理・養液栽培

5.11.1　施設栽培と養液栽培の歴史

施設栽培（protected cultivation）における管理のポイントは，地上部と地下部の環境制御である．地上部の制御の代表例としては気温の制御がある．気象環境制御の歴史は古代ローマ時代までさかのぼり，溝底に播種した植物体に雲母板を被せ，低温期でも栽培を可能にした事例がある．わが国では，江戸時代から初物を珍重する風習があり，野菜を油紙で覆った促成栽培技術が開発された．現在では，野菜をはじめ，花卉，果樹などで重要な生産形態となっている．

現在，最も進んだ施肥法ともいえる養液栽培もその原型は古く，古代オリエントの王宮の屋上で行われていた．また，メキシコ，中国やエジプトで湖上に筏を浮かべて栽培した記述が残されてい

る．現代につながるいわゆる水耕法は 19 世紀にザックス（J. V. Sachs）により開発され，植物生理学の実験手法として用いられるようになった．その後 1930 年頃にアメリカのゲーリック（W. F. Gericke）が実用規模での養液栽培を始め，わが国でも 1946 年に初めて実用化が試みられた．このような養液栽培のわが国への導入は，当時のわが国の野菜栽培法が引き金となった．当時，野菜は露地で人糞尿を掛けて栽培されており，それを見たアメリカ占領軍人が，不衛生きわまりないと憤慨したそうだ．駐留軍が食べる野菜を「清浄」につくらせようとしたことが，わが国の養液栽培の始まりである．

5.11.2 環境制御技術

a. 地上部の環境制御

1） 気象の制御　気温，降雨，日射，風などのいわゆる気象は，植物の生育を大きく左右する．植物には最適の生育温度があり，また，葉面がぬれると病気が助長され，風による物理的刺激により伸長が抑制される．施設栽培では地上部を覆い，これらの収量低減を緩和する．植物工場やガラス温室，ビニルハウスはもちろん，葉菜類で主に行われているトンネル栽培，マルチ（mulch），べたがけ（row cover）栽培などもこれに含まれる．

果菜類は単位面積当たりの生産額が葉根菜類に比べて高いため，さらに設備投資が行われ，換気扇や暖房機，細霧冷房など種々の装置による複合的な環境制御が行われる．ハウス栽培の普及により市場で一年中トマトをはじめとする果菜類がみられるようになった．主に保温により寒季の施設内環境が好適に制御され，作期が拡大したことによる．さらに，真夏の高温に対応するために，霧を噴霧しその気化熱により施設内の温度を低下させる細霧冷房（fog cooling）や，効率的に換気を行うため屋根が全面開く，フルオープンハウスも研究されている．日本特有の台風対策についても施設構造が検討され，低コスト耐候性ハウスの規格化が行われている．

2） 地上部病害虫の制御　土地利用形態は森林→果樹園→草地→露地→施設の順で多くの人為が加わり，生物群の多様性も減少する．単純な生態構造は時として病害虫の大発生をもたらすため，特に，施設栽培では予防と適切な駆除が必要となる．

① 侵入の防止：施設では病害虫の侵入を網で防止している．近年，トマトで黄化葉巻病が流行しているが，これはシルバーリーフコナジラミ（*Bemisia argentifolii*）がウイルスを媒介して起こる．対策として，目合が 0.4 mm 以下の寒冷紗（cheese cloth）を側窓や天窓に張って侵入を防ぐ．

② 光および温湿度制御による病害虫の抑制：特定の光波長を制御する被覆資材が開発された．例えば，紫外線カットフィルムは，虫が光として認識している紫外線を通さないため行動が抑制される．多くのカビ病は温度と湿度に反応して発病する．例えば，トマトの灰色カビ病は低温高湿で発病しやすく，適切に暖房することにより発病を抑制できる．キュウリの施設栽培では，一時的に密閉状態にして温室内気温を 45℃に上昇させ，病害虫を蒸し殺しにする技術がある．

③ 天敵昆虫・微生物の利用：総合的病害虫管理（integrated pest management, IPM）は複数の防除手段を複合的に使用し有害生物個体群を低個体数に維持管理するシステムである（5.7 節参照）．農薬への過度な依存からの脱却を目的としている．天敵の利用は IPM の柱となる技術であり，施設栽培において発展してきた．外国で商品化された天敵を利用するほか，日本在来の天敵の利用も検討されている．

3） 作業の快適化

① 受粉作業：トマトなどは着果を確実にして製品をそろえるために，ホルモン処理が行われる．このホルモンは開花したときに花の部分にのみ噴霧する必要があり，大変な手間である．そこで，マルハナバチ（*Bombus terrestris*）を使用し

て受粉させたり，また，受粉の必要がない単為結果性（parthenocarpy）品種の育種が行われ，実用化されている．

② 高設栽培：昔ながらのイチゴの栽培法では，腰を屈めて管理をしなければならず，高齢化の進む農業に対応する栽培法として培地を高く持ち上げた高設栽培法（above-ground cultivation）が開発された．トマトでも，同様の栽培法が低段密植栽培法として実用化され，若い新規就農者に受け入れられている（図 5.12）．

b. 地下部の環境制御

1）地下部の隔離　隔離床栽培（isolated culture）は，作物の根域を大地から物理的に隔離して行う，主として土耕栽培である．強化プラスチックから安価なシートを用いた隔離床栽培まで様々な手法が開発されている（5.6 節参照）．特に，遮根シートを利用した簡易隔離床は，1988年に野菜・茶業試験場で，トマトの土壌病害であ

図 5.12　施設・養液栽培の事例
(a) 昔ながらのイチゴの栽培法：腰を屈めるため，特に高齢者にとっては大変な作業であった．(b) 高設栽培によって，管理収穫姿勢が改善された（山口県，中野農園）．(c) トマトの低段密植栽培（養液栽培）：新規就農者が管理しやすい簡易な養液栽培法を採用．(d) 余暇でサーフィンを楽しむ，ライフスタイルの自由度も増している（宮崎県，新門農園）．

る青枯れ病を防ぐ目的で開発され，メロンのつる割れ病や黒点根腐病の回避に応用されている．隔離床にすることにより灌水の制御が確実になるため，群馬県では，灌水を制限した高糖度トマトの生産に応用されている．

2） 栄養管理

① 養液栽培：1970年代から，湛液水耕の実用化研究が多く行われ普及が広く進んだが，現在ではその面積の増加は停滞している．NFT（nutrient film technique）は1973年にクーパー（A. Cooper）が発表した簡易水耕装置で，わが国では1980年以降実用化のための研究がなされた．固形培地を用いた養液栽培の代表例であるロックウール（rockwool）栽培の研究は1980年代半ばに始まり，トマトをはじめイチゴ，ナス，キュウリ，メロンなど多くの作目について栽培研究が進められた．わが国におけるロックウール栽培の面積は，1996年には湛液水耕を上回り，現在でも養液栽培の中で最も多い．ロックウール栽培においては使用後の培地および排液の処理が問題であり，ピートモス，籾殻，ヤシガラ，バークなどを代替培地とする装置が開発された．

② 養液土耕技術：土耕栽培において適正な追肥を行うと生育が安定する．この精密な追肥を装置化により簡易に管理する手法として養液土耕（灌水同時施肥：fertigation）が開発された．1970年代の砂地における灌水法の研究が基礎となり，均衡灌水施肥の考え方に基づいた施肥法が，トマト，キュウリ，ナスなどで検討され，現在では栄養診断技術の開発と相まって実用化されている．さらに最近では有機性液肥の利用も試みられている．

3） 地下部病害虫の制御　野菜栽培，特に施設栽培では，集約的な生産を行い，同一の作物を連作するため，それに起因する多くの障害が発生する．その原因の6割程度は土壌病害に起因するものといわれている．土壌消毒剤として使用されてきた臭化メチルの使用が2005年までに全廃されることになり，代替となる土壌消毒技術の開発が進められている．そのなかで，薬剤によらない物理的な方法が注目されており，薬剤の場合と異なり病原菌に抵抗性が付与されにくいため研究されている．そのうち，熱を利用した方法として，太陽熱消毒（solar thermal disinfection）や蒸気消毒があげられる．太陽熱消毒は，土壌表面をビニルシートで覆い地温を上昇させ，熱により病害菌を死滅させる手法である．最近では，熱湯を土壌に散布して殺菌を行う熱水土壌消毒が検討され，多くの病原菌および線虫などで，その防除効果が報告されている．生物的防除としては，サツマイモネコブセンチュウ（*Meloidogyne incognita*）防除にパストリア菌剤が開発されて実用化されている．

5.11.3　施設栽培の未来——人と環境にやさしい生産を目指して——

わが国の食卓は過去の遺産である化石エネルギーに大きく依存した施設栽培に支えられている．現在，この依存体質から脱却する試みがなされている．例えば，容器などの資材をトウモロコシ由来の生分解性プラスチックで代替する研究や，エネルギーを太陽光や家畜糞尿メタン発酵により生じるバイオガスに転換するための研究が行われている．

わが国のような多雨な環境における露地栽培では，過剰施肥の系外への流出が懸念されるが，施設栽培では土壌および栄養診断に基づく厳密な施肥管理ができるため，露地より環境保全的な栽培が行える可能性がある．

さらに，施設栽培では，主たる対象が豊かな生活に不可欠な野菜を始めとする花卉や果樹であり，社会の成熟に向けて果たすべき役割も大きくなる．また，高齢者や障害者問題など，社会全体として取り組むべき課題として，園芸療法（horticultural therapy）や施設のバリアフリー化などの観点からも取り組まれている．施設栽培には，より多くの多様な人が，農業に従事できる快適な環境の創造が期待される．　　　〔中野明正〕

文　献

1) 岡田益己・小沢　聖（1997）：べたがけを使いこなす，農山漁村文化協会.
2) 小澤行雄・内藤文男（1993）：園芸施設学入門，川嶋書店.
3) 施設園芸協会（2003）：五訂 施設園芸ハンドブック，園芸情報センター.
4) 関山哲雄（2003）：施設園芸の環境調節と省エネ技術，農林統計協会.
5) 高倉　直（2003）：植物の生長と環境，農山漁村文化協会.
6) 中野明正（2003）：養液栽培・養液土耕栽培．農林水産研究文献解題 No. 28，野菜の低コスト・省力化技術，農林統計協会, pp. 215-240.
7) 日本施設園芸協会（2002）：養液栽培の新マニュアル，日本施設園芸協会.
8) 農林水産技術会議事務局（2005）：進化する施設栽培．農林水産研究開発レポート No. 14，農林水産省.
9) 山川邦夫（2003）：野菜の生態と作型，農山漁村文化協会.
10) 山崎肯哉（1982）：養液栽培全編，博友社.

5.12　ポストハーベスト

作物は収穫後，集荷，乾燥，調整，選別，貯蔵，包装などの過程を経て消費者の手に渡る．これらの収穫後（ポストハーベスト）の過程で，日持ち性の悪い青果物はもとより，日持ち性の比較的よい穀物類でも，多かれ少なかれ品質の低下が起こり，最悪の場合は商品性を失ってしまう．収穫物の商品性を維持するために，多くのポストハーベストテクノロジー（postharvest technology）が開発されている．これらの技術の重要性はいうまでもないが，品質管理の点からいえば，収穫時点ですでに各作物が有する潜在的日持ち性が決まっている．したがって，収穫前の管理，すなわち栽培管理は，作物がポストハーベスト過程を経て消費者に届くまでの品質変化にも配慮したものでなければならない．

一方で，生産者がどれほど精魂込めてつくった作物でも，出荷された後の取扱いは流通業者に委ねられるため，ポストハーベストの品質情報（quality information）が生産者に意識されることはこれまであまりなかった．しかし，高品質が求められる果実やコメなどでは，外観や食味を非破壊的に計測し，その情報を消費者に提供すると同時に，生産者にもフィードバックして栽培技術の改善に役立てようとする取り組みが広まりつつある．このように，ポストハーベスト過程における情報利用の発展に伴って，消費者ニーズが栽培現場にも大きな影響を及ぼすようになっている．

5.12.1　ポストハーベストロスと栽培要因
a.　ポストハーベストロス

作物が収穫後に商品性を失うことをポストハーベストロス（postharvest losses）という．ロスした割合を正確に把握するのはきわめて難しいが，穀物で数％，青果物で数十％程度と推定されている．人類はかつて，緑の革命と呼ばれる品種改良や，肥料・農薬の投入をはじめとする栽培技術の高度化によって単収の増加を達成してきた．しかし，その伸びは限界に達しつつあり，将来の食料供給には不安がある．今後，ポストハーベストロスの抑制が，食料増産と同じく重要な意味を持つようになるだろう．

作物のポストハーベストロスの発生原因は，図5.13に示す3つに大別することができる．

各作物のロスがどの原因で発生するかはその種類に大きく依存している．たとえばブドウ，レタスでは物理的損傷が主要なロス原因であり，サツマイモやイチゴではカビなどの病原体によるロス率が高い．

ポストハーベストロスに影響する要因を図5.13にあげた．以下，収穫前の要因である栽培要因について詳述する．

b.　ポストハーベストロスと栽培要因

ポストハーベストロスの大きさを決める栽培要因として，温度，光，日長などの気象要因があげられるが，栽培管理の面からみると，施肥管理，水管理，病害虫管理が重要である．

1）施肥管理　植物の生育に欠くことができない無機成分の過剰や欠乏は，ポストハーベス

```
        ポストハーベストロスの発生原因
        ●物理的損傷
        ●病原体の感染・増殖
        ●生理的（非病原性）障害
```

ポストハーベストロスに影響する諸要因

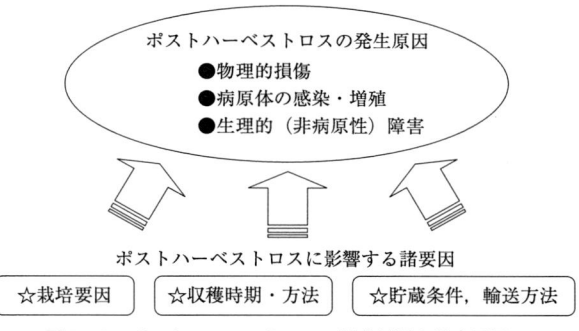

☆栽培要因　　☆収穫時期・方法　　☆貯蔵条件，輸送方法

図 5.13　ポストハーベストロスの発生原因と規定要因

ト過程における品質，特に日持ち性に影響する．収穫前の施肥管理によって収穫時の無機成分バランスを最適にすることが重要であるが，無機成分の中で最も重要なのがカルシウムと窒素である．

① カルシウム：多くの無機成分が細胞質や液胞内に存在し，植物体内を比較的自由に行き来するのに対し，カルシウムは大部分が細胞壁に存在し，ほとんど移動が起こらないのが特徴である．カルシウムが欠乏した場合には，細胞壁のペクチン組成が変化するため物理的損傷を受けやすく，病気にもかかりやすくなる．また，組織の崩壊をまねく非病原性の生理障害も発生しやすくなる．

② 窒素：窒素の施肥量は，植物体内におけるタンパク質の生合成に大きく影響する．窒素を過剰に与えた場合，タンパク質に合成されない水溶性窒素が増加するため，作物は軟弱な生育を示し，収穫後の品質維持が難しくなるといわれている．

2） 水管理　水分含量が多い作物は収穫後の日持ちが悪い．収穫後の乾燥処理では，コメで 10％，ウンシュウミカンで 3〜4％，ニンニクで 30％程度乾燥させる．乾燥処理を施すことのできない多くの青果物では，栽培中の水管理が重要である．収穫前の降雨や灌水を避け，適度な水ストレスを与えることで，日持ち性を改善することができる．

3） 病害虫管理　わが国において，収穫後の病害虫管理のために認められている薬剤処理は，くん蒸処理と保存剤処理に限られており，対象も外国からの輸入作物がほとんどである．ポストハーベスト過程で被害をもたらす病害虫の多くは収穫前に感染・侵入しているので，健全な作物を栽培・収穫することが先決である．農薬散布のほか，病原体を持ち込まない圃場管理や作付体系の工夫，接木の利用などの適切な栽培管理が有効である．

5.12.2　ポストハーベストにおける品質情報と栽培技術

a. 作物の品質情報

収穫後の作物はそれぞれの品質に応じて商品化されるが，その際の評価指標として，色彩や形態といった外観に加えて内部品質（internal quality）を重視する風潮が強まっている．こういった要請に応えるために，近赤外分光法を利用して作物を破壊せずに水分，糖，タンパク質といった各種成分を定量分析する技術が開発され，コメの共同乾燥調製施設や果実の選果施設において，実際に商品となるコメの食味や果実の糖度などが計測されている．

内部品質の非破壊評価（nondestructive evaluation）が実用レベルで普及したのは作物のなかで果樹類が最も早く，1989 年に山梨県のモモ選果場に糖度測定装置が導入されたのが最初である．それまで果実の等級づけは外観に頼っていたために，内部品質のばらつきが問題視されていた．そのなかで，非破壊の全数検査によって糖度を保証されたモモは，市場や消費者から高い評価を受

け，その後カンキツ類やリンゴなどでも，糖度という新しい品質評価指標が定着した．そして，このことは栽培管理技術の発展方向にも大きな影響を及ぼすこととなった．

b. 栽培管理へのフィードバック

品質情報は当初，選果や販売といった流通過程における利用が注目された．しかし，高品質な作物を安定生産し，その割合を高めていくためには，栽培技術・管理の改善が必須である．そのためにも，品質情報を栽培現場へフィードバックすることの意義は大きい．

一部の果樹産地やコメ産地では，非破壊品質評価の結果を生産者別に集計するなどして，かなり詳細な個別情報を生産者へフィードバックし，技術改善の支援に役立っている．さらに，農協などが主導する形で，品質情報だけでなく圃場条件や栽培条件などの生産情報をも統合してデータベース化し，より精密な技術指導・改善を通じて産地全体としての品質水準を向上させようとする試みもなされている．これはまた，品質情報のフィードバックというだけでなく，栽培からポストハーベストまで一貫した情報管理を実現することから，農産物のトレーサビリティーの観点からも注目される．

c. 栽培技術の変化

ポストハーベスト過程の技術革新によって，内部品質の重要性がクローズアップされるにつれ，栽培技術もより内部品質の向上を意識したものへと変わりつつある．

多くの果樹類では，栽培管理の目標として，従来の外観に代わって糖度が重視されるようになった．その結果，例えばウンシュウミカンでは，水分ストレスを与えることにより果実の糖度を向上させる効果のある，透湿性資材を用いたマルチ栽培が急速に広まった．また，リンゴでは，着色促進のための摘葉を行わずに糖度の向上を優先する新しい栽培管理方法が注目されている．

コメについても，良食味の条件である低タンパク質を栽培目標に掲げて技術管理を行おうとする産地が現れている．画一的な栽培管理を見直し，タンパク質の低減という観点から，生産者や圃場ごとに精密な施肥などの栽培管理を徹底して，品質の高位平準化を達成しようとしている．

このように，作物の品質情報がポストハーベスト過程から栽培現場へとフィードバックされることによって，栽培技術のあり方は消費者や市場の要請に応じたものへと変貌を遂げてゆくことになるのである．

〔馬場　正・藤澤弘幸〕

文　献

1) 緒方邦安編（1977）：青果保蔵汎論，建帛社．
2) 農林水産技術情報協会編（1996）：米の美味しさの科学，農林水産技術情報協会．
3) 馬場　正（2006）：ポストハーベストテクノロジー．図説園芸学（荻原　勲編著），朝倉書店，pp. 66-79.

6
収量形成と生育診断

6.1 生長解析と収量形成

6.1.1 収量の概念

　私たちは作物のいろいろな部分を収穫し，利用している．作物によって収穫する部分は異なり，イネ，ダイズなどの穀類では子実が，イモ類，根菜類では地下部が，葉菜類や牧草では地上部全体が，それぞれ収穫部分となる．

　作物の収量とは栽培された作物の収穫部分の量のことを指し，多くの場合，一定の面積の田畑で生産される収穫量を指標とする．例えば，10 a 当たり 500 kg，1 ha 当たり 2.5 t などと表示する．穀類では乾物重で示すが，イモ類，野菜，果樹では新鮮重で示す．また，サトウキビ・テンサイでは茎や根に含まれるショ糖の量を最終収量とする．収量が高いということは，栽培する作物，品種および栽培技術が高い生産効率を示す．栽培技術による高い生産効率は，栽植密度，投入された補助エネルギー（肥料や農薬など）の質と量などによって大きく左右される．試験研究で収量の品種比較などをする場合には，一定の基準で条件をそろえる．

6.1.2 作物の生長

　作物の収量がどのように形成されるかを理解するには，まず作物の生長過程を把握する必要がある．

a. 生産体制の拡大期

　作物においては，種子の胚乳や子葉，イモの塊茎に蓄えられた養分を用いて，種子の胚やイモの芽などから葉，茎，根の新しい器官が形成される．このような発芽・初期生育の時期を経た幼植物は，葉において活発な光合成を行いながら，光合成産物を各器官，特に新しい葉に供給して生長し，物質生産体制を拡大する．この時期はいわゆる栄養生長期にあたり，植物体の重量は加速度的に増加するが，生長する葉はその後形成される収穫器官への貯蔵物質の供給源としてきわめて重要である．また，地上部全体（主に茎葉部）を収穫する牧草などの収量を考える場合は，この時期の物質生産解析が重要になる．

b. 収穫器官の形成・充実期

　物質生産体制の拡大がある程度進むと，収穫器官の形成と充実の時期に移る．イネ，ダイズなどの種子が収穫器官である作物では，まず花芽の分化・発育による花器官の形成が行われる．その後，開花・受精し，貯蔵組織（胚乳・子葉）が形成され，デンプン・タンパク質などの貯蔵物質が蓄積される．この時期は生殖生長期に相当するが，特にイネ科穀類では幼穂の形成から出穂・開花までを生殖生長期，出穂・開花から収穫までを登熟期として区別することがある．ジャガイモ，サツマイモなどのイモを収穫器官とする作物では，塊茎や塊根が形成され，貯蔵物質の蓄積が進む．

　イネ科穀類では，この時期には葉の生長・拡大はほぼ終了する．穀実に蓄積される貯蔵物質は，すでに形成された葉の光合成と出穂・開花前に稈・葉鞘に一時的に蓄えられた貯蔵物質によっ

てまかなわれる．このため，栄養生長期から生殖生長期・登熟期への転換が特定できる．しかし，マメ科作物やイモ類では収穫器官の形成・充実が進んでもしばらく栄養生長が続いており，一定期間，2つの生長期が重なっている．

6.1.3 作物の群落構造解析と生長解析

作物はこのような生長過程を経て収穫され，一生を終えるが，通常の作物栽培では孤立した個体（あるいは株）として植えるのではなく，個体同士が隣接した個体群（群落）という形がとられる．したがって，植物体の様子も個体植えのときとは異なってくる．例えば，イネでは個体植えした場合にもに比べて個体としての分げつが少なくなり，籾数も減少する．このため，乾物生産や収量形成過程を解析するためには，作物の群落としての構造や生長を理解することが不可欠である．

a. 群落構造解析

収量を大きく左右する群落の光合成量と関連づけて群落構造を解析する方法として，Monsi und Saeki（1953）によって理論化された層別刈取法（stratified clipping method）による生産構造の図式化と群落吸光係数（light extinction coefficient, k）が用いられる．

1）層別刈取法と生産構造 作物群落を垂直方向に一定の層別に刈り取って，各層にある光合成器官（葉），非光合成器官（葉鞘，茎，穂）の乾物重の分布と群落内の相対照度を調べる方法が層別刈取法であり，その結果を図示したものが生産構造図である（図6.1）．相対照度とは，群落外の光照度を I_0，群落内のある層の光照度を I としたときの両者の比（I/I_0）である．この図によって，各層における光合成器官がどの程度の光を受けているかが理解できる．図6.1をみると，トールフェスク（Festuca arundinacea）では同化器官である葉が群落全体に分布しており，相対照度の減衰も緩やかで光が群落下部まで届いているが，アカクローバ（Trifolium pratense）では葉が群落上部に集中しており，下部にはあまり光が届いていないことが分かる．このことから，群落全体の葉を利用して光合成を行う構造としてはトールフェスクの方が優れているといえる．

2）群落吸光係数 群落吸光係数（light extinction coefficient, k）は，生産構造図で視覚的にとらえた群落内の光環境を数値として評価する指標である．群落内の光照度の減衰状態と群落上部から下部にかけて積算した葉面積指数（積算葉面積指数，F）との間には以下のような関係が成立する．

$$I/I_0 = e^{-k \cdot F} \quad (6.1)$$

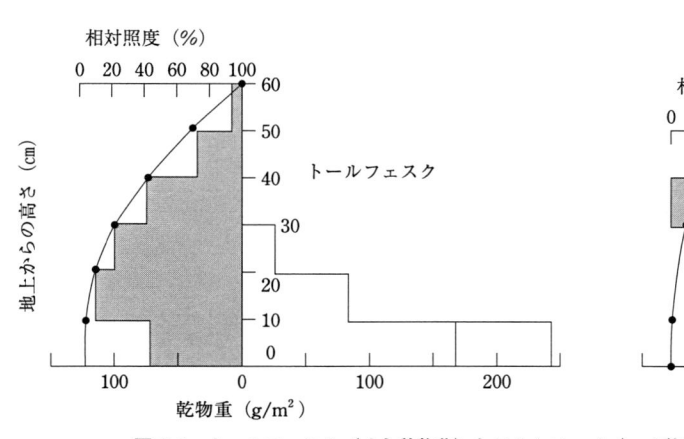

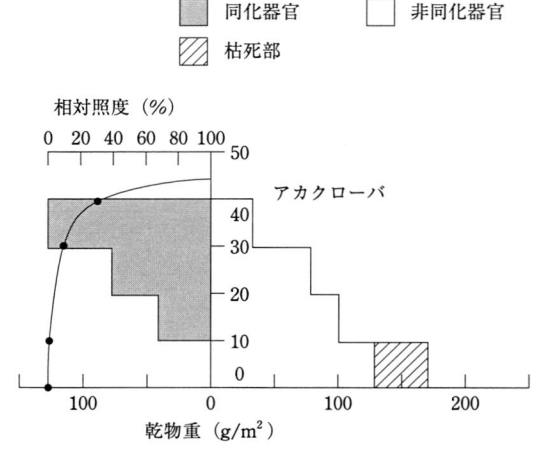

図6.1 トールフェスク（イネ科牧草）とアカクローバ（マメ科牧草）の生産構造図の比較（窪田，1999）

葉面積指数（leaf area index, LAI）とは，単位土地面積当たりの葉の総面積であり個体群光合成量を規定する最も大きな要因である．

式(6.1)はさらに以下のように書き換えられる．
$$\ln(I/I_0) = -k \cdot F \quad (6.2)$$
この式から，群落のある層における相対照度の自然対数は群落上部からその層までにある積算葉面積指数と直線関係にあり，その勾配が$-k$であることがわかる．このkが群落吸光係数である．図6.2のように，$k=1$と$k=0.5$の群落を比べた場合，相対照度が10%に減衰する層でのFはそれぞれ2.3と4.6となる．このことは，kが小さい群落ではその層までにより多くの葉が存在し，しかも，それらの葉が相対照度10%までの光を受けて光合成を行っていることを示している．このような群落は直立した葉が多く，下層まで光をよく透過させ，群落全体としての光合成速度が高い構造となっている．水平葉の多い群落ではkは約1，直立葉の多い群落ではkは約0.4である．イネの多収品種は直立葉のものが多く，kが0.3になるものもある．

このような層別刈取法や吸光係数による群落構造の解析には同化器官（葉）の割合，相対照度，葉面積指数などが含まれており，個体群の光合成量と関連づけて群落の特徴を明らかにすることができる．一方，個体群光合成そのものの量的把握には，赤外線分析計を使った実測やモデルを利用した推定が行われている（6.3節参照）．また，以下に示す生長解析法によって近似的に評価することもできる．

b. 生長解析

層別刈取法や吸光係数は栄養成長期や出穂期など，生長過程のある時期における群落構造を解析する方法である．これに対して，作物群落の生長速度を乾物生産の面から解析する方法として，まず，個体群生長速度（crop growth rate, CGR）があげられる．
$$CGR = dW/dT \quad (6.3)$$
このように，CGRは作物の1日当たり，単位土地面積当たりの乾物増加量で，作物群落の乾物増加曲線の各生育時期の微分値である．CGRは生長の初期には小さく，中期に最も高くなり，登熟期など生育の後半には再び小さくなる．また，CGRは乾物重が少ない個体群では小さく，逆に乾物重が多い個体群では大きくなるため，2つの個体群を比較するときには，乾物重がほぼ等しくないと意味がなくなる．異なる作物間で比較する場合には，全生育期間における平均CGR，あるいは，最大CGRを用いることが多い．また，CGRはその期間内の個体群光合成速度と密接に関係することが知られている．

乾物重が異なると群落相互の比較が難しいというCGRの欠点を補う指標として，単位乾物重当たりの生長速度，すなわち相対生長速度（relative growth rate, RGR）が用いられる．
$$RGR = 1/W \cdot dW/dT \quad (6.4)$$
RGRは一定期間内に乾物当たりでどれだけの増加があったかを示す相対値であり，これを使えば作物群落相互の比較が可能である．RGRは以下のような2つの要因に分けることができる．

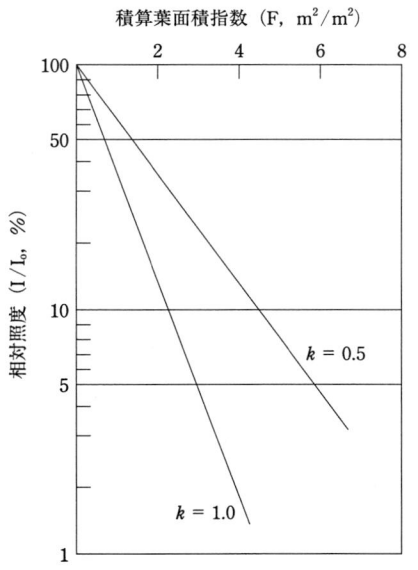

図6.2 相対照度と積算葉面積指数の関係（模式図）

$$RGR = L/W \cdot (1/L \cdot dW/dT) = LAR \cdot NAR \quad (6.5)$$

ここで，LAR は作物群落の全乾物重に対する全葉面積の比（葉面積比：leaf area ratio）であり，NAR は単位葉面積当たりの乾物増加速度（純同化率：net assimilation rate）である．NAR は単位葉面積当たりの光合成速度に近い指標であるが，LAR については，どのような機能を反映しているかが分かりにくい．このため，LAR をさらに以下の要因に分解して解析することが行われている．

$$LAR = (WL/W) \cdot (L/WL) = LWR \cdot SLA \quad (6.6)$$

LWR は作物群落の全乾物重（W）に対する全葉乾物重（WL）の比（葉重比：leaf weight ratio），SLA は葉の乾物重に対する葉面積の比（比葉面積：specific leaf area）である．式（6.5）および式（6.6）から RGR を，

$$RGR = LWR \cdot SLA \cdot NAR \quad (6.7)$$

と表すことができる．この式から，作物群落の生長を生長過程や作物間で比較する場合，それぞれの群落の相対成長速度（RGR）が，乾物の葉への分配率（LWR），葉を広く展開する性質（SLA）および葉面積当たりの乾物増加速度（NAR）のいずれにより大きく依存しているかを知ることができる．特に，NAR は単位葉面積当たりの見かけの光合成速度に対応する指標であるため，作物群落の乾物生産力を評価する方法として利用されている．

また，CGR についても以下のように 2 つの要因に分けることができる．

$$CGR = LAI \cdot NAR \quad (6.8)$$

個体群では生長とともに LAI は増大していくが，それとともに葉の相互遮蔽も強まって，NAR を減少させる．このため，CGR を最大にする最適 LAI が存在することが知られている．

6.1.4 収量形成過程の解析

層別刈取法や生長解析法は，作物群落全体の構造と生長に乾物生産の面から焦点を当てた解析手法であり，直接，収穫器官の形成や収量を解析する手法ではない．収量との関連でいえば，貯蔵物質を供給する器官（主に葉）の群落内での分布と生長を解析しているといえる．

一方，収量の形成過程を解析する手法は，作物の種類や解析の視点によって異なっている．イネ科作物では，形態的視点，物質生産的視点および両者を組合わせた視点から解析が行われている．

a. 収量構成要素

イネ科作物では，収量を形態的視点からいくつかの要素（収量構成要素：yield component）に分解して解析を行い，それぞれの要素の育種的改良や栽培方法の改善によって，最終的な収量を高めようとする手法がとられている．イネの場合，収量構成要素は，単位土地面積当たりの穂数，1穂籾（穎果）数，登熟歩合，千粒重であり，収量は次式で示される．

収量（10 a 当たり）
= （単位土地面積（m^2）当たりの穂数）
× （1 穂籾数）×（登熟歩合）
× （千粒重）/100,000 　　(6.9)

わが国では収量は玄米収量で表されるので，式（6.1）の千粒重は玄米重である．玄米収量は籾収量の 80% 程度である．また，登熟歩合とは，収穫した籾のなかで比重 1.06 の塩水に沈む中身の充実したものの比率で，粒厚 1.7 mm 以上の玄米の比率にほぼ等しい．これらの収量構成要素は測定が容易であり，また，収穫期の調査だけで済むため，広く用いられている．

表 6.1 は，わが国のイネの標準品種である日本晴と近年育成された多収品種タカナリの収量構成要素の比較を示したものである（徐ほか，1997）．タカナリは日本型とインド型の交雑種を両親とする品種で，遺伝的にはインド型に近い．この表から，タカナリが日本晴に比べて収量が 1.5 倍と高いのは，穂数は 3 分の 2 と少なめだが，1 穂籾数が 2.5 倍と多く，登熟歩合，千粒重ともほぼ同等であるためであることが分かる．

表6.1 日本晴とタカナリの収量，収量構成要素および収穫指数の比較（徐ほか，1997）

	穂数 (/m²)	1穂籾数	登熟歩合 (%)	千粒重 (g)	玄米収量 (kg/10 a)	収穫指数 (%)
日本晴	433	85	85	21.2	666	36
タカナリ	286	214	79	19.9	957	44

これらの収量構成要素は，決定する生育段階がそれぞれ異なっている．例えば，穂数は主に栄養生長期において，1穂籾数は栄養生長期から生殖生長期にかけて，登熟歩合と千粒重は生殖生長期から登熟期にかけて決定される．このため，それぞれの時期の施肥などの栽培管理を適切にすることでこれらの要素をある程度高め，最終収量を向上させることができる．しかし，一定水準以上になると各要素は独立的ではなく，負の相関を示すようになる．例えば，穂数と1穂籾数の積である単位土地面積当たりの籾数と登熟歩合は強い負の相関を示し，総籾数を増やすと登熟歩合が低下することがしばしばみられる．したがって，この形態的解析手法だけでは，一定以上の収量向上をもたらす要因の解析は難しいことになる．このような不備を克服するためには，後述する物質生産に関する視点を導入することが有効である．

収量構成要素による解析は，ほかの穀類にも適用できる．例えば，ダイズの収量構成要素は，単位土地面積当たりの個体数，個体当たりの節数，節当たりの莢数，1莢当たりの粒数，百粒重からなる．ダイズでは，特に莢数の確保が収量向上にとって重要である．

b. 収穫指数

収量構成要素による解析では，前述したように要素間に負の相関がみられ，多収要因が特定できないなどの問題点がある．これに対して，作物の生育を乾物重の増加としてとらえ，乾物生産量と収穫器官への分配として収量を考える方法がある．すなわち，植物体全体の乾物生産量を生物学的収量（biological yield），また，収穫部分の乾物生産量（いわゆる収量）を経済学的収量（economic yield）とし，生物学的収量のうち，どれだけの配分比率で経済学的収量が決定されるかを解析する．この配分比率を収穫指数（harvest index）といい，3者の関係は次式で示される．

$$[経済学的収量] = [生物学的収量] \times [収穫指数] \quad (6.10)$$

一般に，イネ，コムギなどのイネ科穀類では収穫指数は30〜50%，ジャガイモ，サツマイモなどのイモ類では50〜80%である．イモ類では，栄養生長期の途中から長期間にわたって継続的に塊茎に光合成産物が転流・蓄積するため収穫指数が高くなるが，イネ科穀類では出穂後の限られた期間の光合成産物に依存する割合が高いため収穫指数が低い．これまでに開発されたイネ，コムギ，オオムギなどの新旧品種の比較から，多くの作物の収量向上は生物学的収量よりも，収穫指数の向上によってもたらされてきたとみることができる．表6.1に示すように，多収品種タカナリの収穫指数は44%であり，日本晴の36%に比べて高くなっている．しかし，収穫指数は上限に近づいており，今後さらに収量を向上させるためには，生物学的収量の向上がより重要であるという指摘もある．

生物学的収量と収穫指数による収量評価は，光合成による物質生産の所産である乾物重を基礎にしている点で合理的であり，また，異なる作物同士での比較が可能である．しかし，収穫指数という概念は実体のない単なる指数であるため，この方法を活用するためには収穫指数の決定にかかわる生理的過程を明らかにする必要がある．その際には，ソースからシンクへの光合成産物の移動という考え方が有効である．

c. ソースとシンク

ソース（source）とは，植物体のなかで物質を

ほかに供給する器官で，成熟葉，発芽中種子の胚乳・子葉などがそれにあたる．また，シンク（sink）とは，ソースから送り出される物質を受け入れ，それをエネルギーとして消費したり，貯蔵したりする器官であり，生長途中の若い葉・茎・根，登熟中種子の胚乳・子葉などである．イネ科穀類の物質生産や収量をシンクとソースという関係で考えるときには，シンクは穂につく穎果であり，貯蔵物質を供給するソースは2つある．一つは出穂前に一時的に炭水化物・タンパク質を蓄えた茎葉（主に稈・葉鞘）であり，もう一つは出穂後の光合成産物を供給する成熟葉（ムギ類では内外穎や芒も含む）である．イネの場合，稈・葉鞘に一時的に蓄えられた炭水化物の貢献は20～40%である．

ソースとシンクの能力（ソース能およびシンク能）については大きさ（サイズ）と生理的活性の両面から検討する必要がある．ソースのサイズは出穂期の茎葉乾物重や葉面積指数で，また，生理的活性は個体群光合成速度で示すことができるが，個葉の光合成速度や個体群の構造（葉の傾斜角度，吸光係数など）も考慮する必要がある．一方，シンクのサイズは穂の籾数と大きさで表されるが，生理的活性については，その実体がまだ十分把握されておらず，デンプン合成など炭水化物代謝にかかわる酵素活性などの面から評価される場合が多い．このようにシンクとソースの生理的活性には，光合成による炭酸固定，デンプン合成といった代謝過程が関係するため，シンクとソースという概念によって乾物生産および収量形成過程と代謝過程を結びつけることもできる．

d. 収量キャパシティと収量内容生産量

このようなシンクとソースによる収量形成過程の考え方は村田（Murata, 1969）によって先駆的に示された．彼は収量構成要素という形態的解析手法と物質生産の概念を関連づけるものとして，次式による考え方を提示した．

[収量]＝[収量キャパシティ]×[収量内容生産量]　　(6.11)

ここで，収量キャパシティは収量の入れ物の容量を意味し，イネの場合は，単位面積当たりの総籾数と籾（内外穎）の大きさの積として考える．一方，収量内容生産量は，収量形成に直接かかわる登熟期の光合成による乾物生産量と出穂・開花期までに稈・葉鞘に一時的に蓄えられ，出穂後に収穫部位に転流・蓄積される物質量の和と考える．村田によれば，収量キャパシティは出穂1週間前には決定されるのに対し，収量内容生産量は出穂3週間前から出穂後4週間で決定される．この2つの要因を用いることで収量形成過程を入れ

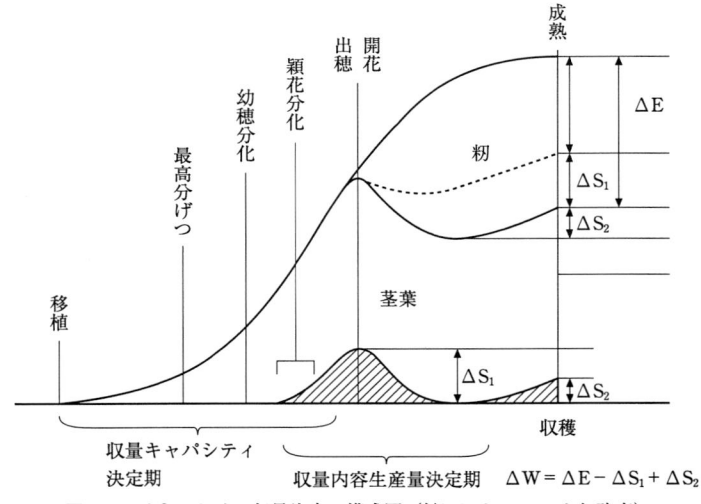

図6.3　イネにおける収量決定の模式図（村田ほか，1976より改変）

$\Delta W = \Delta E - \Delta S_1 + \Delta S_2$

6.1 生長解析と収量形成

物の形成時期と内容物の充実時期に分けて検討することが可能となる（図6.3）．

村田の提案した収量キャパシティは，シンク能（この場合はシンクの生理的活性を含まないのでシンクサイズ）とみることができる．また，収量内容生産量は主に光合成産物を供給するソース能を反映しているが，一部シンクの生理的活性もかかわっていると考えられる．

村田によって概念的に示された考え方は，その後発展し，さらに定量的に把握されるようになった．イネの籾の大きさは互いに咬合する内外穎の大きさに規定されるが，これは遺伝的に決定されており，栽培環境によってほとんど変動しない．すなわちいったん決まれば，それを超えて内容物が充填（じゅうてん）されることはないと考えられる．そこで，収量キャパシティは，総籾数に玄米粒重を掛け合わせたものとして表される．表6.1の穂数，1穂籾数および千粒重から計算すると，タカナリの収量キャパシティ（シンクサイズ）は日本晴の1.6倍となる．

また，収量内容生産量については，次のような定量化が行われている．
まず，登熟期間（出穂期から収穫期まで）の全乾物重の増加量（ΔW）は，穂重の増加量（ΔE）と茎葉重の増加量（ΔS）の和として表すことができる．

$$\Delta W = \Delta E + \Delta S \quad (6.12)$$

ここで，登熟開始時の穂重はほぼゼロであるため，この間の ΔE は，籾収量に等しい．したがって，

$$\Delta E = \Delta W + (-\Delta S) \quad (6.13)$$

ΔS は茎葉に出穂前に蓄積され，出穂後に穂に転流した乾物減少重（$-\Delta S_1$）と登熟期に茎葉に再蓄積した乾物増加重（ΔS_2）の和であり，通常前者の量が多いためマイナスの値をとる．ΔE は出穂前に茎葉に蓄積された「出穂前の同化分」（$-\Delta S_1$）と出穂後の光合成で増加した「出穂後の同化分」に分けられるが，後者は $\Delta E - \Delta S_1$ として評価することができる（図6.3）．

表6.2に日本晴とタカナリの各乾物増加量の比較を示した（徐ほか，1997）．タカナリは日本晴に対して約1.5倍の ΔE を示すが，その大きな要因は「出穂後の同化分」（タカナリでは ΔW に相当）が多く，それらがすべて穂に移行して茎葉への再蓄積重（ΔS_2）もないこと，また，「出穂前の同化分」（$-\Delta S_1$）も多いことであることが分かる．また，日本晴では「出穂後の同化分」の一部は茎葉に再蓄積されていることから，ソース能よりもシンク能（主にシンクサイズ）が収量形成に関して制限要因となっていることが分かる．このことは，シンクサイズの両者の違いとも関連している．

このようにタカナリのシンクサイズが大きく，ソース能（出穂前の同化能力と出穂後の同化能力）が高いという特徴は，近年育成されたインド型および日印交雑種由来の多収品種に共通するものである．

シンクとソースの考え方による解析方法は出穂期と収穫期，さらに $-\Delta S_1$ が最大となる時期（主に登熟中期）の乾物量の調査を必要とするが，形態的発達と物質生産の関係をよりよく把握することができる手法として，群落構造解析や生長解析と組合わせながら広く研究に利用されている．

〔大杉　立〕

表6.2　日本晴とタカナリの登熟期における乾物増加量等の比較（徐ほか，1997）

	ΔW (g/m^2)	ΔE (g/m^2)	ΔS (g/m^2)		$-\Delta S_1/\Delta E$ (%)
			$-\Delta S_1$	ΔS_2	
日本晴	568	752	221	37	29
タカナリ	712	1,114	401	0	36

文　献

1) Monsi, M. und Saeki, T.（1953）: Über den Lichtfaktor in den Pflanzengesellshaften und seine Bedeutung für die Stoffproduktion. *Japanese Journal of Botany,* **14** : 22-52.
2) Murata, Y.（1969）: *Physiological aspects of crop yield* (Eastin, J. D. *et al.* eds.), ASA and CSSA, pp. 235-259.
3) 窪田文武（1999）：品種改良の目標と生理生態的形質．作物学総論（堀江　武ほか編），朝倉書店，pp. 143-162.
4) 徐　銀発・大川泰一郎・石原　邦（1997）：水稲多収性品種タカナリの収量と乾物生産過程の解析．日本作物学会紀事，**66**：42-50.
5) 巽　二郎編（2003）：温故知新―日本作物学会創立75周年記念総説集，日本作物学会．
6) 村田吉男・玖村敦彦・石井龍一（1976）：作物の光合成と生態，農山漁村文化協会．

6.2　生育段階と生育診断

　作物の生育状態を正確に判断し，その結果に基づいて適切な肥培管理をすることは，作物を栽培するうえで重要かつ不可欠なことである．作物は生育に伴って形状や性質が変化するため，作物の現状を認識するには，まず，基準となる生育様式を把握する必要がある．

　作物の生長過程において，特別な意味合いを持つ一定の期間，あるいはそのような時期を区切って一つの生育段階として扱う．作物の一生をいくつかの生育段階に分け，それぞれの段階での形態的，生理的な特徴が整理できれば，これを利用することで生長過程が理解しやすくなる．主要な作物では各生育段階における基準的な姿や，基準からの隔たりを生じさせる要因などについての知見が蓄積されている．

　作物の生育状態を判断するには，まず対象とする作物が，現在，どの生育段階にあるかを同定する．また，その生育段階の基準となる姿と比較して，どこがどのように異なっているのかを見きわめるとともに，その原因を探ることになる．これが生育診断である．

6.2.1　生育段階

a.　生育段階と栽培管理

　生育段階は，播種後あるいは移植後の経過日数や，外部形態，体内の生理的変化による特徴から判断する．最も簡単な方法としては，作物の外見から生育状態を把握することができるが，その意味で草丈は重要な指標となる．例えば，トウモロコシには膝高期（knee high stage）と呼ばれる生育段階がある．これは，草丈が膝の高さ，すなわち40〜50 cmとなった頃であり，おおむね展開した葉の数が6〜7枚となっている．栽培上，重要な生育段階であるが，それは，この時期の環境や栽培条件がその後のトウモロコシの生育に大きな影響を及ぼすからである．この時期に生育状況が悪かったものは，その後，生育の遅れを取り戻すことが難しく，結局，収量が低下してしまう．

b.　出芽期

　生育段階をどのようにとらえるかをみるために，トウモロコシで，種をまいてから膝高期までの生育をたどってみよう．まず，出芽期は，まいたタネが吸水して発芽し，伸びた鞘葉が地表に現れ（出芽），第1葉が伸び始める頃までの過程である．発芽には適度な水分と空気，温度が必要で，それらがこの生育段階での支配的要因であるが，栽培的には温度，次いで水分が重要な要因となる．トウモロコシの発芽最適温度は35℃前後と考えられているが，10℃前後でも発芽が始まる．温度が低いと発芽までに長い時間がかかり，15〜18℃では8〜10日だが，13℃では18〜20日かかる．北海道や東北北部では気温が十分にあがる前の時期に播種されるので，出芽までに2〜3週間かかる．また，発芽するのに十分な気温に達していても，畑が乾燥していて雨が降らないと吸水できず，発芽が遅れる．気温とともに，地表付近の土壌湿度も発芽のための重要な要因である．寒冷地では3 cmくらいの深さに播種するが，これは浅すぎると遅霜の害を受けるので，それを防ぐためである．

c. 従属栄養期と苗立ち期

出芽期とその後の葉が3～4枚展開するまでの期間は胚乳の養分を使う生育段階で，従属栄養期と呼ばれる．この生育段階では，胚乳の状態，特に貯蔵デンプンの量が重要視される．例えば，低温で生育が停滞した場合は，生育が回復するのに種子の大きさが関係していることが知られている．イネ科の作物は，この従属栄養期から独立するのに一つのハードルがあり，この時期をすぎると，ある段階までは生育を続ける可能性が高くなる．この時期を苗立ち期（establishment）と呼び，この時期を越えれば，それ以後の生育がある程度約束される重要な時期である．苗立ち期は，特に種子の小さな牧草などで重要である．この後，独立した栄養状態となり，トウモロコシは基肥の影響を受けながら生育し，前述の膝高期を迎えることになる．

d. 栄養生長期と生殖生長期

葉を急速に展開して光合成を行う場を積極的に広げつつ，生産性の高い群落を形成する過程は，以上のようないくつかの生育段階からなるが，これらをひとまとめにして，栄養生長期（栄養生育段階）と呼ぶ．これに対し，その後の，花を形成し，子実を実らせる過程をひとまとめにして生殖生長期（生殖生育段階）と呼ぶ．一般に，作物の全生育期間は栄養生長期と生殖生長期という2つの生育段階からなる．生殖生長期も栄養生長期と同様に，いくつかの生育段階に分けられる．

このように，作物の生長を生育段階の積み重ねとしてとらえ，それぞれの特徴を整理することにより，作物の一生が理解しやすくなる．

6.2.2 生育段階の同定

正確な生育診断を行うためには，対象作物の生育段階を的確に同定しなければならない．そのやり方を，水稲を例にとって紹介する．

a. 播種後日数・田植え後日数

作物の生育段階としては，まず時間，すなわち芽が出てからの日数などがすぐに思いつく．実際，播種や田植えをしてからの日数でイネの状態を推定するため，播種後日数や田植え後日数を用いることが過去にはあった．しかし，気象の変動や品種によって生育には遅速があるため，日数だけでは生育の状態を正確に知ることが難しく，現在では水稲の生育段階の同定にはほとんど用いられていない．作物の生育段階を正確に同定するには，実際の作物から得られる情報に基づく必要がある．

ただし，播種後日数や田植え後日数も，生育段階の大まかな推定には有効な場合があり，特にガラス室など，ある程度コントロールされた環境で栽培される作物では，比較的精度の高い推定ができる．また，モデリングに関する技術が進歩しており，日々の気象情報や品種特性などの情報を組込むことにより，田植え後日数を用いても水稲の状態をかなり高い精度で推定できるようになってきた（6.2.3項参照）．

b. 葉　齢

イネの姿から直接，生育に関する情報を得る指標の一つとして，葉齢がある．イネの葉齢は人でいえば歳にあたるもので，これを葉の展開をもとにして規定する．すなわち，イネでは葉が1枚ずつ順に抽出してくるので，この特徴を用いてイネの齢を規定したのが葉齢である．葉齢では，整数部分が最上位展開完了葉の葉位を，また小数第1位がその上位の抽出中の葉が，最上位展開完了葉の何割ぐらい出現したかを示している（図6.4）．

わが国の田植機稲作では，通常，苗の葉齢が

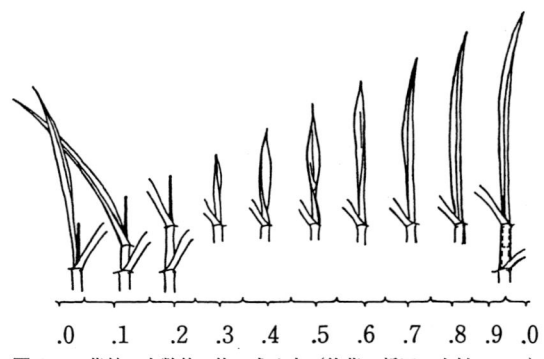

図6.4 葉齢の小数第1位の求め方（後藤・新田・中村，2000）

3.2～4.5となったときに移植する．苗は葉齢によって，乳苗，稚苗，中苗，成苗に分類され，それぞれの特性を考慮して作期や栽培方法にあわせて選択され，用いられている．従属生長が中心となる幼苗期では，生長に伴う稲体の形態的，生理的変化を，葉齢からある程度把握できる．

c. 茎　数

田植え後は，分げつの出方が，イネの生育段階を知る重要な手がかりとなる．分げつの出方は，主にその数として，すなわち茎数（株当たり，あるいは単位面積当たりの主茎と分げつの数の合計）の推移として扱われる．葉齢と茎数の推移を押さえれば，栄養生長期における生育段階はおおかた同定できる．

d. 出穂前日数

生育の全期間は栄養生長期と生殖生長期に大きく二分されるが，両者の境となるのが幼穂の分化が始まる時期である．出穂期は外見から確認しやすい生育段階であるが，幼穂分化開始から出穂期までの間に，幼穂の発達に対応して肥培管理上，重要な生育段階がいくつかある．これらの生育段階を同定するには，出穂前日数を目安として用い，大まかにどの段階かを知ることが多い．例年の出穂期を念頭におき，その年の生育状態などを加味して，現在，出穂の何日ぐらい前にあたるかという点から生育段階を推定する方法である．ただし，生育段階を正確に判断するには，稲体を解剖して幼穂の状態を確認する必要がある．

e. 葉齢と幼穂

幼穂の発達は葉齢の増加と密接に対応しているため，葉齢から幼穂の生育状態をある程度推定することができる（表6.3，図6.5）．

さらに，水稲の主茎に展開する葉の総数（主茎総葉数）は，品種が異なればもちろん，同一品種であっても栽培地や栽培方法によって差があるが，同一品種を同一栽培地で同じように栽培すれば，ほぼ一定である．このため，予測される主茎総葉数とその時点における葉齢との差から穂の状態が推定できる．例えば，生殖生長期に移行した

表6.3　幼穂の状態と幼穂発育ステージ（PS）

幼穂の状態	PS
止葉原基分化期	1
第1苞原基分化期	2
苞原基増加期	3
1次枝梗原基分化初期	4
1次枝梗原基分化中期	5
1次枝梗原基分化後期	6
2次枝梗原基分化前期	7
2次枝梗原基分化後期	8
穎花原基分化開始期	9
穎花原基分化初期	10
穎花原基分化中期	11
穎花原基分化後期	12

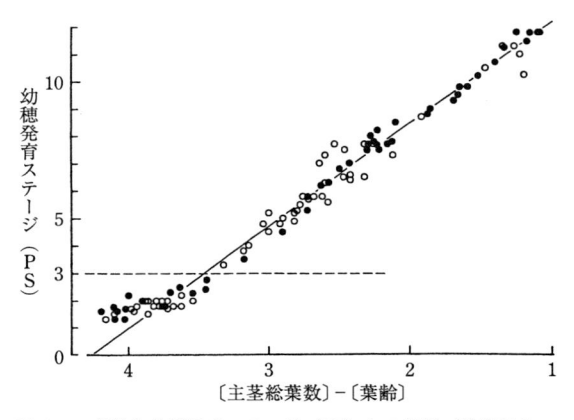

図6.5　葉齢と幼穂発育ステージ（PS）との関係（後藤ほか，1990）

各シンボルは，幼穂発育ステージを数値として扱い，各サンプル日での主茎や各分げつ位ごとに平均した値を示している．
○は4月23日播種で，播種後74, 85, 91, 100, 104日目の値．
●は5月24日播種で，播種後69, 78, 88日目の値．
図中の直線は，PS 3.0以上から求めた．近似式は
$$y = 15.95 - 3.74x \quad （決定係数 r^2 = 0.970）$$

直後の苞原基増加期は，図6.5から，「主茎総葉数－葉齢＝3.5」のとき，すなわち，「葉齢＝主茎総葉数－3.5」の時点と推定できる．

葉齢は栄養生長期全般と，穎花原基が分化する頃までのイネの生長を把握するのに有効であるが，それ以降はほかの指標が必要である．

f. 生殖生長期

出穂の10日～15日前，花粉ができる前の減数分裂期（から4分子期）は，低温による障害型冷害を受けやすく，肥培管理上，重要な時期であ

図 6.6 葉耳間長

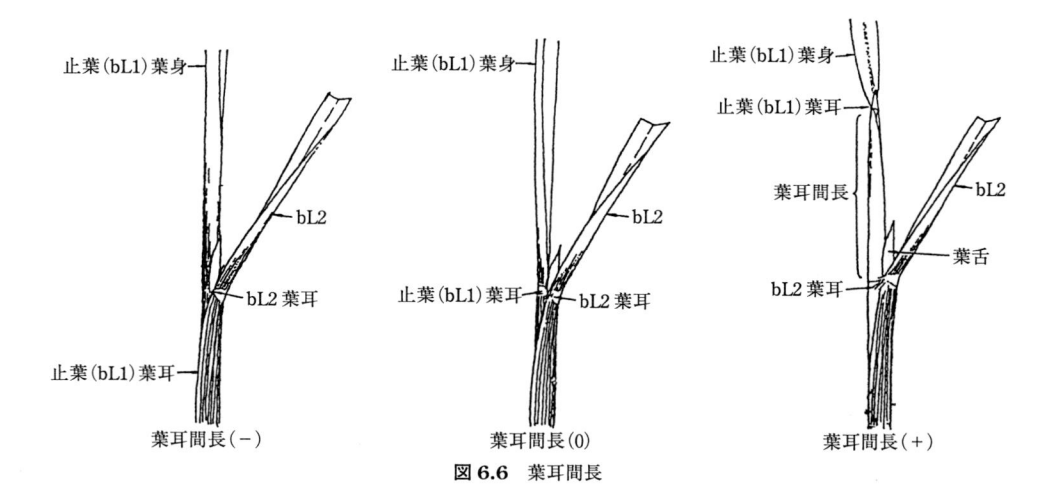

る．この生育段階を正確に確認するには，幼穂の未熟な穎花の葯を調べる必要があるが，葉耳間長を指標とすれば，外部形態からでも高い精度で推定することができる．葉耳間長とは，止葉(とめば)の葉耳とその前に出た葉の葉耳との距離のことである（図 6.6）．

止葉の葉身が抽出中は，止葉葉耳はまだその前に展開した葉の葉鞘のなかにあるが，その場合は葉耳間長を負の値で示す．1穂の中には多数の穎花があり，減数分裂は葉耳間長が−10 cm の頃から始まり，+10 cm くらいまで続くことが確認されている．

出穂後は，穎果の生育や胚乳の熟度などで生育段階を示す．

6.2.3 生育診断

生育診断にはいくつかのやり方があるが，暦日に対する葉齢の進み方自体も，例年に比べて生育が早いか遅れているかをみるために診断の対象となる．また，ある生育段階の稲体の生育状態は，栄養生長期では主に草丈や葉の長さ，茎数，葉色，根の状態などで判断する．生育診断の方法とその考え方を，ここでは東北地方での水稲の育苗を例にとって，説明する．

一般に，稚苗（葉齢約 3.2）の場合は田植え時の草丈が 10〜14 cm，中苗（葉齢約 3.5）では 13

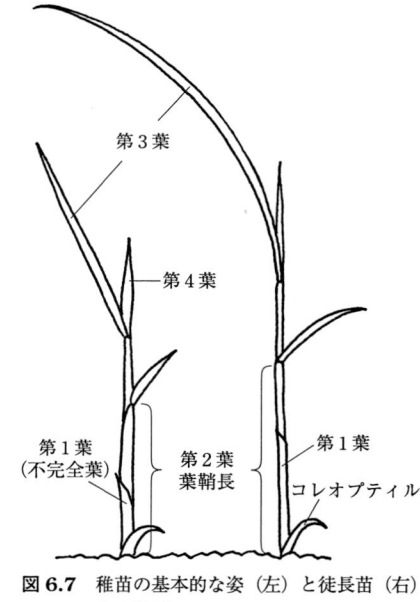

図 6.7 稚苗の基本的な姿（左）と徒長苗（右）との比較

〜17 cm となることを目標として育苗する（品種によって 1〜2 cm 差がある）．育苗に要する日数は稚苗で 20〜25 日，中苗で 30〜35 日なので，田植え時期から逆算して，育苗開始の準備をする．実際には，苗の種類ごとに育苗期間中の各生育段階で診断の必要があるが，ここでは，できあがった稚苗の診断の一部を紹介する（図 6.7）．

草丈（苗丈）は稚苗では第 3 葉の長さそのものであり，第 4 葉は抽出を始めて間もない．草丈が

目標値より著しく長くなったものは徒長苗と呼ばれ，充実度が低く，苗質が悪いと判断される．徒長苗ができるのは，育苗期間中の温度が高すぎたことにある．特に第2葉葉鞘が長い場合（5 cmを超えるような場合）は育苗期の前半に高温となりすぎたことが，第2葉葉鞘が4 cmかそれより短い程度なのに徒長している場合は後半に高温であったことが原因である．温度管理の目標は，日中は20～25℃，夜間は10℃前後である．晴れて強風のときはビニルハウス内の温度管理が難しく，高温になりがちな場合もあるが，30℃を超すことは避けなければならない．その他，葉や根の状態から肥料不足や病気，障害などについても診断できる．

実際の栽培においては，生育に伴ってこまめに生育診断を行い，その結果に基づいて適切に対処することによって，より品質の高い生産物を，より多く得ることができる．　　　　　〔後藤雄佐〕

文　献

1) 後藤雄佐・槌山　隆・星川清親（1990）：水稲の分げつ性に関する研究　第7報　個体内各茎の葉齢と幼穂発育過程との関係．日本作物学会紀事，**59**(4)：701-707.
2) 後藤雄佐・新田洋司・中村　聡（2000）：作物Ⅰ〔稲作〕，全国農業改良普及協会，p. 7.
3) 農山漁村文化協会編（1990）：稲作大百科Ⅲ　基本技術／生育診断，農山漁村文化協会.
主要作物の栽培指針が各県などから発行されている．

6.3　収量予測とモデリング

6.3.1　収量予測とモデルの考え方

主要作物の収量は，20世紀後半に世界各地で飛躍的に増加した．これには栽培管理の改善，病虫害防除技術の向上，土壌改良，品種改良など多くの技術的要因が貢献してきたが，収量水準が向上した今日でも，依然として収量変動は大きく，その予測は重要である．

作物収量の予測は，国レベルの需給見通しや食料政策の策定，地域レベルの作物立地計画の策定，産地レベルの集荷・出荷計画などの生産物管理，生産現場における栽培管理技術の適期施用など，様々なレベルにおける意思決定を支援するために利用される．そのため，目的に応じて，収量予測の手法，対象とする時間的・空間的スケール，さらに考慮すべき要因も異なってくる．

いずれの場合も，収量を予測するには何らかの数学的モデルが用いられる．モデルには1式だけの単純なものから，きわめて複雑なプログラムまで，様々なものがある．収量の変動要因のうち，どの要因を考慮し，どれを考慮しないかという境界条件は，モデルの特性を左右する重要な要素である．境界条件があいまいなモデルは結果の解釈が難しく，利用するのが容易でない．

このように多様な収量予測モデル（yield prediction model）を単純に類別することは難しいが，モデルの基本概念，すなわち収量の成立をどのようにとらえるかはモデルの特徴を端的に反映しており，それによって次の2種類に大別できる．一つの考え方は，実際の収量（実収量）を，標準的（あるいは平年並みの）条件で得られる収量と，それからの変動によって表すというものである．これには，回帰分析に代表される統計的手法が利用される（以下，統計的モデル）．代表的な例として，作況（crop situation）予測がある．

もう一つの考え方は，実収量を，作物の潜在収量（potential yield：養水分の過不足，病害虫，倒伏などの生育阻害がない条件で，気候のみからみた達成可能収量）が，種々の生育阻害によって制限された結果とみるものである．ここでは，生育に伴う作物体の重量（バイオマス：biomass）増加，収穫器官への分配といった生育プロセスの結果として収量が表される．このようなモデルは，プロセス積み上げ型モデル（process-based model，以下，プロセスモデル）と呼ばれ，作物生育のシミュレーション研究に広く利用されている．

統計的モデルが生長速度を含まない静的モデルであるのに対し，プロセスモデルは，日々の生長

速度を算出し，それを積分することによって生長量および収量を求めるので，動的モデルに分類される．一般に，プロセスモデルは統計的モデルに比べて複雑で，多くのパラメータを要するが，収量成立の道筋をとらえやすいといった利点がある．それぞれの特徴を理解して，目的に応じて使い分ければよい．

6.3.2 統計的モデル

統計的な収量予測モデルの一例として，水稲の作況予測の概要を示す．この方法では，実収量を，標準的な収量（平年収量：normal crop）と，その年の気象条件および被害発生などによる変動部分からなると考える（図6.8左）．すなわち，

実収量＝平年収量±変動

と表される．平年収量は気象条件などを平年並みとみなし，その時点の栽培技術水準を考慮した場合に予想される収量で，作柄の判定基準になるだけではなく，需給計画の基礎資料として重要な意味を持つ．平年収量の求め方は作物によって異なる．単純な例では，過去5年の平均収量を用いる場合もあるが，水稲では過去の収量データに基づく趨勢曲線が用いられる．ここで平年収量の年次変化は，品種や栽培技術の改良による技術的な要素を表すものと考えられている．

平年収量からの変動は，主要生育段階における作柄概況調査と気象データ（調査時までの実測値とそれ以降は平年値）から重回帰式に基づき予測される．その際，重要な役割を果たすのが収量構成要素である．水稲では，収量構成要素のうち，まず収穫物の容器に相当する穎花数が決まった後に，子実の充実具合が決まる．そのため，作況調査ではまず有効茎数（穂数）や1穂籾数から推定される土地面積当たりの穎花数と，登熟期間の気象条件との関係から作柄の予測が行われる．

以上のように，実収量を平年収量とその偏差から求める考え方は，収量水準および作柄の良否を明示するうえできわめて有効である．しかし，収量趨勢がどのような要因によるのか，また変動がどのような機構で発生したかについての解釈は，経験的な域にとどまる．

6.3.3 プロセス積み上げ型モデル
a. バイオマスの蓄積と分配

約50年前に群落内の光環境が数学的に記述されてから，群落光合成の研究が飛躍的に進展した．この時期は，光合成回路が明らかにされ，個葉レベルの光合成特性が盛んに研究された時期である．それらの知見と群落光合成モデルを基に，作物の潜在生産力がどの程度であるかについて活発に議論された．このような流れを受けて，個葉の光合成を群落に積み上げて，生育期間全般にわ

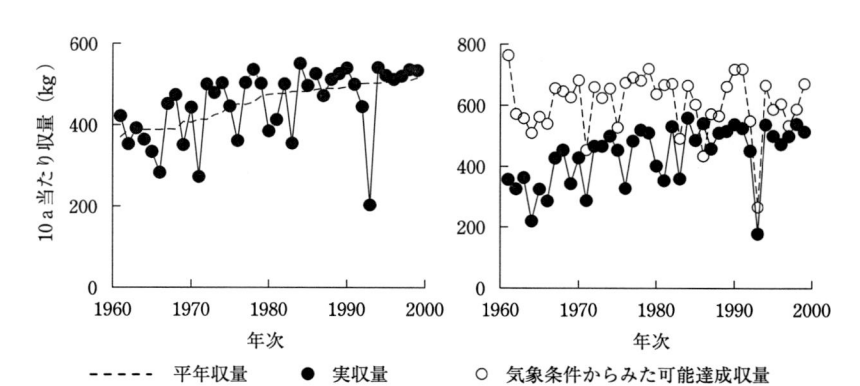

図6.8 北海道の水稲の平年収量と実収量の推移（左）および札幌の気象条件からみた達成可能収量と実収量（石狩支庁）（右）
実収量および平年収量データは農林水産省「作物統計」より．達成可能収量はShimono (2003) の水温に基づく水稲生育モデルによる．

たる作物のバイオマス増加量を推定するモデルが開発されるようになった．1970年代のことである．その後，今日までに開発されたプロセスモデルの多くは，その流れを強く引き継ぐものである．

作物の生長を規定する主要な気象要因は，日射と温度である．モデル開発の初期段階には，養水分の過不足，病害虫，倒伏などによる収量に対する制限がないと仮定した場合の達成可能収量（潜在収量）が研究対象となった．

潜在収量を扱うモデルの基本は，光合成と炭素蓄積過程である．光合成には，光エネルギー量，基質である二酸化炭素の濃度，水の利用可能量などの要因が関与する．これらすべてを同時に考慮したモデルもあるが，最も単純な潜在収量モデルでは，日射が主要環境変数として取り上げられる．図6.9には，日射エネルギーの利用に基づくモデルの関係図を示した．

地上に降り注ぐ日射の一部は植物体に吸収される．吸収された光エネルギーは葉緑体において化学エネルギーに変換され，CO_2の還元・固定に用いられる．固定された炭素の一部は維持呼吸に消費され，一部は器官ごとに分配されるとともに，作物体構成成分に合成される．合成に用いられるエネルギーコストは生長呼吸（あるいは合成呼吸）と呼ばれる．生長呼吸による消費は，合成される物質によって異なり，糖から多くの還元過程を要する脂質やタンパク質は，デンプンに比べて生長呼吸の割合が大きい（ただし，維持呼吸および生長呼吸は，呼吸経路の違いではなく，概念的な違いで実際にそれぞれを測定するのは難しい）．このように，日々のバイオマス増加量は，太陽エネルギーの吸収，光合成，光合成産物の収穫器官への分配，およびバイオマスへの変換といった主要な4つの過程によって表すことができる．

潜在収量モデルのような単純なモデルでも，フィードバックが生じる．例えば，光合成産物が葉に分配され，新たな葉が展開することによって，翌日の受光面積は増加するため，生長速度は加速する．生育初期におけるバイオマスの指数関数的な増加は，このような正のフィードバックに依存するところが大きい．一方，バイオマスの増加は維持呼吸の増加によって生長量を抑制するように働き，生育後半のバイオマス頭打ちの一因となる（このほか，老化による光合成低下，葉の枯死もバイオマス頭打ちの重要な要因である）．

潜在収量モデルは実際の収量ではなく，その地域で達成可能な収量を示しており，実際の収量は

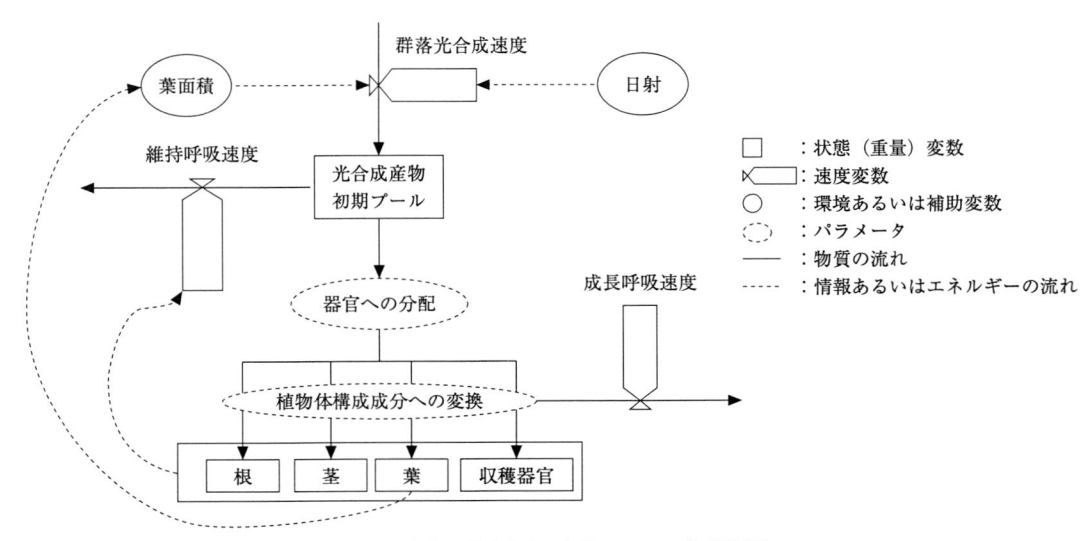

図6.9 簡易な潜在生産・収量モデルの要因関係図

潜在収量から何らかの理由によって低下したものと考えることができる．したがって，本モデルを該当地域に適用する場合には，実収量との適合よりも，実収量が潜在収量からどの程度逸脱しているかを定量的に示すことに意味がある．図6.8右には，今日の品種，栽培技術を想定した水稲収量予測モデルを用いて過去の可能収量を推定した例を示した．実収量と気候からみた可能収量は，同様な年次変動を示しながら，両者の隔たりが時代とともに減少する傾向がみられる．この隔たりを解析することによって技術水準の定量化や制限要因の問題整理が可能になるであろう．

異常な高低温，養水分の過不足なども，主要4過程のいずれかを介して収量に影響する．例えば，生殖生長期（特に花器発育および開花期）の温度や水ストレスは授精を阻害して不稔を誘発し，収穫器官への光合成産物の分配を激減させる．栄養生長期の養分，水分の不足は，葉面積の制限を通じて太陽エネルギーの吸収量に影響する．多収を得るための栽培管理技術とは，作物生産の主要4過程のバランスをうまく保つ技術と換言できる．

b. 生育段階の予測

バイオマス蓄積にかかわる主要4過程は，花芽分化，開花，成熟といった一連の生育段階によって大きな影響を受ける．まず，発育進行の遅速は生育日数の長短を通じて，バイオマス蓄積量を大きく左右する．実際，今後想定される温暖化は，生育期間の短縮によって収量を減少させるものと予測されている．また，生育段階は光合成産物の分配にも大きな影響を与える．例えば，開花・授精によって光合成産物の分配は子実へと劇的に変化する．すなわち，生育段階は，分配の切り替えスイッチにおける信号のように働く．このほか，太陽エネルギーの吸収量に影響する葉面積の増加は，花芽分化によって栄養生長期から生殖生長期に切り替わると緩やかになる．光合成能力は，生育段階に伴って低下する（これは葉の老化による光合成関連酵素の低下によるところが大きい）．

生育段階は収量予測だけでなく，収穫適期の判定，施肥や水管理などの重要な栽培管理技術の施用時期の決定にも重要な意味を持っている．そのため，開花，成熟などの主要な生育段階を予測する発育モデル（phenology model）が多数，提案されている．一般的には，あるステージに達するまでの発育速度（developmental rate，所要日数の逆数を平均発育速度とすることが多く，対象の生育段階は日々の発育速度の積算値が1になる日）が気象要因の経験式によって表される．最も単純な例が熱単位（thermal unit，ある生育段階を完了するのに必要な積算温度）で，発育速度との関係は

$$発育速度 = (日平均気温 - 発育のための最低温度)/熱単位$$

で示される．日平均気温が発育のための最低温度を下回る場合の発育速度は0とする．熱単位は，発育速度が温度に対して直線的に反応することを仮定しているが，広範な温度域を対象とする場合には温度反応の非線形性を取り入れる必要がある．また，温度要因に加えて，日長の影響を取り入れたモデルもある．

6.3.4 モデリングへの期待

以上，統計的モデルとプロセスモデルとの違いをみてきたが，これは必ずしも収量予測の精度の違いを意味するものではない．実際，複雑なプロセスモデルよりも簡単な統計的モデルの方が，高い精度で実収量を推定できることがある．しかし，収量成立過程と気象・栽培・土壌要因との関係を整理し，変動する環境要因に対して収量がどのように変化するかを解析・予測するうえで，プロセスモデルが果たす役割は大きい．また，どのような作物の形質が種々の環境下で生産性に影響するかをプロセスモデルによって評価し，今後の目指すべき品種像を模索する試みもある．ただし，これまでに開発されたプロセスモデルは，バイオマスの変化を対象としたもので，遺伝的に大きな変異がみられる形態情報を取り入れたモデ

はきわめて少ない．形態形成の環境応答の理解がバイオマス増加に比べて著しく立ち遅れていることがその主な原因で，今後の進展が期待される．また，近年重要性が増している食味・品質のモデル化も今後の課題である．

近年，土壌の炭素・窒素循環と作物収量予測を結合したモデルがみられるようになってきた．こういった結合モデルは，生産性と環境調和性を併せ持つ技術体系の開発支援に利用できる．しかしながら，モデルによるシミュレーション結果は，あくまでも現実を簡略化したものである．モデルを利用する際には，その基本概念と境界条件を吟味し，対象とする目的に合致するかを十分に検討する必要がある．
〔長谷川利拡〕

文　献

1) Shimono, H. (2003)：*Quantitative evaluation of the water temperature on rice growth and yield under cool climates*, 北海道大学学位論文 No. 6519.
2) 柴田和雄・内嶋善兵衛編（1987）：太陽エネルギーの分布と測定，学会出版センター．
3) (独)農業環境技術研究所編（2003）：農業生態系における炭素と窒素の循環，農業環境研究叢書第15号．
4) 日本農業気象学会編（1994）：新しい農業気象・環境の科学，養賢堂．
5) ルーミス，R. S. ・コナー，D. J. 著，堀江　武・高見晋一監訳（1995）：食料生産の生態学―環境問題の克服と持続的農業に向けて― I．農業システムと作物，農林統計協会．
6) ルーミス，R. S. ・コナー，D. J. 著，堀江　武・高見晋一監訳（1995）：食料生産の生態学―環境問題の克服と持続的農業に向けて― II．作物の生産過程と環境，農林統計協会．

6.4　品質・食味・安全性

農作物の品質は，流通市場における商品にとって重要な形質である．高品質な農作物とは消費者の満足度の高いもので，外観品質などの一次的な品質や，食味や機能性などの二次的な特性が優れているものである．

品質の内容は，作物によって大きく異なる．また，それぞれの品質の良否は，国，地域，生活習慣や消費者などによって異なり，外観品質とともに，加工歩留や加工製品の商品性のような加工特性などの二次的品質がますます重要視されている．近年では，特に形，大きさ，新鮮さなどのように市場流通時に重視される輸送性や貯蔵性などの流通特性も重要となっている．

作物の品質は，農作物が備えるべき外観特性と，農産物が持っている「作用・働き」である消費特性とからなる一次的品質と，二次的品質から構成される．二次的品質特性というのは，農産物の流通・加工工程を通して消費者の側から求められる農産物の利用上の品質である（日本作物学会編，2002）．一般に，穀類では粒の形状や整粒歩合などの外観品質のほかに，コメでは炊飯米の食味，コムギでは製粉歩留や製めん適性などの加工適性，ビール用オオムギでは原粒の外観品質とともにビール醸造適性，ダイズでは豆腐や煮豆などの加工適性が重視される．

6.4.1　コメの外観品質と検査

コメを例にとると，米粒の外観品質から，完全に登熟して，その品種の特性である粒形を十分に発揮している完全米と，形や色などに異常のある不完全米とに分けられる．不完全米には，コメの腹部が不透明で白い腹白米，中心部の不透明な心白米，果皮に葉緑素が残っている青米，乾燥の失敗による胴割米，刈り遅れによる茶米，収穫後のカビによる焼米，登熟初期に充実が不良で後期に回復して胚乳全体が不透明で白い乳白米，登熟全般にわたって登熟が十分に行われず粒全体が不透明で光沢のない死米，受精障害の子房の残骸や登熟初期に発育を停止したしいな，そのほかに，穂発芽米，肌ずれ米，砕け米，貯蔵中に発生する発酵米などがある．また，近年，カメムシ類の加害による斑点米などの被害粒が目立つようになっている．このような不完全米が多くなると①コメの形質，②食味，③貯蔵性などに著しく影響し，検査等級を低下させる要因となる．ただし，

心白米や腹白米は遺伝的特性である場合があり，それほど評価を低下させない．大粒で心白米が多い品種は，酒造用米として適している（星川，1984；角田ほか，1998）．

検査とは主としてコメの外観品質を検査することで，コメの外観品質は，主に流通・消費過程において商品としてのコメが備えるべき資質である．現在，玄米の外観品質は農産物検査法により，規格上その構成を上記の整粒，未熟粒，死米，被害粒および着色粒の判別から総合して，1～3等，等外，規格外のように等級の格づけがなされている．

6.4.2 コメの食味

消費者の良食味米嗜好(しこう)が高まるなかで，コメの流通段階では国内の産地間競争がますます激化している．このような情勢を背景にして，水稲の新品種の育成や良質米生産技術の開発においては，良食味はコメが備えているべき重要な形質となっている．一般的にいわれている美味しいコメとは，飯米の色が白く，光沢があり，粘りが強く，柔らかいコメとされている．コメの食味評価においては，再現性が高く，客観的で効率的な評価を行う必要がある．

a. 食味に影響する要因

コメの食味は多くの要因によって影響されているが，なかでも品種が最も大きいとされている．同じ品種でも産地によってコメの食味や品質が大きく異なり，産地の土質，水質，地形，気象などの要因が関与している．

1）プレハーベスト 播種してから収穫までのプレハーベスト段階としては，生産年，窒素追肥，収穫時期が大きく影響する．

生産年は，その年の天候によって大きく変わり，登熟期が日照に恵まれ，登熟のよい年は食味が良好となる．最近，高温登熟に起因する外観品質や食味の低下が問題となっており，その対策として移植時期の見直しや栽培法の検討が緊急の課題となっている．図6.10に示すように，6月中旬移植のコシヒカリと同程度以上の食味を得るための登熟温度を食味からみた登熟適温とすると，食味が最も安定して優れる登熟適温は25℃前後のようである（松江ほか，2003）．

多収を追求するため窒素肥料を追肥として多く施用すると米粒中のタンパク質含有率が高まり，食味は低下する．基肥の窒素施肥は，施肥量が極端に多いために肥効が遅くまで残る場合を別にすれば，米粒のタンパク質含有率には大きな影響を及ぼさない．しかし，穂肥はタンパク質含有率をやや増加させる傾向が認められ，実肥はタンパク質含有率を増加させることから，現在では実肥を省略していることが多い．また，産米の食味向上を図る目的で，玄米の窒素含有率と食味特性との関係から，窒素含量の上限値を決め，その上限値を超えないように栽培するために籾数や窒素吸収量の適値を設定する試みも行われている（図6.11）（田中ほか，1992；櫛渕，1996）．

極端な早刈りや遅刈りをすると食味が低下することから，収穫適期に刈り取る必要がある．

2）ポストハーベスト 収穫以後のポストハーベストでは，乾燥方法や貯蔵温度などが食味に影響を与える．乾燥温度が高かったり，乾燥が早いと胴割米が発生する．玄米に胴割米があると精米時に砕米が増加し，精米歩留率とともに食味も影響する．コメの貯蔵温度が高いと，酵素の作用

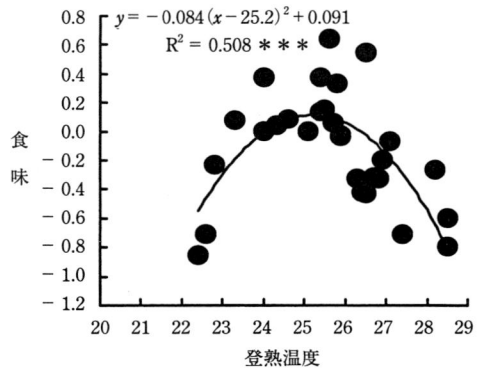

図6.10 コシヒカリにおける食味と登熟温度との関係（松江ほか，2003）
登熟温度は，出穂後35日間の平均温度．食味基準米は6月中旬植えコシヒカリ．
$y = -0.084(x - 25.2)^2 + 0.091$
$R^2 = 0.508***$

によってデンプン，タンパク質，脂質などの分解が起こる．このうち，脂質の分解が最も早く進行し，古米臭がするようになり，食味は劣化する．低温貯蔵は，コメの品質保持に好結果をもたらすことが知られている．

b. コメの食味評価方法

コメの官能検査による食味評価は，炊飯米を試料とし，人間の五感によって行う．その結果は統計処理され，判定は客観的に評価されている．通常行われている炊飯米の食味検定方法（官能検査）は，24名以上のパネルにより，食味総合，外観，香り，味，粘り，硬さなどの項目で基準米に比較した試料間の差異を評価する食糧庁方式が一般的である．このような人間が食べて評価する官能検査は，食味評価の最も基準的な方法であり，総合評価以外に外観，香り，味，粘り，硬さ等の項目別に多面的な評価ができる特徴がある．しかし，食糧庁方式の官能検査は供試点数が制約され，パネルが確保しにくいことから実現しがたい状況になっている（櫛渕，1996）．

従来から，美味しいコメは炊飯米につやがあるといわれており，育種事業において良食味選抜の手法として，炊飯米の光沢検定法が開発され，多数の簡易選抜を必要とされる育種分野で使用されてきた．また，食味官能検査において，1回の供試点数を10に増やし，パネル数を減らした少数パネル・多数試料による食味官能試験方法が提唱され，育種や奨決事業などに活用されている（松江，1992）．

コメの理化学的特性による食味評価では，コメ中のタンパク質やアミロース含有率，コメの糊化特性を示すアミログラム特性，米飯の物理特性であるテクスチュロメーター特性値などの理化学的特性によってコメの食味を推定している．また，一年を通して食味が安定することが望まれており，遊離脂肪酸含有率やテクスチャー特性値の変化による評価も行われている．

c. 安全性

食品衛生法での規制対象となる汚染源は，大きく分けて①寄生虫・微生物（食中毒），②食品添加物，③農薬，④動物医薬品，⑤放射能等としている．しかも，汚染源には自然物（天然物質）と人工物（化学合成物）とがあり，天然物であるからといって必ずしも安全でない点に注意する必要がある．最近では，外国産輸入野菜の残留農薬問題に対応すべく，食品衛生法が改正強化されているように，食品の安全性には特に厳しくなっている（日本作物学会編，2002）．

農産物の安全性を確保するために，トレーサビリティーシステム（履歴情報遡及可能制度）を導

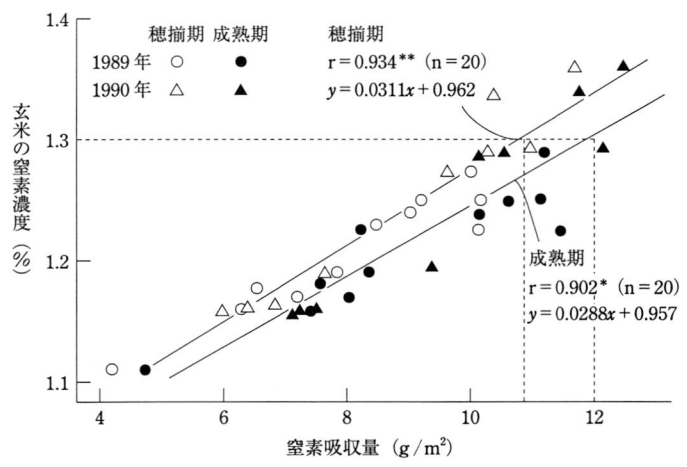

図6.11 穂揃期と成熟期の窒素吸収量と玄米の窒素濃度（田中ほか，1992）

入する動きが強まっている．これは，農作物の生産・流通情報を消費者から生産者までさかのぼって確認できるシステムのことで，残留農薬・ダイオキシン・遺伝子組換え農産物などに起因する食品の安全性と表示の信頼性に対する消費者の要望に基づくもので，広い範囲での導入が期待されている．このトレーサビリティーシステム導入の目的は，情報の信頼性の向上，食品の安全性向上の寄与，業務の効率性の向上への寄与とされており，農産物の流通経路の透明性や情報提供，識別管理と表示の立証性，事故が生じた場合の迅速で容易な遡及と回収・撤去，責任の明確化などを含意している．

近年，流通米の適正表示の確保と偽装表示に対する抑止力のために，コシヒカリなどの品種をDNAを用いて判別する方法が開発されている．このDNA判別技術は，品種によって異なるDNA部位をPCR法により目的とするDNAを増幅し，そのDNA配列の違いを電気泳動パターンの違いとして検出する技術である．DNA判定による品種保証を行い，JAS法に基づく適正表示をアピールする方法をとっている例もみられる．

このように，農作物の安全性や，生産地・品種名・有機農産物などの履歴表示は，農作物に付加価値やプラスあるいはマイナスのイメージを与えるため，新しい流通システムをもたらしつつある．

〔尾形武文〕

文　献

1) 角田公正・星川清親・石井龍一編（1998）：基礎シリーズ作物入門，実教出版．
2) 櫛渕欽也（1996）：美味しい米　第2巻　米の美味しさの科学，農林水産技術情報協会．
3) 田中浩平・山本富三・角重和浩・大隈光善（1992）：水稲品種「ヒノヒカリ」の収量，食味からみた最適穎花数と窒素保有量．日本作物学会紀事，**61**(別1)：184-185．
4) 日本作物学会編（2002）：作物学事典，朝倉書店．
5) 星川清親（1984）：イネの生長，農山漁村文化協会．
6) 松江勇次（1992）：少数パネル，多数試料による米飯の官能検査．日本家政学会誌，**43**：1027-1032．
7) 松江勇次・尾形武文・佐藤大和・浜地勇次（2003）：登熟期間中の気温と米の食味および理化学的特性との関係．日本作物学会紀事，**72**(別1)：272-273．

7 栽培様式と作付様式

7.1 作物の時間的配置

　農業が自給的な段階では，生活（食料，衣料，燃料）や生産・流通資材（例えば縄や俵の原料に必要なわら等）に必要な多種類の作物を栽培する必要があった．それぞれがおかれた条件の下で作物を栽培する順序（作物の時間的配置＝作付順序：cropping sequence）や，1枚の畑に同時に2種類以上の作物を栽培する配置（作物の空間的配置＝間・混作：intercropping, mixed cropping）について経験的に有利な組合わせが選択され，それが合理的であることが後に解明されてきた．農産物の商品的側面が強まると，作付様式は自然条件だけではなく，作業体系や労働生産性などの労働的条件，農産物価格や周年供給を求める市場の需要，市場との距離と輸送手段等の社会・経済的条件によって決まるようになってきた．

　図7.1に，水田と畑における作物配置の例を示した．縦軸が1枚の田畑における作物の時間的配置を，横軸が同一時期における耕地の利用状況と作付状況を示している．また，破線で囲んだ部分では1圃場内に2種類の作物が空間的に配置されている状況を示している．本項では特に縦軸に示した作物の時間的配置の意義を中心に解説する．

7.1.1 連作・輪作

　農業生産の目的は有限の社会・経済的資源（土地，資本，機械など）と自然条件に基づく資源（水，温度，日照，土壌，地形など）に，労働力，機械力，肥料などを投入して，必要な生産物を最大かつ安定的に得ることであり，投入の効率を高めることが重要である．1種類だけの作物を栽培することを単作（monoculture）といい，それを短い間隔で続けて栽培することを連作（continuous cropping）というが，連作すると播種・移植や収穫の作業が特定の期間に集中し，耕地の利用率を高めることが困難であるため，労働力を農業生産に有効に用いることができない．また，畑で連作すると線虫や土壌伝染性の病原菌が増殖し，収量の減少や品質の劣化といったいわゆる連作障害（injury by continuous cropping）が起こる．さらに，1種類の作物生産では，農産物価格や，気象の年次変動などにより収入も不安定となりやすい．

　安定した高い収益が得られ，作型が多様で播種や収穫適期の分散が図れる作物を選択し，繁忙期には生産規模と比較して大量の労働力または機械力を集中的に投入できる条件がそろわないと連作は成立しがたく，連作障害の対策も必要である．したがって，普通作物を中心とした畑作農業では，多種類の作物を栽培するのが一般的であった．一方，現代の農業では地域ごとに収益性の高い基幹作物が限られており，基幹作物が連作やそれに近い時間的配置で栽培されることが多くなってきた．水田農業では水稲に連作障害が起こらないために連作が可能であるが（7.4節参照），乾期や冬期などに畑作物，飼料作物，野菜などが栽培される地域もある．

　図7.1に示した圃場配置の例を横方向でみる

7.1 作物の時間的配置

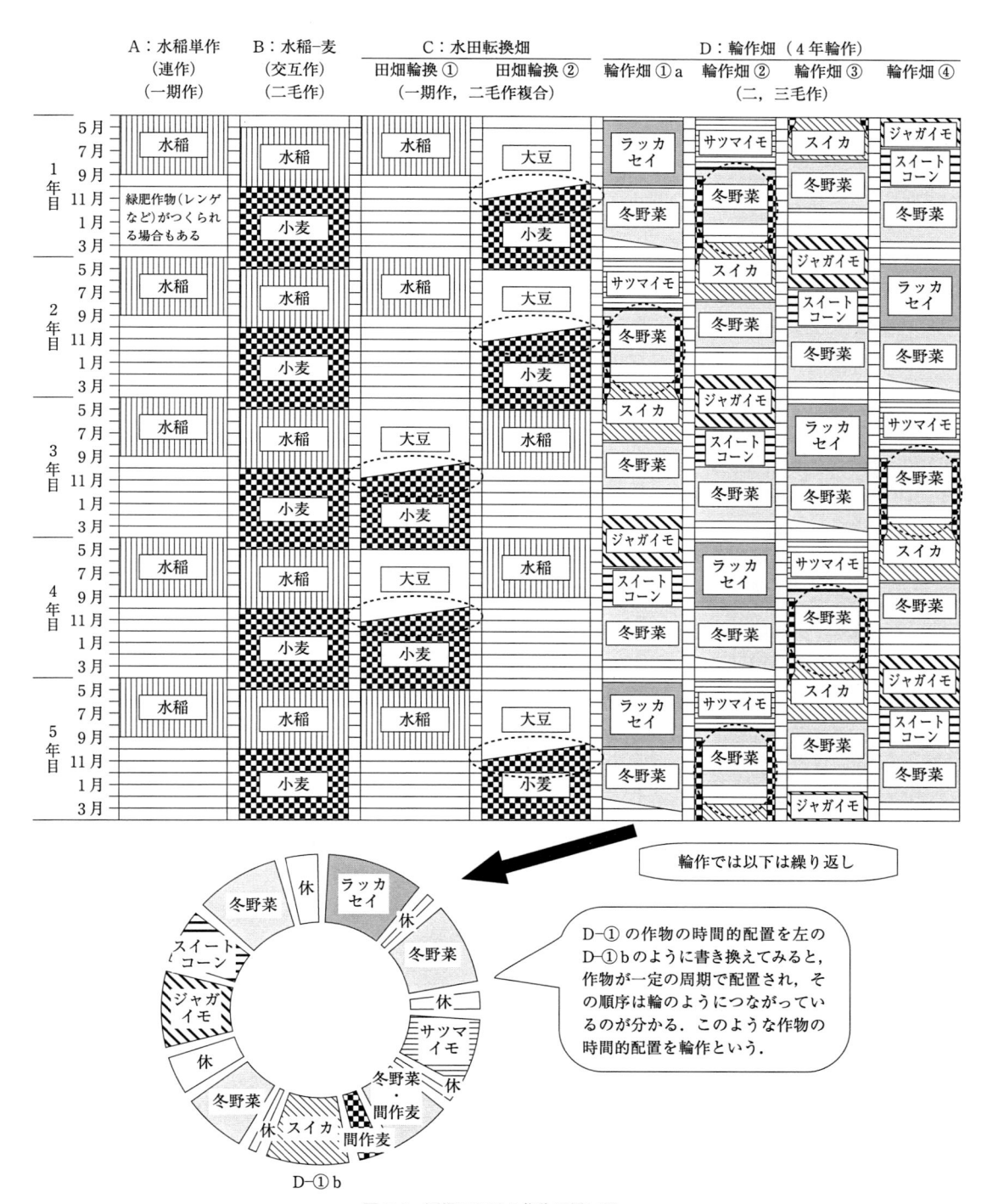

	A：水稲単作 (連作) (一期作)	B：水稲-麦 (交互作) (二毛作)	C：水田転換畑		D：輪作畑（4年輪作）			
			田畑輪換① (一期作，二毛作複合)	田畑輪換②	輪作畑①a	輪作畑② (二，三毛作)	輪作畑③	輪作畑④
1年目 5月/7月/9月/11月/1月/3月	水稲／緑肥作物(レンゲなど)がつくられる場合もある	水稲／小麦	水稲／小麦	大豆	ラッカセイ／冬野菜	サツマイモ／冬野菜	スイカ／冬野菜	ジャガイモ／スイートコーン／冬野菜
2年目 5月/7月/9月/11月/1月/3月	水稲	水稲／小麦	水稲／小麦	大豆／小麦	サツマイモ／冬野菜	スイカ／スイートコーン／冬野菜	ジャガイモ／冬野菜	ラッカセイ／冬野菜
3年目 5月/7月/9月/11月/1月/3月	水稲	水稲／小麦	大豆／小麦	水稲	スイカ／冬野菜	ジャガイモ／スイートコーン／冬野菜	ラッカセイ／冬野菜	サツマイモ／冬野菜
4年目 5月/7月/9月/11月/1月/3月	水稲	水稲／小麦	大豆／小麦	水稲	ジャガイモ／スイートコーン／冬野菜	ラッカセイ／冬野菜	サツマイモ／冬野菜	スイカ／冬野菜
5年目 5月/7月/9月/11月/1月/3月	水稲	水稲／小麦	水稲	大豆／小麦	ラッカセイ／冬野菜	サツマイモ／冬野菜	スイカ／冬野菜／ジャガイモ	ジャガイモ／スイートコーン／冬野菜

輪作では以下は繰り返し

D-①の作物の時間的配置を左のD-①bのように書き換えてみると，作物が一定の周期で配置され，その順序は輪のようにつながっているのが分かる．このような作物の時間的配置を輪作という．

D-①b

図7.1 圃場における作物配置の例

と，高収益・労働集約型の基幹作物（野菜類やスイカ）と同時に，省力的な補完作物（穀類・マメ類などの普通作物）が栽培されている．畜産との複合経営においては野菜の代わりに牧草やトウモロコシといった飼料作物が選択され，都市近郊では普通作物に代わり高収益・労働集約型の作物が選択される．

次に縦方向の時間的な配置でみると，同じ作物が間隔をおいて繰り返し栽培されていることが分かる．同一の作物を続けて栽培することを連作（図7.1A），周期的に栽培することを輪作（crop rotation）という（図7.1B，C，D）．2種類以上の作物を周期的に栽培すれば短い周期の繰り返しでも輪作というが，周期が短い輪作では連作障害の弊害が残る．輪作の基本形は図7.1D-①bのように周期的な作付順序の繰り返しである．しかし，この輪作の基本形を守りながら，毎年各作物を栽培するには輪作の周期と同じ枚数の畑が必要になり，高収益作物の栽培面積も制限されてしまう．現在のわが国の農業では，作物・作型ごとに産地が形成され商品力を有する作物の種類は地域ごとに固定化されているため，連作障害により収量が低下して品質が劣化する限界まで輪作周期を短縮したり，連作を続けることも珍しくない．

作物の時間的配置を決める条件としては，地域の気象条件と基幹作物の生育期間が大きく影響し，基幹作物を中心に補完的な作物の種類，作付頻度から作物の作付順序が選択される．気温が高く降雨が多い地域では，1年間に同一作物を2回ないし3回栽培する「二期作（double cropping）」および「三期作（triple cropping）」，数種類の作物を2回および3回以上栽培する「二毛作（double cropping）」，「多毛作（multiple cropping）」が行われている．気温が低い東北では「二年三作」，北海道では「一年一作」による輪作が行われ，さらにカナダ中央部のように低温，少雨で蒸発も少ないような条件では，1年間の休閑（作物を栽培しないこと：後述）をはさんで春播きコムギを栽培し，休閑中の降雨や降雪を土壌水分として蓄積

することによって持続的な生産を行っている地域もある．逆に沖縄のように高温で降水量が豊富な条件でも，サトウキビのように植付けから収穫まで1年半以上を要する作物を基幹作物とする場合には，3年周期でサトウキビとサツマイモの栽培を繰り返す作付順序が選択されることもある．

このように，輪作する際の作物の組合せは，自然，社会・経済，労働力などの条件の中で定まってくるが，それに次いで重視されるのが連作障害を軽減する作物の組合わせである．連作障害の原因は，①土壌養分の消耗あるいは過剰，②土壌の異常反応，③土壌物理性の悪化，④作物由来の有害物質の生成，⑤土壌生物の単純化と有害微生物の増加とされてきた．輪作は，この連作のマイナスをゼロに近づけるだけでなく，収量や品質面でプラスに働く役割が期待されている．そのような作物の組合わせは表7.1のように整理することができる．

7.1.2 緑肥・休閑

緑肥作物（green manure crop）とは，それ自体の経済的価値がほとんどない代わりに，前述したような輪作の効果が大きい作物のことをいう．表7.1aの効果が期待される緑肥作物には土壌中の無機要素のバランスを保つソルガム，ギニアグラスなどのイネ科作物と，空気中の窒素を固定し，それを土壌にすき込むことによって地力窒素を高めるレンゲ，クローバ，ヘアリーベッチなどのマメ科作物に大別できる．また，このような緑肥作物には表7.1gの効果も期待できる．緑肥作物が吸収・固定した養分をすき込み後の比較的早い時期から後作物に利用させるには，すき込み時のC（炭素）/N（窒素）比が比較的低い（一般に緑肥作物が成熟する前の状態）必要がある．一方，後作物の施肥量は緑肥が分解して放出する養分を見越して減らすことも重要である．

表7.1dにあげた効果が期待できる緑肥作物には，マリーゴールド，クロタラリア，野生エンバク（ヘイオーツ，*Avena strigosa*）等があり，こ

7.1 作物の時間的配置

表 7.1 輪作や作物の時間的配置に期待される効果

期待される効果	組合わせの例	効果のメカニズム
a) 各作物の養分吸収と土壌への養分供給の収支バランスがとれる組合わせ	・野菜類とイネ科作物（イネ，ムギ，トウモロコシなど）	野菜類が吸い残した窒素，リン酸，カリ等をイネ科作物が吸収し，作物残渣により炭素が土壌に供給される
b) 根系から分泌される有機酸等により難可給態の養分が可給化され，後作物が残った養分を利用できる組合わせ	・キマメなどの導入（この組合わせは空間的配置の組合わせでより効果的である）	鉄やカルシウムなどと結合して，作物に吸収されにくい状態にある養分を作物の根分泌物で溶解利用する
c) それぞれの作物に共生する有益な微生物の効果（AM菌によるリン酸等の養分吸収等）を共有できる組合わせ	・ヒマワリ等のAM菌を増やす作物後に共生作物（トウモロコシ等） （アブラナ科，アカザ科，タデ科等の非共生作物が後作の場合にはAM菌共生効果を得られない）	AM菌は根の外部に菌糸を伸ばして作物の根から離れた位置にあるリン酸の養分吸収に役立つ 共生作物同士の組合わせでは，AM菌の感染が促進され生育も旺盛になる
d) 有害な線虫や土壌病原菌を減らし，連作障害軽減に有効な組合わせ	・ラッカセイとサツマイモなど ・一般的な輪作→土壌中に供給される有機物が多様化し，それを利用する糸状菌，細菌，非寄生性のセンチュウが多様化する	ラッカセイはサツマイモに寄生して被害を及ぼすサツマイモネコブセンチュウと，ミナミネグサレセンチュウの密度を減らす効果があり，ラッカセイに被害を及ぼすキタネコブセンチュウの密度も増えにくい 土壌の生物性が多様化すると作物に被害を及ぼす病原細菌や寄生性のセンチュウの激増を抑え被害が顕在化することを抑える
e) 水分などの気象資源の利用特性が異なり，それらを効率的に利用できる組合わせ	・水稲とラッカセイなど（雨期と乾期がある地域で）	雨期に栽培した水稲が吸収し残した水を，乾期に乾燥に強いラッカセイなどを栽培して利用する
f) 雑草や土壌侵食を抑える作物の組合わせ	・田畑輪換 ・雑草抑制力が異なる作物の組合わせ 　強：トウモロコシ，ダイズなど 　中：ジャガイモ，テンサイなど 　弱：陸稲，ラッカセイなど	畑と水田状態，作物の栽培期間などによって，発生しやすい雑草や増えやすい雑草の種類が異なる．田畑輪換や輪作することで特定の雑草の増殖をある程度抑えることができる．また，作物の被覆や根による土壌保持により土壌侵食を抑える効果には作物によって差があり，これが弱い作物の連作は土壌侵食を助長する
g) 土壌物理性の改善効果が期待できる組合わせ	・わら等粗大な有機物がすき込まれる作物 ・深根性の作物等の導入	有機物がすき込まれることにより土壌団粒の形成が進む．深根性の作物の根穴が水の通り道となって排水性が改善される

れらを対抗植物（antagonistic plant）という．マリーゴールドはネグサレセンチュウ類（*Meloidogyne* spp.），クロタラリアはネコブセンチュウ類（*Pratylenchus* spp.）とミナミネグサレセンチュウ（*Pratylenchus coffeae*），野生エンバクはキタネコブセンチュウ（*Meloidogyne hapla*），キタネグサレセンチュウ（*Pratylenchus penetrans*）の生息密度を低下させる他感作用（アレロパシー：allelopathy）があり，野菜などの高収益作物と輪作することで外観品質や収量を高める．

表7.1fの効果が期待される作物にはヘアリーベッチやクリムソンクローバ（*Trifolium incarnatum*）などがあり，被覆作物（cover crop）と呼ばれる．マメ科作物であるヘアリーベッチは窒素固定のほかに，土壌を被覆して風や雨による土壌の侵食や雑草の繁茂を抑える効果があり，自然に枯れるために刈り取り，すき込みの手間がかからない．労働力不足などにより増えつつある休耕田などの生産力を維持する働きや景観形成機能が期待されており，わが国で近年増えつつある耕作放棄地対策としても有用な作物である．

休閑（fallow）とは，作物を栽培しないことをさす．かつてヨーロッパで行われていた三圃式農業（three-field rotation）や焼畑農業（shifting cultivation）における休閑期間は，地力（土壌養分）を緩やかに回復させる期間であった．一方，現在のわが国の農業における休閑は，労働力不足による結果である耕作放棄であったり，農薬や太陽熱，土壌の還元効果などを用いて土壌の殺菌を行うといった生産力を急激に回復させる期間であったりする．

現代の農業では基幹作物の生産が行われない期間にあわせて，様々な緑肥の栽培や休閑方法を選択できる．近い将来に化石エネルギーやリン鉱石などの資源の枯渇が予測されているなかで，化学肥料や農薬の使用低減にもなる緑肥作物活用の重要性はいっそう高まっていくだろう．また，半永久的な耕作放棄地の増加も世界的な問題である．その原因は，過剰な耕作による土壌侵食の激化，塩類集積，水不足などの自然条件の悪化や，労働力不足などの社会的条件である．それらの条件悪化を緩和する意味でも，緑肥の栽培や休閑を輪作に組込むことが，農業生産の持続的発展に重要な役割を担う．

7.1.3 田畑輪換

田畑輪換（paddy-upland rotation）とは，数年の周期で水田を水田状態と畑状態で交互に利用することをいう．田畑輪換栽培とはこの土地利用方式における作物栽培をさし，単なる作物の組合わせによる作付体系の意味だけに止まらず，水分環境がまったく異なる水田状態と，畑状態の水田転換畑（upland field converted from paddy field）の状態を繰り返すことがこの輪作の特徴といえる．田畑輪換にはわが国におけるコメの過剰生産対策のように，もともと水田として整備された圃場で畑作物を栽培する場合と，最初から輪作体系の作物の一つとして水稲が選択される場合がある．ここでは，わが国における田畑輪換にしぼって概説するが，水田転換畑では土壌の種類，水田の排水基盤の整備状況，隣接する河川や湖沼の高さなどの条件によって土壌環境要因が大きく異なり，それらが作物の生産にかかわる土壌の物理的改善や微生物の働きを介した窒素無機化などを支配している．

田畑輪換においては，湛水：嫌気的＝還元（reduction）と，畑状態：好気的＝酸化（oxidation）を繰り返すことにより，土壌養分と水分環境に大きな変化が起こり，水田として連年利用する場合と異なり，土壌の理化学性が繰り返し大きく変化する．水田転換畑の土壌物理性の一般的な特徴としては，排水性が劣り，土壌中の粘土含有率や水分含有率が高いために畑転換直後は砕土が悪いことなどがあげられる．このような物理的特性は，畑地に転換後1年目（火山性土壌など排水がよい土壌）から3年目（重粘土など排水が不良な土壌）から改善されてくる．畑作物の生産をより高めるには暗渠排水の施工や，明渠および心土破砕によって排水性を高めて地下水位を下げる必要がある．

水田転換畑の土壌化学的特性としては，還元状態におかれていた水田土壌が畑地への転換により好気的になり，微生物による有機物の分解能が高まり，土壌中に蓄積された有機物の窒素が無機化する．転換畑や水田復元直後の作物の窒素吸収量が増えるのはこのためである．また，田畑輪換では土壌の有害な微生物を減らす効果や，表7.1fに示したような雑草の抑制効果も認められる．これらの利点が持続する期間はおおむね2～3年程度であるため，定期的に水田と畑を輪換し，水田から畑にしたときには速やかに物理的な特性を畑作物に好適化させる必要がある．

水田転換畑における収量性は作物の種類によっても異なり，一般に増収しやすい作物としてはダイズやアズキなどのマメ類やムギ類，減収しやすい作物としては湿害に弱いラッカセイや窒素過剰によるつるぼけ（茎や葉の栄養生長が過剰になり収穫物収量が減る現象）が起こりやすいサツマイモがあげられる．

転換畑を水田にした後の復元田（paddy field converted from upland field）の水稲は，畑期間に発現した地力窒素により増収する場合がある．逆に，窒素の供給過剰による倒伏や，高タンパク化による食味の低下を起こすおそれもある．一方，九州などの温暖地では，畑状態の頻度が多いと地力窒素が消耗して窒素供給不足となり，減収する場合もある．畑転換中の土壌有機物の無機化は，気象条件やもともとの土壌に含まれている有機物の量によって大きく異なるため，復元田の水稲栽培ではそれに応じて減肥や増肥などの対策をとる必要がある．また，畑期間の作物生産力を向上させるために深耕などの耕盤破壊を行うと，水田復元後の水持ちや作業性を悪化させたり，泥炭土の水田では，畑期間中に泥炭の分解が進むと地盤の不等沈下が起こり，水田に戻したときに均平作業が困難になるなど，田畑輪換における問題点は少なくない．このような問題に加え，水稲から畑作物への転作面積が拡大を続ける状況のなかでは，周期的な田畑輪換から水田を畑地として永年利用する形態が増えつつある．このような状況のなかで長い年月と多大な労力をかけて整備してきた灌漑水路や排水などの基盤をいかにして維持管理していくべきかが求められており，田畑輪換の利点と水田の機能の活用を図っていくことの重要性は増している． 〔辻 博之〕

文献
1) 大久保隆弘（1976）：作物輪作技術論，農山漁村文化協会．
2) 橋爪 健（1995）：緑肥を使いこなす，農山漁村文化協会．

関連ホームページ
1) 農林水産研究文献解題 No.9，作付け方式・作付体系編：http://rms2.agsearch.agropedia.affrc.go.jp/contents/kaidai/sakutuke/9_m.html
2) 農林水産研究文献解題 No.15，自然と調和した技術：http://rms2.agsearch.agropedia.affrc.go.jp/contents/kaidai/sizentotyouwasita/15_m.html

7.2 作物の空間的配置

7.2.1 複合作付体系

一筆の圃場に単一の作物を栽培するのではなく，複数の作物を時間的ならびに空間的に組合わせた栽培様式である複合作付体系（multiple cropping system）は，人類の栽培の歴史を振り返ってみた場合，そのごく初期に現れた形態と見なすことができる．初期の栽培様式は，多様な植物種を組込んで，作物・家畜・人間が混然一体となったものであったことが想像される．厳しい自然と立ち向かいそのなかで生を営まなければならなかった当時の人間にとっては，選択肢を広く保ち様々な状況のなかでも生き抜いていくためにとりうる唯一の手段であったのかもしれない．

品種改良や栽培技術が進歩し，生産性も飛躍的に向上・安定化するにつれて，作物種も厳選され最適作物種をある程度の面積を持った圃場に作付けするような形態に移行し，現在の農業先進国にみられるような広域単一栽培といった形態の出現にいたった．しかし，世界の農業を見渡した場合には，複合作付体系が今なお広く実践されており，今後の農業の持続的発展という観点から，その重要性が再評価されている．

複合作付体系のなかでも，複数の作物を一筆の圃場に同時に栽培する混作（mixed cropping）は，別々に栽培する単作よりもより高い生産性が見込まれるものとして，アフリカ，アジア，ラテンアメリカの多くの地域で伝統的に実践されている．なかでもイネ科作物（cereal）とマメ科作物（legume）を組合わせた間作（intercropping）は，オーストラリアやアメリカのような温帯地域においても，より高い収量と土地利用効率をもたらすばかりではなく，マメ科作物による窒素固定や根分泌物からの窒素付加による土壌肥沃度の向上が期待できることから注目されている．そこで，本項ではこの間作について，栽培・生理・生態的観点から概説する．

7.2.2 間作の定義と分類

間作とは、複数作物を同じ圃場に同時に栽培することと定義され、これにより作物栽培が時間ならびに空間的に集約化され、単作ではみられない間作特有の競合現象が生じる。間作には以下にあげるような4つの主要形態が認められる。

① 混合間作（mixed intercropping）：明瞭な配列を伴わずに複数作物を同時に栽培する。

② 列条間作（row intercropping）：畝上に規則的な配列をもって複数作物を同時に栽培する。

③ 帯状間作（strip intercropping）：お互いの相互作用が保てる距離に位置する帯状の配列をもって複数作物を栽培する。

④ リレー間作（relay intercropping）：複数の作物がある時間間隔をもって同じ圃場に植付けられる。

作物種の組合わせとしては、以下のような類型に大別できる。

- 同様な高さと生育期間を持った作物（例：オオムギ／オートムギ）
- 同様な群落構造を持つが生育期間が異なる組合わせ（例：晩生ソルガム／早生ヒエ）
- 一年生と二年生作物の組合わせ（例：ヒエ／キャッサバ、ダイズ／サトウキビ）
- 一年生のイネ科作物とマメ科作物の組合わせ（例：ソルガム／キマメ、トウモロコシ／カウピー）

作物種の組合わせは、その地域の栽培可能期間や作物の環境適応性などにより主に決定される。年降水量が600 mm以下で栽培可能期間が非常に短い地域においては、ヒエやソルガムのような早熟性で乾燥耐性がある作物が主流となり、600 mm以上の地域においては広範囲な成熟性を持ったイネ科作物とマメ科作物を選択肢に入れることができる。熱帯や亜熱帯地域においては、イネ科作物としてトウモロコシ、ソルガム、ヒエが取り入れられ、まれにイネが間作構成作物（component crop）として栽培される。マメ科作物としては、カウピー、ラッカセイ、ダイズ、ヒヨコマメ、インゲンマメ、キマメが多く用いられ、早生と晩生との組合わせにより全栽培可能期間を有効に利用することに主眼がおかれている。

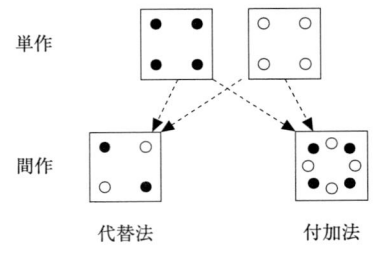

図7.2 間作における作物間競合を考慮した2つの配置法（Snaydon, 1991）

7.2.3 栽植密度

間作においては、限られた空間に複数の異種作物が同時に生育するので、光、水、養分といった資源に対する異種作物間の競合（competition）が大きくかかわってくる。したがって、研究テーマとしても競合の問題が直接的または間接的に取り上げられることが多い。競合の問題を扱う場合、植物生態学では結果の解析を容易にするために、栽植密度を一定に保つような工夫（図7.2の代替法（replacement series））が施されることが多い。しかし、農業的にみると、このような処理では間作の効果を認めにくいので、単作同士を付加していくという形をとり、結果的に栽植密度を単作に比べ大きく高めるということが通常行われる（図7.2の付加法（additive series））。この栽植密度の設定によって結果の解析手法も変わるので、注意が必要である。

間作の実験を実際に圃場で行う場合に、異種の作物をどのように配置するかということが問題になるが、その場合の基本的な考え方の例を図7.3により紹介する。実際の農家レベルでは多様な配置がとられているが、研究では、その目的に応じて異種の作物を畝単位で配置する方法が一般的に用いられる。すなわち、畝幅を固定して、そこにaとbという2種の作物を異なる畝比率で配置する方法（図7.3（1））、畝比率は一定に保ち片方の

7.2 作物の空間的配置

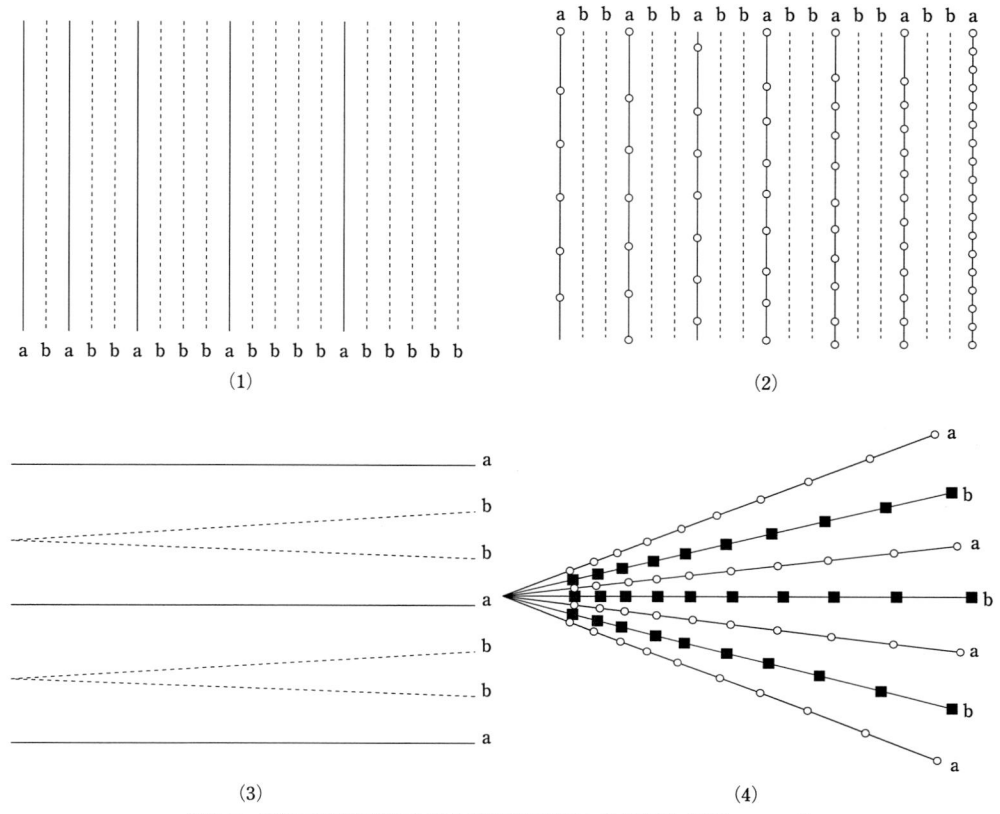

図7.3 間作の圃場実験における栽植密度処理の設定事例（Willey, 1979）

作物（ここではa）の株間を畝ごとに変化させる方法（図7.3 (2)）等が用いられる．また，作物aが栽植されている平行な畝の間に作物bの畝を斜めに配置（図7.3 (3)）したり，全体の畝を放射状に配置（図7.3 (4)）するなど，栽植密度を連続的に変化させる配置法も考案されている．

7.2.4 間作の生産効率評価指標

間作全体としての生産効率は，構成作物の間作ならびに単作下での収量を用いて計算する下記のような指標により表示する手法が多く採用されている．

a. 総体収量比（relative yield total, RYT）

主に生態学分野で，混在する植物間の競合を論議する場合に用いられる指標で，構成する植物種の比率は変化するが全体の密度が変わらないような処理間の比較に適応できる．間作における収量の単作の収量に対する比率を，間作を構成する各作物ごとに足し合わせることにより求められる．しかし，作物の全体密度を一定に保って比較するのは，実際の間作に関する研究としては現実味が乏しいので，農業分野においてはあまり用いられない．

b. 土地等価比（land equivalent ratio, LER）

間作研究のなかで最も頻繁に用いられる指標であり，以下のように計算される．

$$LER = \sum Y_{j,i}/Y_{j,s}$$

$Y_{j,i}$ は，間作構成作物 j の間作（i）における単位収量，$Y_{j,s}$ は，単作（s）における単位収量である．計算式は総体収量比と見かけ上同様になるが，この指標は，間作で得られる収量と同等の収量を得るために必要な単作における全土地面積として定義され，あらゆる形態の間作の効率を評価する際に使用可能な指標である．例えば，この土

地等価比が1.25であれば，単作によって構成作物から同等の収量を得るためには，25%も広い土地面積が必要ということを意味している．なお，土地等価比を用いて間作を単作と比較する場合には，単作の収量が最適栽植密度で得られる最大収量となっていることが前提であることに注意しなければならない．

c. 面積・時間等価比（area time equivalent ratio, ATER）

上述の土地等価比による評価では，早生種と晩生種の組合わせによる間作のような場合には，晩生種の収穫まで圃場が占有されている実態を考慮すると，間作の効率を過大評価する可能性がある．そこで，時間的要素も組込んだ評価指標が考案されている．

$$\text{ATER} = \sum (Y_{j,i}/T_i)/(Y_{j,s}/T_{j,s})$$
$$= 1/T_i \sum (T_{j,s} \cdot Y_{j,i}/Y_{j,s})$$

T_iは，間作の全栽培期間（日），$T_{j,s}$は作物jの単作下での栽培期間である．

2種の作物からなる間作で，作物2が早生種の場合には，

$$\text{ATER} = Y_{1,i}/Y_{1,s} + (T_2/T_1)(Y_{2,i}/Y_{2,s})$$

と変形される．

間作を構成する2種の作物の生育期間が同じ場合と異なる場合のそれぞれの事例について計算した結果を表7.2に示す．生育期間が同じ場合（トウモロコシ-ダイズ間作）には，3つの指標がすべて同じ値を示すが，生育期間が異なる場合（トウモロコシ-キマメ間作）には，面積・時間等価比がより小さな値を示し，実状にあった評価となっている．

7.2.5 間作における窒素の挙動

間作においては，光・水・養分といった資源が効率的に利用されることが期待される．ここでは養分のうち窒素を例にとり，効率的な利用の具体的内容を説明する．間作のなかでもマメ科作物が導入された場合には，空中窒素が固定されるため，システム全体の窒素収支が単作や非マメ科作物による間作の場合と大きく異なってくる．図7.4にマメ科-イネ科間作体系の場合に想定される窒素の流れを模式的に示す．根部や地上部の一部のような作物残渣が，土壌中で分解されて土壌有機物や微生物バイオマスのような難分解性窒素画分に取り込まれた場合には，作付期間中にその窒素が利用されることは少ない．その大部分は次期作に持ち越され無機化を経て作物に吸収されるか，溶脱や脱窒により系外に持ち出される．この流れは単作やほかの組合わせの間作においても認められるが，マメ科作物を組込んだ間作においては，マメ科作物の残渣中の窒素の多くが空中窒素に由来するため，系内への窒素の付加が促されることが期待できる．

マメ科-イネ科間作体系に特異的な窒素の挙動として，マメ科作物からイネ科作物への直接的な窒素の供与の可能性があげられる．両者の根系が接触できるような栽植密度で作付けが行われている場合には，菌根菌などを介して根から根へと直

表7.2 イネ科-マメ科作物の間作効率評価のための指標の比較（Ofori and Stern, 1987）

	トウモロコシ-キマメ間作		トウモロコシ-ダイズ間作	
	トウモロコシ	キマメ	トウモロコシ	ダイズ
生育期間（日）	110	170	110	110
単作収量（kg/ha）	3,130	1,871	5,353	1,634
間作収量（kg/ha）	2,979	1,481	5,118	517
RYT	1.74		1.28	
LER	1.74		1.28	
ATER	1.41		1.28	

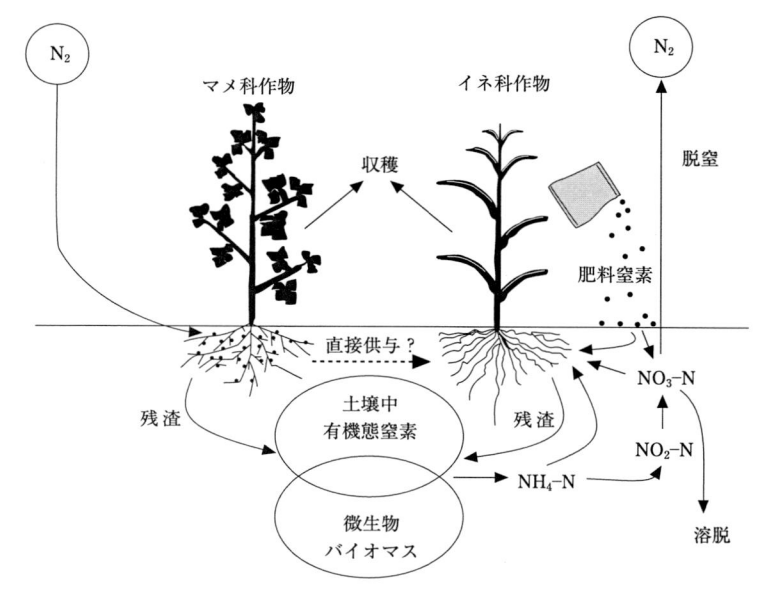

図7.4 マメ科−イネ科間作体系内の窒素の流れ

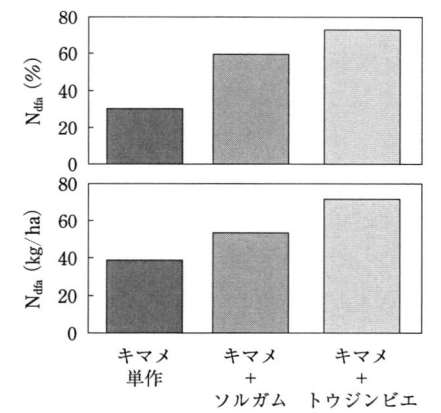

図7.5 キマメを基本にした間作における窒素固定依存率および依存量 (N_{dfa})

N_{dfa}：Nitrogen derived from atmosphere の略.

接的に窒素が受け渡されるか，含窒素化合物として根から分泌されたものが吸収されるといった機構が考えられる．しかし，根分け処理を組入れたポット実験や ^{15}N を使ったアイソトープ実験などで検証が試みられているものの，実態は明らかにされておらず，システム全体の窒素収支を考慮した場合には，量的な寄与は非常に小さいものと推定されている．

上記の根系の相互関係という観点から，間作体系のなかにはもう一つ注目すべき現象が認められる．^{15}N 自然存在率法を用い，間作中のマメ科作物の窒素固定量とその依存度を推定すると，いずれも単作の場合よりも上昇することが認められている（図7.5）．これは，イネ科作物が旺盛な生育を保つために土壌中の無機態窒素を吸収しつくして，マメ科とイネ科の根系が入り交じる根圏の無機態窒素濃度が低下したことにより，無機態窒素による窒素固定の抑制が解除されたためと説明されている．マメ科作物は窒素肥沃度が高い土壌に栽培された場合には，窒素固定能が低下し，土壌窒素に依存した生育を示すことが知られている．このように，間作体系内においては，目に見えない地下部において異種作物の根系の相互作用を通して窒素の挙動が大きく影響を受けることが最近の研究により明らかにされつつある．

さらに間作体系内の窒素挙動をキマメ−ソルガム間作を例にしてみよう．図7.6に示す例は，施肥段階として 0, 25, 50, 100 kg/ha の4処理を設け，施肥窒素の ^{15}N による標識ならびに ^{15}N 自然存在率法を併用して，想定される3つの窒素の給源（肥料，大気，土壌）を区別して定量化し，給源別に単作と間作を比較したものである．

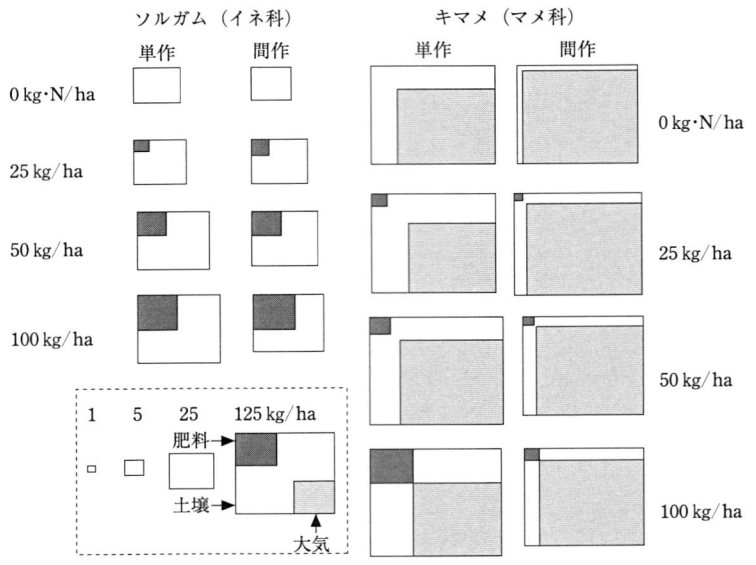

図 7.6 間作体系における窒素の挙動（間作されたキマメとソルガムへの土壌，肥料，大気からの窒素の供給）
各正方形の面積は窒素量に比例して表示．

ソルガムの場合には，間作では単作よりも生育が若干抑えられるので，窒素吸収量もその分低下する傾向がみられるが，土壌窒素と肥料窒素の比率には両者間で大きな差は認められない．しかし，キマメの場合には，低施肥区において，上述したように窒素固定の阻害がないことから単作よりも間作の方が窒素固定量ならびにその比率が大きく高まった．これらの結果は，間作においては構成作物を適切に組合わせることにより，空中窒素固定をより効率的に利用することが可能となり，このような作付体系が低肥沃な土地での生産に有効であることを示している．

7.2.6 間作の病害虫防除効果

間作に関する初期の文献には，病害虫防除が主たる利点であるように記述されていることがある．実際にナイジェリア北部で，無農薬で栽培されていたササゲが病害虫により全滅したにもかかわらず，その脇でソルガムとの間作で栽培されたものが実用的な収量をもたらした事例もあるように，間作により病害虫被害が軽減された事例は多く報告されている．一方，間作による防除効果は条件により大きく変動し，効果がまったく認められない事例や反対に被害が拡大した事例も報告されており，評価は様々である．

間作の病害虫被害軽減効果には，下記のような3つの機構が考えられているが，それぞれに共通しているのは，病害虫密度を低下させることによって，被害を軽減するということである．

・間作構成作物の生育が単作の場合よりも抑制されることにより，病害虫の宿主としての機能が低下する．
・間作構成作物が直接的に病害虫の活動を妨害する．
・間作構成作物が病害虫の天敵に都合がよいように環境を変化させる．

1番目の例としては，キャッサバ-ササゲ間作におけるキャッサバコナジラミ（*Aleyrodidae*），ササゲ-トウモロコシ間作におけるサヤムシガ（*Toriricidae*）などの被害軽減が報告されている．しかし，多くの害虫や菌類は，間作下で顕著となる相互遮蔽による低照度や高湿度といった条件を

好み，より生育が旺盛となることも考えられるので，この機構の正当性には疑問が投げかけられている．2番目の例としては，草丈の高い間作構成作物が，低い作物を宿主とする害虫の視野を妨害したり，ニンニクやトマトのように芳香性の高い物質を出す作物が害虫の嗅覚機能を攪乱し，宿主や餌の探査を妨害するといったことがあげられる．3番目の機構は，多様性に富んだ植物種からなる生態系の方が，寄生や補食に優れた能力を有し，ある種の病害虫に対して天敵となりうる生物相に富んでいるという観察に基づいている．

農業の持続的発展のためには，農薬などの化学物質の使用を極力抑えた栽培技術体系の確立が重要である．伝統的な間作体系はその方向に向かう高い可能性を秘めているが，単作に比べて生産生態系が複雑であり，各構成作物の生長や収量を制御する要因が多いために解析が十分になされていない面が多い．今後さらに詳細な研究が期待される．

7.2.7 間作の戦略とその利用

作物が生育のために利用する資源のうちで水と養分は土壌中に存在し，しかもその存在は一様ではなく，はなはだ不均一である．不均一に分布する資源を利用するには，単一の作物ではなく複数の作物により空間的広がりを持った根系分布を土壌内に形成することが，資源利用の観点からは効率が高いであろう．作物の地上部に降り注ぐ光エネルギーは，作物群落上端までは一様に到達するが，群落内では相互遮蔽により急速に減衰する．群落構造の異なる異種作物を組合わせることにより，相互遮蔽を最小化して光エネルギーの高度利用を図ることが可能となる．すなわち，間作体系は作物の生育に必要な資源利用の効率を追求した栽培体系ということができる．また，異なる環境ストレスに対する耐性を持った作物を組合わせることにより，極度の天候不順の年において，たとえ片方の作物が全滅した場合でも，もう片方から何がしかの収穫を得ることが可能となり，農家経営の安定化への貢献というのも見逃せない側面である．機械化ならびに資源多投化が進む先進国の農業においては，間作のような作付体系が受け入れられる余地は少ないかもしれないが，不良環境地が多く広がる開発途上国の農業においては，農業資源の効率的利用，経営の安定化また農業の持続的発展のために，間作の果たす役割は大きい．

〔伊藤　治〕

文　献

1) Fukai, S.（1993）: Intercropping-bases of productivity. *Field Crops Research,* **34**：239-245.
2) Ito, O., Matsunaga, T., Katayama, K., Tobita, S., Adu-Gyamfi, J.J., Kashiwagi, J., Rao, T.P. and Gayatri, D.（1996）: Dynamics of roots and nitrogen in cropping systems of the semi-arid tropics. *Japan International Research Center for Agricultural Sciences,* **3**：33-48.
3) Ofori, F. and Stern, W.R.（1987）: Cereal-legume intercropping systems. *Advances in Agronomy,* **41**：41-90.
4) Snaydon, R.W.（1991）: Replacement or additive designs for competition studies?. *The Journal of Applied Ecology,* **28**：930-946.
5) Trenbath, B.R.（1993）: Intercropping for the management of pests and diseases. *Field Crops Research,* **34**：381-405.
6) Willey, R.W.（1979）: Intercropping-its importance and research needs. 2. Agronomy and research approaches. *Field Crop Abstracts,* **32**：73-85.

7.3　作業体系と労働生産性

7.3.1　作業と農機具

a.　農機具の役割

農機具を利用する目的は，時間当たりの作業量の拡大とそれにかかる労働負担の軽減，農業生産費の低減，生産物の高品質化，作業の快適化を通じ，土地あるいは作業量当たりに得られる収入を向上させることにある．歴史的にみても，農業の生産性は農作業に用いる農機具の発達とともに高められてきた．特に，現代の農業では，農業生産手段として農業機械が主体的な役割を果たしており，農産物の生産から流通にいたるまで，様々な

表 7.3 農業機械の種類

(a) 専用機械

原動機	用途	作業名	機械名
電動機	管理	揚水, 灌水, 防除	ポンプ, スプリンクラー
	乾燥	穀物乾燥	米麦用循環型乾燥機, 除湿乾燥機
	調製	米麦の調製・選別 野菜果樹の選別	籾すり機, 米選機, 石抜き機 重量形状選別機, 糖度選別機
	施設	穀物乾燥調製 穀物乾燥調製貯蔵	ライスセンター カントリーエレベータ
	穀物加工	精粒	精米機, 精麦機
内燃機関	耕土改良	開墾	ブルドーザ, ストンピッカ（除石機）
	栽培	移植	田植機, 野菜移植機
	管理	除草	刈払機
		運搬	自走式運搬車, フォークリフト
	防除	病害虫防除	動力噴霧機, 動力散布機, スピードスプレーヤ, 土壌消毒機
	収穫	稲麦刈取 稲麦刈取脱穀 穀物脱穀 穀物刈取脱穀 根菜類収穫	バインダ 自脱型コンバイン 自走式ハーベスタ 普通型コンバイン, 大豆コンバイン ビートハーベスタ, ポテトハーベスタ, オニオンハーベスタ（いずれも自走式）
	牧草収穫	牧草収穫	コーンハーベスタ, 飼料稲用コンバイン

(b) トラクタの作業機械

用途	作業名	機械名
耕起	耕うん, 反転	はつ土板プラウ, ディスクプラウ, 駆動型ディスクプラウ
耕土改良	砕土, 整地, 鎮圧	ディスクハロー, スパイクツースハロー, カルチパッカ
	耕うん, 整地, 代かき	ロータリ, 代かき機, レーザーレベラ
	心土破砕, 暗渠, 明渠	心土破砕機（パンブレーカ, サブソイラ）, 弾丸暗渠穿孔機, トレンチャ, ディッチャ
栽培	施肥	ブロードキャスタ, ライムソワ, 肥料散布機, マニュアスプレッダ
	播種	プランタ, ロータリシーダ, 水稲直播機
管理	作物管理	マルチャ
	土壌管理	畦立機, カルチベータ, 中耕ロータリ, 溝切機
	防除	ブームスプレーヤ
	運搬	トレーラ
収穫	根菜類収穫	ディガ, ポテトハーベスタ
牧草収穫	刈取・圧砕	レシプロモア, ロータリモア, モアコンディショナ
	反転・集草	ヘイティダ, ヘイレーキ, サイドレーキ
	梱包	ヘイベーラ, ロールベーラ, ラップマシン
	刈取・細断	フォーレージハーベスタ

作業に利用されている.

b. 農業機械の種類

農業機械は動力機械と作業機械に分けることができる（表7.3）．トラクタは動力機械の代表的な

機械で，動力を発生させる原動機と，その動力を作業機械に伝える伝動装置を備えている．トラクタにつなげられる作業機械は，トラクタから動力を得て，様々な作業をこなす．トラクタのように作業機械を取り替えるだけで様々な作業をこなすようになるものを汎用機械という．一方，コンバインや田植機のように動力機械と作業機械の両方を備えるものもある．この場合，特定の作業のみを目的に設計されているものが多く，専用機械と呼ばれている．

c. 原動機の種類

農業機械の原動機には電動機（モータ）と内燃機関（エンジン）がある．電動機は施設内に設置される機械（ファンや乾燥機）に多く利用されている．内燃機関は，圃場走行する機械（田植機，コンバイン，トラクタなど）に利用されている．

1） 電動機 電動機とは，電気エネルギーを回転運動などの機械的エネルギーに変換する装置のことで，電源さえ確保できれば，取り扱いが比較的簡単であり，小型で故障が少ない．一般家庭に配線されている2線式の交流電流は単相交流と呼ばれる．工場や農業用施設など，大型の機械を稼動させる場所では，3線式の三相交流が使われる．三相交流は，3線に流れる電流の周波がそれぞれ異なるように電流が流され，電動機内の回転子（ロータ）が回転しやすい構造になっている．

2） 内燃機関 内燃機関とは，機関内部で燃焼させた燃料（ガソリンや軽油など）の熱エネルギーを機械的エネルギーに変え，動力として取り出す原動機である．農業機械には様々な形態の内燃機関があるが，身近な農業機械は，ガソリン機関かディーゼル機関のいずれかである．また，ガソリン機関は作動行程の違いから2サイクル機関と4サイクル機関に分けられる．

3） ガソリン機関 燃料と空気を混合させた混合気を，燃焼室（シリンダ）内で点火・燃焼しピストンを上下させる．ピストンの往復運動をクランク機構によって回転運動に変えて動力を発生させる．ガソリン機関の基本的な作動は，吸気・圧縮・膨張（爆発）・排気の4つで，4サイクル機関ではクランクが2回転するうちに，2サイクル機関では1回転するうちにこの行程を終える．ガソリン機関は比較的小型の機械に用いられる．2サイクル機関は4サイクル機関と比べて小型軽量，高出力（4サイクル機関の1.8倍）という特徴があり，人が背負って移動する刈払機（草刈り機）や動力散布機などに用いられる．4サイクルと比べて燃料消費率が悪く，混合油（ガソリン：オイル＝25：1）を用いるため排気ガスの質も悪い．4サイクル機関は，不燃性のオイルを用いるため排気ガスの質がよい．農業機械としては，田植機や管理機などに用いられている．

4） ディーゼル機関 シリンダ内に空気だけを吸引し，ガソリン機関よりも高圧に圧縮して高温にする．高温になったシリンダ内に軽油を噴霧させて着火させる．したがって，ガソリン機関で点火に必要なプラグがない代わりに，燃料噴射装置を備えている．燃料は主に軽油を用いる（重油の場合もある）ため，運転コストが安い．乗用トラクタやコンバインなどの大型エンジンに使用されている．

5） 内燃機関の性能 内燃機関は気化した燃料をピストンが圧縮する容積（行程容積）や圧縮比によって大まかな性能が決まる．実際に作動させたときの性能は出力やトルクで評価する．出力は機関が発生する動力のことで，kWまたはPS（馬力）で表す．出力は機関自身が発揮する図示出力と，図示出力から各種の損失を差し引いて外部に伝達する軸出力とに分けられる．図示出力はシリンダ内の圧力やシリンダの容積，回転数とシリンダ数によって決まる．軸出力は図示出力のおよそ75〜85％になる．ピストンの往復運動をクランク機構によって回転運動に変えるとき生じる回転力をトルク（T·m）という．

d. トラクタ

1） トラクタの種類 トラクタには操縦者が乗車して操作する乗用トラクタと，歩行しなが

ら操作する歩行用トラクタがある．農作業の主力を担うのは，労働負担が軽い乗用トラクタである．乗用トラクタの走行装置には，車輪形やクローラ走行する履帯形，半履帯形がある．駆動方式には後輪のみ駆動する二輪駆動式と，前後輪が駆動するため軟弱な地盤で作業性がよい四輪駆動式がある．小規模圃場では15〜30馬力，牧草地や大規模畑作圃場ならびに酪農作業では60〜90馬力のトラクタが用いられることが多い．

2）トラクタの構造と機能 トラクタにはけん引車としての役割と作業機械の動力源としての役割がある．したがって，前方のエンジンで発生した動力を，トラクタ自身の走行装置と，作業機械のために動力を取り出す装置（PTO, Power Take Off）に伝達する．走行装置とPTOにはそれぞれ変速装置がついており，作業の種類や走行場所の状態に応じて適切に変える．両経路の動力は主クラッチで断続する．トラクタのブレーキは，左右の後輪をそれぞれ制御できる．さらに，旋回を容易にする差動装置（デフ）が備えつけられており，旋回するときに車輪にかかる荷重が異なることを利用して，左右の車輪を異なる速度で回転させてトラクタを回りやすくする．ぬかるみやプラウ作業中など，車輪にかかる抵抗に差ができるとき，スリップして前進できなくなったときは，差動制限装置（デフロック）を使う．

3）作業機械を作動させる仕組み トラクタの作業機を装着する方法は，トラクタ側のけん引装置で連結するけん引式と，三点支持装置によって直結する直装式がある（図7.7）．作業機械には，PTO軸からユニバーサルジョイント（自在継手）を介して動力を伝達する．三点支持装置は，上部リンク1本と下部リンク2本で作業機械を支えるようになっており，下部リンクは油圧によって上下するリフトアームとつながっている．油圧装置の力を利用することによって，作業機械を上下させるだけでなく，けん引力を高めたり（ウエイトトランスファ），作業機の位置を一定にする（ポジションコントロール）など作業の制御を行う．

e．作業別にみた作業機械の働き

1）耕うん 未耕土塊を切り出しながら反転させ，上下の土壌の入れ替えを行う耕起を反転耕という．すきやプラウ耕ではり体，ディスクプラウと駆動型ディスクプラウでは凹型の円盤を回転させ，土壌塊を切り出しながら反転させる（図7.8）．反転耕は，土壌を深く切り込み反転させるため，深耕性や土壌の反転性，乾土効果に優れている．土塊を粉砕するためには，別に砕土機を用いて作業を行う．深耕や心土破砕，耕盤層の破壊を行うためには，プラウの下方にチゼル（破砕づ

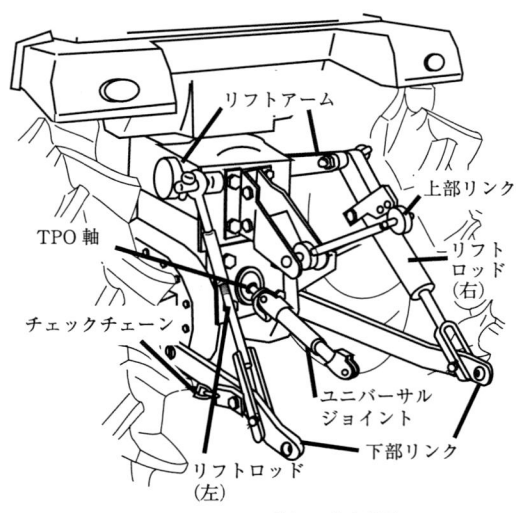

図7.7 トラクタ後部の基本構造

図7.8 ディスクプラウによる水田の反転耕

め）がついたサブソイラやパンブレーカを用いる．

ロータリによる耕うんは攪拌耕と呼ばれ，耕起と砕土の両方を兼ねている．ロータリ耕では，耕うん軸に取りつけた耕うんづめを毎分 150〜400 rpm で回転させて土壌を切削する．ロータリには土壌を細かく砕土できるという特長があり，粘土質土壌の耕うんや代かきに適している．従来のロータリは，進行方向に対して同じ方向に土壌を切削するが，土壌を下から上にかき上げて土壌をさらに細かく粉砕する逆転式のロータリも普及してきている．

2） 水管理　水田のための水路が整っている耕地では，水路から直接水を引くことができるが，水路が整備されていない畑地では，ポンプと送水管によって水を送り，スプリンクラーで散水する．スプリンクラーは水圧を利用してスプリンクラー頭部を回転させ，細かい水滴をつくる．水の有効利用や施設内の湿度が上昇するのを抑制するために，マイクロチューブや多孔質チューブを利用して点滴灌漑を行うケースもある．

一方，わが国のように，多湿な気候では排水設備を充実させる必要がある．地下排水用の暗渠を掘るための作業では，地下排水溝をつくるために弾丸暗渠穿孔機やトレンチャが用いられる．これらの機械によって溝をつくると同時にパイプを引き込み，排水効果を高める工夫がなされている．地表の明渠をつくるためには，溝掘機（ディッチャ）や，培土板をつけたロータリやカルチベータで溝を切る．

3） 植付け・播種　水稲作では，田植機を用いて苗の植付けを行う．田植機は，マット状に根を張ったマット苗を回転する植付爪でかき取り，植込みフォークで苗を土壌に押し出しながら植付ける．田植機の作業を円滑に行うためには，厳密な温度，水管理を行い根張りのよい均一な苗をつくるとともに，代かき後の土壌硬度にも注意を払う必要がある．また，直播栽培や不耕起栽培のような省力技術に対応した播種機や田植機の開発も進められている．

種子を直播する場合には，散播（ブロードキャスタ），点播（プランタ），条播（ドリル）など栽培様式にあわせた播種機が用いられる．例えば，北海道の秋播コムギなど大型圃場のコムギ栽培では，20 条程度の条播機（グレーンドリル）を用いる．

4） 収　穫　穀物の収穫作業では，わらを結束するだけのバインダや，脱穀・選別作業までを行うコンバインが用いられる．水稲栽培で用いられる自脱型コンバインでは，刈り取った株をコンバインの内部まで運搬し，脱穀と選別を行った後，わらを後部から排出する．従来のコンバインでは，籾を袋（30 L 程度）に貯蔵するタイプが一般的であったが，籾を大容量のグレンタンクに貯蔵し，運搬トラックでまとめて乾燥機まで運搬するタイプも普及している．コムギやダイズなど畑作栽培では，普通型コンバインが用いられる．普通型コンバインは，前方についた六角形のリールで株を引き込んで刈り取り，脱穀ドラム内で脱穀する．

イモ類や根菜類など，収穫物が土中にできる作物では，リフター形，振動形，エレベータ形などの掘取機（ディガ）で掘り上げ，運搬機に積み込む．

キャベツやタマネギなどの野菜専用収穫機もある．

5） 管　理　施肥には，マニュアスプレダ（堆肥），ライムソワ（粉末肥料），ブロードキャスタ（粒状肥料）を用いる．マニュアスプレダでは台車に堆肥を積んで運搬しながら，散布装置（ビータ）で堆肥を拡散し散布する．ライムソワとブロードキャスタでは，トラクタに直装し，肥料を貯めたホッパ下部の羽根車で肥料を送り出し散布する．後者では，6〜10 m の幅に放射状に肥料をばらまくため，作業効率も高い．

雑草や病害虫の防除に用いられる防除機には，液剤，粉剤，粒剤を散布するものがあり，使用形態も背負い式と可運搬式，搭載式に分かれている．小中規模圃場の作物栽培では，背負い式の動

力散布機が広く用いられている．また，トラクタや乗用管理機に細長い水平ノズル（ビーム）を取りつけ，薬剤を散布するブームスプレーヤも用いられる．果樹栽培では大容量タンク（500～1000 L）を備えたスピードスプレーヤを用いて，液状の農薬を霧状にして散布する．

7.3.2 作業効率

a. 作業能率

農作業の機械化や効率化によって，農畜産物の生産性や品質の向上，重労働の軽減，投入人員の削減を図ることができる．これらのことは，農家の収益性や健康維持，高齢化対策にも直結する．

1日当たりや1時間当たりに処理できる作業量を作業能率という．作業能率は単位面積当たりの所要作業時間で表すこともある．作業現場では，農作業の質的な成果（効果，仕上がり，精度など）を含めた作業能率，すなわち作業効率（working efficiency and result）を考える必要がある．作業効率を評価するためには，以下の指標を用いる．

1) 理論作業量 機械作業の場合，一定の作業幅で直進作業のみを行うときの作業量を理論作業量 C_t（ha/h）という（表7.4）．作業機械が発揮できる最大の作業量ともいえる．例えば，耕うんなどの作業の場合，C_t は次式によって表される．

$$C_t = W \cdot V / 10$$

ここで，W と V はそれぞれ作業幅（m）と走行速度（km/h）を示す．出荷物の調整やポンプによる揚水など，面積以外を作業対象とする場合には，他の処理量（kg/h や L/h）を用いることもある．

2) 圃場作業量 機械1台（人力作業の場合は1人）が圃場作業を単位時間当たりに行うことができる作業面積 C（ha/h）を圃場作業量といい，次式で表される．

$$C = A/T \quad \text{あるいは} \quad C = C_t - C_l$$

ここで，T と A はそれぞれ圃場作業時間（h）と圃場面積（ha），C_l は損失作業量（ha/h）を示す．

3) 圃場作業効率 実際の圃場作業では，枕地旋回や子実の運搬，肥料や種子の補給，機械の調整などを行うため作業が中断される．したがって，圃場作業量は理論作業量よりも小さくなる．両者の比率を百分率で示した指数を圃場作業効率 η_f という．

$$\eta_f = C/C_t \times 100$$

表7.4 に主な圃場作業機械で行う作業の圃場作業効率を示した．

b. 作業効率を高めるための原則

現在の農作業の姿は，慣習的に行われた作業体系に手が加えられてきた結果といえる．作業の効率化を図るためには，次のような視点から作業体系を総合的に見直す必要がある．

1) 削除，複合化，単純化 慣習的に行われている栽培体系では，特定の作業を削除することが可能であることもある．また，新しい技術や製品が開発されるのに伴い，作業が削除できることもある．例えば，除草剤を導入することによって除草や中耕作業が削減されるし，効果が長く続く薬剤を使えば散布する回数も削減できる．また，同時に複数の作業を行うことや，煩雑な作業を可能な限り単純化することも効率の向上につな

表7.4 主な圃場作業機械の圃場作業効率

作業機械名	圃場作業効率（%）	作業機械名	圃場作業効率（%）
プラウ	70～90	自脱型コンバイン	50～80
ロータリ	70～90	普通型コンバイン	60～80
田植機	40～75	モア	80～90
水稲直播機	60～75	フォーレージハーベスタ	50～75
ブームスプレーヤ	15～55	ヘイベーラ	70～90

がる．

2） 連続性と大量作業　作業は連続的，かつ大量に行う方が効率がよい．トラクタによる耕起作業では，枕地での作業の中断時間を削減するため，区画整備による耕地の大型化，整形化が進められてきた．また，同じ面積でも整形された圃場ほど旋回の無駄が少なくてすむ．果樹栽培では，果樹の仕立て方を工夫し，一つの作業位置でより多くの作業（摘果や収穫など）ができるような工夫も試みられている．

3） 機械化　単純な行程を大量かつ連続的に行う作業では，機械や自動装置を導入することによって効率化を図ることができる．複数の装置を連動させて，複数の作業を同時に行うことによって，人力での作業工程数を省略することも容易にできる．機械化一貫体系が確立された穀物や飼料作物の栽培では作業能率が全般的に高いが，園芸栽培では機械化が難しい作業が多く残されており，それに費やされる労働負担が大きい．機械化を行う利点については，次節でも述べる．

4） 労働力の平均化　年間を通じた作業の平準化という観点からみれば，労働力を平均的に分散させる努力が必要である．農作業はある時期に集中しやすいという性格がある．例えば水稲栽培では，作業時間の多くは移植までの期間と収穫の期間に集中する．大規模経営の場合，栽培品目の組合わせを工夫したり，早晩性が異なる品種を取り入れるなどして，作業の集中を避ける努力がなされている．

c. 機械化による効率化

農業機械を作業体系のなかに取り入れることには次のような利点がある．

1） 労働の軽減　農業機械を利用することによって，人力手作業の過重な労働から解放され，身体の疲労度が軽減される．労働の強度はエネルギー代謝率によって5段階で示される．人力作業で行われる作業の多くは重作業以上に分類されるが，同じ作業を機械で行うことによって軽作業以下に労働の強度を軽減できる．

2） 作業能率の向上　農作業を機械化することによって理論作業量を拡大し，作業時間を短縮したり，1日でこなすことができる作業量を増やすことができる．作業速度の向上は農業機械の進化の歴史であり，農業機械の大型化・高馬力化が進むとともに，高速化に向けた装置（田植機のロータリ式植付け装置など）もあわせて開発され，実用化されている．

3） 作業精度の向上　自動制御機能を備えた農業機械を用いることによって，高精度で均質な作業状態を維持することができる．自動制御の基本構成は，電子センサーで感知した作業や対象物の状態をマイクロコンピュータで処理し，制御するための出力を計算する制御系と，出力信号を受けて具体的な作業を行う作動系に分けられる．特に，自動制御機械では，先に制御した結果から次の作業量を決定するフィードバック制御が行われている．10.4節で詳しく述べる精密農業においても，ITやGPSなどの先端エレクトロニクス技術が，情報の収集や作業の伝達に活用されている．

4） 動作の単純化　人力作業では同一作業においてもその動作は異なるが，機械を利用することにより，機械の操作動作に統一され，単純化される．このため，操作者の疲労度が軽減されるとともに，労働力の質による作業能率の差を解消できる．

5） 作業の複合化　人力作業では2つ以上の作業工程をこなすことは困難であるが，機械の利用により1つの作業で2つ以上の工程を同時に行うことができ，労働の軽減と能率向上に寄与している．刈り取りと脱穀・選別，わらの切断を同時に行うコンバインや，育苗トレイへの培土の充填と播種，覆土，灌水までを同時に行う全自動野菜育苗用播種機，田植えと施肥を同時に行う側条施肥田植機（除草剤散布装置を装着すれば3作業ができる）などが身近な例といえよう．

6） 能率の均平化　各作業を分担する農業機械を体系化し，作業量を整合させることで全体

の作業が均平化され，労働力の無駄を省くことができる．また，高齢化による担い手不足や季節的な過重労働もある程度緩和できる．

7.3.3 農作業の安全
a. 農作業事故の実態
農林水産省が毎年公表している農作業事故調査によれば，2002（平成14）年までの10年間における農作業中の死亡事故は，年間400件前後で推移している．その内訳は，農業機械作業にかかわる事故が65〜80％，農業用施設作業にかかわる事故が15％前後，それ以外の作業で20〜30％である．年齢別にみた場合，農業従事者の高齢化を反映して，死亡事故は50歳以上から急増し，特に70歳以上の事故件数が全体の半数を占めている．

農業機械別にみると，乗用トラクタが50％前後，次いで歩行トラクタと運搬車が15％前後となっている．原因別では，傾斜がある場所や足場が悪い場所での機械の転落・転倒が最も多い．農業機械には刃やチェーンを高速回転させて作業を行うものも多く，巻き込みや切断，飛来などによる負傷事故も多い．また，刈払機やチェーンソー作業など，振動や騒音を伴う作業では，難聴や血行不良による振動障害（はくろう病）を患う危険性もある．

b. 農作業を安全に行うための基本事項
安全に農作業を行うためには，どのような原因で事故が発生するのかを理解する必要がある．表7.5にまとめたように，事故や健康障害の要因は，人的要因，機械的要因，環境的要因に区分できる．これらの要因は1つでも事故につながるが，重複するほど事故が発生する危険性が増す．

農林水産省が示している「農作業安全のための指針（2002（平成14）年）」には，安全に農作業を行うための基本事項が次のように述べられている．

① 農作業に従事する者は，自己及び他人に危害が生じないよう，日頃から安全意識を持って，農業用機械・器具の日常点検や適正な操作等を通じ安全な作業の実施に心がけるとともに，周辺環境にも配慮すること．

② 農業者が農作業に従事させるために雇用を行った場合には，雇用主として，被雇用者に対する安全性を確保するとともに，周辺環境にも配慮すること．

③ 農作業に従事する者及び雇用主は，農作業の安全に関する研修・講習会等への積極的な参加を通じ，安全意識の高揚に努めるとともに，労働基準法，労働安全衛生法，農薬取締法，道路運送車両法，道路交通法等の関係法令を遵守し，安全な農作業に努めること．

c. 農業機械作業における安全のポイント
農作業中の死亡事故の多くは農業機械に関係したものである．農業機械を扱う作業を行う前には，指導書や取扱説明書を参考に構造や特性を十分理解する必要がある．ここでは，代表的な農業機械を扱う際に注意する点や，免許および資格について簡単に述べる．

1）**乗用トラクタ**
・作業前後に仕業点検を行う．
・15馬力以上の乗用トラクタでは，安全フレームの装着が法律で義務づけられている．
・6度以上の傾斜がある圃場では，車体を等高

表7.5 事故・健康障害の3発生要因

人的要因	機械的要因	環境的要因
1 知識の不足	1 安全性を欠く構造	1 悪天候
2 技能の未熟	2 安全装置の不備	2 圃場・農道の整備不良
3 不真面目な態度	3 操作の複雑さ	3 採光・換気・空調の不備
4 安全性を欠く行動	4 故障	4 作業場の広さ
5 健康状態の不良	5 振動・騒音対策の不備	5 不自然な作業姿勢

表7.6 型式検査の対象機種一覧

機種名
乗用トラクタ，田植機，野菜移植機，動力噴霧機（走行式），スピードスプレーヤ，自脱型コンバイン，普通型コンバイン，ポテトハーベスタ，ビートハーベスタ，乗用トラクタ用安全キャブおよび安全フレーム

線と直角方向に向けて作業する．
- 圃場への出入り口に高低差がある場合，作業機を降ろして重心を下げるとともに，高低差に対して直角に進入する．なお，高低差が後輪の4分の1以上ある場合には歩み板を使用する．
- 道路走行の場合には，左右のブレーキペダルを連結し，2輪駆動（後輪駆動）で走行する．急発進や急旋回は行わない．
- 大型特殊自動車（長さ4.7 m，幅1.7 m，高さ2.8 m，速度15 km/h，排気量1,500 ccを一つでも超える車輌）を運転するときには，所定の運転免許を所持し，一般車両と同様に道路交通法に従って走行する．

2) 歩行トラクタ
- ロータリを回転させながら後退操作を行わない．ロータリが土の反力で持ち上がり，回転部に身体を挟まれたり，後方の障害物との間で身体を圧迫される危険性がある．

3) 自脱型コンバイン
- 刈取部・脱穀部・カッタ部に稲株などが詰まった場合には，エンジンを停止してから取り除く（巻き込みの防止）．
- トラックなどへの積み降ろしにあたっては，20度以下の傾斜となるように歩み板を架ける．

4) 動力噴霧機
- 薬剤散布時には，皮膚からの吸収量を1とすると，口からの吸収は10倍，肺からの吸収は30倍に達することから，作業時には安全な防除着および保護マスク，メガネ，手袋を着用する．

5) 免許と資格 取り扱う機械や薬剤について十分な知識がなければ，重大な事故をまねく危険性がある．大型特殊自動車に分類される機械を操作するためには，大型特殊自動車免許（農耕用），けん引免許（農耕用），車両系建設機械技能検定資格（バックホー，ブルドーザなど）が必要になる．また，刈払機，チェーンソー，毒物劇物，危険物などの取扱者資格，農業機械士技能認定に関しても，各都道府県の関連機関で定期的に講習会が開催されている．

d. 農作機械に関する法律・基準

1) 農業機械化促進法に基づく農機具型式検査（昭和37年より実施） 農業機械の安全性の確認と性能が一定の水準以上であることを明らかにするとともに，検査成績表も公表している（表7.6）．

2) 農業機械の安全鑑定 農業・生物系特定産業技術研究機構 生物系特定産業技術研究支援センター（生研センター）では，1976（昭和51）年度から農業機械化促進法に基づいて農業機械の性能，構造，耐久性および操作の難易に関する検査鑑定を実施するとともに，その結果を公開している．安全である旨の鑑定を受けた型式の農業機械については「安全鑑定証票」を付すことができる．

3) 製造物責任（PL）制度 PL制度とは，農業機械などの製品を利用する消費者が，製品の欠陥によって生命，身体または財産に損害を被ったことを証明した場合に，被害者は製造会社などに対して損害賠償を求めることができる法律で，被害者の救済を容易にすることを目的としている．2000（平成7）年から施行されている．

〔荒木英樹・桑原恵利〕

文献
1) 藍 房和ほか（2000）：農業機械の構造と利用，農山漁村文化協会．
2) 川村 登ほか（1993）：新版農業機械学，文永堂出版．
3) 木谷 収編（2000）：農業機械入門，実教出版．
4) 日本農作業学会編（1999）：農作業学，農林統計協会．

7.4 作物栽培システム

7.4.1 作物栽培システムの特徴

　農業において土地は管理と生産の単位として個々の圃場に分割されている．圃場に生育する作物はそこに共存する生物とともに群落を構成し，それを取りまく環境とあわせて生態系を構成している．作物の栽培とはこの生態系に人間の意志や手を加えて管理を行い，作物群落の構造とその環境を望ましい方向に制御しようとするものである．その管理の手段が栽培技術であり，作物の生産を栽培技術によって制御するシステムが作物栽培システムである．

　作物栽培システムは，作物を中心として，土壌や気象などの環境要素，雑草や病害虫などの生物要素によって構成され，これらの構成要素に対し様々な形で人の働きかけが行われる．それらは，個別の作物栽培についてみた場合には耕起，播種，施肥，灌漑，防除，収穫などの栽培管理であり，また，複数の圃場を空間的，時系列的にみた場合には，作物の構成や作付順序などの作付体系（cropping system）である．このため，作物栽培システムには生物要素や環境要素ばかりでなく，品種，栽培法などの技術的要因や作業労働，収益性などの社会経済的要因も関係する．

　作物栽培システムにおける作物の生産は太陽エネルギーを基礎としているが，作物の生育環境を良好にし，効率的な作物群落を維持させるための管理に補助エネルギーが投入される．これには，人力や畜力，機械力による直接的なものと，化学肥料や農薬の製造および輸送などによる間接的なものがある．このため，収穫物の多くが系外に持ち出されても，次の作付けでは前作と同等の高い生産効率が得られる．この補助エネルギーの投入は作物の生産性の向上とともに増加する傾向にあり，特に先進農業国では石油などの化石エネルギーへの依存度が高くなっている．

　自然生態系では生物の生存に必要な元素は環境から取り込まれ，植物，動物，微生物を経て再び環境に戻される（物質循環：material cycle）．しかし，作物栽培システムでは人によって収穫物の系外への搬出が行われる．このため，土壌中の有機物や無機養分が減少し，それを補充するために有機物および無機養分の施用が必要となる．作物栽培システムでは圃場が植生に覆われていない時期があり，自然生態系と比較して作物の根の発達も劣ることから風食や水食に弱い．さらに，養分保持力の弱い時期に基肥として大量の化学肥料が施用されるので，養分の系外への流亡が起こりやすい．

　作物栽培システムでは，収穫物が系外に搬出されるため，動物や微生物のような消費者，分解者の扶養力が小さい．このため，自然生態系と比較して，系を構成する生物種の数は極端に少なく，作物が生物要素の大部分を占めるような単純な構成となっている．構成の単純な生態系は自己調節機能が乏しく不安定であり，特定の病害虫の大発生を起こしやすく，農薬多投の一因になっていると考えられている．

7.4.2 わが国における作物栽培システムの発達

　縄文時代は狩猟や漁労，採集が中心の時代であったが，気候の温暖化が進んだ縄文中期には植物の栽培が始まったと考えられている．また，縄文晩期には大陸からアワ，ヒエなどの雑穀やイネが伝えられ，縄文終末期の紀元前4世紀頃にはこれらの穀類を中心とする本格的な作物栽培システムが始まったと考えられている．

　高温多湿のモンスーン地域にあるわが国において，水田における稲作は連作障害もなく安定して高い生産性が得られる作物栽培システムであり，古くから水田の造成やため池，用水路などの灌漑施設の整備によって稲作を拡大させてきた．このように，灌漑水が十分に得られる地域では，傾斜地であってもできる限り水田をつくり，水稲を主作目とする作物栽培システムをとることによって，イネを最も重要な穀類として生産してきた．

しかし，近年はコメ消費量の減少によってコメの生産量が需要量を上回るようになり，水田にムギ類やマメ類，野菜類，飼料作物などが栽培され，水稲との輪作もみられる．

一方，畑作は灌漑水が十分に得られない地域で行われ，古くは焼畑で雑穀類，マメ類，ソバ，サトイモなどが栽培された．その後，普通畑で陸稲やムギ類，雑穀類を中心にマメ類やイモ類を組合わせて栽培するようになり，近世以降は野菜類やナタネ，ワタ，タバコ，サトウキビなどの換金作物も導入された．畑作では，稲作と異なり，連作障害を防止するために輪作が必要であることは古くから認識されていたが，わが国ではイネが主要穀類であったこと，家畜の生産が少なかったことなどから，西欧において三圃式からノーフォーク式にいたるような，畜産と結びついた作物栽培システムの発達はみられなかった．

7.4.3 水田における作物栽培システム

わが国の水田における作物栽培システムは水稲を中心に構成されており，特に水稲を毎年栽培する水稲単作が最も広い面積を占めている．また，夏期に水稲を作付け，冬期にムギ類などを作付ける水田二毛作の多くも稲作が中心となる場合が多い．これに対し，秋冬作に収益性の高い野菜類などを作付け，水稲は補完的に短期栽培とする水田二毛作や，畑作物と水稲やイグサなどの水田作物を一定年数ごとに交互に作付ける田畑輪換栽培がある．一方，1年に水稲を2回栽培する二期作は西南暖地の一部や南西諸島で行われたが，現在ではほとんどみられない．

稲作の高い生産性と安定性は水の持つ機能によるところが大きいと考えられている．それらは，養分の供給機能，地温の調節機能，雑草の防除機能，土壌の砕土機能，連作障害の防止機能などである．これらの機能により，水稲は無肥料でもムギ類などの畑作物と比較して長期間にわたり高い収量が得られる．このように，水田における稲作はわが国の自然環境を有効に利用した作物栽培システムといえる．

明治初期の水稲の10 a当たり玄米収量は150〜180 kg程度であったが，それ以降およそ100年の間に約3倍に増加し，現在は500 kgを上回っている．この水稲の生産性の向上は，多肥多収性品種の育成，育苗技術の進歩による栽培時期の早期化，施肥量の増加や施肥法の改善，農薬による病害虫防除などの技術的要因によって支えられている．また，生産性の向上と同時に大幅な省力化が実現したが，これには耕起，移植，収穫調整作業の機械化と除草剤による雑草防除の技術が大きく貢献している．

しかし，水稲の生産性の向上に伴い，機械力や化学肥料，農薬などの補助エネルギーの投入量が増加するとともに，その内容が再生可能な有機物のエネルギーから，有限の化石エネルギーに変化している．また，多くの有機物が系外に持ち出されるが，施肥の多くは化学肥料による無機養分であり，土壌有機物の原料の供給が減る傾向にある．さらに，農薬による病害虫や雑草の防除は生物種の構成を単純にし，系の自己調節機能や安定性を低下させている可能性が考えられる．一方，栽培時期の早期化は二毛作などの導入を困難とし，水稲単作となりやすく，水田の利用率を低下させている．

7.4.4 畑地における作物栽培システム

わが国の畑作では，陸稲やムギ類，雑穀類を中心として，マメ類やイモ類，野菜類，飼料作物などが組合わされて輪作（crop rotation）される．畑地における作物構成は気象条件によって，作付順序は作物の養分吸収，還元特性によって決まる．寒地（北海道）ではジャガイモ，テンサイ，アズキ，ナタネ，ムギ類，寒地型牧草，暖地（九州，四国）ではサツマイモ，ラッカセイ，陸稲，サトイモ，暖地型牧草，中間の寒冷地（東北）と温暖地（関東，東海，北陸，近畿，中国）ではダイズ，アワ，ソバ，ヒエなどが作付けされる．また，寒地では1年1作であるが，寒冷地，温暖

地，暖地では2年3作から多毛作となる．

畑作では輪作によって地力維持を図ると同時に，土壌の病害虫を調節して生産性を向上させ安定性を高めてきた．この輪作の効果は前後作の作物の組合わせや輪作の年数によって異なる．北海道のような1年1作の土地利用の場合は輪作の効果が高いが，東北以南の2年3作，1年2作，1年3作の場合は，構成作物は多いが輪作年数は短く，地力維持の効果はあるが，土壌病害虫の制御という点では効果が小さい．

畑作では化学肥料の施用と農薬による土壌消毒によって収益性の高い作物の連作が可能となり，輪作は減少している．このことは，ムギ類を中心とするイネ科作物の作付面積の減少，単作化，多肥化および有機物施用量の低下をもたらした．多肥は土壌病害虫を増加させ，農薬による土壌消毒を必要とするという悪循環に陥ることになり，作物栽培システムへの補助エネルギーの投入が増加するとともに自己調節機能が不安定化している．また，化学肥料の施用量の増加，有機物施用量の減少は作物の収量や品質を低下させ，養分の系外への流亡（りゅうぼう）による地域の水質汚染の問題を引き起こしている．

7.4.5 作物栽培システムの今後の課題

世界の人口は現在の約60億人から，2050年には約90億人に達するといわれている．このことは，今後およそ50年の間に50％程度の人口増が見込まれ，それに見合う食料の増産が求められるということである．作物の栽培に適する耕地面積の大幅な増加が期待できない現状では，今後の作物栽培システムには耕地利用率を高めることと同時に，いっそうの生産性の向上が求められる．

これまでの作物栽培システムでは，石油などの化石エネルギーを補助エネルギーとして投入することによって生産性や効率を高めてきた．しかし，地球上の資源は有限であり，化石エネルギーの消費が地球温暖化などの環境問題を引き起こしていることも考慮すると，今後の作物栽培システムは省資源，省エネルギー型の栽培技術によって構成される必要がある．

近年，環境問題が顕在化し，温室効果ガスの増加による地球温暖化，フロンガスによるオゾン層の破壊に伴う紫外線の増加，窒素酸化物の増加に伴う酸性雨による生態系への影響などの環境変化が予測されている．今後の作物栽培システムは，このような環境変動に対して安定性の高いものである必要がある．また，このような地球規模での環境問題に加え，農業が発生源となる水質汚染などの地域的な環境問題もみられる．今後の作物栽培システムは，物質循環機能や自己調節機能を最大限に活かすことにより，環境負荷を最小限に抑制するものでなくてはならない． 〔丸山幸夫〕

文　献

1) 松井重雄（2002）：作付体系，作物の栽培管理．作物学事典（日本作物学会編），朝倉書店，pp. 208-217．
2) ルーミス，R. S.・コナー，D. J.著，堀江　武・高見晋一監訳（1995）：農業システム I 農業システムと作物．食料生産の生態学—環境問題の克服と持続的農業に向けて—，農林統計協会，pp. 3-42．

8
世界の農業システム

　ある地域における農業の態様は，その地域における気候や土壌などの自然条件に強く規制されるが，社会・経済的条件や文化的・歴史的な背景にも深く根ざしている．そのため，世界の農業の形態はきわめて多様である．本章では，まずこの多様な世界の農業類型を概観し（8.1 節参照），次いでアジアやヨーロッパなどの大きな地域ごとに代表的な類型について解説する（8.2 節参照）．

8.1　世界の農業類型

8.1.1　世界の農業類型区分

　農業の形態を最も強く規定する要因は，気候である．植物は光合成により，太陽エネルギーを利用して，大気中の CO_2 と土壌養分を吸収して有機物を合成している．そのため，日射量，気温および降水量などの気候要因は植物の生産力を直接的に規定している．ある地域におけるこれら気候要素から推定した自然植生の植物生産量の指標として，純一次生産（net primary production, NPP）が用いられる．NPPは，生態系においてある期間中に植物が生産した物質の乾燥重であり，光合成による生産から呼吸による消費を引いたものである．自然植生では，NPPは主として気温，降水量および日射量によって決定される．NPP が最も高い地域はアジア，アフリカ，南米の赤道周辺に分布する熱帯雨林地帯で，ここでは 25 t（乾物重）/ha・年以上に達する．主要な農業地帯である中国中南部，ヨーロッパ中南部およびアメリカ中・東部は NPP が 10〜20 t/ha・年の範囲にあり，主要作物の多くはこれらの地域で生産されている．NPP が 10 以下の地域はアジア中央部，アメリカ西北部，アフリカ北・南部，オーストラリア内陸部など広大な地域に分布しており，ここでは生産力は低いが作物生産のほか，放牧主体の牧畜が広く行われている．

　このように NPP は農業生産力の指標としても用いることが可能であるが，前述のように，農業の形態は社会・経済的条件や文化的・歴史的な影響も大きく，実際の農業はより複雑な形態をとる．アメリカの地理学者ホイットルセイ（Whittlesey）は，1）作物と家畜の組合わせや技術，2）労働・資本投入の集約度，3）生産物の処分方法（自給用，販売用など），などを基準として世界の農業地帯を区分した．彼の分類方法を基礎にして世界の農業地帯を区分すると，以下のようになる．
　① 原始的農業地帯
　② 集約的米作地帯
　③ 集約的畑作地帯
　④ 酪農地帯
　⑤ プランテーション地帯
　⑥ 地中海式農業地帯
　⑦ 商業的穀作農業地帯
　⑧ 商業的混合農業地帯
　⑨ 遊牧地域
　⑩ 自給的混合農業地帯
　⑪ 園芸農業地帯
　⑫ 企業的牧畜地帯

この分類方法は，土地の所有形態や経営規模な

どの基準が入っていないという問題点はあるが，世界の農業システムの概要を把握するのに優れており，その後，多少の変更が加えられながら，現在も代表的な分類として利用されている．

8.1.2 農業の集約度と基本類型

長い農業の歴史のなかで，各地域には自然条件や社会・経済条件に対応した農業の類型が成立している．ある特定の地域に限定すると，人口の増加に伴い農業生産における集約度が増す．すなわち，歴史的な発展過程からみれば，集約化はより進んだ段階ととらえることができる．しかし，異なる地域間で比較した場合，焼畑に代表される粗放的農業を前近代的で劣等なシステムととらえるのは妥当でない．後述のように，それぞれの農業形態はその地域の自然環境や社会的条件に合致したものであり，合理的な側面を持っている．ここでは，農業システムの発展過程を考えるうえで重要な4つの基本的な類型を取り上げ，その特徴を比較する（表8.1）．

a. 長期休閑耕作（焼畑，移動耕作）（forest fallow, slash-and-burn agriculture, shifting agriculture）

森林を伐採して焼き，その際に土壌に放出された植物体由来の養分を肥料として利用して作物を栽培する方式である．この方式では，土壌養分が作物による吸収により速やかに減少するため，短期間のうちに別の場所に移動する．耕作が終了した場所は長期間休閑し，植生回復後に再び同様な方法で作物を栽培する．休閑期間は地力の回復程度に依存し，数年から長い場合には20年に及ぶ．この農法は，熱帯を中心にアジア，アフリカ，南米に広くみられる．わが国においても，かつては各地で行われていた．地域の扶養人口が少ない場合は持続的な作物栽培方式と評価されるが，生産力が低く人口増加に対応できないため，現在ではこの方式は少なくなっている．

b. 短期休閑耕作（short fallow）

人口増加に伴い，森林は放牧地に代わり，畑の休閑期間は1，2年に短縮されるようになる．短期間の休閑では畑の地力は十分に回復できないため，きゅう肥などの肥料が施用される．また，地力回復のために，マメ科作物が緑肥として利用される．ヨーロッパの畑作では，焼畑から短期休閑を伴う三圃式（three-course rotation）へと発展するにつれ休閑地の割合が減少した．毎年耕作に発展する過渡的な形態ととらえることができる．

c. 毎年耕作（annual cultivation）

人口の増加や市場の需要の高まりに伴い，農民は休閑地にも作物を栽培するようになる．高収量を維持するため，化学肥料，農薬などの資材を多く投入する必要がある．連作すると病虫害の発生をまねくので，持続性を維持するためには輪作が重要であるが，肥料や農薬の施用により輪作年数を短くする事例も多い．イネ，コムギ，トウモロコシ，ダイズ，イモ類など，現在の主要な食用作物は，この類型により生産されている．水田でイネを連作しても連作障害の発生が少ないので，長期間にわたり連作される場合が多い．アジアの水稲作では数百年にもわたる連作の事例がある．ヨ

表8.1 基本的な農業システムの特徴（Chrispeels and Sadava（2002）より作成）

作　業	長期休閑耕作	短期休閑耕作	毎年耕作	多毛作
耕起・整地	無	人力	トラクタ	トラクタ
施肥	灰	きゅう肥，堆肥	きゅう肥，堆肥，化学肥料	堆肥，化学肥料
除草	粗放的	集約的	集約的	集約的
畜力・機械利用	無	有	有	有
穀物収量（kg/ha）	250	800	2,000	5,000
世界の耕地に占める割合（%）	2	28	45	25

ーロッパの畑作における焼畑→三圃式→ノーフォーク式輪作（Norfolk four-course rotation）と変遷した作付体系の発展過程は，休閑地にマメ科牧草や飼料用根菜類を栽培し，大気中から固定した窒素やきゅう肥を施用して地力を維持することにより，休閑を不用とする過程でもあった．

d． 多毛作（multiple cropping）

同じ圃場を使って1年に2回以上，作物を栽培する方式で，耕地利用率が最も高い方式である．熱帯，亜熱帯の年降雨量に恵まれた地帯では，この方式が可能である．温帯でも夏作と冬作を組み合わせることにより多毛作が可能で，わが国でもかつては夏にイネ，冬にムギ類を栽培する二毛作が広く普及していた．通例，異なる複数の作目を組み合わせる．伝統的・自給的な農業の類型として古くから行われてきたが，現代の企業的な農業の一類型としても成立している．同時に2つ以上の作物を栽培する間作（intercropping）あるいは混作（mixed cropping）も，この方式に含まれる．間作や混作はアフリカのサバンナで多くみられ，生産性は高くないが，不安定な降水量による減収の危険分散を図る意義がある．

8.1.3　イネの栽培技術の国際比較

上述の基本的な類型のなかでは，主要作物を中心とした毎年栽培が全栽培面積の半数近くを占める主要な類型である．しかし，この類型には，中心とする作物や地域によって栽培技術や生産性に差異がみられる．ここでは，わが国においても世界的にも重要な作物であるイネを対象に，栽培技術の国際的な比較を行う．

稲作の収穫面積および生産量はアジアが世界の90％以上を占めているが，量的には少ないものの，アメリカやオーストラリアなどでも生産され，これらの地域では重要な輸出作物になっている．表8.2に主要な稲作地域・国における特徴を比較した．日本，中国および韓国からなる東アジアの稲作では，恵まれた夏季の降雨による灌漑を基盤とし，肥料と農薬を多投した資材多投型の集約的栽培技術によりきわめて高い単収を上げている．中国では1970～80年代にかけてハイブリッド品種の開発・普及が進み，施肥量の増加と相乗的に単収向上に大きく寄与した．わが国では田植機による移植やコンバインによる収穫が普及しているが，中国では依然として手作業が主体である．東アジアの稲作は土地生産性はきわめて高いが経営規模は小さく，労働生産性が低い．このため，労働費の高い日本，韓国では生産費が高く，国際的にみて価格が高い．タイを代表とする東南アジアの稲作は東アジアとは異なり，天水依存，少肥の粗放的なものが多く，単収が低い．しかし，生産費が低く，国際市場での競争力が高い輸出型産業となっている．アメリカやオーストラリアの稲作は大規模機械化が進み，栽培技術水準が高く，栽培期間の日射量も高いことから単収は東アジアに匹敵する．そのため，労働生産性がきわめて高く，国際市場では東南アジア諸国と競合している．この両国のイネ主産地（アメリカのカリフォルニア州，オーストラリアのニューサウスウェールズ州）は降水量が少ない地帯であり，計画

表8.2　主要なイネ栽培地域・国の単収，栽培技術などの比較

地域	経営規模	機械化・集約度	単収 (t/ha)	播種／収穫法
日本	小規模	機械化・集約的	6.6	機械移植／自脱型コンバイン
中国	小規模	人力・集約	6.2	手植移植／手刈*
タイ	小規模	人力・粗放的	2.6	手植移植・直播／手刈
アメリカ	大規模	機械化・集約	7.2	航空直播／普通型コンバイン
南米	大規模	機械化・粗放	3.8	直播／普通型コンバイン
アフリカ	小規模	人力・粗放	2.2	手植移植・直播／手刈

単収は2000～02年の平均値（籾収量，FAOSTATによる）．
＊：一部コンバインが使用されている．

的な灌漑に基づいて作付計画が策定される．アフリカでは小規模，天水依存，無肥料あるいは少肥の粗放的な栽培が行われており，単収は低い．そのため，コメの消費量が急増しているものの生産が追いつかず，多くを輸入に依存している．国際農業研究機関である西アフリカ稲開発協会（West Africa Rice Development Association, WARDA）を中心として，アジアイネとアフリカイネの種間交雑種の利用などによる増収技術が開発されつつあり，生産力向上が期待されている．

8.2 地域別農業システム

8.2.1 各地域の農業形態の特徴

本節では，アジア，アフリカなどの地域別に，それぞれの農業の特徴をみる．各地域の農地面積を図8.1に示した．耕地・樹園地と草地を合計した農地面積はアジアが最大で，次いでアフリカ，南米の順に多い．ヨーロッパ，北米およびオセアニアは農地面積に大差がない．一方，耕地・樹園地の面積に限ってみると，アジアに次いでヨーロッパと北米が多く，これらの地域では集約化が進んでいることを示している．特にヨーロッパは，草地よりも耕地・樹園地の方が際立って多い．これとは対照的に，アフリカ，南米およびオセアニアでは草地の割合が高い．

それでは，各地域の各種作物の生産量はどうな
っているだろうか．各地域の作物別の生産量を比較すると次のような特徴が分かる（表8.3）．アジアは耕地面積が群を抜いて大きいことを反映し，多くの作物において生産量が最大である．とりわけ，イネは世界の大部分を占めているのが際立った特徴である．イモ類，野菜および果物も他の地域に比べて顕著に多い．ヨーロッパは穀類，なかでもコムギの生産量が多いのが目立つ．また，イモ類，野菜，果物および糖料作物（テンサイ）も比較的多く，バランスのとれた生産を行っている．アフリカは耕地面積に比較して穀類の生産量が少ないが，イモ類（キャッサバ，ヤムなど）がアジアに次ぐ生産量である．北米の特徴はトウモ

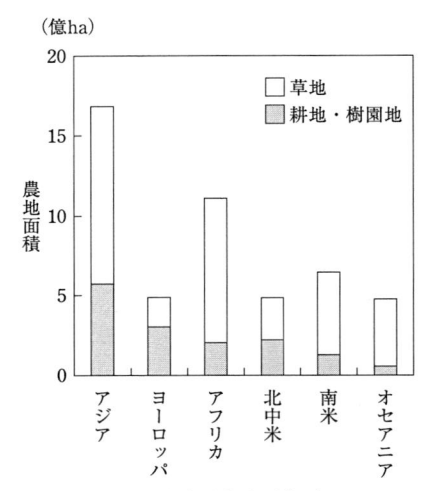

図8.1 世界の地域別農地面積（FAOSTAT（2002）より作成）

表8.3 各地域における作物別生産量（百万t）（FAOSTAT（2002）より作成）

作　物	アジア	ヨーロッパ	アフリカ	北米	南米	オセアニア
穀類	986	437	116	334	138	19
イネ	523	3	17	10	22	1
コムギ	253	213	16	60	22	10
トウモロコシ	166	77	43	238	79	1
マメ類	26	8	9	4	7	1
ダイズ	24	2	1	77	77	—
イモ類	297	131	174	26	53	3
野菜	572	93	47	40	33	3
果物	205	73	62	31	99	6
糖料作物	598	175	92	58	577	36

糖料作物はサトウキビとテンサイの合計．
マメ類にダイズは含まない．

ロコシとダイズの生産がきわめて多いことである．南米もダイズの生産量が近年急増し，北米に匹敵する水準に達した．また，南米では糖料作物（主としてサトウキビ）の多いことも特徴である．オセアニアは耕地面積が少ないので生産量自体は多くはないが，域内人口が少ないことから，生産物の多くを輸出している．

作物の単収は気候・土壌条件や技術水準に規定されるため，地域によって大きな差が認められる（図 8.2）．北中米（大部分はアメリカとカナダが占める）ではトウモロコシをはじめ，イネ，ダイズ，ラッカセイ，ジャガイモなど，多くの主要作物の単収がきわめて高い水準にあり，アメリカ，カナダの技術水準の高さを反映している．対照的にアフリカはすべての主要作物の単収が他の地域より低い．ヨーロッパはコムギ，アジアはサツマイモの単収が最も高い．アメリカを中心とした新大陸型の農業は，その高い土地生産性と労働生産性を武器に輸出型の農業を行っている．対照的にアフリカ，アジアあるいはヨーロッパの多くの地域は自給農業が中心であり，不足分を輸入に頼っている．

8.2.2 アジア

アジアの農業生産は水稲を中心にしながら，マメ類，イモ類，野菜など各種の畑作物の生産も多い．アジアの代表的な農業類型は，稲作と畑作ということができる．熱帯アジアではプランテーション型の農業もあり，ゴム，アブラヤシ，チャなどが栽培されている．1960 年代に始まった「緑の革命」（Green revolution）によりイネとコムギの単収は飛躍的に伸びたが，灌漑施設の不備や肥料・農薬の入手が困難であることなどから，この成果を享受できない農民層も少なくない．

a. 稲　作

イネは中国に起源を持ち，中国から周辺のアジア諸国に伝わり，それぞれの地域で長い栽培の歴史を刻んできた．アジアの稲作の収穫面積および生産量は世界の 90% 以上を占めており，アジアの多くの地域において農業の基盤となっている．イネは主要作物のなかでは例外的に湛水状態で生育することから，モンスーン型気候のなかで栽培され，狭い耕地にもかかわらず多くの人口を扶養してきた．イネの生産物であるコメは単に主食として人々の食料になるだけではなく，イネの栽培を通じてそこに住む人々の精神生活と深く結びついている．気候条件との強い結びつき，主食とし

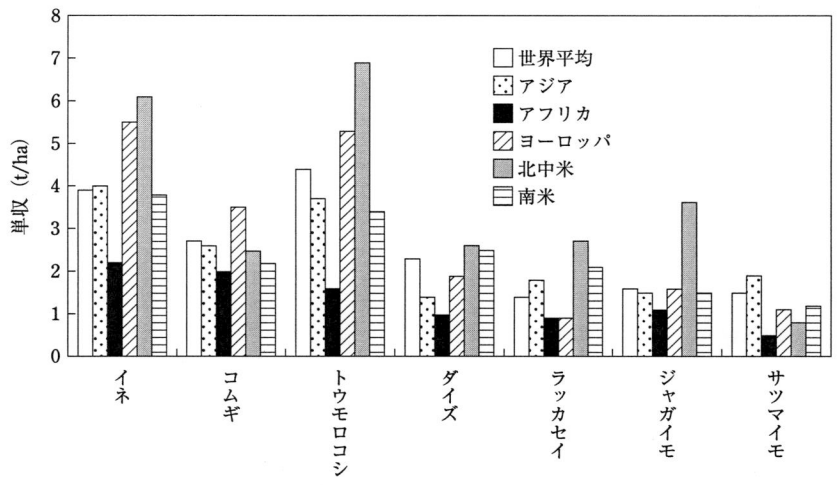

図 8.2　主要作物の地域別単収（FAOSTAT（2002）より作成）
ジャガイモとサツマイモの単収は ×10．

ての大きな比重，栽培過程と集落行事・祭事との結合など，いずれもヨーロッパの畑作や畜産とは異なった性格を持つといわれている．ただし，このような「稲作文化圏」の性格は東アジアと東南アジアには共通してみられるが，インドやパキスタンの稲作は異なる性格を持ち，ヨーロッパ的麦作文化の影響を受けているといわれている．

アジアの稲作は多様な形態で行われているが，その形態に最も大きな影響を与えているのは水利条件である．水利条件からみた稲作は以下の類型に大別することができる．
① 陸稲作（りくとうさく）
② 天水田稲作（てんすいでんいなさく）（浮稲を含む）
③ 灌漑稲作（かんがいいなさく）

陸稲は生育期間を通じて畑状態で栽培されるのに対し，天水田稲作では降雨により水深が変動する．水深が50 cm～数mになる地域では，節間や葉身が長い深水稲（ふかみずいね）(deep water rice) や浮稲（うきいね）(floating rice) が栽培される．陸稲作および天水田稲作はいずれも土壌水分が降雨により左右されるため，収量は不安定である．東南アジアやインドの諸地域の稲作は，多くがこの類型に含まれる．灌漑稲作では天水で不足する分の水を灌漑によって補い，かつ余分な水分を排水することが可能であり，生育期間を通じて望ましい水深を維持できる．また，施肥などの集約的な栽培技術により単収は高位安定が期待できる．東アジアでは，ほとんどの稲作がこの類型である．

山間盆地や扇状地に形成された灌漑水田は，河川とそれに連なる多数の小河川や灌漑用水路を有している．河川からの取水と使用計画は比較的小さな水利共同利用組織によって管理され，稲作を通じた地域共同社会の基盤の一つとなっている．メコン川やチャオプラヤー川などの大河川の河口に形成された巨大デルタは，かつては水のコントロールが困難なため天水田が多かったが，近年では水路が建設され，灌漑水田化が進んでいる．東南アジアの規模の小さい稲作地帯では，稲作と野菜栽培，家畜飼育，養魚などを有機的に結合した複合型農業がみられる．

b．畑　作

アジアにはインド中央部，中国東北部，タイ東北部など広大な畑作地帯が分布する．インドと中国の畑作は国内自給的性格が強いが，タイ東北部の畑作は輸出型の性格が強い．

インドの耕地面積の約4分の3は畑で，コムギ，トウモロコシ，雑穀類，マメ類（ヒヨコマメ，キマメ，ラッカセイ，ダイズなど），各種の工芸作物などが栽培されている．インドの畑作の形態はきわめて多様であるが，基本的には2つの作季に分けられる．カリフ（kharif）は夏の南西モンスーンによる雨季作であり，トウモロコシ，トウジンビエ，シコクビエなどが作付けされる．ラビ（rabi）は乾季作であり，主にコムギやオオムギが栽培される．ソルガムは両方の作季に栽培される．自給的農業が主体で，複数の作物を混作あるいは間作することが多い．

長い農業の歴史を誇る中国とタイのなかにあって，中国東北部とタイ東北部は20世紀になってから農地拡大が進み，それぞれの国の食料生産基地としての重要性が増した点で類似性を有している．中国東北部の農業は畑作が中心で，ダイズやトウモロコシなどの国内最大の生産地の地位を占めている（図8.3）．経営形態としては数ha規模の個別農家と数万ha規模の国営農場とがあり，前者は人力や小型機械が用いられるのに対し，後

図 8.3 中国東北部の畑作（撮影：国分牧衛）
コムギ（左），ジャガイモ（中央），ダイズ（右）などが輪作される．

者では大型のトラクタやコンバインが使用される．また，長江下流域の工業化による稲作離れから稲作地帯は北上を続けており，寒冷地に適応した品種や栽培技術の改良もあり，東北部の畑作は水稲作への転換が多くなっている．

タイ東北部の森林面積割合はかつては50%近かったが，1960～70年代の農地造成により，森林は10%以下にまで激減した．畑地造成に伴い，1970年代初期まではトウモロコシとケナフ，1970年代以降はキャッサバが，そして1980年代以降はサトウキビが主力作物として作付けが急増した．いずれの作物も施肥量は少なく，地力低下などが問題となっている．これらの作物は換金作物として栽培されるため，国内・国外の市場の動向によって栽培面積が大きく変動する．

8.2.3 ヨーロッパ・アメリカ

a. ヨーロッパ

ヨーロッパの農業は歴史的にみると，休閑や放牧を伴う粗放的な栽培から，作物を毎年栽培する方式へと発達してきた．すなわち，ムギ類作付けと休閑を繰り返す二圃式あるいは三圃式から，休閑地に牧草や根菜類を導入する改良三圃式や輪栽システム式へと発達した．最終的な発展段階である輪栽システムでは，冬穀（コムギ）→根菜類（飼料用カブ）→夏穀（オオムギ）→牧草（クローバ類）と輪作する．飼料用根菜類や牧草を導入することにより家畜の飼料ときゅう肥を確保し，地力を維持増進して穀類の生産性を高めることに要点があり，農業革命（agricultural revolution）といわれている．今日でも，ヨーロッパの畑作はこの輪栽システムを基本型としている（図8.4）．このシステムは，大面積単一作物，大型機械の使用，畜産との結合を特徴としており，アジアの主要な畑作の形態とは異なる性格を持っている．作物と家畜を結合した混合農業（mixed farming）は，作物と家畜の高い生産性と物質循環の地域内サイクルを可能とした優れた農業システムとして評価される．このシステムを基盤に，夏季が比較的冷涼な気象であることのほか，品種改良や施肥技術の発達により，コムギではきわめて高い単収水準に達している．しかし，農産物価格の国際競争力ではアメリカやオセアニアには劣り，これらの国からの輸入圧力にさらされている．

このほか，ポルトガルからギリシャにかけての地中海性気候の地域では，ブドウ，オリーブ，コムギなどを中心とする地中海型農業が行われている．また，デンマークやアルプス地方では酪農が，大都市近郊では園芸作物中心の類型がみられる．ロシアや東ヨーロッパの穀作では，コムギのほか，より耐寒性が強いライムギやエンバクの作付けが多い．

b. アメリカ

アメリカの農業はヨーロッパからの移民が作物

図8.4 ヨーロッパの混合農業（撮影：国分牧衛）
コムギを主体とした穀類と畜産とが複合的に行われる（ドイツ北部）．

や技術を持ち込んだものであり，ヨーロッパの畑作農業の流れを色濃く受け継いだ混合農業が基本となっている．コムギ，ダイズ，ワタ，サトウキビ，タバコ，ラッカセイ，ジャガイモなど多くの畑作物が栽培されるが，ヨーロッパと異なるアメリカ型混合農業の最大の特徴は，飼料として牧草の代わりにトウモロコシを利用する点である．トウモロコシはアメリカ大陸起源であり，この地の夏季高温の環境条件によく適合していて，コムギより安定多収であった．また，トウモロコシは栄養価の高い家畜飼料であり，アメリカ型の混合農業の形成に寄与した．20世紀になってからは，ハイブリッド品種（hybrid variety）の開発と化学肥料や除草剤の開発・施用が進み，現在では単収は約 8 t/ha に達している（図 8.5）．20 世紀になってからはアジアから新作物としてダイズが導入され，油料作物および飼料用として栽培面積が急増した．トウモロコシとダイズを基幹作物として輪作するアメリカ型の農牧複合は，イリノイ・アイオワ両州を中心としたコーンベルト（Corn Belt）と呼ばれる地域で典型的にみられる．コーンベルトよりも南の地域は温暖な気候を利用したワタが中心のコットンベルト（Cotton Belt）を形成している．アメリカのほぼ西半分は年降水量が 500 mm 以下と乾燥しており，ここではコムギを大規模に栽培する類型と放牧を主体とする類型がみられる．大規模な穀類生産や放牧の類型は降雨量が少ないオセアニアにも典型的にみられる．

広大な農地を反映してアメリカ農民の経営規模は大きく，穀類中心の場合，平均で数百 ha である．これは，ヨーロッパの約 10 倍，アジアの約 100 倍に相当する．規模が大きいために，作業の多くはトラクタやコンバインなどの大型の農業機械に依存している．そのため，労働生産性はきわめて高く，国際市場での競争力が高いことから，大量の農産物を輸出している．一方，アメリカの農業地帯は降雨量が比較的少ないため，灌漑に多量の地下水を用いており，灌漑による塩害や水資源の枯渇が懸念されている．また，森林と草原を農地に転換して農地を造成したため，植生による土壌の被覆程度が低下し，風や雨による土壌流亡が問題化している．土壌流亡を防ぐため，耕起を行わない不耕起栽培技術（no-tillage cultivation）が急速に普及しつつある．

8.2.4 アフリカ

アフリカ大陸の農業を北から概観すると，地中海に面した地域では温暖な気候を利用した地中海型農業が古くから営まれ，果樹やコムギ，ワタなどが栽培される．赤道周辺には熱帯雨林地帯があり，年間を通じて多雨であり，トウモロコシ，イネ，ヤムイモ，キャッサバ，バナナ，カカオ，ラッカセイなどが間作，混作の形態で栽培される．焼畑により耕地を造成し，その後，休閑する移動耕作が広くみられる地域である．

その周縁には広大なサバンナが分布し，北はサハラ砂漠南縁まで達している．年降雨量は湿潤サバンナでは 2,000 mm にも達するが，乾燥サバンナでは 400 mm と少なく，いずれも乾季がある．サバンナではトウモロコシ，ソルガムなどの雑穀類，ササゲなどのマメ類，キャッサバ，ヤムイモなどのイモ類などを間作・混作（図 8.6）する．

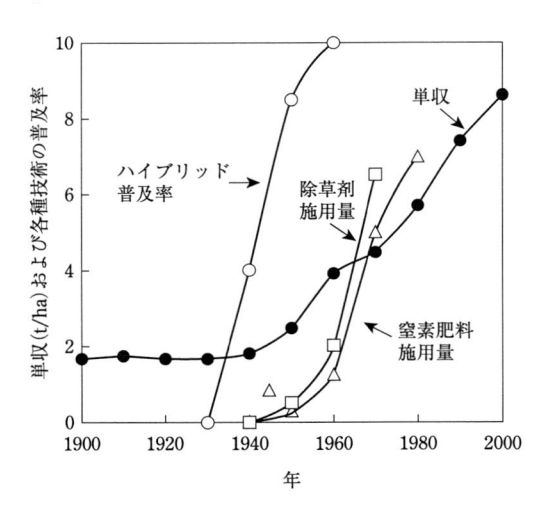

図 8.5 アメリカにおけるトウモロコシの単収増加とその要因（Evans（1993）より改変）
ハイブリッド普及率は（×10）%，除草剤施用量と窒素施用量は相対値．

図 8.6 アフリカのサバンナ地域にみられる間作（撮影：寺尾富夫）
トウジンビエの畦間にササゲを栽培（ナイジェリア北部）．

このほか，タバコ，ワタ，コーヒー，カカオなどの工芸作物の栽培もある．雑穀類やササゲは耐乾性が強く，降雨量の少ないサバンナでは欠かせない作物となっている．湿潤な地域ではイネの栽培もみられるが，コメの生産は消費の増加に追いつかず，多くを輸入している．乾燥サバンナでは伐採した樹木の幹や枝葉を集積して焼くチテメネと呼ばれる独特の焼畑が行われている．また，この地域には，ウシやヒツジの移動放牧を生業とする農民も多い．東アフリカの高地では上述の作物に加え，コムギ，オオムギ，ジャガイモなどの多様な作物が多くは混作される．南アフリカではトウモロコシやサトウキビの大規模経営がみられる．

アフリカの大部分の農業地帯では，雑穀類，雑豆類，イモ類が主体で他地域と比較してイネ，コムギ，ダイズなどの大作物の栽培は少ない．栽培法は焼畑や間作・混作が多く，伝統的な自給農業が長い間営まれてきた．このような農業形態は，アフリカの環境条件に適応した持続的な形態として評価されているが，急激な人口増加により集約的な農業への変化を迫られている．そのため，化学肥料を用いたトウモロコシ栽培や灌漑条件下での稲作がみられるようになっている．

8.2.5 南アメリカ

南米では長い間，アマゾン地域における焼畑やアンデスの高地における自給的な定住農業が行われてきた．16世紀以降，ポルトガルやスペインの植民地として，プランテーション型農業が新たに形成され，広大な農地を所有する大地主による企業的な牧畜や穀作が展開された．ブラジルではファゼンダ（fazenda）と呼ばれる大農園で単一作物を企業的に栽培するモノカルチャーが主体であり，ヨーロッパでは生産できない熱帯性の作物であるサトウキビ，コーヒー，カカオ，そしてヨーロッパの産業革命を契機とする工業化を原料面から支えたワタ，ゴムなどが大規模に栽培された．イネ，トウモロコシ，タバコなどを除くと多年生の作物が多く，資本のない小農では経営が困難なものである．モノカルチャー（monoculture）は農産物市場の価格変動，気象災害および病虫害の大発生などの影響を受けやすい弱点を持っていることから，複数作物の栽培や農牧複合を志向する経営がみられるようになっている．南米の農業は経営面積の階層間格差がきわめて大きい．大規模なファゼンダでは1万 ha を超す例がある一方で，多くの土地無し農民が存在する．ダイズを中心とする経営では数百 ha 規模が多い．

現在，南米の主要作物は，トウモロコシ，ダイズ，サトウキビ，オレンジなどの果物およびキャッサバなどのイモ類である．なかでもダイズの生産増加は顕著で，ブラジル，アルゼンチン，パラグアイおよびボリビアなどの増産で，2002/2003年作では初めてアメリカの生産量を抜いた．このようなダイズ増産は，低緯度地帯に適応した日長非感応性品種の開発や酸性土壌の改良法などの技術開発が基礎となっている．また，アメリカと同様，森林や草地の耕地化に伴う土壌流亡を防止するために，不耕起栽培技術が急速に普及しつつある（図8.7）．

食料供給量の拡大能力という点からみると，南米は大きな潜在的可能性を有している．アジアや欧米などの主要農業地域は，すでにその農業生産力はかなりの程度実現されているが，南米では未開発の可能地が多く残されている．過去30年間，世界の農耕地面積は約3%しか増加しなかったな

図 8.7 南米の不耕起栽培（撮影：国分牧衛）
コムギやトウモロコシの後作としてダイズが不耕起播種される（パラグアイ東部）．

かで，南米だけは30%も増加しており，なお，広大な低・未利用地を残している．ブラジル農牧研究公社（Empresa Brasileira de Pesquisa Agropecuaria, EMBRAPA）によると，今後，農地化が可能な面積はセラードでは約9,000万ha，アマゾンでは約2億haと見積もられている．セラードやアマゾン地域の年降水量は1,000 mmを超すところが大半であり，酸性などの土壌化学性の改良を適切に行えば生産ポテンシャルは高い．予想される世界人口の増加と欧米の増産余力を考慮すると，21世紀の食料需給の安定は，南米の生産ポテンシャルをいかに実現するかにかかっているといえよう．　〔国分牧衛〕

文　献

1) Chrispeels, M. J. and Sadava, D. E.（2002）：*Prants, Genes, and Crop Biotechnology*, Jones and Bartlett Publishers.
2) Evans, L. T.（1993）：*Crop Evolution, Adaptation and Yield*, Cambridge University Press.
3) 河北新報社（1998）：オリザの環，日本評論社．
4) 渡部忠世（1993）：現代の農林水産業，放送大学教育振興会．
5) 渡辺弘之・桜谷哲夫・宮崎　昭・中原紘之・北村貞太郎編（1996）：熱帯農学，朝倉書店．

関連ホームページ

1) FAOSTAT（2002）：*FAOSTAT Statistical Databases* : http://apps.fao.org

9
環境問題と作物栽培

9.1 水不足

9.1.1 中国乾燥地の自然と作物栽培

筆者が所属するNGO・緑の地球ネットワークは，1992年以来，中国山西省大同市の農村で緑化協力を継続しており，そこでの体験をもとに中国における水不足について紹介する．

大同は黄土高原の東北端で，平均の年間降水量は約400 mmだが，年による変動が大きい．毎年のように干ばつに襲われるほか，春の遅霜，風砂，夏の豪雨と土壌侵食，雹，虫害，秋の早霜，凍害，冬の厳寒など，年間を通して自然災害が絶えない．そのようななかでも，作物栽培にとっての最大の制約要因は水不足である．

栽培される作物は，水条件のいい盆地の畑では主にトウモロコシである．食味は好まれないが，収量が多いので，栽培が可能なところはまずトウモロコシを栽培する．丘陵や山腹の水の乏しい畑では，アワ，キビ，ジャガイモ，マメ類などを植える．無霜期の短い山地の作物は，エンバク，ソバ，アマである．水の乏しい地方での作物栽培で重要なのは，乾燥に強い作物の選択である．近年はホウレンソウ，ハクサイ，チンゲンサイなどの葉菜類，トマト，ナス，キュウリなどの果菜類も栽培されるが，灌漑の可能な盆地の畑に限られる．

まれにみる豊作の年であった1996年と，凶作であった1993年とを，ワルター(Walter)の気候

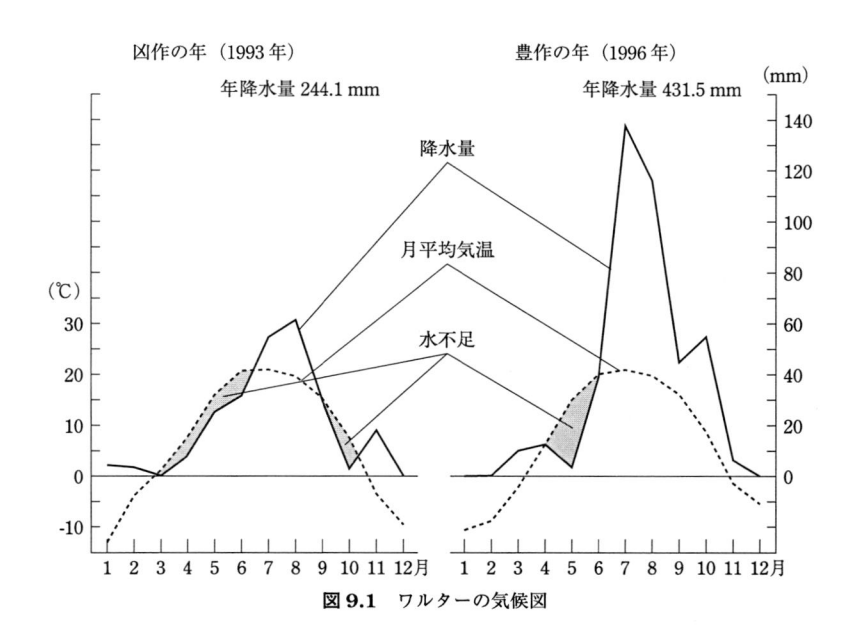

図9.1 ワルターの気候図

図によって比較してみると図 9.1 のようになる．月別の平均気温と降水量をグラフにし，気温 30℃と降水量 60 mm が同位置になるよう目盛りを調整してある．降水量の線が気温の線より低くなる期間が，植物にとって水の不足する時期だといわれている．気温と降水量以外の要素も重要だが，現場での実感では，こうした指標は有効である．

凶作の年であった 1993 年は，水の不足する期間が 3 月から 7 月まで続き，年間降水量も 244.1 mm しかなかった．このような年は，乾燥に強い雑穀であっても，灌漑の可能な畑以外では収穫を期待できない．

豊作の 1996 年も 5 月の雨が不足している．長い冬が終わって作付けの始まる時期で，農民は「春の雨は油より貴重だ」といって雨を待つが，この時期に雨はほとんど降らない．降ったとしても，月降水量が 10 mm に達することはなく，作物の生育には決定的に不足している．

この時期の植物の芽生えと生育を支えるのは，前年に降った雨だと考えられる．北緯 40 度，海抜 1,000 m 超の大同では，9 月以降は気温低下で蒸発が抑えられ，11 月になると氷点下になって水分は凍結水として地中に蓄えられる．これが翌春，気温の上昇とともに融けて，植物の生育を助けるのである．豊作の 1996 年の前年は 8 月末から 9 月にかけて長雨が続き，土造りの住居＝窰洞（ヤオトン）が倒壊する惨事に発展したが，その雨が翌年の豊作の支えになった．

9.1.2 伝統的智恵としての「耕起和土」

黄土高原や華北平原の農村で，秋の収穫後や春先，丁寧に畑を耕している光景を目にする．これらの乾燥地では「耕起和土」によって土の毛細管を切断し，地中の水が吸い上げられ蒸発するのを防ぐ意味がある．紀元前 1 世紀の『氾勝之書』が春耕を重視するのに対し，6 世紀完成の『斉民要術』では秋耕の重要性を強調している．前年の雨水を蓄え利用することを，より強く意識したのかもしれない．土中の水分の蒸発を防ぐことは，塩類集積の軽減にも役立つ．

現代の植林の現場でも，そうした知恵が生かされている．計画が決まると，前年の 7〜8 月頃から整地作業を始める．気候図にみるように，この時期は雨が多い．水平階段方式，魚鱗坑など，雨期に植栽準備の整地をすれば，土が軟らかくて作業しやすく，雨水の地中への浸透がスムーズにいく．そしてこの水が翌春，植栽された苗の活着と生育を助けるのである．これを「雨期整地」と呼ぶが，その効果はきわめて大きい．

種をまいたあと，人が足で踏み固めたり，石の円筒を転がして圧したりすることがある．そのようにすることで，土の表面を膜状に固め，マルチの作用を果たさせるのである．

穀類やジャガイモなどの栽培では，繰り返し中耕を行う．わが国のような多雨地域では中耕の主たる目的は除草だが，乾燥地では表土の毛細管を切り，水の蒸発を止めることを目的とする．そのために，ここでの中耕は雨のあと表土が乾き始めた時期を選び，鍬（くわ）や鋤（すき）で浅く表土を掘り返し，返す刃の背で土を砕き，表面を軽く圧する．

このような方法で地中の水の蒸発を抑えることと，土のなかの気相を確保し根の呼吸を助けることとを両立させるには，微妙なバランスが必要である．例えば，作物の種子よりはるかに大きな根系を持つ樹木の苗を植える際に，問題が顕在化する．苗を植えたあと，土をかけ，灌水し，それを踏み固めるのが普通に行われていたのである．苗が枯れるのは根の窒息によるものであっても，技術者は干ばつによるものと勘違いし，改められることがなかった．伝統的な農法が中途半端な形で植林に使われたことによる弊害である．

9.1.3 マルチと環境保全

ポリエチレンフィルムの低廉化（ていれんか）によって，ポリマルチがこの数年，急速に普及している．乾燥地の農法が土中の水分を蒸発させないことを最重点に発展してきたことを思えば，このポリマルチは「理想」の実現といってもいい．干ばつの年，マ

ルチ実施と未実施が隣りあう畑で、トウモロコシの背丈に2倍の差があるのをみたことがある．収穫量はそれ以上に違うから、農民は採用にきわめて熱心である．

その結果、引き起こされるのが「白害」である．収穫後も放置されたポリフィルムが風に舞い、樹木の枝などに付着して花を咲かせている．いつまでも地中で分解されず、根の発育の障害になることを心配したが、材質がよくないことと、紫外線が強いために、意外に早く粉砕されるようである．

果樹の植栽時にポリフィルムを利用すれば、活着率は著しく向上する．山林樹種に石マルチを使うことがあり、水分保持以外にも地温の日較差緩和などに効果的だが、適当な材料が常にあるとは限らない．

9.1.4 灌漑と黄河の「断流」

以上のような面倒なことをしなくても、灌漑をすれば、作物にとっての水不足は解消するはずである．中華人民共和国の建国後、中国では灌漑が大きく発達し、670 ha以上の灌漑区が全国で5,600カ所以上建設され、ポンプ式の井戸が372万基も掘られ、有効灌漑面積は5,340万haに達した．

旧中国では凶作が飢餓に直結したのに、最近ではそういうことは例外になった．1人当たり耕地面積がこの50年で半分以下に減少したにもかかわらず、食料は基本的に自給されている．それには土地制度の改革、品種改良・化学肥料・農薬や技術改善が寄与しているが、それ以上に大きいのが灌漑の効果である．

ところが最近、この食料生産に黄信号が灯っている．黄河の水が河口まで届かない「断流」は1972年から始まり、1990年代には特に深刻化し、1997年には年間226日も続いて、最悪時は河口から704 kmも干上がった．それにも農業灌漑の過剰な用水が関係している．

中国の北部はもともと水が少ない．特に海河・灤河の水系は、1人当たり水資源量が343 m^3しかなく、国際人口行動が示す「水ストレス」（1,700 m^3）、「欠水」（1,000 m^3）はもとより、「厳重欠水」（500 m^3）のレベルも大きく割り込んでいる．

北京、天津の大都市、大経済圏は、この海河・灤河の水系に位置し、2008年北京オリンピックを前に経済発展の波に乗り、いまなお急激に肥大しつつある．5年続きの干ばつもあって、地表水では必要量の3分の1もまかなえず、地下水の過剰汲み上げが続いている．ワールド・ウオッチ研究所の創設者、レスター・ブラウン（Lester R. Brown）によると、1999年1年間の北京の地下水位の低下は2.5 m、1965年以来の累計は59 mに達するという．

中国政府関係者によると、事態乗り切りのために北京・天津地区そして華北の一部からは農業を撤退し、浮かした水を都市生活と工業に回すことが検討されているという．水を基準に生産性を比較すると、農業は工業の70分の1であり、農業に勝ち目はない．北京周辺では2万haあった水稲栽培が2003年には禁止され、コムギ栽培も16.8万haから6.7万haへと激減している．

中国最大の穀倉地帯である華北平原も、灌漑などにより地下水位が毎年1～2 mも低下しており、いつまでその地位を保てるか分からない．水不足克服の切り札と考えられ、中国の食料生産を押し上げてきた灌漑が、いまや中国経済発展の最大の制約要因になっている．

〔高見邦雄〕

9.2 砂漠化

9.2.1 砂漠と砂漠化

「砂漠」とは、1997年にナイロビで行われた国連砂漠会議（United Nations Conference on Desertification, UNCOD）において、「降水量が少ないため、あるいは土壌が乾いているために、植物がまばらにしか生えていない地域、または植物のみられない地域」と定義されている．2000

年の統計によると，砂漠は世界の陸地面積の約15%を占めているが，この砂漠は，俗にいう砂に覆われた植生のない砂丘のような荒地のみをさすのではなく，その土壌組成によって岩石砂漠，礫砂漠，砂砂漠および土漠などに分けられる．

しかし，今日地球規模の環境問題の一つとして取り上げられている「砂漠化（desertification）」は，局地的な地形と気候によってすでに形成されている砂漠のなかで起こるものではなく，その砂漠を取りまく周辺地域（草原およびサバンナ）に発生するものであり，「乾燥，半乾燥および乾性半湿潤地域における，気候変動および人間活動を含む様々な要因によって引き起こされる土壌の劣化（国連砂漠化対処条約，1994年）」と定義されている．現在，砂漠化の危険に直面している総面積（39.4億ha）は南極を含んだ全陸地面積の26.3%を占め（図9.2），それは人類が農業・畜産に使用している土地面積に匹敵する．そして，そこに住む8億5,000万人（全人口の17%）の人々が砂漠化による何らかの影響を受け，今なお毎年600ha（日本の四国と九州をあわせた面積に相当）の面積が砂漠化しているといわれている．

9.2.2 砂漠化の原因

砂漠化は近年になって始まったことではなく，古くは古代オリエント文明を支えた灌漑農業によって引き起こされた塩類集積（塩砂漠）から始まっている．そして，現在問題となっている砂漠化の87%は気候変動と急激な人口増加を背景とする人間活動による人為的要因によってもたらされたものであるといわれている．多くの場合，砂漠化が進んでいる地域は，人口増加率が高く，脆弱な生態系を持つ乾燥・半乾燥・乾性半湿潤地域（年降水量200〜600 mm）であり，そこに住む人々は，自然環境に対する依存度の高い牧畜や天水農業を生業としているため，耕地の砂漠化は直接，その地域の生活に大きな影響を及ぼす．

a. 気候的要因

サハラ砂漠南縁に位置するサヘル地域の降水量は，1950年代半ばから現代にいたるまで変動しながらも減少傾向を示し，気候の乾燥化が起こっている（図9.3）．特に，1970年代に入ってから

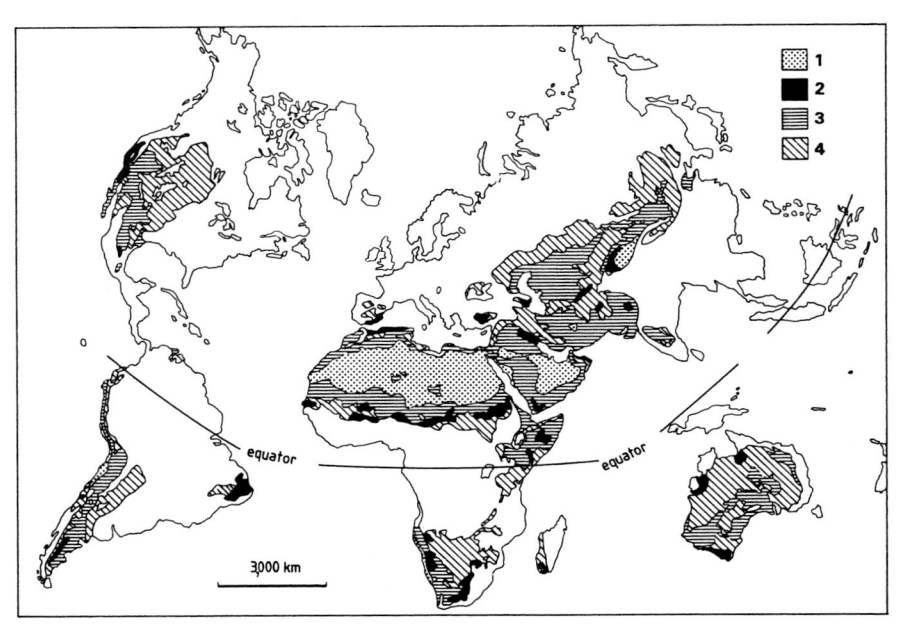

図9.2 世界の砂漠化地図（FAO/UNESCO/WMO, 1977；門村ほか，1991）
砂漠化の危険度：1. 現存の砂漠, 2. 非常に高い, 3. 高い, 4. 中程度．

は，1951～89 年の年平均降水量を上回ることはなく，長期的な干ばつが発生した．この干ばつは，作物の収量の低下のみならず，植生の衰退をも引き起こした．植生が減少し裸地化してしまった土地は，乾燥地域特有の不規則で強い降雨や風にさらされ，比較的肥沃な表土を流出（土壌侵食：soil erosion，図 9.4（b））し，わずかに残った植生も消失して砂漠化してしまう．

b. 人為的要因

人口増加が起こると，新たに増えた人口を養うために，農耕民は耕地の拡大を，また遊牧民は飼養頭数の増加を強いられる．耕地の拡大としては，新たな耕地の開発と限られた土地の作付回数の増加（過耕作：over cultivation）がある．砂漠化が起こる地域の生態系は脆弱で，土地の生産力は著しく低い．その生産力は，熱帯雨林の 21.9 t 乾物/ha・年と比べると，0.9 t 乾物/ha・年と 20 分の 1 以下である．そのため，作付回数が増えると，これまでは十分な休閑期間（地力の回復）を経てから再利用されていた土地が，休閑期間の短縮によって土壌劣化を誘発してしまう．

さらに，季節的な耕地の拡大，すなわち灌漑を用いて行われる乾季作も人為的な砂漠を形成する可能性が高い．排水施設が十分に備わっていない耕地に必要以上の灌漑が行われると，地下水は土壌の毛管力によって地表まで上昇し，地表面から蒸発してしまう．そして，水のなかに溶けていた塩類はそのまま地表に集積して塩性土壌を形成する（過灌漑：inappropriate irrigation）．いったん塩性土壌が形成されると，除塩のために大量の水が必要となり，それをまかないきれない砂漠周辺地域では耕地としての役割を担えず放棄されてしまう．

一方，遊牧民による飼養頭数の増加も同様に植生の劣化を引き起こす．自然草地の牧畜飼養能力には限界（400 mm 以下の降水域ではウシ 1 頭につき 10 ha が必要）があり，飼養頭数がそれを超えてしまうと植生の回復を著しく阻害し，植生が衰退し砂漠化してしまう（過放牧：overgrazing，図 9.4（c））．特に，ヒツジは牧草の葉だけでなく，根まで食べてしまうため，植生の回復は通常よりも遅くなり，砂漠化する可能性はいっそう高まる．ちなみに，砂漠化の著しいサヘル地域では，1950～85 年の 35 年間に，人口は 2.5 倍に，牧畜（ウシ，ヤギ，ヒツジ）の頭数は約 2 倍に増加している．

人口増加はその地域の衣食住にかかわる物資の需要も拡大させる．建築資材としての木材や煮炊きの燃料としての薪の需要は，これまで以上に高まる．エネルギー源を 100% 薪と炭に頼っているスーダンのある村では，1 家族で 1 年間に約 200 本の木を消費している．その薪も 10 年前までは，

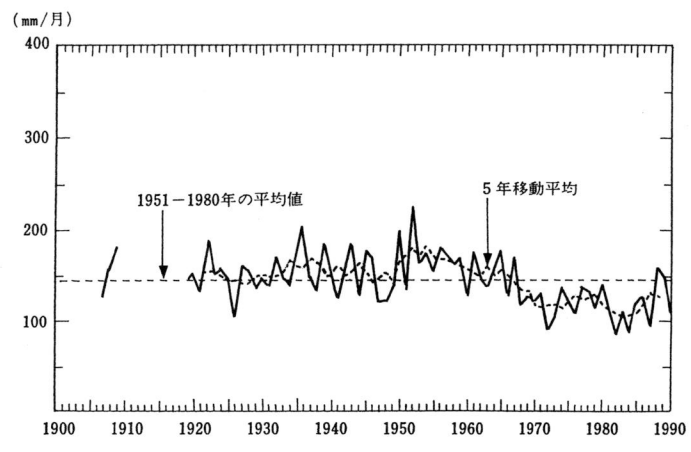

図 9.3 サヘル西部の北緯 13～15 度における 7～9 月の降水量の変動（mm/月）（篠田，2002）

図 9.4 砂漠化の原因
(a) 乾燥地特有の豪雨による流水，(b) 豪雨による土壌侵食（撮影：稲永　忍），(c) 過放牧（撮影：井上光弘），(d) 薪集め（撮影：高橋一馬）．

村から 2〜3 km 以内で集めることができたが，現在では片道 6〜7 km 先まで行かなくては十分な薪が手に入らなくなるほど村周辺の木は伐採しつくされてしまった（過伐採：overcutting，図 9.4 (d)）．ほかの地域では薪が減少したため，本来肥料として耕地に還元されていた収穫後圃場に残った残留物や家畜糞が燃料として使われるようになり，それに伴って土壌の劣化が起こり，風や雨による侵食の被害を受けやすくなってしまった．また，モンゴルでは，市場のカシミア人気という外部要因のため，1990年からの10年間でヤギ（*Capra hircus*）の飼養頭数が 513 万頭から倍以上の 1,103 万頭にまで増加し，その地域の砂漠化を引き起こした事例も報告されている．

9.2.3 砂漠化の現状

2000 年の国連人口部の調査によると，世界人口は毎年 7,700 万人ずつ増え，2050 年には 93 億人に達すると推計されている．このうち，発展途上国の人口は 82 億人を占め，全体の 88％にもなる．砂漠化の多くは，乾燥・半乾燥・乾性半湿潤地域を有する発展途上国において発生している．このような地域では，食料を含めた物資の輸入がない場合は，その地域の生物扶養能力に頼らざるを得ないが，扶養能力は植生の生産力に規定される．しかしながら，爆発的な人口増加を抱える発展途上国の乾燥・半乾燥・乾性半湿潤地域が人口増加分を養うには，その生態系はあまりにも脆弱で，一度，生態系のバランスを崩してしまうと，回復するにはその他の地域以上の長い時間が必要となる．これまで，乾燥・半乾燥・乾性半湿潤地域

で砂漠化してしまった面積は500万haで，その原因は，過放牧（土壌劣化面積の35％），過伐採（30％），過耕作（28％）の3つの影響が大きく，全体の90％を占めている．大陸別では，アジアで13億ha，アフリカで10億haと多く，その他の大陸においても1～4億haが砂漠化しているといわれている．

不適正な灌漑は，9.2.2項で述べたように，塩類集積によって耕地を不毛地化してしまう．しかし，増加した人口の食料確保のためには耕地拡大とともに，灌漑による乾季作や単位面積当たりの収量の増加を図らなくてはならない．その結果，1900年には4,000万haだった灌漑面積は，1950年に9,400万haに拡大し，その後の食料需要の急騰に伴って1978年には2億600万haに達した後も，世界の灌漑面積は増加を続けている．灌漑面積は草地を除いた耕地面積の17％（農耕地面積の5％）にすぎないが，この耕地が作物生産の3分の1を担っている現状は決して軽視できない．そして，これまで灌漑農業は単位面積当たりの生産性を求めた，大規模な投資が可能な先進国が中心となって行われてきたが，21世紀の灌漑開発は南半球を中心に進行していくと考えられる．南半球に広がる乾燥・半乾燥・乾性半湿潤地域で適切な灌漑管理がされなければ，塩類集積による塩砂漠の拡大がこれまで以上の速度で広がってゆくであろう．

9.2.4 砂漠化に対する対応策

砂漠化を誘発する要因は，気候変動をはじめ，過放牧，過伐採，過耕作および過灌漑などと多様であり，それぞれの要因に対策を講じなければならない．しかし，砂漠化のプロセスには地域住民の生活を含めた様々な要因が複雑に絡み合っているため，一面的な現象に対する技術を採用しても恒久的，根本的な解決にはならない．ここでは，これまでに砂漠化防止に適用された実績のある個別技術について簡潔に紹介するとともに，砂漠化防止に対する総合的なアプローチについて解説する．

a. 砂漠化防止技術

1) 侵食および砂の移動防止 植生が退化した耕地で起こる風食に対する有効な防止方法は，耕地あるいは集落周囲の防風林（図9.5 (a)），列状に植付けた灌木の間で作物を育てるアレー・クロッピング（allay cropping），あるいは間作・混作栽培（intercropping or mixed cropping, 図9.5 (b)）などがある．また，風食によって飛ばされた砂はやがて耕地や集落に堆積し，それらを埋め尽くしてしまう．この砂の移動を防止するためには，防砂林や草方格（わらを格子状に土中に埋め込んで地表付近の風を緩和，図9.5 (c)）の設置などがある．また，防風・防砂林に用いる樹種の選定や適正な栽植密度は緑化対象地の気候特性や水環境に基づいて決定されるべきであり，また，住民達の生活ニーズを反映した有用樹種を用いることも，地元住民の協力を受けた長期的な管理・運営に欠かせない要因である．適用樹種は，可能であれば現地の有用樹種を用いるのが環境適応性の面から最適と考えられるが，ほかの地域からの新種の導入を図る場合には綿密な現地試験を行い，環境や住民生活に対する十分な配慮を図らなくてはならない．また，水食に対しては，土壌流出の起こりやすい斜面におけるテラス栽培（terrace cultivation）あるいは等高線栽培（contour farming, 図9.5 (d)）が有効である．

2) 塩類集積防止 塩類が集積した塩砂漠の回復には，大量の水をかけ流すリーチング（leaching）や好塩性植物による塩類の排除などの対処法があるが，いずれも多大な経費と時間を必要とするため，現在では塩砂漠に対しては耕地として回復させることよりも，その発生防止に重点がおかれている．塩類集積防止は適切な灌漑法（量および時期）と排水設備の併用が前提である．また，塩類集積を起こさない灌漑法としては点滴灌漑（drip irrigation）がある．これは植物の地際に必要最小限の水を点滴によって供給する方法である．さらに，現地には，農民たちによって古く

図 9.5 砂漠化防止技術（(a), (b), (d) 撮影：松井猛彦）
(a) 防風林, (b) 間作栽培, (c) 草方格（日本砂丘学会提供）, (d) テラス・フィールド（段々畑）.

から行われているクーゼ灌漑（Khuze irrigation）がある．この灌漑方法は，素焼きの壺に入れた水が滲み出して土壌へ水分を供給し，その後も植物の吸水によって土壌が乾いた分だけ水が新たに補給されるため，水の過剰供給は起きない．

3) 持続的放牧管理 過放牧抑制の問題に対する対処法は，人口増加と遊牧民の生活スタイルが重要な鍵となる．草本生植生の回復のみを前提とするならば，ある程度の降水量が期待できる場所や植生の劣化がそれほど進行していない場所では4〜5年ほどの禁牧や休閑によってある程度は可能である．しかし，そこに住む農民あるいは利用する遊牧民の協力を受けず，彼らの生活スタイルを無視した政策では，最終的に継続的な管理運営は実施できない．そのため，過放牧に対する対策としては，その地域の生物扶養能力の正確な把握に始まり，遊牧民族の生活スタイルやニーズを十分に考慮し，彼らの積極的な協力を得ることのできる地域規模のプロジェクトを策定しなくてはならない．

b. 砂漠化防止に対する総合的アプローチ

これまでの砂漠化防止プロジェクトにおいて証明されているように，過去のプロジェクトは，ともすれば個々の現象に対応した個別技術に重点がおかれた住民不在の事業が多く，現地に根づいた継続的な運営がおろそかになりがちであった．そのような過去の事例を踏まえ，最近ではその地域の気候特性，農業形態，さらには社会・経済的な解析を踏まえた総合的なアプローチが増え，また，農民教育を土台とした住民参加型の長期展望に立ったプロジェクトの必要性が認識され始めている．

技術的な見地からは，環境に対する負荷の少ない適正技術を用いた持続的農業（sustainable agriculture）を目標としている．持続的農業は，対象地域の気候・地形・水環境・生活・文化を踏まえ，自然生態系や人間生活に対する影響の少ない，すなわちその地域に対する環境適応性の高い技術を前提に構築されなくてはならない．そのような技術としては，長く農民たちによって継承されてきた伝統的農耕技術（traditional cultural technology）がある．この技術群は，それぞれの地域の農民たちが長い年月と経験によってつちかったものである．長期休閑を伴った焼畑農業や在来の作物・品種の組合わせによる自給的な作付体系，先にも述べたアレー・クロッピング，間作・混作，テラスあるいは等高線栽培，さらにはクーゼ灌漑などがその範疇に入る．最近では，焼畑農業は耕地の地力低下による砂漠化だけではなく，森林破壊の元凶として取り上げられることも多いが，自然草地の牧畜飼養能力に見合った適正な飼養頭数と耕地の休閑期間が十分に確保できれば焼畑農法は典型的な持続的農法の一つといえる．しかし，現在，砂漠化問題を抱えている地域で起こった人口の増加はそれを許さないほど急激なものであった．

今後の砂漠化対策は性急な技術的解決だけにとらわれることなく，伝統的農業技術の知恵に学び，住民の理解と協力のうえに立った長期的かつ総合的な開発手法を利用したものでなければならない． 〔松井猛彦〕

文　献

1) Jackson, I. J. 著，内嶋善兵衛監訳（1991）：熱帯を知る／21世紀の地球環境：気候変動と食糧生産，丸善．
2) 石　弘之（2002）：私の地球遍歴：環境破壊の現場を求めて，講談社．
3) 門村　浩・武内和彦・大森博雄・田村俊和（1991）：環境変動と地球砂漠化，朝倉書店．
4) 篠田雅人（2002）：砂漠と気候，成山堂書店．
5) 田中耕司編（2000）：自然と結ぶ—〔農〕にみる多様性（講座人間と環境 3），昭和堂．
6) ブラウン，L.・ケイン，H. 著，小島慶三訳（1995）：飢餓の世紀：食糧不足と人口増加が世界を襲う，ダイヤモンド社．
7) 吉川　賢（1998）：砂漠化防止への挑戦：緑の再生にかける夢，中央公論社．

関連ホームページ

1) 国際乾燥地農業研究センター（ICARDA）：
   http://www.icarda.cgiar.org
2) 国際半乾燥熱帯作物研究所（ICRISAT）：
   http://www.icrisat.org/
3) 草炭研究会：http://homepage2.nifty.com/soutan
4) 地球緑化クラブ：http://ryokukaclub.com
5) 地球緑化センター：http://www.kk.iij4u.or.jp/~gec
6) 鳥取大学乾燥地研究センター：
   http://www.alrc.tottori-u.ac.jp/
7) 日本砂丘学会：
   http://wwwsoc.nii.ac.jp/jssdr
8) 日本砂漠学会：http://wwwsoc.nii.ac.jp/jssdr
9) 三菱重工砂漠緑化計画：
   http://www.mhi.co.jp/env/index.html
10) 緑化ネットワーク：
    http://www.green-network.org

9.3　大気二酸化炭素の増加と地球温暖化

大気中の二酸化炭素（以下 CO_2）濃度は，産業革命以前の約 280 ppm（ppm は体積比で 100 万分の 1）から，1959 年には 316 ppm に増え，その後，急上昇して 2004 年に 377 ppm に達した（CDIAC 調べ，http://cdiac.esd.ornl.gov/pns/pns_main.html）．20 世紀後半の CO_2 の急増は，石油や石炭の大量消費が主な原因である．数百万～数億年かかって地中に蓄積した炭素を，人間は短期間に燃やして CO_2 を大気中に放出している．CO_2 の大気中平均滞留時間は約 5 年間で，たとえ毎年の放出量が一定でも，濃度は年々高まる．世界全体の化石燃料消費量は，現在も増加を続けており，大気 CO_2 濃度が今世紀半ばから後半に 550 ppm，すなわち産業革命以前の 2 倍に達するのは避けられそうもない（IPCC, 2001）．

CO_2 濃度が上昇すると，植物の光合成が促進され，蒸散は抑制される．また，大気の温室効果が強まって，地球全体の気候が変化する．こうした変化は，以下のような影響を農作物に及ぼす．

9.3.1 CO_2 濃度上昇の直接的影響

イネ，コムギなど，C_3 光合成を行う大部分の農作物は，高 CO_2 濃度で光合成が促進される．一方，トウモロコシやソルガムなど，大気中の CO_2 を植物体内で濃縮する機構を持つ C_4 光合成作物は，現在の CO_2 濃度で光合成速度が十分高く，高 CO_2 濃度による光合成の変化は小さい．

光合成が促進されても，作物の収量が増えるとは限らないが，CO_2 濃度が上昇した場合は収量も増える．屋外の空気中に直接 CO_2 を吹き出して，CO_2 濃度上昇が作物の生長と収量に及ぼす影響を調べる，FACE (free-air CO_2 enrichment) 実験の様子を図 9.6 に示した．FACE により，高 CO_2 濃度下の作物の生長を，実験装置内ではなく，実際の圃場で観察することができる．図 9.7 に，現在までに世界中で行われた FACE 実験の結果をまとめたが，CO_2 が 550 ppm に増えたときの農作物収量の変化は，以下のとおりである．

① 窒素と水が十分にあれば，C_3 光合成を行うイネ科作物（イネ，コムギ，ライグラス (Lolium perenne) は，CO_2 濃度上昇により収量が 10〜20％増加するが，C_4 作物のソルガムは増収しない．

② 同じ C_3 作物でも，ワタ（50〜70％増収）やジャガイモ（20〜35％増収）はイネ科作物よりも明らかに増収率が高い．マメ科のシロクローバ (Trifolium repens) も，イネ科作物より増収率が高いことが多い．

③ 窒素が不足すると，イネ科作物の増収率は小さくなるが，マメ科作物の増収率は変わらない．

④ 水不足だと，窒素不足とは逆に増収率が高まる．ソルガムは水が十分あると増収しないが，水不足条件では 30％前後増収する．

図 9.6 岩手県雫石町の農家圃場で実施中のイネ FACE 実験
水稲群落の上約 50 cm に，プラスチックチューブを 8 角形状につるし，風上側のチューブから CO_2 を放出して，8 角形内部の CO_2 濃度を通常よりも約 200 ppmV 高く保つ．

図 9.7 FACE 実験で観測された農作物収量の増加
CO_2 濃度を 200 ppmV 高めた場合の収量増加率を示す．各「箱」の中ほどにある横線は中央値．箱の高さは結果のばらつきを表し，箱の上下の間に 50％の結果が入る．箱の下に出ている縦線の下端が最小値，上に出ている縦線の上端が最大値．〇印は外れ値．データは，Kimball, B. A. et al. (2002) および Kim, H.-Y. et al. (2003) による．

このように，CO_2 濃度上昇による収量増加は農作物の種類や窒素・水条件によって異なる．例えば，水不足の場合にコムギの増収率が高まり，ソルガムが増収するのは，次のように理解できる．すなわち，植物は，葉にある気孔を通して CO_2 を取り込み，水蒸気を出す．大気 CO_2 濃度が高まると気孔が閉じぎみになるので，水蒸気が通りにくくなり蒸散が減る．気孔が閉じれば CO_2 も通りにくくなるが，それによる光合成の低下は小さいので，蒸散に対する光合成の比率：水利用効率が高まる．この結果，水不足が緩和されて，光合成の促進効果以上に収量が増える（金・小林，2005）．

一方，窒素不足のときに高 CO_2 濃度による増収率が低下するメカニズムは，次のように考えられる．CO_2 濃度が高まると炭素同化は促進されるが，窒素吸収は肥料と土壌からの窒素供給量が制約となり炭素同化量ほどには増えない．そのため，高 CO_2 濃度下では炭素に比べて窒素が相対的に不足して，高 CO_2 濃度の増収効果を打ち消す．空中窒素固定をするマメ科作物では，CO_2 濃度上昇で増えた炭水化物を窒素固定に回せるので，窒素が相対的に不足することは少なく，増収率も低下しない．以上は概念的な説明であるが，FACE 実験結果の解析を通して，植物生長過程の高 CO_2 濃度への応答と窒素の関わりが解明されつつある（金・小林，2005）．作物の種類によって CO_2 濃度上昇による増収率が異なる理由も，窒素との関わりが重要と考えられる．

9.3.2 気候変化を通しての間接的影響

CO_2 が増えると大気の温室効果が強まり，気温があがる．CO_2 以外の温室効果ガス（メタンや亜酸化窒素）も人間活動の影響で増えつつあり，2100 年の気温を 1990 年と比べると，地球全体の平均で 1.4〜5.8℃高くなると推定されている（IPCC，2001）．推定値に大きな幅があるのは，将来想定される温室効果気体の放出量や，気候モデルの推定に幅があるためである．なお，気温の上昇幅は高緯度で大きく低緯度で小さい傾向があり，日本付近では平均 3〜6℃程度と想定される（IPCC，2001）．また，温室効果が強まれば気候パターンが変わり，降水の量と時期も変化すると考えられる．こうした気候の大規模な変化は，作物に以下のような影響を及ぼす．

① 温度上昇による低温制約の軽減：中・高緯度の作物生産は，低温によって制約されており，例えば，北海道や東北地方では，1993 年のような夏季の低温でイネの収量が大幅に低下する．気候変化で平均気温が上昇して，冷害の発生が減れば，中・高緯度におけるコメ生産は安定する（中川，2005）．一方，低温環境に適応した作物（リンゴなど）にとって，温度上昇は好ましくない．

② 温度上昇による作物の発育促進：平均気温が上昇すれば，作物の発育が早まる．そうすると，直感的には増収しそうに思われるが，収量はむしろ低下する．発育が温度に強く依存するのに対して，光合成は温度よりも日射量に依存する．温度があがっても日射量が同じであれば，毎日の光合成量は変わらず，発育が早く進む分だけ生長期間が短縮して，生長期間全体の光合成量は減少する．水稲では，高温により穂の成熟が早まれば，葉からの炭水化物供給が不足して，収量や品質が低下する．実際に 1999 年には，水稲の出穂後 20 日間の平均気温が，新潟県や秋田県で平年よりも 3〜5℃高く，白未熟粒の多発などでコメ品質が低下し，大きな問題となった（寺島ほか，2001）．気候変化で温暖化が進めば，同様の現象が拡大・頻発すると予想される．

③ 高温障害の激化：水稲は，開花時に 35℃以上の高温にさらされると，葯が裂開して受粉する過程が阻害されて，不受精を生じる．品種によっては，35℃で 90％以上あった稔実率が，38℃では 40％以下に低下し，収量が激減する（中川，2005）．

④ 温度上昇と降水量の変化による水ストレスの変化：気温が高まると蒸発散が促進されて，土壌水分は低下する．これに降水量の低下が加われ

ば，畑作物は水ストレスにより減収する．ただしIPCC の予測では，2100 年の東アジアの降水量は増加する（IPCC, 2001）．

9.3.3 作物への影響の予測と適応

以上のように，大気 CO_2 の増加自体は農作物収量を増加させ，気候変化はおおむね収量を減少させる．大気 CO_2 の増加が作物に及ぼす影響は，この増減の差し引きで決まるほかに，両者間の相互作用も無視できない．例えば，CO_2 濃度上昇で蒸散量が減ると植物体温があがり，温度上昇の影響が強まる．このように複数の変化が同時に生じる場合には，作物の生長過程を記述したモデルで将来の農作物の生長をシミュレートして，収量への影響を推定することが有効である．そうしたモデルで 21 世紀末のわが国のコメ生産を予測した結果によれば，北日本では冷害が軽減され，CO_2 濃度上昇の効果で 10〜23％増収するが，わが国の中部や南西部では，高温障害が発生して 15〜30％以上の減収となる（中川，2005）．その他の作物についても，北日本ではやや増収，それ以外では減収と予測される．

ただし，こうした予測に用いられたモデルは，図 9.6 に示した FACE 実験の結果を十分取り入れていないため，なお改良の余地が多い．CO_2 増加の影響は，本節で示したように直接効果・間接効果ともに，作物の種類や品種，栽培法によって大きく異なる．このことは，将来を正確に予測するには不都合であるが，逆に将来の気候や CO_2 濃度に適応する余地が多いことも意味する．将来の大気 CO_2 濃度を，550 ppm で安定化させることさえきわめて困難と予想される以上（Canadell and Raupach, 2005），温室効果ガス放出量をさらに削減するとともに，将来の環境変化への適応が重要な課題となる．大気 CO_2 増加に対する作物栽培の適応について，栽培学が果たすべき役割は大きい．

〔小林和彦〕

文 献

1) Canadell, J.G. and Raupach, M. R.（2005）：The challenge of stabilizing atmospheric CO_2 concentrations. *Global Change News Letter*, **61**：19-20（http://www.igbp.net/cgi-bin/php/frameset.php）.
2) Kim, H.-Y., Lieffering, M., Kobayashi, K., Okada, M., Mitchell, M. and Gumpertz, M.（2003）：Effects of free-air CO_2 enrichment and nitrogen supply on the yield of temperate paddy rice crops. *Field Crops Research*, **83**：261-270.
3) Kimball, B. A., Kobayashi, K. and Bindi, M.（2002）：Responses of agricultural crops to free-air CO_2 enrichment. *Advances in Agronomy*, **77**：293-368.
4) 金 漢龍・小林和彦（2005）：CO_2 濃度上昇が農業に及ぼす影響．環境保全型農業事典（石井龍一ほか編），丸善，pp. 808-813.
5) 寺島一男・齋藤祐幸・酒井長雄・渡部富男・尾形武文・秋田重誠（2001）：1999 年の夏期高温が水稲の登熟と米品質に及ぼした影響．日本作物学会紀事，**70**：449-458.
6) 中川博視（2005）：地球温暖化が農業に及ぼす影響．環境保全型農業事典（石井龍一ほか編），丸善，pp. 802-807.

関連ホームページ

1) IPCC（2001）：http://www.ipcc.ch/pub/reports.htm
2) CDIAC：http://cdiac. esd. ornl. gov/pns/pns_main. html

9.4 環境汚染

9.4.1 大気汚染

a. 大気汚染の被害程度

大気汚染とは，「これまで大気中にまったく，あるいはほとんど存在しなかった有害物質が動植物や生態系に影響を及ぼす濃度レベルに達した状態」と定義することができる．

作物が大気汚染の影響を受けると，葉身を中心に様々な被害が発生する．このような作物被害は，光合成や呼吸のガス交換に伴って，汚染物質が体内に取り込まれることによって生ずる．そのため，被害が発生するか否か，被害程度が大きいか小さいかは，取り込まれる汚染物質の吸収速度や吸収量によって大きな影響を受ける．作物に取り込まれる汚染物質の量は，基本的には汚染物質

の濃度と暴露時間とによって決まると考えてよい．すなわち，被害の発生程度に及ぼす両者の関係は，濃度と時間との積が一定となる双曲線で表され，汚染物質の濃度が高いほど，あるいは暴露時間が長いほど被害は大きくなる．

濃度がある水準以下であれば，どんなに長時間暴露されても被害が発現しない場合がある．この濃度を「限界濃度＝閾値」という．同様に，一定時間以内の暴露であれば，どんなに高濃度でも被害は発生しないことになる．このような現象は大気汚染被害の一般的特徴で，汚染物質が異なっても共通して認められる．

被害の発生に影響を及ぼす要因としては，汚染物質の濃度と暴露時間のほかに，作物の種類，品種，生育段階，気孔，体内成分濃度など作物側の内的要因や，気温，湿度，光条件，土壌水分条件，施肥量など生育環境側の外的要因があげられる．特に，大気汚染物質の大部分は気孔を介して吸収されることから，気孔の密度・大きさ・開度は汚染物質の吸収速度に大きく影響する．

b. 大気汚染の被害内容

大気汚染による作物の被害は，急性被害と慢性被害とに分類される．急性被害は，高濃度の汚染物質によって比較的短時間で発生する被害で，被害程度が顕著な場合が多い．被害症状にはそれぞれの汚染物質に特有の壊死斑点（ネクロシス）などを伴うことから，症状から汚染物質の特定が可能である．慢性被害は汚染物質の濃度が低い汚染，あるいは間欠的な汚染を長期間にわたって受けた場合の被害で，葉の黄化（クロロシス），紅葉現象などが現れる．急性被害と異なり，汚染物質固有の症状はみられない．

以上に述べたような目視で確認できる被害（可視被害という）のほかに，光合成，呼吸，体内代謝，酵素活性などが阻害される生理的被害（不可視被害という）も発生する．ネクロシスなど細胞破壊による直接的影響や不可視被害の累積的影響の結果として，作物は生育抑制や収量低下を招く．

c. 主要な大気汚染物質

表9.1に，主要な大気汚染物質と，それぞれの被害発生限界濃度，被害症状の特徴，主な発生源を示した．ここでは，作物に対する毒性の強いものからあげてある．このなかで特に重要なのは，二酸化硫黄（SO_2）とオゾン（O_3）である．

二酸化硫黄（亜硫酸ガスともいう）による大気汚染は，主として硫黄含量の高い化石燃料の燃焼に伴い発生する．日本国内では，明治末期から昭和初期における精錬所の石炭燃焼に伴う大気汚染から，第二次世界大戦後の石油コンビナート進出による汚染規模の拡大にいたる時期まで，樹木や作物に甚大な被害が発生していた．しかし，低硫黄重油の使用による排出規制や総量規制などの発生源対策により，汚染は速やかに改善された．二酸化硫黄については，近年は，急性被害が発生するような高濃度汚染になることはないが，酸性雨の原因物質の一つとして問題となっている．

現在，日本国内において最も問題となる汚染物質は光化学オキシダントである．これは酸化力の強い光化学反応生成物の総称で，表中のオゾンおよびパン（PAN, peroxyacetyl nitrate の略）がそれに相当する．光化学オキシダントの90％以上を占めるオゾンは，成層圏では有害な紫外線をカットするバリヤーとして重要な物質であるが，対流圏のオゾンは動植物に悪影響を及ぼす大気汚染物質である．光化学オキシダントは，初夏から秋口の気温の高い時期に，風が弱くて，日射の強い日に発生しやすい．植物毒性が強いため，きわめて低濃度で，水稲や多くの野菜類，樹木などに甚大な可視被害を発生させる．

9.4.2 酸 性 雨

酸性雨（acid rain）という言葉を初めて用いたのはイギリスのスミス（R. A. Smith）で1872年のことである．しかし，実際に酸性雨による湖沼酸性化や森林衰退，建造物の侵食がヨーロッパや北米で問題になったのは1970年代に入ってからである．

表9.1 主要な大気汚染物質と作物に対する影響の特徴

汚染物質名	急性被害発生の限界濃度（ppm）	被害症状の特徴	主な発生源
フッ化水素（HF）	0.005	葉の周縁部や先端部の枯死・クロロシス	リン鉱石工業，アルミ精錬，窯業，フッ素樹脂廃材の燃焼
パン（PAN）	0.01以下	葉裏面の金属光沢	燃焼過程から排出される窒素酸化物と炭化水素を原料とする光化学反応生成物
オゾン（O_3）	0.06	葉表面の白色および褐色斑点	
エチレン（C_2H_4）	0.05	葉柄の上偏生長，開花異常，落蕾・落花・落果	化石燃料の燃焼，エチレン工場，自動車排ガス
二酸化硫黄（SO_2）	0.1	葉脈間不定形斑点	化石燃料の燃焼，火山からの噴煙
塩素（Cl_2）	0.1	葉脈間白色斑点	化学工場からの漏洩
二酸化窒素（NO_2）	2.5	葉脈間不定形斑点	高温燃焼する施設，内燃機関
アンモニア（NH_3）	8	葉の萎凋	化学工場からの漏洩
塩化水素（HCl）	10	葉縁部のクロロシス・壊死斑	塩化ビニル廃材の燃焼，化学工場からの漏洩
硫化水素（H_2S）	20	葉先から萎凋	火山からの噴煙

酸性雨の主な原因物質は，大気中の二酸化硫黄や窒素酸化物（NO_x）が酸化されて生成した硫酸や硝酸である．一般に，酸性雨といっても，雨や雪，霧などの形で地表に降り注ぐ湿性沈着（酸性雨）と，大気中のガス，エアロゾル，粒子状物質がそのまま直接地表に到達する乾性沈着とがある．この湿性沈着と乾性沈着をあわせて酸性降下物と呼ぶ．乾性沈着の割合は全沈着量の40〜50％にもなると推定されている．

湿性沈着に関しては，大気中に存在する360 ppm の二酸化炭素（CO_2）が純水に溶けて平衡に達したときの水のpHがおよそ5.6を示すことから，pH 5.6以下の雨を酸性雨と呼ぶことが多い．しかし，酸性雨問題は単に雨のpHのみで考えてはならない．基準とすべき「汚染のない自然の雨」のpHは地域によって異なるうえ，同じpHでも陽イオンと陰イオンのイオン組成やイオン濃度は様々であるので，同一に扱うことはできない．アメリカのNAPAP（国家酸性降下物評価プログラム：National Acid Precipitation Assessment Program）の場合では，「"酸性雨"を年平均のpHが5.0未満の雨と定義する」とし，個々の降水のpHには触れていない．

酸性雨による植物被害に関しては，植物に対する直接的な影響と，土壌が酸性化することによる間接的な影響が考えられる．直接的な影響として，人工酸性雨を散布し，葉に発現した可視被害を調査した結果では，供試した35種の農作物のうち31種がpH 3.0で，28種がpH 3.5で被害が発現した．pH 4.0で被害が発現したのは5種のみであった．酸性雨に対する感受性は，概して単子葉植物より双子葉植物の方が高かった．同様に，樹木について調べた結果では，落葉広葉樹＞常緑広葉樹＞針葉樹の順で酸性雨に対する感受性が高かった．被害発現の閾値は，広葉樹でpH 4.0〜3.0，針葉樹ではpH 3.0〜2.0であった．

農作物の生育や収量に対する影響に関して，野外における人工酸性雨実験によると，ハツカダイ

コン（*Raphanus sativus*），レタス，トウモロコシ，コムギなどは，通常の酸性雨レベル（pH 4.5〜3.9）では収量の減少はまったくみられず，pH 3.8〜3.0の低いレベルでも収量の減少はほとんどない．また別の人工酸性雨実験では，pH 4.5〜3.5の散水でソルガム，ラッカセイ，ダイズ，コムギ，トウモロコシなどの生長や収量はかえって増加した．これは酸性雨中の硫黄および窒素化合物の肥料効果によると考えられる．

一方，酸性雨による土壌への影響については，2つあげられる．すなわち，酸性降下物が土壌に負荷されると，第一にH^+イオンが増加する．その結果，交換性陽イオン（Ca, Mg, K, Na）が溶脱され，土壌肥沃度が低下する．第二に土壌のpHが低下する．土壌pHが5以下になると土壌から植物に有害なアルミニウムイオン（Al^{3+}）やマンガンイオン（Mn^{2+}）が溶出し始め，それが土壌溶液中に数ppm〜数十ppm存在すると植物の生育に悪影響を及ぼす．しかし，土壌には緩衝能があるため急激な酸性化は起こらない．

土壌酸性化のしやすさは土壌の種類によって異なる．関東以北に広く分布している低地土や黒ボク土は緩衝能が高いが，西南日本の平野部に分布している赤黄色土は緩衝能が低いことから注意が必要である．なお，農耕地は肥料の形で多量の酸性物質が土壌に添加されており，一方で，土壌の酸性化は石灰などの施用で日常的に防止されているため，酸性雨の評価対象外と考えてよい．

1970〜80年代にかけて，世界各国で森林の衰退現象が確認され，当時は酸性雨が衰退原因として取り上げられた．特に，衰退が激しかったのは旧チェコスロバキア，ポーランドおよび旧東ドイツの国境地帯で，森林はほとんど壊滅的な状況となり「黒い三角地帯」と呼ばれている．わが国でも1980年代後半から，都市周辺域のスギ（*Cryptomeria Japonica*）や山岳地帯のモミ，シラカンバ（*Betula platyphylla* var. *japonica*），ブナ（*Fagus crenata*），シラビソ（*Abies veitchii*）などの衰退が報告されている．

森林衰退の原因について，現在では，酸性雨の直接的影響，土壌酸性化の影響，SO_2の影響，O_3の影響，気象要因，特に異常乾燥の影響，およびこれらの複合影響など種々の説があげられているが，いまだ特定はされていない．

〔松丸恒夫〕

文献

1) 広瀬弘忠（1990）：酸性化する地球，NHKブックス，日本放送出版協会．
2) 増島 博・藤井國博・松丸恒夫（2003）：環境化学概論，朝倉書店．

9.4.3 肥料流出

a. 畑からの肥料流出

作物栽培における肥料の効果は大きい．有史以来，農業においては食物残渣や排泄物を肥料として利用してきたが，リン鉱石の発見や空中窒素固定技術の開発により，近代以降は大量の肥料を安価に入手することが可能となり，肥料の多投が行われるようになった．

図9.8は，テムズ川ほかイングランドの代表的な河川の硝酸態窒素濃度の変化を示しているが，測定開始以来，濃度は上がり続けている．なお，測定地点は首都ロンドンの上流側であり，この濃度の上昇は，ロンドン市内からの排水によるものではなく，上流の穀倉地帯からの排水によるものである．

ここでは高濃度の硝酸態窒素が飲用に適さないことも併記しているが，硝酸態窒素が溶解していても水は無色・無味・無臭であるため，当初は気がつかないことが多い．下流部の湖沼における富栄養化，それによるアオコの発生，養殖魚の斃死などで，問題が顕在化する．

畑からの肥料流出は，わが国の畑地帯でも同様に起こっており，下流部で高濃度の硝酸態窒素が測定されている．台地下での湧水の測定例では，30 mg/L以上の高濃度の硝酸態窒素濃度が連続して測定されている（黒田・田渕，1996）．これは，台地上でのスイカ・ハクサイ栽培での余剰肥料成分によるものである．

硝酸態窒素含有率（mg N/L）

図 9.8 河川の硝酸態窒素濃度（Johnes and Burt, 1993）

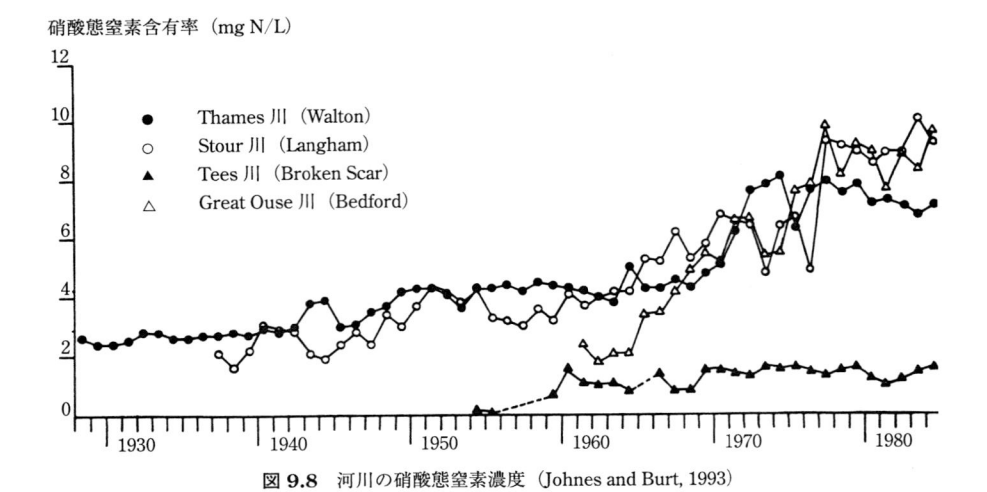

表 9.2 作物ごとの施肥量と吸収量の例（小川, 1986）

	施肥基準量 (kg/ha)	作物体吸収量 (kg/ha)	施肥倍率
ナス	350	164	2.1
キュウリ	300	198	1.5
ハクサイ	300	236	1.3
オオムギ	60	70	0.9

図 9.9 土地利用連鎖による窒素の浄化（田渕・黒田, 1991）

　表9.2は作物ごとの施肥量と吸収量との関係を示した表であるが，多くの場合，施肥量が吸収量を上回っている．この過剰分は，土壌中に蓄積されて次の作期に利用されることもあるが，降雨の地下浸透に伴って地下水中へ移動したり，表面流出に伴って河川に流れ込む割合が多い．普通畑（野菜）からの窒素流出量は，年間でおおむね60～180 kg/ha と見積もられている（田渕・高村，1985）．

b. 水田からの肥料流出

　水田は畦で囲まれており，栽培期間中のほとんどの期間，水を湛えており，排水は豪雨時および栽培管理のための排水時に限られている．肥料成分の流出は排水に伴うものであるから，肥料流出の機会は少ないが，代かき後に排水するときは多量の肥料成分が流出する．

　代かき後の排水は田植機の作業性をよくするためであるが，この排水に多くの肥料成分が含まれるのは，代かき前に元肥を施肥するためである．したがって，施肥の時期を変更することで，肥料の流出を防ぐことができる．

　水田からの肥料流出量は，年間 10～60 kg/ha である．一方，投入量は肥料として 100 kg/ha 程度，降水および灌漑水中に 10～60 kg/ha 程度含まれているので，収支を考えると，水田が水質を浄化している場合もある．図9.9はその一例で，上流側が台地で，森林および畑として利用され，下流の低地に水田が立地している．上流の畑から排出された窒素が，下流の水田で肥料成分として有効化されている．　　　　　　　　〔山路永司〕

文　献

1) Johnes, P. J. and Burt, T. P.（1993）：Nitrate in Surface Waters. *NITRATE*, John Wiley & Sons, p. 301.
2) 小川吉雄（1986）：畑地からの窒素・リンの流出．農業土木技術者のための水質入門，農業土木学会，pp. 69-76.

3) 黒田清一郎・田渕俊雄（1996）：湧水中の硝酸態窒素濃度と負荷量の変動. 農土論集, **181**：31-38.
4) 田渕俊雄・黒田久雄（1991）：台地と谷津田の農業集水域の窒素流出構造. 農土論集, **154**：65-72.
5) 田渕俊雄・高村義親（1985）：集水域からの窒素・リンの流出, 東京大学出版会, p.71.

9.4.4 重金属汚染

a. 重金属とその毒性

金属元素は比重が4.0以上の重金属と、4.0以下の軽金属（アルミニウム（Al）やマグネシウム（Mg）など）とに大別される（表9.3）.

重金属はもともと自然界に存在する元素であり、それ自体が直接汚染源になるものではない．マンガン（Mn），亜鉛（Zn）および銅（Cu）などは、作物の生育上必要不可欠な必須元素でもある．しかし、一定量の濃度を超えると負荷が高くなり、生育障害や中毒症状など作物や人体に様々な毒性を示す．カドミウム（Cd）や水銀（Hg）が農産物を介して深刻な中毒症を引き起こしたイタイイタイ病や水俣病は有名である．重金属の毒性は元素により異なっている．重金属による中毒症状は、短時間で症状が現れる急性毒性と、継続的に摂取して症状が現れる慢性毒性に分けられる．イタイイタイ病や水俣病は慢性中毒に属する（表9.4）.

イタイイタイ病は、富山県神通川流域の一部の住民がカドミウムによる骨軟化障害を発症した公害病である．発症原因は、神通川上流の鉱山で排水されたカドミウムである．このカドミウムが長年にわたって同流域水系の灌漑用水を通じて水田および地下水に混入・蓄積し、その水田で栽培された作物がカドミウムを吸収し、最終的に、高濃度に濃縮されたカドミウムを人が摂取したために中毒症になったと考えられている．人体に蓄積されたカドミウムははじめ、尿タンパク質・糖・カルシウムおよびリンなどの栄養分を再吸収する尿細管に障害を起こし、やがて骨中のカルシウムやリンが欠乏する骨軟化症を引き起こす．イタイイタイ病は1968年にわが国最初の公害病に認定され、2001年の時点で184名の患者が認定されている．

b. 重金属汚染と作物栽培

また最近は、農薬を多量に散布したり、重金属を多量に含んだ下水汚泥を堆肥として施肥した場合、重金属が残留・蓄積され農地自体が汚染源になることも懸念されている．このような背景から、環境に配慮した作物栽培を行うには十分な土壌管理が必要となる．

農地に残留した重金属は、水に溶けにくい．重金属のうち、水銀・カドミウム・鉛（Pb）などの陽イオンは土壌粒子に吸着されやすいため、土壌表層に蓄積する．特に、アルカリ性の土壌ではその傾向が強い．しかし、過剰な重金属によって土壌の吸着能を超えた場合は、降雨などによって重金属が溶脱され土壌深層に浸透し、二次的に地下水が汚染されるおそれもある．また、六価クロム（CrⅥ）などの陰イオンは土壌粒子に吸着されにくいことから、降雨などによって短時間で土壌深層や地下水に、浸透・蓄積する傾向がある（図9.10）.

1970年に農林水産省が国内の農用地における重金属汚染状況について行った調査では、水田は3万1,040 ha、畑地は6,380 ha、合計で3万7,420 haが汚染していると推定されている．畑地に比べて水田の汚染が特に著しいのは、河川上流の鉱山や工場から排出された重金属が、灌漑用水を介

表9.3 主な重金属の種類と比重

	水銀	鉛	カドミウム	クロム	亜鉛
比重	13.5	11.3	8.7	7.1	7.1

表9.4 重金属の中毒症

元素	主な症状	症例
カドミウム	粉じんを吸引すると呼吸困難や骨中の無機物減失	イタイイタイ病
水銀	言語障害・知覚麻痺・全身倦怠	水俣病
鉛	中枢神経障害	
六価クロム	皮膚や粘膜の腐食・鼻中隔に穴があく	東京都六価クロム鉱砕公害

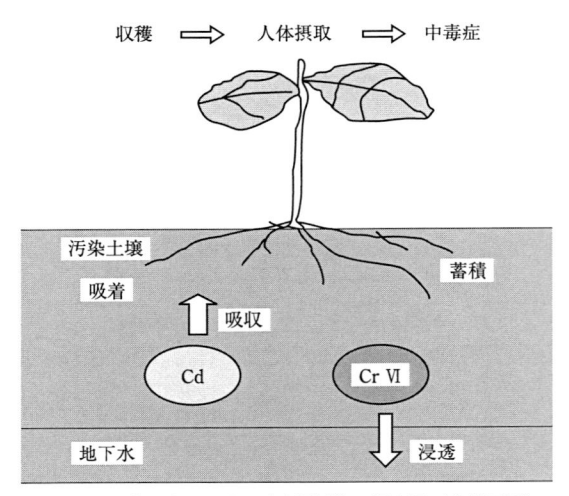

図9.10 農用地における重金属汚染の概念図（土肥原図）

して水田に混入したためと考えられる．

c. 水稲のカドミウム吸収

水稲はカドミウムを容易に吸収する．伊藤らが，平均カドミウム濃度を 0.00082 mg/L に調整した水耕栽培で水稲のカドミウム吸収を検討したところ，葉茎部に生育阻害は認められなかった．成熟期におけるカドミウム濃度は玄米では 4.2 mg/kg DW であったのが水稲全体で 68.1 mg/kg DW と高く，さらに根では 605 mg/kg DW まで及んだ．また，このときの濃度は水耕液中のカドミウム濃度に比べ葉茎部で 4,000 倍，根では 7 万倍に濃縮されていることが確認された（伊藤・飯村，1976）(表9.5)．

水稲体全体に含まれるカドミウムの大部分が，根に蓄積される．根に吸収されたカドミウムが葉茎部へ移行するのは，そのうちの 10% 以下である（Chino，1981）．このように，高濃度のカドミウムを吸収しても作物が枯死しないのは，一般に作物が体内でメタロチオネイン（metallo-thionein）を代謝してカドミウムからの毒性を防御する作用があるためと考えられている．

d. 重金属汚染土壌の修復

カドミウムなどの重金属によって汚染された農用地を修復するには，化学的な方法と工学的な方法がある．化学的な方法は，重金属を難溶化させて作物がカドミウムを吸収できなくするものである．この方法には，石灰や土壌改良材を多量に投入して難溶化を促進する方法と，土壌を湛水化して還元状態にしてから硫化カドミウム（CdS）を生成させて作物の吸収を阻害する方法とがある．また，工学的な方法は，汚染土壌を直接剥取してから，汚染されていない新しい土壌を客土するものである．この方法は効果が大きいことから，多くの現場で用いられている．

しかし，これらの物理化学的な方法では土壌の高アルカリ化や硫化物の問題，さらに剥取した汚染土の後処理などの課題がある．そこで最近では重金属を特異的に吸収する植物を用いて土壌浄化を行うファイトレメディエーション（phytoremediation）が注目されている．

e. 農用地土壌汚染防止法と土壌汚染対策法

イタイイタイ病などの公害病を契機に，政府は1970年，農用地がカドミウムなどの特定有害物質によって汚染されることを防ぎ，人の健康を損なうおそれのある作物の生産を防止し，国民の健康を保護して，生活環境を保全することを目的とした農用地土壌汚染防止法を制定した．この法律では，重金属のカドミウム・銅と鉱物のヒ素（As）を特定有害物質に指定し，カドミウムは玄米 1 kg 中 1 mg 以上，また銅とヒ素が水田土壌 1 kg 中それぞれ 125 mg，15 mg 以上ある場合は当地の都道府県知事が対策地域を指定して客土など

表9.5 水稲のカドミウム吸収（伊藤・飯村，1976）

項目	単位	葉茎部	穂	根	水稲全体	玄米
乾物量	g/株	64.4	69.5	12.0	145.9	53.9
カドミウム	mg/kg DW	35.1	6.0	605	68.1	4.2
濃縮係数		4,280	732	73,780	8,305	512

表9.6 重金属の基準値（土壌汚染対策法より抜粋）

重金属	土壌溶出基準 (mg/L)	土壌含有基準 (mg/kg)	地下水基準 (mg/L)
カドミウム	0.01以下	150以下	0.01以下
鉛	0.01以下	150以下	0.01以下
六価クロム	0.05以下	250以下	0.05以下
ヒ素	0.01以下	150以下	
水銀・その化合物	水銀0.005以下 アルキル水銀は 検出されないこと	15以下	水銀0.005以下 アルキル水銀は 検出されないこと

の土壌復元工事を実施することになっている.

さらに，2003年には農用地の汚染にとどまらず，土壌全体の汚染防止と人への健康被害の防止を目的とした土壌汚染対策法が施行された．土壌汚染対策法では，有害物質を使用していた施設の廃止時に土壌調査が義務づけられることや，土壌の汚染度が基準値を超えて人への健康被害が予想される場合は都道府県知事により汚染の当事者に対して土壌修復を勧告できることなどが制定されている．この法律では，重金属を含めた25項目の有害物質が特定され，それぞれ環境基準値が決められている．その一部を表9.6に示す．

基準値には水で溶出させたもの（溶出量基準）と酸で溶出させたもの（含有量）がある．重金属の分析はアルキル水銀ではガスクロマトグラフ法であるが，それ以外は，原子吸光法や誘導結合プラズマ（ICP）発光分光法などを用いる．さらに，微量な重金属の定量にはICP質量分析法が使われている．

f. 日本と東アジアの将来

農用地の重金属汚染は工場排水などによって汚染される場合と農薬の多量投入によって自ら汚染源になる場合がある．いずれの場合も，一度汚染されてしまうと元の状態に回復させるのに多大の労力と費用を要する．重金属汚染を防止したり，被害を最小限に抑えるには，土壌や地下水を定期的に調査するとともに，通常の栽培管理を行った場合に作物の立ち枯れが生じたり，灌漑水の異常などが起こった場合に，早急に対処することが重要である．

最近では，わが国だけでなく，稲作が盛んな東アジア諸国でも農用地の重金属汚染が深刻な環境問題になっている．中国では鉱山からの排水による土壌汚染が多発し，カドミウムやヒ素に汚染された農産物を介して人体への影響が懸念されている．フィリピン，マレーシア，インドネシア，タイおよび台湾でも同様である．したがって，今後は重金属汚染の対策に関して国際的な協力と連携が必要となってくる． 〔土肥哲哉〕

文 献

1) Chino, M. (1981): Uptake-transport of toxic metals in rice plants; in Heavy Metal. *Pollution in Soils of Japan* (Kitagishi, K. and Yamane, I. eds.), Japan Scientific Societies Press.
2) 浅見輝男 (2001)：データで示す日本土壌の有害金属汚染，アグネ技術センター．
3) 伊藤秀文・飯村康二 (1976)：水稲によるカドミウム吸収・移行および生育障害，重金属による土壌汚染に関する研究（第1報），北陸農業試験場報告．
4) (財) 民間都市開発推進機構研究センター監修 (2003)：土壌汚染 その総合対策，ぎょうせい．
5) 田口計介・竹下宗一 (2003)：土壌対策の基礎知識，日報出版．
6) 畑 明郎 (2001)：土壌・地下水汚染（広がる重金属汚染），有斐閣．

10
低投入持続的農業・環境保全型農業

10.1 低投入持続的農業・環境保全型農業

10.1.1 世界と日本における動き

　低投入持続的農業という用語は，1980年代からアメリカで研究・教育，推進されたLISA (low input sustainable agriculture) を日本語に訳したものである．低投入とは，石油などの化石エネルギー，労働力および肥料や農薬などの農業資材の使用量を少なくすることである．また，持続可能な農業とするためには，土壌や水などの自然資源の質と量を低下させないこと，農業生産の結果として生ずる廃棄物が環境容量の範囲内におさまり環境破壊をもたらさないこと，農業経営を継続するために十分な収益があがることなどが求められる．

　世界の各国，特に先進国といわれるような国々では，産業革命以来，農業においても生産性の向上を目指して，エネルギー，肥料，農薬が大量に使用されるようになった．その結果，農業生産は飛躍的に増大したが，鉱工業における公害問題のように，農業においても環境問題が生ずるにいたった．例えば，森林の伐採や開墾，耕起によって土壌が流出する土壌侵食，肥料成分による地下水や湖沼の汚染，農薬による昆虫や小動物の減少や生物相の変化などである．

　欧米におけるこのような低投入持続的農業を目指す動きは，1962年にR. カーソン (R. Carson) により "*Silent Spring*（沈黙の春）" が刊行されたことがきっかけとなったが，その背景としては農業技術の進歩により欧米では農産物の生産量が十分な量に達していたということがある．わが国では1961年に農業基本法が成立し，1970年代からはコメの過剰問題が生じるなかで有吉佐和子により『複合汚染』が刊行され，これが環境保全型農業を目指す動きの一つの契機となった．

　しかしながら，わが国ではそれ以前の1930年代から，宗教的あるいは哲学的な信念に基づいて「自然農法」といわれる，肥料や農薬を使用しない農業を希求する動きが起こっていた．自然農法は無化学肥料および無農薬を原則とする農業で，戦後の混乱期から高度経済成長期を経て現在も継続され，その考え方は有機農業に発展している．また，官民一体の運動として，第二次世界大戦以前から土壌改良や肥料として化学肥料ではなく有機物の施用を重視する「土つくり運動」があった．一方で，生産者のなかからも農薬散布に伴う健康被害や農薬中毒事故の発生などにより，一部に無農薬栽培を目指す動きも始まった．また，消費者の立場からは，食品としての農産物の安全性を高めるという観点から農薬の使用を減らし，使用基準を厳守することを求める社会的な動きを活発化させた．これらの動きがわが国における有機農業を含む現在の環境保全型農業に結びついて発展してきた（熊澤，1989）．

　そのようななか，農林水産省は1994年に「環境保全型農業推進本部」を設置して「全国環境保全型農業推進会議」を発足させ，環境保全型農業の推進に動き出した．そこでは，環境保全型農業を「農業の持つ物質循環機能を生かし，生産性と

の調和などに留意しつつ，土づくり等を通じて化学肥料，農薬の使用等による環境負荷の軽減に配慮した持続的な農業」であると定義している．また，1999年には「持続性の高い農業生産方式の導入の促進に関する法律」を制定し，環境と調和した農業生産を奨励した．さらに，堆肥等による土づくりと化学肥料・化学農薬の使用の低減を一体的に行う農業生産方式を導入しようとする農業者を「エコファーマー」として認定し，環境保全型農業の推進を図っている．このように，21世紀に入り，わが国における低投入持続的農業や環境保全型農業を求める動きはますます広がりをみせている（熊澤，2002）．

10.1.2 化学肥料の削減技術

現代農業では堆肥(たいひ)などの有機物を利用する割合が少なくなったが，一方で畜産廃棄物や食品廃棄物などの有機物のなかには多くの窒素が含まれており，これを利用することで化学肥料を削減することができると考えられる．

窒素に関して農林水産省が試算した結果によると，わが国の農産物の窒素の吸収量は，作物ごとの窒素吸収量と作付面積から計算して約57万tであり，作物による窒素吸収率を50%とすると約114万tの窒素が必要となる．これに対して畜産廃棄物に含まれる窒素の量が74万t，食品廃棄物の窒素が4万t，下水・し尿の汚泥の窒素が21万tなどと推定され，これらを農地に還元することで環境に負荷を与えずに化学肥料を削減することができると考えられる．しかし，有機性廃棄物に含まれる可能性がある病原性の微生物や重金属などの処理，堆肥化や輸送に必要なコストの削減など技術的な問題も多く残されている．

欧米諸国においては，未熟な家畜糞尿や化学肥料の施用量の増加により，硝酸態窒素による地下水の汚染が問題視され，飼料や野菜のなかに含まれる硝酸塩により家畜が硝酸塩中毒になる事例や乳児がブルーベビー症になるといった問題が生じた．わが国でも，地下水の5.8%が硝酸態窒素および亜硝酸態窒素の環境基準である10 mg/Lを超過している現状にある．これは農業以外に原因がある場合も多いが，チャや葉菜類などのように高品質化のために多肥栽培が行われる作物もあり，農業で施用した肥料成分の利用効率を向上させる努力が必要である．

肥料の利用率を高めるためには，土壌診断や生育診断に基づいて施用量を決め，基肥(きひ)量を減らして分施体系とすることが有効である．また，同じ肥料でも一時期に大量の肥料成分が溶出する速効性肥料ではなく，肥料成分が徐々に溶出する緩効性肥料を利用したり，作物の根系の部分のみに施肥を行う局所施肥技術が検討されている．一方で，長期的には輪作体系にマメ科作物を組込んで根粒菌による空気窒素の固定能力を利用したり，緑肥作物を組込むことにより地力を増加させることが重要となる．

10.1.3 農薬の削減技術

現代農業は殺菌剤，殺虫剤，除草剤などの農薬によって支えられている，といっても過言ではない．しかしながら，農薬のなかには人体に対して毒性を持つものがあるほか，農産物の残留農薬に対する消費者の不安も高まっている．これに対応して，農薬の安全性を高める技術開発が確実に進んでおり，1960年には農薬生産額のうち49.7%が毒物および特定毒物で占められていたが，1990年にはその割合は4.2%にまで減少した．また，使用する濃度や回数，収穫までの期間などに関する使用基準も厳守されるようになった．

一方，長年にわたり同じ農薬を使うと病害虫や雑草のなかに農薬に耐性を持つものが出現してくる．また，農薬のなかには，いわゆる環境ホルモンとして内分泌撹乱(ないぶんぴつかくらん)作用を持つのではないかと疑われる化学物質もあり，環境問題としても取り上げられるようになっている．

農薬のみに頼らない新たな防除方法として，1970年代から総合防除（integrated pest control, IPC）あるいは総合的有害生物管理（integrated pest management, IPM）の考え方が広がってきた．この考え方は，害虫の防除において天敵の利用と薬剤の使用を両立させるために生まれてきたが，現在では病害や雑草の防除にも応用される場合が多い．総合防除は農薬を用いて害虫，病原菌および雑草を完全に駆除するのではなく，いくつかの防除技術を組合わせてこれらの有害な生物を管理し，農業被害を少なくしようという考え方である．総合防除を行うためには，まず害虫，病原菌および雑草の生態を知り，これらが作物に与える被害をどの程度まで容認できるか，という被害許容水準（economic injury level, EIL）を設定する．その後，輪作体系を組んで栽培する作物を決め，抵抗性を持つ品種などを栽培する．例えば害虫管理においては天敵や性フェロモンの利用，病害管理においては水や太陽熱による殺菌法の利用，雑草管理においてはアイガモなどによる生物的除草や他感作用（アレロパシー）の利用などを検討する．なお，農薬も総合防除の一部として用いることができると考えられる．このように，総合防除は作用力の強い単一の技術ではないため，農業を取りまく地域の特性に応じた防除メニューをつくることが大切である（中筋，1997）．

10.1.4 農業の環境保全機能

農業は，肥料や農薬が過剰に投入されれば周囲の環境を破壊する場合もある反面，特にわが国では水田が水質の浄化機能を果たしているなど環境を保全する機能もある．これだけでなく，農林業生態系には地下水などの水資源を富化する水涵養機能，洪水防止機能，土壌侵食防止機能，汚染物質浄化機能，生物相保全機能などがあり，これらの多面的機能を維持増進していくことが必要である．

以上のように，農業には環境に対して負荷を与える面と，逆に環境保全に積極的に貢献している面とがある．次節以降で，環境への負荷を減らし環境保全機能を高めていくための技術について紹介する． 〔小柳敦史〕

文 献
1) 熊澤喜久雄（1989）：「有機農業」と現代農業 [1]．農業及び園芸，**64**(1)：89-103．
2) 熊澤喜久雄（2002）：環境保全型農業10年の取り組みとめざすもの，家の光協会，pp. 12-69．
3) 中筋房夫（1997）：総合的害虫管理，養賢堂，pp. 1-273．

10.2 節水栽培

世界的にも日本国内においても，将来，淡水資源が不足する可能性が予測されている．利用可能な淡水の約3分の2を農業用水が占めているため，農業分野での水利用効率（water use efficiency）の改善が求められている．灌漑農業（irrigation agriculture）では節水灌漑，天水農業（rain-fed agriculture）では雨水の有効利用が必要になる．

水利用効率の改善という問題は，単に植物体あるいは圃場レベルでの技術革新だけでは不十分であり，地域レベルあるいは流域レベルでの灌漑管理や水資源確保，水質管理などの農業工学的戦略や，政策的あるいは経済学的なアプローチも必要になる．ただし，本節では，作物生産における水利用効率の向上についてのみ取り上げる．

10.2.1 圃場における水収支

節水栽培の基本は，圃場における水の出入りの要素と全体像を把握することである．これを水収支（water balance）という．図10.1に灌漑水田での水収支の模式図を示した．水田への水のインプットとして，雨（rainfall），灌漑水（irrigation water），上位の水田からの漏水（seepage），下層土からの毛管水（capillary water）があり，アウトプットとして，降下浸透（deep percolation），下位の水田への漏水（seepage）や流出（run-off）・排水（drainage），蒸発（evaporation），蒸散（transpiration）がある．畑では横方向への漏水は考えなくてよい．水田での総収支は，減水深（water loss in depth, mm/日）としてフックゲージなどで簡便に測定できる．

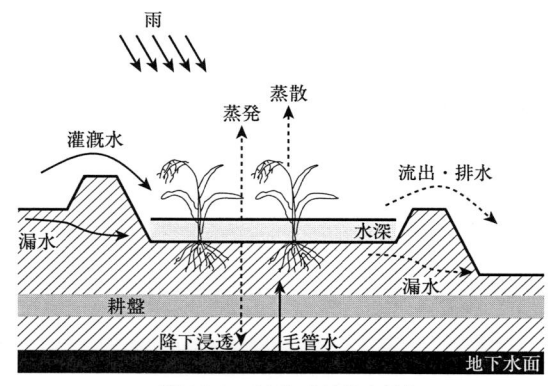

図10.1　水田における水収支

10.2.2　水利用効率と水生産性

節水（water-saving）は水消費量を節約することであるが，農業生産上重要なのは，節水し，かつ少ない水でより多く生産すること，つまり，水利用効率や水生産性（water productivity）を向上させることである．水利用効率とは，作物生産量を，給水量，蒸発散量，あるいは蒸散量で割った値であり，群落レベルでの単位はt/ha/mmなどである．同じような概念として，水生産性という言葉が近年提唱されており，単位はkg/m^3である．また，作物乾物重1gの生産に必要な水の量を要水量（water requirement, kg/g）という．

10.2.3　栽培管理

節水栽培においては，蒸散以外の水のアウトプットを最少にすることを目指す．畑では，ビニルシート，紙，作物残渣などを利用したマルチを畝間に敷き詰め，地表からの蒸発を抑制する．現在中国では，地表被覆稲生産システム（ground cover rice production system）の研究が進められている．水田では，代かき（puddling）により難透水性の耕盤（plow sole）をつくり降下浸透を抑制する．砂質土壌の水田では，コストはかかるが，ローラなど重量機械で土壌を締め固め（soil compaction），ベントナイトなどの土壌改良剤を客土し透水性を減少させる試験が行われている．また，畦塗り（levee coating）や適切な畦の修復管理で，漏水や流出を抑制する．また，広い面積の水田圃場では，均平化（land leveling）により田面水の水位を下げ，降下浸透や漏水を少なくする．熱帯では，代かき用水を省ける乾田直播の方が移植栽培よりも水消費量が少ないとされている．

灌漑用水量が限られている場合や天水農業では，降水パターンにあわせて播種日を設定し，生育期間が適当な品種を選択することが最も重要である．わが国における陸稲品種の育成過程では，梅雨明け後の夏季の少雨乾燥を避けるように早生化されてきた．また，半乾燥地の天水農業では，生育後期の雨量の減少と利用可能な土壌水分の減少が，生産性の最大の制約になるため，早生品種の開発による干ばつ逃避（drought escape）策がとられてきた．また，ため池を有効利用することや，適切な栽植密度を設定することも重要である．

10.2.4　節水灌漑方法

節水効果は，灌漑方式によって異なる．灌漑効率は，畝間灌漑（furrow irrigation），スプリンクラー灌漑（sprinkler irrigation），点滴灌漑（drip irrigation）の順に低く，コストもこの順に低い．水路をパイプライン化すれば水の流出を少なくできる．

作物の生育ステージごとの耐乾性（drought resistance）を理解することは，節水栽培にとって重要である．水稲では，移植後の活着期と生殖生長期の減数分裂期と開花期が，水分供給の低下に対する感受性が最も高い．西日本の秋落ちしやすい水田では，移植後の10日間を除く栄養生長期は湛水せず，生殖生長期から次第に灌水量を増やして湛水にする節水灌漑法が成功した．この灌漑方法の原理は，近年の直播栽培や飼料稲栽培，都市隣接水田での新しい稲作の試験においても取り入れられている．この他に，中国やオーストラリアなど，水資源の枯渇がより深刻な地域では，浸透を抑制するために，土壌を飽和（saturation）

状態に保ちながら湛水状態にはしない節水型の灌漑方法が工夫されている．間断灌漑法（alternative wetting and drying, intermittent irrigation）や，揚げ床栽培（raised bed system）がその例である．しかし，粘土質が多く，地下水位が低い水田では，節水灌漑に伴い非湛水状態が続くと，土壌に亀裂（crack）が生じ，かえって漏水や浸透が増え，節水と水生産性の向上が期待できないので注意が必要である．

10.2.5 節水栽培と育種方向

個体あるいは群落レベルでの蒸散効率（transpiration efficiency）には遺伝的差異があり，種間差や品種間差が多く報告されている．しかし，蒸散効率が高い品種が開発された例は皆無である．天水農業用としては，深根性の耐乾性品種が開発されてきたが，これは土壌下層部の余剰水分をより多く吸水し干ばつ回避（drought avoidance）するもので，蒸散効率が改善されているわけではない．

天水農業では，干ばつや低水分状態に適応した品種が開発されてきたが，灌漑農業における節水栽培に適した品種開発は，わが国では行われていない．これは，遺伝的な変異よりも，水分環境状態の変化の方が，生産量に大きな影響を与えるためである．しかし，中国やイランなど，より淡水資源の枯渇が深刻な地域では，エアロビックライス（aerobic rice）と呼ばれる灌漑畑状態で栽培される収量ポテンシャルの高いイネ品種が開発されている．　　　　　　　　　　〔鴨下顕彦〕

文　献

1) Barker, R., Dawe, D., Tuong, T. P., Bhuiyan, S. I. and Guerra, L. C.（2001）：2020年における水資源の見通し─米生産における水管理研究の課題─（訳）．世界の農林水産，**2**：4-20.
2) 高井静雄（1959）：水稲の節水栽培法．農業及び園芸，**34**：323-326.
3) 山崎農業研究所編（2003）：21世紀水危機─農からの発想─，農山漁村文化協会．

関連ホームページ

1) 国際稲節水研究プラットホーム：
http://www.irri.org/ipswar/about_us/ipswar.htm
2) 国土交通省　土地・水資源局水資源部：http://www.mlit.go.jp/tochimizushigen/mizsei/index.html

10.3　不耕起栽培

10.3.1　不耕起栽培の意義

a.　不耕起栽培の定義

不耕起栽培（no-tillage）は，文字どおり耕起（tillage）をしないで作物を播種または移植して栽培する農法であるが，その定義は一義的ではない．すなわち，播種や移植のために必要最小限の作溝や穿孔を行うほかは栽培の全期間を通じて中耕（intertillage）など一切の耕起をしないものから，播種や移植時には耕起をしないものの前作残渣のすき込みや整地のために前もって耕起を行うものまで，耕起の程度と時期に関する考え方は様々である．そのため，作付けと栽培管理のために最小限の耕起を行う最小耕起法（minimum tillage）との区別も実用場面では明確ではない．現在，わが国では，作付けにあたって全面耕起を必要としない不耕起播種機や不耕起田植機を用いる栽培法を不耕起栽培と呼んでいる．

b.　不耕起栽培の目的

不耕起栽培は南北アメリカを中心に耕土の風食（wind erosion）や水食（water erosion）防止を第一義の目的とした保全的農法（conservation culture）として急速に栽培面積が拡大してきた．

わが国でも同様の目的で傾斜地の草地造成や更新に蹄耕法（hoof cultivation）や草地簡易更新法などの不耕起栽培が用いられてきた．しかし，イネ，ムギ類，ダイズの不耕起栽培は水田と輪換畑で行われており，圃場の傾斜に伴う土壌侵食（soil erosion）はほとんどないため，省力化と作業体系の合理化を主な目的としている．

c.　わが国における不耕起栽培

わが国の不耕起栽培は，古くは焼畑農法にさか

のぼることができる．実用的な現代農法としては1970年代はじめの岡山県における水稲の不耕起乾田直播栽培（no-till direct seeding）が始まりであるが，時期を同じくして機械移植栽培（田植機稲作）が実用化されたため，本格的な導入は進まなかった．1980年代後半になって，コメ生産調整に伴う水田輪作の必要性，農産物の輸入自由化による生産コスト低減要求の高まりから，作業が天候に左右されにくく省力的な不耕起栽培が再び注目されて実用技術の開発が進みつつある．

10.3.2 不耕起栽培の実際

a. 水稲の不耕起乾田直播栽培

従来の乾田直播栽培（耕起直播：dry seeding）は省力的であるものの，播種前に耕起を行うため降雨があると圃場の地耐力が小さくなって適期に播種できなくなることがある．耕起直播のこの弱点を補う技術として不耕起乾田直播栽培が開発された（図10.2）．

本栽培では播種前あるいは水稲の出芽前に非選択性接触型除草剤（nonselective contact herbicide）で既存雑草を枯殺し，不耕起播種機で水稲を条播（drilling）する．不耕起状態では土中への施肥が難しいため，種子と一緒に播種溝のなかへ施肥する様式（接触施肥）もある．速効性肥料の接触施肥は水稲に濃度障害（salt damage）を起こすので，被覆尿素（plastic coated urea）などの発芽時にはほとんど溶出しない肥効調節型肥料（release controlled fertilizer）が用いられる．耕起直播と同様に出芽後3葉期頃まで乾田状態で栽培するため，入水前に選択性接触型除草剤（selective contact herbicide）を用いる必要がある．入水後（permanent water）に土壌処理除草剤（soil applied herbicide）を散布した後は，移植栽培と同様に栽培される．

不耕起乾田直播栽培の利点は，①圃場の地耐力が大きいので播種作業が天候に左右されにくく適期播種が可能である，②所要動力が小さく播種作業の能率が高い，③入水後も地耐力が維持されるため収穫作業を容易にするための中干しが不要で無落水栽培が可能である，④水稲収穫後の圃場の乾燥が移植田よりも早いため輪作が容易である，などである．他方，欠点としては，①移植栽培より多くの除草剤散布が必要となる，②代かきをしないため地下水位の低い圃場では漏水しやすく用水量が多くなる，③栽培を連続すると土壌表面に過度の有機物が堆積して播種作業や水稲の生育に影響する，などがあげられる．

不耕起乾田直播はきわめて省力効果が大きいものの，これらの欠点があるため必ずしも持続的農法とはいえない．実際に普及している栽培では，播種前に浅耕や鎮圧をしたり，冬季に代かきをして播種前に土壌を乾燥固結させるなどして，事前に整地と地耐力の確保を行うものも多い．

b. 水稲の不耕起移植栽培

不耕起移植栽培（no-till transplanting）は耕起と代かきをしないで入水した圃場に不耕起田植機で稚苗を移植する栽培法である．不耕起田植機は従来の乗用田植機に移植部分のみを狭い幅で耕起し作溝するディスクが取りつけられている．田植え前に既存雑草を非選択性接触型除草剤で枯殺し，入水後土壌が軟らかくなるのを待って移植する．土中への施肥が困難なため，ペースト状の肥料を移植時に土中に圧入する側条施肥や，移植後に溶出する肥効調節型肥料をあらかじめ育苗箱に

図10.2 水稲の不耕起乾田直播栽培の播種作業（1998）
冬季に代かきをして乾燥固結させた圃場における不耕起播種作業．

入れ，移植と同時に植え穴に施肥する育苗箱全量基肥施肥が行われる．移植後は従来の機械移植栽培と同様の管理を行う．

不耕起移植栽培の利点は省力効果に加えて，① 代かきを行わないため泥水の流出がない，② 土壌の還元が進みにくく根腐れやメタンガスの発生を抑制できる，③ 圃場に地耐力があるため収穫作業が容易で圃場を傷めにくく次作や輪作がしやすい．逆に欠点は，① 代かきをしないため減水深が大きく用水量が多くなる，② 前作の収穫作業による轍など圃場の不陸が大きいと精度の高い移植作業が難しい，③ 不陸により完全な湛水ができない場合には除草剤の効果が劣る，④ 前作残渣が圃場面に不均一にある場合や，前作イネの再生や冬季の雑草発生が多い温暖地では，精度の高い移植が難しい，⑤ 植え穴に残渣が入ると苗の活着や生育に影響する，などである．

c. ダイズの不耕起播種栽培

水田転作として輪換畑で栽培されるダイズの播種は，前作であるムギ類の収穫と作業時期が競合するうえに，関東以西では播種期が梅雨と重なるため適期の播種が難しい．ダイズの不耕起播種技術はこれらを解決するために開発されたもので，省力・高能率かつ降雨の影響を受けにくい作付法を目指している．

ムギ類の収穫後に不耕起播種機を用いてダイズを条播する．圃場には麦稈や刈株が散在するが，近年開発された不耕起播種機はいずれも麦稈を排除しながら播種溝を成形することができる．播種前あるいは播種直後に非選択性接触型除草剤を，播種直後に土壌処理除草剤を散布する．出芽後は従来のダイズ栽培と同様に管理するが，中耕培土は省略される場合も多い．

不耕起播種栽培の利点としては，省力効果に加えて，① 所要動力が小さいため高能率の播種作業ができる，② 不耕起圃場は地耐力があるため降雨後速やかに播種できる，③ 毛管水が遮断されないため干ばつ害に強い，④ 土壌が硬いため支持力が大きく耐倒伏性が向上し培土を省略できる，などがある．一方，欠点としては，① 既存雑草を枯殺するために非選択性接触型除草剤の散布が必要である，② 不耕起圃場は表面に前作の凹凸が残るため，播種後に雨が多いと凹部に滞水して冠水害をまねく危険がある，③ 圃場が前作残渣により覆われているため出芽〜幼苗期に病虫害の発生が多くなる，④ 土壌が硬くダイズの根の伸長が抑制される場合がある，などがあげられる．

d. 草生栽培への適用

播種時に耕起をしない不耕起栽培の特徴を活かして，草生栽培（sod culture）や不耕起二毛作（no-till double cropping）が試みられている．草生栽培としては，レンゲや緑肥作物の立毛中に水稲を不耕起播種して植被により雑草の発生を抑制し除草剤散布を減らす試みが行われている．また，コムギの立毛中に水稲を不耕起播種する水稲麦間不耕起直播栽培（wheat-rice no-till double cropping）は，コムギ収穫前に水稲が出芽するため収穫後に播種する場合に比べ省力的なだけでなく，水稲の生育量を確保しやすい合理的な二毛作体系と考えられる．

10.3.3 低投入持続的農業・環境保全型農業としての不耕起栽培

a. 低投入持続的農業としての側面

不耕起栽培の利点は，直接的には耕起のために費やされるエネルギーの低減，すなわち，省力，省コスト効果である．作物収量に対する不耕起栽培の直接投下エネルギーは耕起栽培に比較し半減するという報告もみられる．また，地力窒素の無機化量が減少して地力消耗が抑制されることや，表層に有機物残渣が堆積して雑草の発生が抑制されるので除草剤の投入量を減らせることなども明らかにされている．

b. 環境保全型農業としての側面

水稲の不耕起栽培は，代かきをしないため土壌や肥料成分の排水路への流出が少なく，水質保全

に効果が高い．そのほか，メタンガスの発生が少ないことや，栽培期間中の落水が不要なため節水や貯水，さらには水田における水質浄化などの環境保全的効果が期待できる．他方，輪換畑における不耕起栽培では，燃料消費が少ないことによるCO_2排出量の低減のほかには，直接的な環境保全的効果は認められない．

c. 課題と対策

低投入持続型，環境保全型農業として，不耕起栽培には消費者など農業を取りまく側からの期待が集まっている．しかし，以上みてきた不耕起栽培の特徴が実用場面ではマイナス要因となることもある．すなわち，① 根穴（biopore）の発達による透水性の向上は漏水の多少と表裏一体の関係であるし，② 土壌表面への有機物の堆積は発芽の不揃いや病害虫の発生原因になる．また，③ 既存雑草防除のために除草剤投入量が増えるし，④ 肥料の利用率が低いことは施肥量の増加や環境への流出の問題をはらんでいる．

一方，生産者など農業を行う側の不耕起栽培への期待は省力化，低コスト化にあり，欠点を克服しながら実用化が進んでいる．すなわち，肥効調節型肥料の局所施用により肥料が効率よく利用できるようになったし，ほとんどの場合，連続の不耕起栽培は行わず耕起や代かきを組入れた輪作により雑草の耕種的防除や有機物の堆積回避を図っている．さらに，地下水位が高く漏水が少ない地域を選ぶなど不適地での不耕起栽培を避けているし，水稲の不耕起栽培では乾田畦塗り機を利用した畦畔整備など漏水対策を徹底している．

〔濱田千裕〕

文　献

1) 新しい水田農法編集委員会・庄子貞雄（2001）：苗箱全量施肥・不耕起・無代かき・有機栽培．大潟村の新しい水田農法，農山漁村文化協会．
2) 岩澤信夫（1993）：新しい不耕起イネつくり，農山漁村文化協会．
3) 木本英照・岡武三郎・冨久保男（1995）：乾田不耕起直播栽培，農山漁村文化協会．
4) 坂井直樹（1988）：不耕起栽培の研究状況（Ⅰ）─作物収量への影響─．農作業研究，**23**：179-188．
5) 坂井直樹（1989）：不耕起栽培の研究状況（Ⅱ）─土壌の変化と作業性─．農作業研究，**24**：1-9．
6) 中央農業総合研究センター関東東海総合研究部総合研究第1チーム（2003）：汎用型不耕起播種機による大豆不耕起狭畦栽培マニュアル，ver.1．
7) 日本作物学会シンポジウム記事（2001）：作物の不耕起栽培の現状と今後の研究課題．日本作物学会紀事，**70**：279-300．
8) 日本作物学会編（2002）：作物学事典，朝倉書店．
9) 櫛渕欽也監修（1995）：直播稲作研究四半世紀のあゆみ，直播稲作への挑戦　第1巻，農林水産技術情報協会．
10) 農林水産省（1999）：大豆の不耕起播種技術マニュアル．
11) 前重道雅編著（1996）：稲作の技術革新と経営戦略─21世紀を見すえて─養賢堂．

関連ホームページ

1) 不耕起畑・水田と小麦・水稲根圏の微生物フロラと酵素活性（金澤晋二郎）：http://133.5.207.201/Textbook/keika/%E5%B0%82%E9%96%80PDF/s6.2.pdf

10.4　精密農業

精密農業（precision agriculture）とは，情報技術を駆使し，作物生産にかかわる多数の要因につき空間的にも時間的にも高精度のデータを取得解析し，複雑な要因間の関係性を科学的に解明しながら意思決定を支援する営農戦略体系である（NRC，1997）．

10.4.1　精密農業の作業サイクル

精密農業では図10.3に示すように，まず圃場のばらつきを克明に記録することから始まり，続いて過去の作業日誌や消費者ニーズなどの諸要因をみながら，ばらつきに対応した農作業内容を決定する．作業内容の決定は，地力維持と収益性および安全性や環境保全効果などを基準にして行う．圃場情報を含む作業履歴は圃場レベル GIS として蓄積され，次の作業サイクルへ進む（NRC, 1997；Shibusawa, 2003）．

要求される技術は，圃場マッピング技術と可変

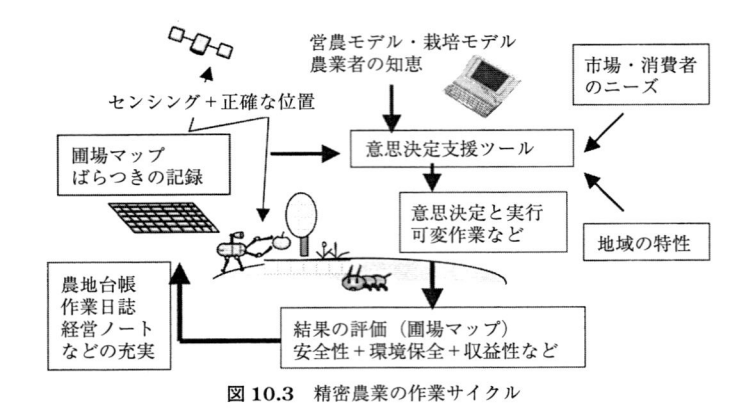

図 10.3 精密農業の作業サイクル

図 10.4 精密農業日本モデルの戦略

作業技術および意思決定支援システムである (Shibusawa, 2003). 収量メータつきコンバインによる収量マップの作成や可変型スプレーヤによる除草剤散布量の半減などは，すでに実用化され国際的にも普及しつつある．

精密農業の作業サイクルを実行すると，図 10.4 に示すように，栽培履歴などを含む「情報つき圃場」が誕生し，また収穫・選別・出荷作業の自動化・ロボット化を通じて，「情報つき圃場」と結合した「情報つき農産物」が誕生する（Shibusawa, 2003；澁澤，2003）.「情報つき圃場」と「情報つき農産物」を集積することにより，圃場・農産物情報管理システムが構成され，戦略的な営農支援と同時に農産物マーケティング支援が可能となる．これが精密農業導入の効果と展望であり，精密農業日本モデルとして注目を集めつつある．

10.4.2 コミュニティベースの精密農業

コミュニティベース精密農業日本モデルとは，知的営農集団と技術プラットホームの協力により，情報つき圃場と情報つき農産物の生産を通じて，生産・流通・消費の全体システムを管理しながら，環境保全や農業の収益性および食の安全の調和を求める新しい地域営農システムである（図 10.5）.

わが国では，一筆数十 a という小さな圃場群が大勢を占め，圃場の地域的なばらつきが特に顕在化している．また，その圃場群の耕作者（所有者）は多数の農家であり，経営動機や栽培管理方

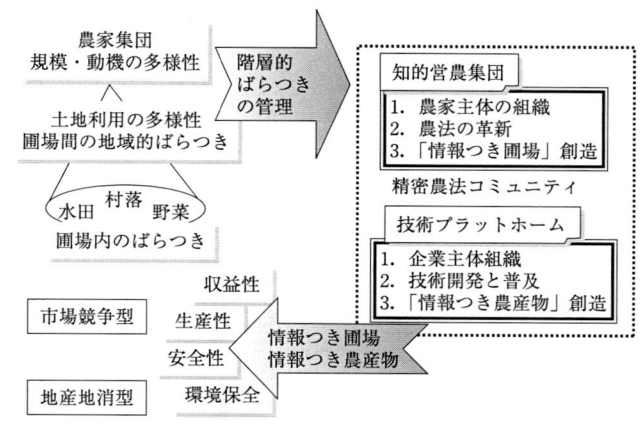

図 10.5 コミュニティベースの精密農業

(a) リアルタイム土中光センサー

(b) 土中の情報を光測定する仕組み

(c) 土壌有機物マップの作成（45 a の畑地）

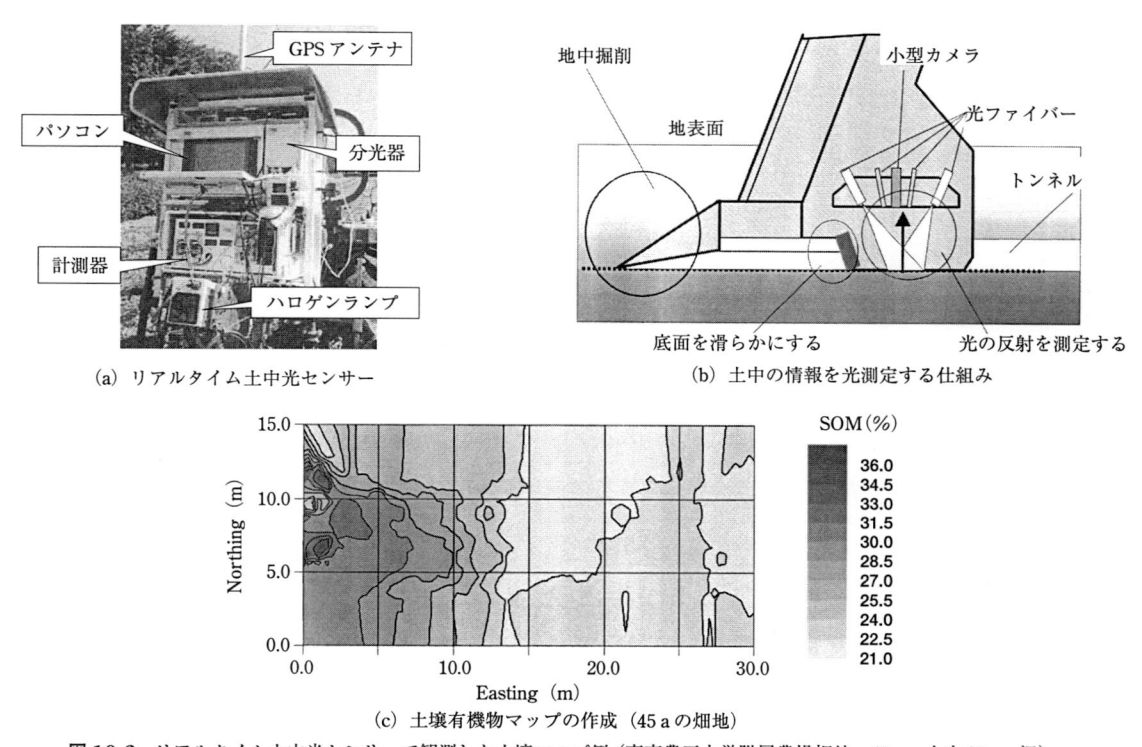

図 10.6 リアルタイム土中光センサーで観測した土壌マップ例（東京農工大学附属農場畑地，45 a，土中 30 cm 深）

法などもそれぞれ多様である．そこで3つのばらつき，「圃場内のばらつき」と「圃場間の地域的ばらつき」および「農家の間のばらつき」を「階層的ばらつき」としてとらえ，これらを同時に管理対象に設定する．階層的ばらつきの管理主体として，農法革新を担う知的営農集団と技術開発を支援する技術プラットホームの新たな組織が必要になる．近年，技術プラットホームを志向する豊橋 IT 農業研究会や知的営農集団を目指す本庄 PF 研究会などが組織され，精密農業日本モデルの導入を目指した活動を始めた．

コミュニティベース精密農業日本モデルは，「食」市場ニーズの多様性と「階層的ばらつき」のある小規模高品位農業の多様性を結合する

「食・農」システムを提供する．

10.4.3 リアルタイム土中光センサーによる土壌マップ作成例

圃場ばらつきを記録することは，精密農業における最初の作業である．なかでも詳細な土壌マップ作成は重要な課題であるにもかかわらず，適切な技術がなく，時間と費用がかかる「土壌サンプリング＋室内分析」という方法に頼らざるを得ないのが現状である．

この課題を解決するため，図10.6に示すようなリアルタイム土中光センサーが開発されつつある（澁澤・平子，2001）．この装置では，地中深さ150〜400 mmで水平方向に連続測定（時速，1 km/h）が可能であり，サンプリング間隔1 mで正確な位置と土壌反射スペクトル（可視・近赤外光）およびカラーの土壌画像が同時に観測できる．土壌反射スペクトルを利用することによって土壌水分と有機物含量を推定することが可能である．図10.6に約200カ所の観測データを用いて作成した土壌有機物マップの一例を示した．

〔澁澤　栄〕

文　献

1) National Research Council (NRC) (1997): *Precision Agriculture in the 21st Century*, National Academy Press.
2) Shibusawa, S. (2003): Precision farming Japan model. *Agricultural Information Research*, **12**(2): 125-132.
3) 澁澤　栄 (2003): 精密農業の研究構造と展望．農業情報研究，**12**(3): 259-274.
4) 澁澤　栄・平子進一 (2001): 精密農法のためのリアルタイム土中光センサー．分光研究，**50**(6): 251-260.

10.5　有機農業

10.5.1　世界と日本における有機農業の動き

欧米諸国における近年の有機農業面積増加はすさまじいものがある．北欧諸国，ベルギー，イタリア，イギリス，ギリシャ，ポルトガル，スペインでは，1990〜2003年の14年間で有機農業面積が10倍以上に拡大した．それ以外の国々でも同じ期間に数倍の伸びを示した．これに対して，わが国では有機農業運動が草の根レベルで始まって以来，農家あるいは農家団体が自ら技術開発を行ってきたが，公的な有機農業技術開発はほとんど行われてこなかった．2003年における日本の有機農業面積は0.1〜0.2％にとどまっていると推定される．

10.5.2　狭義の有機農業

無農薬・無化学肥料・無抗生物質の生産方法により「安全・安心なモノ」を生産することを有機農業と定義する．作物生産では，適地適作，輪作，緑肥栽培，有機物施用などにより地力を培養し，連作障害を避ける．連作障害のない水稲栽培では連作が可能である．移植の場合は健苗を育成し，トマトなどでは雨よけ栽培により病害発生を防ぐ農家も多い．雑草管理は，輪作，耕起，手取りなどで行われる．虫害を抑制するために資材を散布するよりは，年月をかけて天敵に富んだ生態系ができあがるのを待つ農家が多い．

家畜生産では，有機栽培された飼料を基本として，十分な運動とストレスのない環境など，すなわち家畜の福祉に配慮する．ウシなどの反芻動物では，草中心の給餌を行い，濃厚飼料は多量に与えない．水田でアイガモなどの水禽を水稲と同時に飼養する方法では，アイガモによって雑草や害虫を抑制できる．

「安全・安心なモノ」を生産する有機農業は農薬を多量散布する農業に比べて望ましいが，いくつかの問題がある．輸入した有機飼料・肥料への依存やビニルなどの資材投入に制限がないことである．除草対策として過度な耕起を行う傾向にある．また，消費者が「安全・安心なモノ」さえ手に入ればよいと考えると，狭義の有機農業技術に基づいて海外で生産を行って日本で消費することもありうる．2003年12月現在，わが国では有機農産物に関する法律が制定され，有機畜産物に関

する法律が検討されているが，いずれも「安全・安心なモノ」を生産・流通するための法律にとどまっている．

10.5.3 広義の有機農業

「安全・安心なモノ」を生産するにとどまらず，農村の環境・景観や生物多様性を保全あるいは創造し，遠くから運ばれてくる飼料や肥料よりも地域資源を循環利用し，生産者と消費者の信頼関係を構築する，総合的なシステムが広義の有機農業である．水生動物（トンボ，タガメ，トキ，コウノトリなど）を有機水田を中心として保全する試み，有機水田を水質浄化の場としてとらえようとする動き，家庭からの生ゴミを嫌気発酵して有機栽培で利用して農産物を地元で消費する運動，生産者から消費者へ農産物を直接届ける「顔の見える関係」を重視する提携運動，在来種の栽培を通じた遺伝子資源とその栽培・利用技術の保全，が具体的な例としてあげられる．有機農業が行われている農地には公共的な機能があるので，その農地を公共財として認識して直接支払いなどの政策的支援を進める必要がある．

10.5.4 「有機農業学」のこれから

これまでの農業生産では，収量や収益，最近では品質などを指標として生産性の高い農業を目指してきた．広義の有機農業を推進していくためには，生産性の概念を根本的に見直す必要がある．すなわち，収量や収益，安全性を含む品質に加えて，環境保全の視点や農家のやりがいを生産性の構成要素として，要素間の調和と生産性全体の最大化を図るのが有機農業であり（図10.7），これを学問的に裏づけるのが有機農業学である．ま

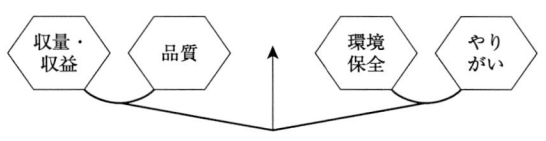

図10.7 有機農業における新しい生産性の概念

た，研究者や技術者が一方的に研究や技術開発を行うのではなく，生産・流通・消費の現場と対等なパートナーシップを持ちながら研究を行う．1999年に設立された有機農業学会では，有機農業学の確立を目指している．　　〔長谷川浩〕

文　献
1) 国際有機農業運動連盟編（2003）：IFOAM 有機生産及び加工のための規範，日本有機農業研究会．
2) 日本有機農業研究会編（1999）：有機農業ハンドブック，農山漁村文化協会．

関連ホームページ
1) 日本有機農業学会：
http://homepage.mac.com/ yuki_gakkai/

10.6　バイオマス利用

10.6.1　バイオマスの化学肥料代替利用

バイオマス（biomass）という用語には多くの意味が含まれている．作物の有機栽培において耕地に投入される有機物も，バイオマスの一つである．

古くからわが国では，耕地保全と地力向上を狙って，いわゆる土づくりのために，農業残渣や里山から集めてきた落葉などの有機物が，堆きゅう肥の形で積極的に耕地に投入されてきた．

近年，化学工業の著しい発達に伴って，化学肥料が容易に入手できるようになり，有機物の投入による土づくりの意義がかなり薄れてきた．

最近になって，化学肥料や農薬を多投した作物の栽培方法が，持続的な農業の発展とそこから得られた農産物の安全性や耕地保全に問題を投げかけている．そのため，循環型の有機栽培や環境保全型農業が多くの場所で実践されている．

バイオマスには，植物遺体をはじめとして，食品加工や都市生活から出る有機汚泥や生ゴミなどのいろいろな有機性廃棄物（organic waste）があり，農業残渣の稲わらもこれに含まれる．

作物栽培などに由来する有機性廃棄物は，多く

の場合，コストをかけて焼却処分されており，それに伴って自然環境に与える種々の影響が懸念されている．一部の廃棄物は資源化され，リサイクル利用によって農業生産に役立っている場合もある．このように廃棄物をバイオマスとして作物栽培において活用することは，環境保全と資源の有効化にとって重要である．

バイオマスを作物栽培に用いる目的には，それが持っているエネルギーを利用することと，含有されている肥料成分を利用することとがある．

通常は，土壌の物理性を改善する手段として有機物が耕地に還元される．このほか，バイオマスに含まれている窒素成分などを化学肥料の代替栄養源として利用することができる．

10.6.2 下水汚泥コンポスト化利用

都市下水道から発生する下水汚泥（sewage sludge）には，窒素成分をはじめいろいろな肥料成分が含まれている．化学肥料が入手できなかった時代には，都市から排出される人糞尿が，作物栽培に利用されていた．化学肥料が発達し都市下水道が整備されると臭気などの衛生要因も考慮されて人糞尿が耕地へ施用されることがなくなった．そのため下水処理場において多量の下水汚泥が発生し，その処分が問題となってきた．

有機性廃棄物の下水汚泥を原料にして製造されたコンポスト（compost）は，有機栽培における土壌還元用の有機物不足の解消と肥料効果および環境保全のための汚泥処分問題の解決に役立つ．

わが国では1924年頃から作物栽培において下水汚泥が利用されてきた．しかし，化学肥料の普及やその他の社会経済的制約によって，その後農業における利用はほとんど進展せず，多量に発生した汚泥は廃棄物として処分されてきた．汚泥の処分方法には，焼却，埋め立て，海上投棄および農地への還元がある．イギリスでは農地施用が約44％を占めているのに対してわが国では大部分が焼却されたり海上投棄されている．

一方，下水汚泥を有用な有機質資源として環境保全型農業で再利用することが可能である．アメリカでは，下水汚泥を作物生産に利用した農業が多くみられる．汚泥の農業利用は，汚泥処理と農地における有機物不足の2つの問題を同時に解決する有効な利用法になる．

生汚泥は汚くて臭いため，農業においても取り扱いが不便である．これらをコンポストにして，汚泥に含まれる潜在的毒物が生産物へ影響することや農地土壌が多湿化する問題を解消し，農業における利用を図ることは，バイオマスの有効利用につながる．

生汚泥のコンポスト化にはいろいろな方法がある．一例として，木材チップを用いて発酵製造したコンポストの含有成分量を表10.1に示した．このコンポストは発酵熱により，有害物質や微生物が消滅し，取り扱いが容易であり，C/N率も優れていて，速効性の窒素成分も多く含まれている．このコンポストをジャガイモの有機栽培用の肥料として用いた場合の収量に及ぼす効果を化学肥料で栽培した場合と比較した．両者の供給窒素量が等しい場合にはイモ収量も等しかった．このようにコンポスト施用によって化学肥料の代替効果を得るためには，かなり多量の施用が必要である．そのため，コンポストを多量に単用すると，

表10.1 汚泥コンポストの含有成分量の例

成　分	原品百分中
水分	49.10
窒素全量（N）	1.48
アンモニア態窒素（N）	0.05
硝酸態窒素（N）	12.00
リン酸全量（P_2O_5）	3.91
カリ全量（K_2O）	0.37
石灰全量（CaO）	2.84
苦土全量（MgO）	0.47
炭素（C）	11.40
ヒ素（As）(mg/kg)	3.5
カドミウム（Cd）(mg/kg)	0.71
水銀（Hg）(mg/kg)	0.10
銅（Cu）(mg/kg)	96.0
亜鉛（Zn）(mg/kg)	650.0
炭素率（C/N）	7.7
pH（乾物：1＝1：10）	7.1

土壌中に潜在的毒物が蓄積される可能性がある．このことが汚泥コンポストを施用する場合の一つの懸念である．

10.6.3　稲わらの水田すき込み利用

わが国では昔から稲わら（rice straw）は，いろいろな加工品の材料とされてきた．また，ウシの飼育において，畜舎内での敷わらとして利用されたり，きゅう肥として耕地にすき込まれることも多かった．

水稲の収穫がコンバインで行われるようになると，刈り取られた稲わらは，細断されて水田表面に大量に放置されるようになった．放置された細片稲わらは，次年度の水稲栽培における整地作業等に支障をきたすことがある．また，水田に稲わらをすき込むことは，土壌微生物の活動を高めて，土壌改善につながる一方で，未分解の稲わらがすき込まれると，一時的に無機態窒素が不足して稲の生育に悪影響を及ぼすことがある．これらの問題を回避するために，水田表面に放置された細断稲わらは，焼却処分されることが多くなった．

放置された稲わらを有機物資材として水田にすき込むことは，廃棄有機物の有効利用と水田の地力増強につながり，焼却処分によって発生する煙による大気汚染を軽減して環境保全に役立つ．

稲わらを堆肥にせずにすき込んだ場合，水田からのメタン発生量が増大することもある．発生したメタンは地球温暖化に寄与するが，水田の管理方法の改善によって，メタンの発生を減少させることが可能である．

稲わらの施用は，土壌有機物を増大させる効果を示すが，それに含まれる肥料成分の活用によって作物の生長を促進し，図10.8に示すように水稲の収量が増加する効果もある．この図は10年間，毎年同じ施用条件で栽培した水稲収量を比較したものである．

稲わらに含まれる窒素成分は，有機態の形で存在し，これが土壌微生物の働きなどによって無機

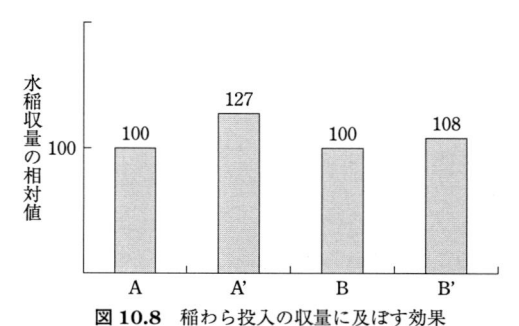

図10.8　稲わら投入の収量に及ぼす効果
Aは無施用区，A'は化学肥料無施用で稲わら400 g/m^{2}の施用区，Bは慣行量化学肥料施用区，B'はBの半量化学肥料と稲わら400 g/m^{2}の併用区である．Aは10年間の平均コメ収量は約200 g/m^{2}であり，A'の比数基準値である．Bは10年間の平均収量が約450 g/m^{2}であり，B'の比数基準値である．

化されたのちに作物へ吸収利用される．

分解に時間を要するので，稲わら中の肥料成分の効果が発現するのは，すき込み後かなりの時間が経過してからになる．すき込み直後には，稲わらを分解する土壌微生物が増殖するために土壌中に存在するアンモニアなどが使われ，作物は吸収窒素が不足して，一時的に生長速度が遅くなる．生育後期になると，投入した稲わらの分解が進み，発生したアンモニアが水稲に吸収される．その結果，生育最盛期頃の稲体に窒素が供給され，あたかも化学肥料の追肥を受けたような生育状態となる．稲わらを還元した水田の地力窒素の発現が，水稲の成育中・後期に高まることは，水稲をいわゆる秋まさりとし，収量を高めるとともに，化学肥料の節減となり，環境保全型栽培につながる．

〔奥村俊勝〕

文　献
1) 西尾道徳（1997）：有機栽培の基礎知識，農山漁村文化協会．
2) 有機質資源化推進会議編（1997）：有機廃棄物資源化大事典，農山漁村文化協会．

10.7 パーマカルチャー・アグロフォレストリー

10.7.1 パーマカルチャー・アグロフォレストリーの再評価

ここ数十年の間に地球上では，熱帯林の破壊，砂漠化，温暖化，水資源の枯渇といった環境問題が深刻化しつつある．人口増加を支え，国際競争に打ち勝つための大規模開発，大量生産，大量消費によるエネルギーの浪費がこうした環境問題の大きな原因となっている．化石燃料を中心とした有限資源の利用に対して，再生可能な天然資源の持続的な管理の重要性が見直されている．例えば，自然エネルギーを効率的に利用した低投入型のパーマカルチャーでは，土地資源や水資源といった食料生産基盤の持続的な管理が強調されている．また，アグロフォレストリーにおいては，森林資源を木質エネルギーや林産物として利用するだけでなく，太陽からの放射熱を吸収して地上温度を和らげる機能や，光合成によって二酸化炭素を吸収し酸素を放出するという機能の重要性が強調されている．さらに，森林資源は治山治水という防災効果や修景緑化を通して人間の生活を快適にすることにも役立っている．このように，近年パーマカルチャーやアグロフォレストリーが改めて注目されるようになってきた背景には，深刻化する環境問題が介在しているといえる．

後述するように，パーマカルチャーは地球環境への配慮を重視し，持続可能なシステムを目指して形成された一つの考え方であるため，現在進んでいる方向性が環境保全や持続性であることは明確である．また，現段階では，ほとんどの場合，その規模は個人農園の域を出ない．一方，アグロフォレストリーは伝統的に行われてきた土地利用方式，あるいはコーヒーとマメ科樹木のプランテーション等の商業的生産方式も含めた方式に集合的な名称をつけたものである．したがって，その方式にはパーマカルチャー的な土地利用から高品質の商品作物を大量生産するための土地利用まで，様々な種類のものが含まれる．規模についても，個人農園的なものから地域社会としての土地利用，あるいは大規模農場的なものまでが含まれる．こうした意味で，現在進んでいる方向性にも大きな幅があると考えられる．パーマカルチャーやアグロフォレストリーを考える場合，単に技術的な側面だけでなく，環境保全や持続性との関連のなかで現在進んでいる方向性といった側面についても十分に考えなければならない．

10.7.2 パーマカルチャー

a. 定義と特徴

パーマカルチャー（permaculture）という用語はパーマネント（permanent）とアグリカルチャー（agriculture）からなる造語で，1970年代にオーストラリアのビル・モリソン（Bill Mollison）らによって提唱された．自然との共生や地球環境への配慮を重視し，人間にとって恒久的持続可能な環境をつくり出すためのデザイン体系をさしている．自然に逆らうのではなく，自然に従うという理念で，生態学的に健全で，経済的に成り立つ一つのシステム，長期にわたって持続しうるシステムをつくることを目指しているのが特徴である．

パーマカルチャーでは，植物や動物の固有の資質とその場所や建造物の自然的特徴を活かし，最小限の土地を活用して生命を支えていけるシステムをつくり出していく．このシステムは生態学的モデルに基づいてはいるが，自然の生態系よりも生産性の高い「耕された生態系」であり，通常，自然のなかでみられる以上に多くの食物などを生産しうる．そのために，自然のシステムを読み取り人間の生活をそれに組入れることになり，結果として自然の豊かさ（生産力，多様性）と人間の生活の質（物質的豊かさよりも精神的豊かさのある生活）をともに向上させる．その意味で，パーマカルチャーは単なる農法の一つではなく，「生き方」そのものといえる．

b. 基本要素技術

パーマカルチャーの実践にあたっては，① 自然のシステムをよく観察すること，② 伝統的な生活（農業）の知恵を学ぶこと，③ 現代の技術的知識（適正技術）を融合させることが重要な基盤となっている．

具体的には，全体設計，建造物，菜園，果樹園，動物飼育などの分野における要素技術の組合わせから成り立っている．ここでは，これらの要素技術を大きく以下の3つのグループに分けて説明する．

1) 全体を視野に入れたデザイン パーマカルチャーの核心はデザインである．デザインすべき構成要素（家，道路，池，畑，森など）を最も効率よく機能させるためには，それらを適所に配置しなければならない．その際，様々な気候や場所の条件に適応しうるようにデザインするための基本原則があり，以下のように要約できる．

- 各構成要素を相互に助け合う位置関係に配置する．
- 各構成要素が持つ多数の機能を十分に発揮させる．
- 各構成要素の機能が，互いに補完できるように考える．
- 外部から流入してくるエネルギーを効率よく取り込みかつ利用する．
- 化石燃料資源よりも生物資源を優先的に利用する．
- エネルギーの再利用と循環を考える．
- 小規模集約システムにより，土地を効率的に利用する．
- 植物の自然遷移を有効に活用する．
- 生物学的多様性を考慮し，単一作物ではなく多種作物栽培を行う．
- 2つの環境条件の接触面（接縁部）における生物学的多様性を最大限に活用する．

2) 水資源と建造物の上手な利用 水資源としては，地表を流れる雨水，地下水，湧き水，川などを利用する．水の有効利用を図る手法として，最終目的地である貯水池まで導水する過程で，自然の斜面に沿って水を迂回分散させる方法がある．これは，雨期に降る雨を一度に目的地である貯水池に集めるのではなく，水路での導水過程で流れに沿っていくつかの堰を設け，堰からあふれた水を，下流の堰へ段階的に順次搬送し，そして最終目的地である貯水池へと導水するものである．それぞれの堰でためられた水は，土中にゆっくりと吸収され，土壌水分を持続させる効果や空気中の湿度を保つ効果などを導き出す．そして，このようにして貯水池に貯留された水は，乾期の飲料水として用いるほか，放牧地域内では家畜の飲み水としても利用する．また，別の集水方法として，雨を直に屋根から集めてタンクへ貯水する方法もある．

他方，構造物の利用からみると，家屋の周りに配置される土盛り，温室，フェンス，壁，パーゴラ（＝格子状の棚）などを適切かつ効果的に利用することによって，風や気温を和らげ，エネルギーを効率よく利用できる．効率のよい家屋のデザインとは，そのシステムに入ってくる太陽光・風・雨水等の自然のエネルギーと周囲の植物が調和していることである．つまり，敷地内における適切な構造物の配置と利用によりエネルギーを上手に活用し，敷地全体の気候的要素をコントロールすることがポイントである．

3) 植物の組合わせと動物の利用 パーマカルチャーではコンパニオンプランツ（お互いよい影響を与えあう植物の組合わせ）を利用した共生混植栽培法が行われる．例えば，線虫の害を受けやすいトマトなどの野菜は，線虫繁殖の抑制作用のあるマリーゴールドなどの植物と混植して被害を抑える．また，果樹園と穀類の畑などそれぞれを完全に分けるのではなく，果樹の下に木本および草本のマメ科植物を栽培し，日光が十分にあたるところではトウモロコシ，ヒエやアワなどの穀類を栽培する．また，そのトウモロコシの下にラッカセイやカボチャなどを栽培するといった混作を行うこともできる．

以上のような畑のなかに動物を放し飼いにすれば、効率的な経営をさらに促進することも可能である．果樹が幼木である期間は，ニワトリなどの小さな家禽類を放つと，土を引っ掻いて雑草抑制効果を生むと同時に施肥効果も期待できる．数年後，果樹やその他の植物がある程度大きく生長して，食害や踏圧害のおそれがなくなれば，ブタ，ヤギやウシを放牧することもできる．パーマカルチャーのシステムのなかでは，動物を飼うことによって，養分や物質の循環が促進される．家畜の糞による肥料の提供，雑草の抑制，害虫の駆除に加えて，卵・ミルク・ハチミツといった食材の提供も期待できる．

c. 日本と世界における現状

パーマカルチャーは現在，世界各地でその地域の自然や風土，社会環境に適したやり方で広がり始めている．ここでは，わが国における現状と，パーマカルチャーの実践と普及が進んでいるアフリカのジンバブエにおける事例を紹介する．

わが国では，パーマカルチャーセンタージャパンが「日本の風土に適したパーマカルチャーの構築と普及による永続可能なライフスタイル及びまちづくりの提案と実践」を目的として活動を行っている．現在，旧農家1軒とその敷地およそ70坪において自然素材や廃材を利用し，効率的なエネルギー利用を考えた建築と野菜などの生産を行う敷地の整備を行っている．さらに，遊休農地40aにおいて生態系の構築を目指した実験農場の整備を行っている．不耕起を基本として，農薬や化学肥料を使わず，代りに，窒素固定植物や除虫作用のあるコンパニオンプランツの混植や，積層マルチなどを利用した野菜や穀物，果樹の栽培を行っている．農作物の生産ばかりではなく，水の浄化や微気象の形成など人間が心地よくすごせる場をコンセプトにバイオジオフィルター（植物を使った浄水施設）など様々な施設も整備されている．

海外の例としては，アフリカのジンバブエにおいて，Natural Farming Network（NFN），PELUM（Participatory Ecological Land-Use Management）Association などの NGO がパーマカルチャーの実践や普及に取り組んでいる．NFN の一員である Fambidzanai Permaculture Centre は首都ハラレ郊外に 40 ha のトレーニング・センターを持っている．ここでは，持続可能な農業の紹介，農薬を使わない害虫管理，参加型農村評価手法，有機農園，養蜂，総合的な資源管理（holistic resource management）などのトレーニングコースがあり，それぞれ1～2週間程度の実習が行われている．これらのコースには国内・海外からの参加者があり，宿泊施設もある．また PELUM は，東部・南部アフリカ 10 カ国に支部があり，住民参加型の持続的資源管理を目的として 1992 年に設立されたネットワーク型 NGO である．いくつかの NGO がメンバーとして参加しており，それぞれ地域に根ざした持続可能な農業や村落開発の実施を目指している．PELUM は，ワークショップの開催やトレーニング実施に重点をおいていて，最近，ジンバブエ大学に「持続可能な農業」に関する2年間の長期コースを開設した．これは，講師陣が大学関係者だけでなく，NGO や農業省からも参加するというユニークなものである．

d. パーマカルチャーの意義

パーマカルチャーのデザインでつくった畑は，一見ジャングルのようにも見える．ふつうの畑のように整然とはしていない．多年生の樹木や灌木，草本，菌類，根系などに基礎をおき，多様性を持たせることでより安定な系を求めている．また，窒素肥料を使う代りに緑肥やマメ科の木を利用する．殺虫剤を使う代りに生物によって害虫をコントロールする．ただし，パーマカルチャーは単に有機農業や資源循環型の複合農業を薦めているだけではない．地形，風向き，水の流れなどを考慮した家の建て方や畑のデザインも重要な要素であり，生活のすべてに対する工夫が含まれる．その意味でパーマカルチャーは「農的生活」や「自然と人間の共生」といった考え方に通ずるも

のがある．利便性を享受しつつも大切な何かを失いつつある先進国での生活と，不便ななかにも豊かさを感じることができる発展途上国での生活といった「真の豊かさ」論とも関連している．大量のエネルギーを消費する現在の文明は持続可能ではないし，発展途上国がこうした文明を目指すことにも問題はある．自然と人間が共生し，資源の持続的な利活用を模索するなかにこそ，本物の生き方があるとも考えられる．こうしたことに思いをめぐらすことも，パーマカルチャーを実践することの大きな意義と考えられる．

10.7.3 アグロフォレストリー

a. 定義と特徴

国際アグロフォレストリー研究センター（World Agroforestry Center）によれば，アグロフォレストリー（agroforestry）とは同一の土地区画で多年生樹木生産と作物あるいは家畜生産の両方を行う土地利用方式である．そして，これらは空間的に同時に混在するか，時間的に順次連続するように配置され，樹木とそれ以外の構成要素の間で経済的及び生態学的な相互作用が生みだされることを目標としているとされる．

アグロフォレストリーはこのように複合的な生産方式によって単作方式に比べてより持続的で，かつ多様な生産をその土地からあげようとするものである．この方式は，熱帯から亜熱帯にかけて伝統的に行われていたもので，新たにアグロフォレストリーという総称をつけたものといえる．一般にアグロフォレストリーの技術を利用して作物，樹木，家畜を多元的に配置すると，土地生産性を強化，向上させることが可能であり，少なくとも地力や生産性を低下させることはない．このシステムは単位土地から最大の生産をあげることを主目的としているのではなくて，むしろ収穫の減少の危険度を軽減させながら土壌の長期的な利用を可能にしうるように改善することを目指している．

アグロフォレストリーの特徴あるいは利点は，以下のようにまとめることができる．

- 養分や土地の有効利用のために立体的（多層的）な利用ができる．
- 樹木の存在によって微気象の調節が可能となる．
- 樹木の落葉落枝が土壌に付加され，土壌肥沃度が改善される．
- 薪炭材の生産が住居地の近郊で行える．
- 樹種の選択によって，家畜の飼料や生垣など緑の活用ができる．
- 太陽エネルギーの授受割合を植物によって調節することができる．
- 土壌の保全と保水機能を果たすことができる．
- 防風効果により農作物の生産を図ることができる．
- 地域経済の活性化ができる．

b. 分類と地域特性

アグロフォレストリーとは，同一の土地を林業と農業，畜産業あるいは水産業が同時にあるいは交代で利用する土地利用形態である．したがって，① 林業と組合せる産業，② 組合せの時間配分，③ 組合せの空間配置，④ 組合せの目的などに基づいた分類が可能である．それぞれの組合せと実行されているアグロフォレストリーの例を図10.9に示す．

東南アジア湿潤地域は年間降雨量が多く，赤道付近には熱帯多雨林が存在している．この地域にはフタバガキ科の有用樹木が多く，古くから伐採の対象となってきた．また，火山灰に覆われた肥沃な土地や概して農地に適した地形の土地が多く，一般に土地に対する人口の比率が高い．そのため，斜面地での営農，樹木の過度の伐採，山火事などが大きな問題となっている．特に，休閑周期の短い焼畑移動耕作が土地劣化の大きな原因となっている．こうした地域特性を持つ東南アジア湿潤地域では様々なタイプのアグロフォレストリーがみられるが，タウンヤはその代表的なものである．タウンヤはビルマ語で「丘陵地の焼畑耕

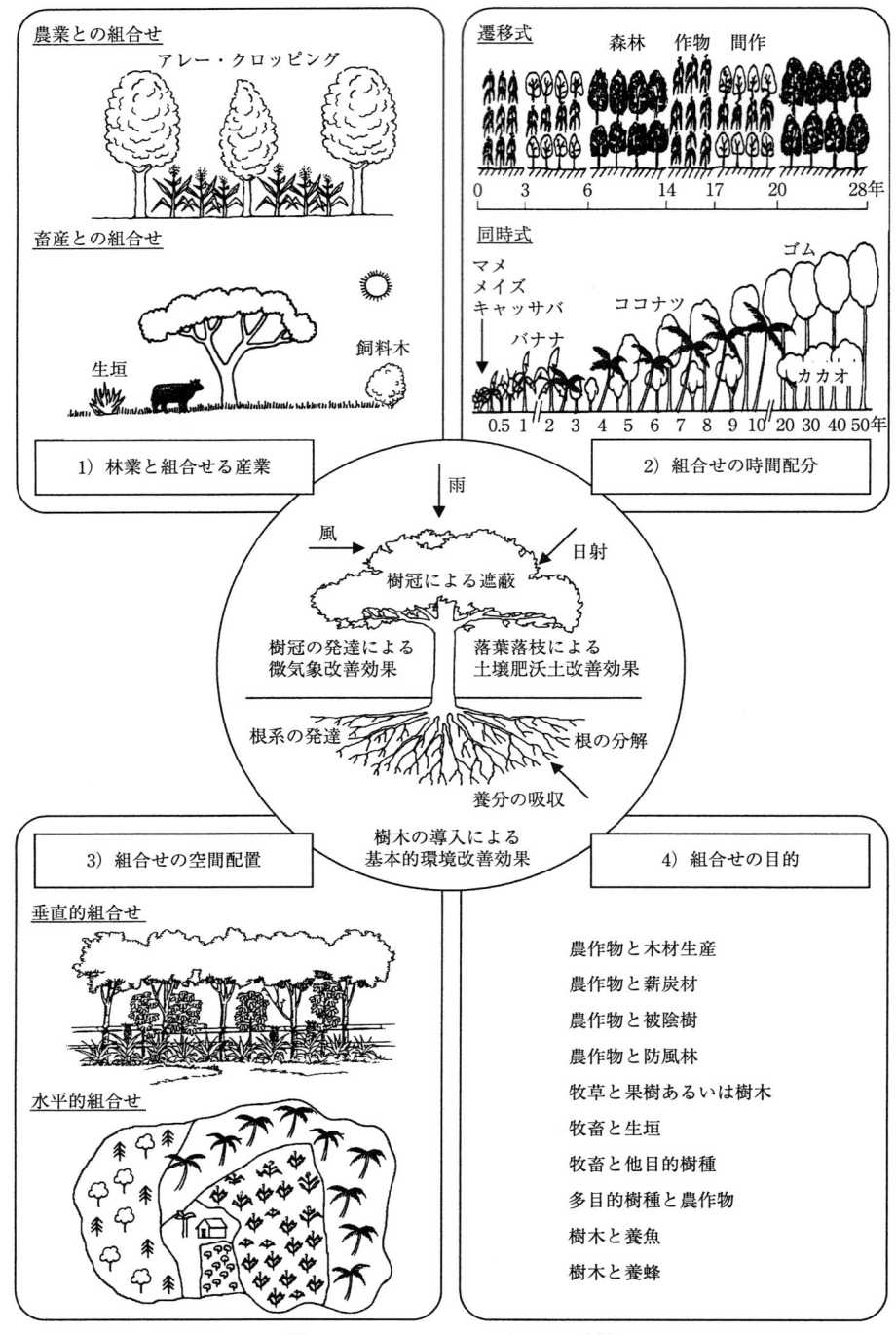

図10.9 アグロフォレストリーの分類

作」をさし，アグロフォレストリーの代名詞として用いられている．基本的には樹木の植栽と同時に，植栽した樹木の間に主として陸稲，トウモロコシ，マメ類などの一年生作物を栽培し，樹冠が閉鎖して照度不足で作物の生育抑制・収量低下が起こるまでの数年間，作物栽培を行う方式をい

う.

熱帯アフリカにおいては，大陸の内部に広大な砂漠やサバンナなどの乾燥地・半乾燥地が存在する一方，疎林（そりん）地帯での人口増加が激しく，薪炭材の利用や伐採の増加に伴って砂漠化が進行している．これに加えて土壌の塩類集積化，さらにはアルカリ化が各地で問題になっている．また，乾燥地においては畜産業の重要性が高く，場所によっては過放牧による植生の劣化が砂漠化に拍車をかけている．こうした地域特性を持つ熱帯アフリカにおいては，乾燥条件下で畜産業と組合せたアグロフォレストリーが伝統的に発達してきた．つまり，乾燥条件下でも育つ燃料用の薪や炭となるものや，タンニンやゴムなどが採取できる多目的樹種が多く植栽されている．さらに，農作物を過酷な気象条件から保護するための防風・被陰効果のある樹種や，枝葉が家畜飼料となる飼料木の利用が重要である．

熱帯アメリカには世界の熱帯高木林の45％以上が存在しているが，亜熱帯地域には草原が広がっている．この地域では，標高による作物栽培区分が明瞭であることが大きな特徴である．例えば，低地帯は農地としての転用が早くから行われたために，カリブ海沿岸諸国における森林はほとんど消滅してしまった．標高が高くなるにつれてカカオやコーヒーの栽培が盛んとなり，丘陵地の多くは牧場として利用されている．私有地が多いために農耕に対する熱意も高く，生産性の向上が図られているため，地域全体にアグロフォレストリー導入の素地ができあがっている．

c. アグロフォレストリーの課題と展望

アグロフォレストリーにおける課題ならびに今後の展望について，特に試験研究および技術普及分野に着目して，熱帯アフリカ乾燥地域における事例を中心に述べる．

現場には，アグロフォレストリーなどと呼ばれていなくても，伝統的に培われてきた土着技術が必ず存在する．こうした土着技術を掘り起こし，必要であれば改良を加えて新たに導入することもきわめて重要な活動である．また，地域の植物資源は，香料や染料あるいは薬用料を通じて，住民の伝統や文化と切っても切れない関係にある．こうした知見を整理することは，伝統・文化の保全や将来における農林業生産力の増強に役立つばかりでなく，遺伝資源の保護育成および有効利用という点からも非常に有意義なものである．そのため，今後のアグロフォレストリーにおける試験研究事業においては，既存の有用技術や伝統的知見に関するインベントリー調査や，活用できる技術の積極的な導入が望まれる．

アグロフォレストリーに関するいくつかの手法は，現場の農民に対して普及できるレベルに達しているにもかかわらず，現実にはこれらの技術は地域住民に対して効率的には普及されていない．これには様々な原因が考えられるが，熱帯アフリカにおいては土地所有制度と現況普及体制の問題が主な制約要因と考えられる．現在の土地管理制度のもとでは，小農の土地所有権は永続的でないため，将来のために樹木の植栽に力を注ぐ意欲が湧かないことは理解できる．これに関しては，地方分権化に伴う新しい土地所有制度の導入という動きのなかで，時間をかけてゆっくり解決していくしかない．さらに，現況普及体制には限界があるため，そこから脱却できるような新しい試みが必要となっている．例えば，モデル地区における仮想キャラクターやブランド創設などによるキャンペーンなどによって対象となる技術が効率的に普及していく可能性は大きい．こうした活動は，少人数による多拠点小規模の展開が望ましく，これは地域住民自らが各サイトに適した技術・材料を用いて活動を実施し次々とその小拠点を増やしていく手法で，結果として厳しい条件下で実施される事業の失敗のリスクを回避・分散し，各拠点間において互いに補完することができることにもなる．このように，アグロフォレストリーの活動一つ一つは農民の生活と一体となったものであり，小規模農家を対象とする経営として考えなければならない．地域住民が希望する作物と樹木と

の組合せなどを十分に検討しつつ，地域に適したアグロフォレストリーを実践していく必要がある．アグロフォレストリーによって焼畑移動耕作の持つ悪影響を改善することが，熱帯林の破壊に歯止めをかけることになる．過放牧や伐採によって荒廃した土壌を植生によって保全することが，砂漠化防止だけでなく地域住民に対する食料や燃料の供給にも貢献する．荒廃しつつある土地を植生で覆うことが，太陽からの放射熱を吸収すると同時に二酸化炭素を固定することになり温暖化防止に貢献できる．また，こうした植生は同時に集水域の保全や雨水の涵養を促進し，水資源枯渇の防止にもつながる．このように，それぞれの地域に適したアグロフォレストリーが実践され，その効果が十分に発揮されるならば，熱帯林の破壊，砂漠化，温暖化，水資源の枯渇といった現在，地球上で深刻化しつつある環境問題の緩和にも大きく貢献するものと考えられる． 〔大沼洋康〕

文　献

1) 内村悦三（1992）：熱帯のアグロフォレストリー（基礎から実践まで），国際緑化推進センター．
2) モリソン，B. C.・スレイ，R. M. 著，田口恒夫・小祝慶子訳（1993）：パーマカルチャー（農的暮らしの永久デザイン），農山漁村文化協会．
3) 渡辺弘之（1990）：アグロフォレストリー（東南アジアの事例を中心に），国際農林業協力協会．

関連ホームページ

1) National Center for Appropriate Technology：
   http://attra.ncat.org/attra-pub/perma.html
2) Permaculture Center Japan： http://www.pccj.net
3) World Agroforestry Center：
   http://www.worldagroforestry.org/

10.8　ファイトレメディエーション

　21世紀における地球規模の重要な課題として環境問題があげられる．現在の地球規模の環境問題は，人口増加および経済活動の発達とそれに伴った資源・エネルギーの多量消費に起因している．これらは自然環境の浄化許容量をはるかに超えた負荷となり，大気・水圏および土壌に多様で深刻な環境汚染を引き起こしている．わが国で1960年代から公害として社会問題になった環境汚染には次のようなものがある．すなわち，① 自動車の排気ガスによる大気汚染，② 生活廃水・工場廃水による水質汚濁，③ 重金属などによる土壌汚染，などである．

　また，最近ではPCBやダイオキシンのような有機系塩素化合物や外因性内分泌攪乱化学物質（環境ホルモン）などの新たな特定物質による人体への影響がクローズアップされている．このような背景から，1994年に制定された日本の環境基本計画では循環・共生・国際協力を長期的な目標に掲げ，自然環境への負荷を最小限に抑えた循環型社会への転換と自然環境との共生がうたわれている（環境法例研究会編，2001）．このような社会的背景から，環境浄化装置および有害物質処理技術が21世紀の新しい技術として注目されている．

　環境浄化・修復処理技術には大気・水圏・土壌と対象となる環境に応じて多種多様のシステムが開発されているが，一般に，微生物や植物などの生物を利用した浄化技術（バイオレメディエーション）と，光触媒や紫外線などの物理化学的な浄化技術とに大別される．

10.8.1　ファイトレメディエーションとは

　植物および微生物の生理・生態機能を活用して特定の環境汚染物質を分解・除去し，汚染された環境を浄化・修復する技術をバイオレメディエーション（bioremediation）という（児玉ほか編，1995）．生物による環境浄化技術は古くから活性汚泥法などにみられるように，微生物によって生活排水の窒素・リンを浄化する代表的な下水処理技術として活用されてきた．バイオレメディエーションが本格的に始まったのは1980年代のアメリカで，トリクロロエチレンやPCBにより汚染された土壌環境がこれらの有機化合物を分解する細菌を用いて修復されたことから始まる．それ以

来，わが国やヨーロッパで，地球に優しいクリーンな処理技術として注目されている．

これらのバイオレメディエーションのなかで，特に環境浄化の主体が植物の場合をファイトレメディエーション（phytoremediation）と定義している（茅野，1997）．

植物を利用した浄化技術としては重金属や有機塩素化合物で汚染された土壌の浄化以外にも，家屋内の建築資材や塗料から放出されるベンゼンやホルムアルデヒドなどのシックハウス症候群に由来する揮発性有機化合物をゴールデンポトス（*Epipremnum avreum*）やツツジ（*Rododendron* sp.）によって浄化する実験（中西，1993），ユーカリやポプラ（*Populus nigra*）などによる空気中の窒素酸化物の吸収・分解実験（森川，1997），家庭排水中の窒素・リンをパピルス（*Cyperus papyrus*）やケナフによって吸収・ろ過するバイオジオフィルターシステムの実験（尾崎，1997），などが報告されている．また，水生植物の浄化能と景観形成を組合わせたビオトープ（biotop）の創出も検討されている．ファイトレメディエーションの対象は土壌，大気および水圏などの生活環境の全般にわたっている．

しかし，一般的に植物は微生物に比べ汚染物質の分解プロセスが緩速であり，効果が明瞭に現れるまでに時間を要する．また，劣悪な生育環境でも適応できる植物種は限られている（Evan et al., 1996）などの課題がある．今後は遺伝子組換え植物の導入によって（Youssefian, 1997），浄化能力の速効性や適用範囲の拡大が期待される．

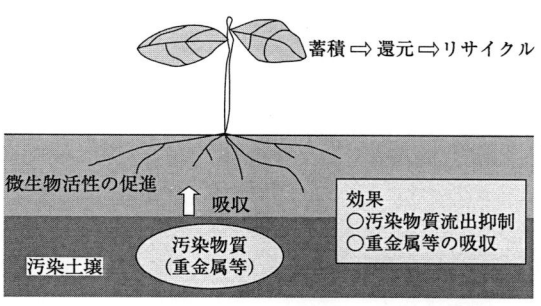

10.8.2 ファイトレメディエーションにおける植物根の役割

ファイトレメディエーションの効果を最大限に発揮させるには，適切な植物の良好な生育が必要不可欠となる．特に，重金属汚染土壌におけるファイトレメディエーションでは，植物と汚染物質の接点となる根の役割は非常に大きく，根が汚染物質を効率的に吸収できる栽培管理が重要になる．図10.10に，ファイトレメディエーションにおける植物根の役割の概念を示す．

根の機能は，物理性・化学性および生物性に分類される（土肥，1997）．物理性機能としては，根系の根張りによって汚染物質の流出や拡大を阻止することがあげられる．筆者は以前，ある清掃工場の施設内で汚泥が野積みになっている場所にイネ科植物の根系がしっかりと張り，汚泥をコーティングして流出を抑えているのを目撃して大変感心した経験がある．このように，もともとは汚染物質がごく限られた場所にしか存在しなかったものが降雨などによって流出し，二次的に汚染範囲が拡大するおそれがある場合は，植物を導入すると根張りの効果で汚染物質の流出と移動を抑制できる．

化学性機能としては土壌中のカドミウム（Cd），クロム（Cr），銅（Cu），水銀（Hg）などの重金属を根系によって吸収し茎葉部に蓄積させることがある．アブラナ科の *Alyssum murale*, *Thlaspi caerulescens*, *T. ochroleucum* 種のなかには重金属を茎葉部に通常の1,000倍近い高濃度で蓄積する能力を保持しているものが確認され，これらの植物は特に重金属を高濃度に蓄積できる植物（hyperaccumulator-plant）と呼ばれる（Moffat, 1995）．hyperaccumulator-plant はファイトレメディエーションでは付加価値が高く重要であることから，今後もこれらの特性を持つ野生植物の探索や形質転換体の開発が促進されることが予想される．

また，生物学的な機能としては，根からの分泌

図10.10 ファイトレメディエーションにおける植物根の役割（土肥原図）

物により根圏の微生物群が活性し，難分解性物質の分解を促進させることが考えられる．ファイトレメディエーションでは，植物と微生物との共生によって浄化プロセスが効率的に進行するものと考えられ，植物および微生物の活性を長期間持続させるための管理システムも重要である．

ファイトレメディエーションにおける以上のような根の理化学的機能は，同時進行で複合的に作用しているものと考えられている．また，植物体に蓄積された汚染物質を還元し，再資源としてリサイクルさせることも検討されている．

10.8.3 ファイトレメディエーションのメカニズム

ファイトレメディエーションにおける植物根と重金属の関係では，根から分泌されたムギネ酸などのキレート物質や，メタロチオネインなどの金属結合タンパク質が根の表面から1～2 mm の部位で重金属と結合し，重金属類が可溶化されることが確認されている（Youssef and Chino, 1991）．また，根表層の細胞膜におけるプロトンポンプ作用によって H^+ を放出し，根圏土壌のpHを低下させることによって重金属を可溶化することも考えられる（稲葉・竹中，2000）．このように，ファイトレメディエーションのメカニズムは，植物が無機物質を獲得する際の一般的な生理学的なメカニズムと基本的に同じである．

しかし，hyperaccumulator-plant にみられるような，特異的に重金属を高濃度で吸収・蓄積する生理学的メカニズムについてはほとんど解明されていない．ファイトレメディエーションでは重金属類と結合親和力が高い物質を根から分泌し，重金属を可溶化させて吸収することによって土壌中から重金属が除去して土壌の無害化を促進することが重要である．

10.8.4 今後の展望

ファイトレメディエーションが本格的に始まったのは，1990年の湾岸戦争でクウェートの石油施設が破壊されて大量に流出した原油中の重金属をファイトレメディエーションによって回収・浄化するプロジェクトが実施されてからで（Radwan et al., 1995），その歴史は浅い．わが国においても，現在までは中小規模の実証実験にとどまっている．しかし，今後は自然への負荷を最小限に抑えた生態工学的な環境保全技術を推進する機運に後押しされて，大規模なプラント実験の実施が予想される．

また，近年急速に進歩した分子生物学的な技術を導入して，重金属やPCB，ダイオキシンに耐性のある細菌や酵母の遺伝子を植物に組込んだ形質転換体植物の登場で，より劣悪な環境条件下でも生物処理が可能となり，ファイトレメディエーションの適用範囲が広がる．ファイトレメディエーション効果を最大限に発揮させるためには，劣悪な環境下における植物の活性，すなわち植物の茎葉部-根系-根圏微生物の三者間における良好な物質循環が重要であり，これらを維持するためには水分や栄養塩の調整や，根張りを促進するための耕起処理など，現行の栽培管理技術が必要不可欠である．

したがって，ファイトレメディエーションは，栽培学・環境工学・分子生物学などの異分野の融合によって確立される技術であり，一分野にこだわった技術では優れた効果は見出せない．ファイトレメディエーションが今後発展していくには供試植物の栽培から汚染物質の除去終了にいたるまで各分野間の効率的な協力と連携が重要である．

〔土肥哲哉〕

文 献

1) Evan, K. et al. (1996)：*Ground Water Monit Remediation USA*, **16**(1)：58-62.
2) Moffat, A. S. (1995)：Science, **269**：302-303.
3) Radwan, S., Sorkhoh, N. and El-Nemr, I. (1995)：*Nature*, **376**：302-303.
4) Youssef, R. A. and Chino, M. (1991)：*Water Air and Soil Pollution*, **57**：249-258.
5) Youssefian, S. (1997)：遺伝, **51**(5)：41-46.
6) 稲葉尚子・竹中千里 (2000)：根の研究, **9**：69-73.

7) 尾崎保夫（1997）：日本水処理生物学会誌，**33**(3)：97-107.
8) 環境法令研究会編（2001）：環境六法，中央法規.
9) 児玉　徹・大竹久夫・矢木修身編（1995）：地球をまもる小さな生き物たち，技報堂出版.
10) 茅野充男（1997）：研究ジャーナル，**18**：11-17.
11) 土肥哲哉（1997）：根の研究，**6**：134-136.
12) 中西友子（1993）：*Quality*，**120**：12-16.
13) 森川弘道（1997）：ファイトレメディエーション．バイオサイエンスとインダストリー，**57**(6)：379-382.

11 今後の栽培研究

11.1 環境と共生の思想

11.1.1 農業生産と環境問題

社会が農業や農村に求めるものは時代とともに変遷し，また，それを研究する農学の役割も変わってきた（祖田，2000）．戦後の農業はひたすら増産の道を歩み，それは農業技術の格段の進歩に支えられてきた．そのころの農学の目標は，主として生産性の向上にあり，きわめて明快で分かりやすいものであった．一方，現在の農学は，環境の保全も視野に入れた高位生産性の維持に加え，新しい機能や価値をつくり出すことが求められており（学術会議，2001），きわめて困難な問題に挑戦しようとしている．

生産性の向上に伴う，多投入，集約化，そして化学資材依存の傾向は，いわゆる先進国を中心に1960年代の後半から強くなり，その後，発展途上国にも次第に広がっていった．また，多くの発展途上国では，自給作物生産に比べ，換金作物生産，特に輸出作物生産に依存する割合が高くなり，そのことが統計上は農業生産の発展として現れることも多い．一方，それを生態学的にみれば，輸出国からの資源の持ち出しとなり，そのことが環境や資源の劣化を引き起こしてきた．また，これを食料輸入国からみれば，資源の過剰な蓄積が問題となる．例えば，わが国においては，このことが現在，深刻な水系汚染などの環境問題を引き起こしている（川島，2002）．

11.1.2 「循環と共生」に根ざした農業生産

農業とは，そもそも自然における循環機能を最大限に活用しつつ，太陽エネルギーを人間が利用可能な形に変換する営みを持続的に行ってきた産業である．その持続性のなかで，最重要課題の一つとして位置づけられてきたのが土壌肥沃度の維持である．例をあげれば，長い休閑期間を前提とした焼畑農業，ナイル川から絶え間なく養分の供給を受ける流域の耕地，アジア地域の水田，マメ科作物を含む輪作体系などにおいては，その持続性が歴史的に証明されている．また，土壌侵食防止も持続性にとっては重要な課題である．そのために，各種マルチや不耕起・簡易耕起法が開発されてきた．

一方，例えば，過放牧や森林破壊，あるいは不適切な灌漑や排水不良に起因する塩類集積や湛水などは，耕地土壌を劣化させてきた．これらに加えて，その歴史の長さからすればごく最近始まった「近代農業」において，農業は環境破壊の加害者としての側面を急速に強めつつある（嘉田，1998；渡部，2000）．その環境とは，農業生産の場を取りまく人間の生活環境に加えて，農業生産基盤そのものを含み，自らがそれを劣化させ，持続性を損なうという深刻な面を有している．人間の生産活動がその根本原因である砂漠化は，その典型的な例である．

さらに，持続性の問題は今や農業だけにとどまるものではなく，生物圏や地球環境全体の問題としてとらえられるようになってきた．もはや，人間活動による資源やエネルギーの使用の影響は地

球規模に及んでいる．そして，実は環境劣化の主要な原因は貧困であるが，それを解決する有効な対策も見つかってはいない．開発や発展は一方で資源に負荷をかけ，持続性を脅かしている．持続的開発や持続的発展として，自然と人間活動との共生が改めて求められる理由である．

以上のことは，当然，生産物である食品の安全性にも深刻な影響を及ぼしている．しかし，そこで重要なのは，消費者だけではなく，その食品をつくる生産者の安全性も考慮することである．特に食料自給率がカロリーベースで40％を割り込み，食品輸入大国となっているわが国においては，国境を越えた生産者と消費者，都市と農村との共生をどう図っていくかが鋭く問われている．これは，私たちがどのような農業をつくっていくかと同時に，日常の暮しのあり方と直結した問題である．

世界の耕地のうちで，わが国へ輸出する食料を生産するために使われている耕地の割合を図11.1に示した．食料以外で私たちの生活に関連する生物資源（例えば木材や繊維など）も含めると，膨大な面積の海外の大地が使われていることになる．それらの生産や加工に携わる多くの人々との関連のなかで私たちの生活が成り立っていることを，正確に認識する必要がある．それが，共生を考える第一歩になる．

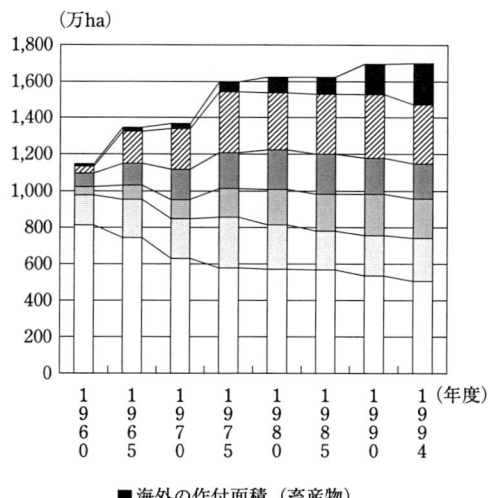

11.1.3 環境保全型農業

このようにして，循環と共生を基本的コンセプトとし，環境を包含した農業生産の必要性が認識され始めたわけだが，ここで用語について整理しておきたい．

最近のわが国では，このような農業を指して，一般に環境保全型農業という用語が使われている．食料・農業・農村基本計画（平成12年3月24日閣議決定）は，環境保全型農業に関連して，「農業の持続的な発展を図るためには，望ましい農業構造を確立することと併せ，農業に本来備わっている自然循環機能の維持増進により，環境と調和のとれた農業生産の確保を図ることが重要である．また，このような農業生産の在り方は，資源の循環的な利用，農業生産活動に伴う環境への負荷の低減及びそれを通じた生物多様性の維持等の自然環境の保全にもつながるものである．」と述べている．一方で，「持続的農業」あるいは「持続可能な農業」という用語が，"sustainable agriculture"の訳語として使われている．厳密な意味では，環境調和型農業と持続的農業とは異なると考えられるが，実態としては同義であると考えて差し支えない．

1980年代に，アメリカで代替農業（alternative agriculture）という用語が使われたことがあった（Board on Agriculture National Research Council, 1989）．これは具体的には，特にアメリカなどのいわゆる先進国で発展してきた集約農業や単作を基本とした大規模機械化農業に対置する形で提案されたものであった．そのなかで最も重視されたのが，低投入持続的農業（low input sustainable agriculture, LISA）であった．これはアメリカの農業法のなかで使用された用語であるが，上述の

図11.1 日本の食料供給に必要な作付面積の試算（農業白書，1996年度）

議論のように，持続的農業を確立するためには必ずしも「低投入」である必要はないので，現在では低投入という用語は使われていない．

アメリカの1990年農業法（The FACT（food, agriculture, conservation and trade）ACT of 1990）では，「持続的農業とは，長期間にわたって，人間の食料や繊維を供給し，農業経済が依存する自然資源や環境の質を高め，再生不能な資源を有効利用するとともに，自然の生物的循環や防除を総合化し，農作業の経済的価値を維持し，農民や社会全体の生活の質を向上させうる，地域特異性を有した，総合的な動物および植物生産システム」としている．

11.1.4 生産性と持続性とのトレード・オフ

化学資材の使用や機械化によって可能となった農業の集約化が，農業生産の持続性に対して対置されることがある．しかし，食料生産量の増加は単収の増加によるところが大きく，耕地面積の増加だけでこの間の人口増加をまかなっていたとすれば，上述したような問題がさらに深刻化し，持続性はさらに損なわれていたはずである．集約化は養分などの資源の使用速度を高めることはあっても，持続性とは直接関係があるわけではなく，また環境劣化の直接の原因でもない．

1999年に60億人に達した世界人口は現在もさらに増え続けており，低投入による持続的農業生産に戻るわけにはいかず，いかに高位生産を維持しながら持続的に作物を生産するかについて，長期的な視野に立った研究が今後ますます重要性を増してくる．

その際の一つの鍵は，地域性にある．「緑の革命」（Green revolution）では，世界のどの地域においても共通して高い収量をあげる作物があると考えた．その成果は，作物の生産性を飛躍的に高めたと同時に，「循環」を断ち切り，「共生」を破壊する要因となった．イネにおける「緑の革命」の担い手であった国際イネ研究所（International Rice Research Institute, IRRI）は，現在，特に水環境に注目した生態学的地域性を重視し，異なる水環境で栽培されるイネをまったく別物としてとらえた研究を展開し，成果をあげている（IRRI, 2004）．環境保全型農業を実質的に発展させていくためには，今後はさらに文化的，社会経済的な地域性も考慮に入れた研究が必要である．

〔山内　章〕

文　献

1) Board on Agriculture National Research Council (1989)：Alternative Agriculture, National Academy Press（久馬一剛・嘉田良平・西村和雄監訳（1992）：代替農業，農山漁村文化協会）．
2) 嘉田良平（1998）：世界各国の環境保全型農業，農山漁村文化協会．
3) 川島博之（2002）：21世紀における水環境問題と窒素．環境学会誌，**15**(4)：299-303．
4) 祖田　修（2000）：農学原論，岩波書店．
5) 渡部忠世（2000）：稲にこだわる，小学館．

関連ホームページ

1) IRRI (2004)：Science online：http://www.irri.org/ science.asp
2) 学術会議（2001）：地球環境・人間生活にかかわる農業及び森林の多面的な機能の評価について（答申）：http://www.scj.go.jp/info/pdf/shimon-18-1.pdf

11.2　作物栽培をめぐる社会状況

11.2.1 先進国と発展途上国の食料需給

世界の食料事情を概観すると，先進国では食料の過剰が，発展途上国では不足が生じている．本来なら，経済に占める農業のウエイトが高い発展途上国から食料が輸出され，工業が盛んな先進国がこれを輸入するという姿が，常識的に描かれる農産物貿易のパターンであろうが，現実はそうではない．むしろ逆方向である．

これは，一つには発展途上国の大半を占める熱帯諸国が，伝統的な主要食糧であるコメ，ムギ類，トウモロコシなどの栽培に必ずしも適していないことによる．しかし，それだけではない．先進国では，価格支持政策や所得補償，輸出補助金

などによる過度な農業保護によって，必要以上に農家の生産意欲が刺激され，過剰生産が誘発されている．例えば，コムギなどの穀類や乳製品では，ヨーロッパはかつての輸入国から輸出国へと転じ，生産調整を行いながらも，余剰品が輸出されている．一方，途上国では，灌漑，研究開発などへの農業投資が不十分であるうえに，農民は輸出向けの換金作物に対する輸出税の徴収などによって搾取され，食料生産が停滞したままになっている場合が少なくない．

こうしたなかで，先進国における作物栽培にとっての最大の課題は，収量の向上ではなく，生産粗放化や低投入などを通しての環境調和型農業への転換である．一方，発展途上国では，依然として収量向上の必要性が高い．ただし，発展途上国でも，広い意味での環境問題に入る土壌や水などの資源に対する制約は強まっているので，こうした資源利用に関して効率的な側面も兼ね備えた農法が求められている．

発展途上国に関しては，特にサハラ以南の熱帯アフリカ（サブサハラ）における食料生産増加の必要性が，強く指摘されている．緑の革命は，コムギとイネの収量が飛躍的に増加することによって，食糧増産を可能にした．1960～70年代にかけてアジア，中南米の多くの発展途上国は，この恩恵を受けた．しかし，サブサハラの諸国は，この恩恵をほとんど受けなかった．また，成果があがるまで長期的な取り組みが必要である農業研究開発にいたっては，ほとんど計画的な投資が行われていない．これらの諸国で重要性が高い雑穀類，マメ類を含めた作物栽培技術を進歩させるための研究開発に十分な投資が行われ，その成果が食料不足の解消をもたらすことが，世界全体の経済開発にとっても緊要な課題となっている．

11.2.2 日本の食料需給と消費者

わが国では，その他の先進国と同様に，食料需要が停滞するなかで安価な輸入農産物が流入し，市場全体では過剰基調のもとで価格引き下げ圧力が働いている．供給不足のもとでは，売手の立場が強く，買手の立場が弱い．一方，供給過剰のもとでは，この逆に，買手の立場が強くなり，売手は弱い．飽食の時代といわれる現代では，消費者あるいは小売の立場が強く，消費者の欲求にあわせた農産物の生産が求められている．こうした基調のもとで，次の2つの需要は，見逃すことができない．

a. 業務用の食料需給

一つは，業務用需要である．消費者による食料の最終消費のうち，家庭の調理を経て供される割合は大幅に低下した．外食産業，弁当，おにぎり，サンドイッチ，惣菜（そうざい）などのいわゆる「中食（なかしょく）」産業，そして，カット野菜，冷凍食品などの食材産業は，成長を続けている．これらの産業を経由して消費される農産物は，家庭調理を経るものを相当上回っている品目が多い．「需要に応えた品質」が意味するものは，多分にこれらの産業の業務用需要としての欲求に応えることである．例えば，ジャガイモの芽の深さは，業務用調理機械による大量前処理の効率性に影響するので，業務用需要としては，芽の浅いジャガイモは，家庭調理用とは比較にならないほど価値が高い．かつての業務用需要としては，一般家庭用として販売された残りや規格外品など，いわゆる「スソもの」が回っていたが，今日では事態がまったく異なっている．業務用としての特定資質に合致した品質を満たし，かつ年間を通じて安定的に提供できる要件を兼ね備えたものだけが，上記のような業界からの引き合いがある．家庭調理用以上の厳格な品質と提供条件が求められているのである．業務用農産物の生産は，品種および栽培方法において，これらの条件に見合ったものであることが強く求められている．

b. 消費者への情報の開示

もう一つは，栽培過程に関する情報の消費者への開示である．食品の安全性に対する関心の高まりにより，表示の適正化，成分や内容物の開示などの透明性を確保することが求められている．ま

た同時に，最終消費者が必要に応じて，その流通経路や生産工程までたどれることも必要とされるようになったが，これはトレーサビリティーと呼ばれている．この透明性とトレーサビリティーは，環境調和型の食品に関しても，同様に求められている．例えば，コメでも肥料農薬の施用時期，さらには水管理や乾燥方法までパッケージに明記している商品が増加しつつある．また，生産者の顔写真の掲載なども消費者に好感を与えている．こうした動きは，単なる安全性への関心ということだけでは説明できない．安全性の面だけならば，農薬残留値あるいは施用量等だけを記せばよいからである．こうした動きの背景には，意識の高い消費者が，農産物が育ってきた生育環境そのものをできあがった生産物と一体的に理解し，それを評価するようになりつつある，ということがある．その生育環境との関わりが情報として伝えられることを，消費者は求めているのである．作物を単独の生物体としてではなく，その生育環境である耕地生態系との関係も含めて一体的にとらえる栽培学の視点は，この意味でいっそう重要となっている．

11.3 環境行政・環境経済と作物栽培

11.3.1 生物多様性と作物栽培
a. 日本における環境問題の系譜

わが国での環境問題は1960年代後半から公害問題として注目され始め，次第に関心の度合いを高めていった．これを受けた環境政策も，1967年の「公害基本法」の制定を端緒としつつ，次第に拡充されていった．ここでは，まずわが国における環境問題の系譜をみておこう．

第一の系譜は，公害問題としての側面である．1960年代後半に注目された環境問題は，重化学工業における有害物質が大気や水へ排出されることによって生じた周辺住民の健康危害が代表的なものであった．それは，いわゆる公害問題であり，高度経済成長の歪みとして認識された．そこで糾弾される側は，工業であった．農業においても農薬がこのような議論の延長で有害化学物質の一つとして問題視されることがあった．例えば，有吉佐和子は，小説『複合汚染』のなかで農薬依存型農業を糾弾した．しかし，先駆的な一部の研究者を除けば，世論全般が農業自体を環境負荷として強く非難する風潮は，それほどなかった．

第二の系譜としては，資源・エネルギー制約としての側面である．1972年に出されたローマクラブのレポート「成長の限界」や，この警告を具現化したかのような翌1973年の第一次石油危機は，資源浪費型の経済社会のあり方に疑問を投げかけた．農業でも，温室の加温栽培に端的に象徴されるように，現代農業は石油漬け農業ではないかという批判が高まった．石油化学製品の一つである化学肥料もこの論調では含めて議論され，省エネルギー型農業のあり方が模索された．健全な土づくりや堆肥施用の重要性なども着目され，有機栽培に関心が集まった．この第二の系譜は，第一の系譜とは異なり，農業のあり方，さらには栽培方法にも大きなインパクトを与える可能性を秘めたものであった．しかし，現実的には，石油危機経過後，原油価格が低下したこともあって，こうした方向に栽培方法を見直す経済的なインセンティブが乏しくなり，抜本的な栽培方法の見直しの動きは，先送りとなった．

第三の系譜は，地球環境問題としての側面である．地球温暖化などの地球規模での環境問題の発生に対処するためには，各国の政策協調が不可欠である．1980年代半ば以降，こうした世界的な政策協調のフレームをつくっていこうとする気運が高まってきた．これを受けて，1992年には，ブラジルのリオデジャネイロで，いわゆる地球サミットが開催された．会議で取り上げられた2つの重要な案件は，地球温暖化防止条約と生物多様性条約である．このうち，生物多様性条約は，特に栽培学との関わりが深い．

b. 生物多様性条約と多様性

生物多様性条約では，3つのレベルでの多様性

が保全の対象として定義されている．すなわち，生態系の多様性，種（間）の多様性，種内多様性（遺伝的多様性）である．このうち，マスコミ等で最も注目されたのは，いわゆる種の絶滅への関心から種間の多様性であるが，作物栽培との関連では，生態系の多様性と遺伝的多様性の方が重要である．

生態系の多様性は，ほかの2つの多様性の土台ともいうべきものである．天然林などだけではなく，里山，用水路，水田等の二次的自然もまた，生態系多様性の対象である．この条約のもとで展開される生物多様性の増進では，栽培学が対象とする耕地生態系においても多様性を維持することが求められている．例えば，生産効率としては高くない谷津田も，多種の水生生物を育み，豊かな生物相を持つことから，多様性の観点からは保全すべき対象とされる．また，世界的には，作物と有用樹種の低灌木や樹木が一体的に多様な生態系をつくり出すアグロフォレストリーや，間作・混作なども，病害虫に対する抵抗性に優れ，相対的には安定的な耕地生態系であることから，環境調和型の栽培方法として見直されている．

種内の遺伝的多様性は，ある意味では，種間の多様性と密接不可分で連続的なものである．しかし，その社会経済的な意義は，大きく異なっている．種間の多様性は，絶滅危惧種の保存という目的を直接表すものであって，環境保護を重視する立場からは最も注目される．これに対して，種内の遺伝的多様性は，こうした立場からはそれほど高い関心が払われているわけではないが，経済的にはより重要である．直接新しい品種の作出を試みる種苗会社だけでなく，製薬会社なども種内の遺伝的多様性には高い関心を持っている．すでに，遺伝的多様性の宝庫である熱帯雨林には先進国の民間企業が入り込み，有用遺伝資源の収集を精力的に行っている．国家自体が戦略的にこれを推進していることもある．1992年の条約締結に際しては，遺伝資源を収集される側の途上国は，「こうした有用遺伝資源を育んできたのは，伝統的な栽培方法のもとで耕地生態系や森林を維持してきた農民の努力の賜物であり，これを開発利用した新品種による商業利益等は，途上国の農民に還元されるべきである．」とする「農民の権利」を主張した．このように，3つの多様性のなかでは，一般世論から注目されにくい遺伝的多様性は，国際的な条約交渉の場では，最も国家間，特に南北間の利害が対立し，条約全体としての争点となった．交渉の結果，今日では，遺伝資源の利用から生ずる利益は，「農民の権利」の考え方に基づき，その提供国にも公正かつ衡平な配分がなされるべきものであると合意されている．

以上みてきた環境問題の3つの側面は，異なる時期に異なる視点から環境への関心を高めるものであったが，1990年代になると，これらはほぼ一体化して，より強く，深いものとして社会経済活動を規定するものとなった．企業は，単なる法規制のクリアや社会貢献としてのみ環境問題への対応を考えるのではなく，積極的に企業価値の向上に寄与し，業績を左右する重点事項として，環境対応をとらえるようになってきた．1993年に環境基本法が制定され，2001年には，行政組織も環境庁から環境省へと拡充された．

11.3.2 環境問題と作物栽培

農業は，環境に対してプラスの効果とマイナスの効果を併せ持っている．わが国では，農業は緑を育むものとして，プラス面が強調されることが多い．しかし，欧米では逆に，農業で使う肥料や農薬が地下水や河川などの水質汚濁をもたらすことなどから，むしろマイナス面が強調されている．両者の評価の差には水田農業と畑地農業の相違などがあるとはいえ，外国では，少なくともわが国で農業関係者が考えているほど，農業を環境にやさしい産業であるとみているわけではない．このことは，環境と農業を議論する際に十分に認識しておく必要がある．

環境問題は，農産物貿易のあり方をめぐって議論されることが多い．例えば，オーストラリア

は，自国の稲作が半乾燥的な気候のもとで行われ，病害虫の発生が少なく，農薬散布量も少なくてすむことから，より環境調和型であるとし，日本は，農薬多消費型の日本ではなくオーストラリアで生産したコメを輸入する方が環境の観点からは望ましいと主張している．また，灌漑水が潤沢ではなく天水田も多い熱帯アジアの農業開発に携わる者からは，日本の稲作は潤沢な灌漑水を湯水のごとく浪費する水資源無駄遣いの稲作ではないかと批判されている．

しかし，一方で，地球温暖化の原因となるメタンガスの発生については，日本の稲作が優れたパフォーマンスを示すことが指摘されている．中干しや間断灌漑などの水管理によって過度な還元化が抑制され，根腐れが防止されるため，メタンガスの発生が少ない．これらの水管理技術は，諸外国では発達していない．また，確かに日本の稲作における水管理では水の使用量は多くなるが，これほど降水量に恵まれた日本であれば，豊富な資源を活用するわけだから，あながち非効率だと非難されるべきでもない．メタンガス発生を最小限に抑えるという観点からは，むしろ日本でこそ稲作が行われるべきで，日本でつくったコメを乾燥気候の諸国へ輸出した方がよいという主張も成り立ちうる．

このように，ある国の農業が環境調和型であるかどうかは，栽培方法の次元までさかのぼって議論するべきであり，その結果が国際競争力を左右することにもなる．製造業では，排気ガス規制などへの環境対応が，当該国の産業の国際競争力に直結する．農業では，現時点ではそれほどではないものの，将来的には，こうした議論がいっそう重要性を増してくると考えられるため，試験研究の着実な推進が必要である．　　　〔荒幡克己〕

11.4　農業と自然再生

11.4.1　里地里山の生物多様性

農業の主たる目的は，人間にとって欠くことのできない食料を供給することであるが，同時に農業の営まれる里地里山は，国土の保全，水源の涵養，美しい景観の形成，レクリエーションの場の提供，里地里山独自の文化の形成と伝承などのかけがえのない機能を有している．

里地里山では，水田と畦，ため池，水路，雑木林など，二次的な自然がモザイク状に分布している．生きものの目から里地里山をみると，乾性の土地／湿性の土地，日向の土地／日陰の土地，河川，池沼など，多様な生息環境が存在しており，しかもそれらが有機的に連結されている．このことが，里地里山の多様な生態系と豊富な生物相を支えている．

図 11.2 は，日本における絶滅危惧種の分布と里地里山の分布を表しているが，絶滅危惧種が5種以上発見された地域（各 10×10 km）は，絶滅危惧動物で 49％，絶滅危惧植物で 55％と，ほぼその半分が里地里山に存在する（自然環境保全基礎調査　環境省 2001 年）．

絶滅危惧種のうち，かつては身近にみられた種の生息地域との重複関係を個別にみてみると，メダカ（*Oryzias latipes*）で 69％，ギフチョウ（*Luehdorfia japonica*）で 58％など，生息が確認された地域の多くが里地里山にある．またトノサマガエル（*Rana nigromaculata*），ノコギリクワガタ（*Prosopocoilus inclinatus*）など，絶滅危惧種以外の身近な種の生息地域の5割以上が里地里山にあることが調査の結果から分かる．

このように絶滅危惧種が集中して生息する地域の多くは，原生的な自然地域よりむしろ里地里山地域だともいわれている．特に水田は，生物多様性の保全にとって重要である．水田では，水稲を育てるために浅く，緩やかな流れを持つ湿地が形成されている．ドジョウなどの淡水魚は春に水のぬるんだ水田で産卵し，中干しなどのために田の水を抜く落水期には，近くの水路や池に逃れ棲み，田に水を入れると再び水田に戻ってくる．このような，耕起・田植え・落水といった水田特有の営農行為は，生きものにとっては生態学用語で

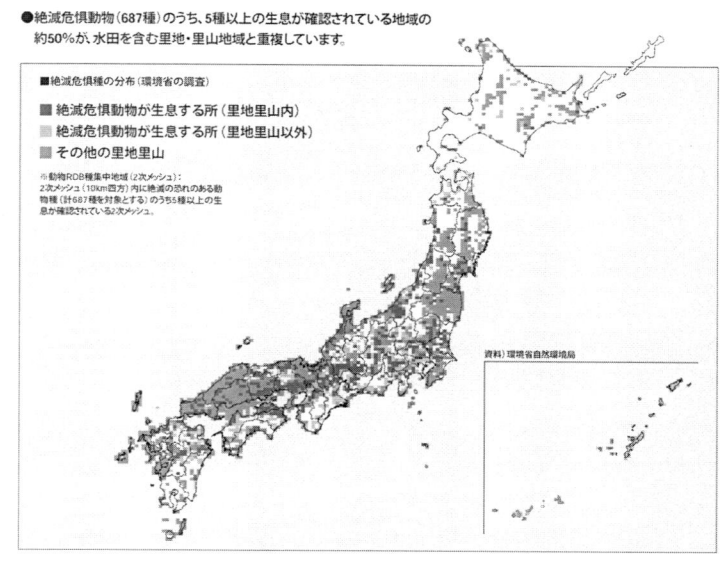

図 11.2 絶滅危惧種と里地里山の分布（環境省自然保護局，2001）

「攪乱（disturbance）」と呼ばれる環境の外生的な変動を引き起こすが，田んぼの生きものは巧みに「攪乱」に適応した生活を送ることにより，農業のなかに組込まれつつ生物多様性が維持されてきた．

ところが明治期以降，わが国では農業の機械化と圃場整備が進められた．圃場整備とは大型機械を導入しやすいように圃場の形を整えたり，用排水しやすいように地下給水管やコンクリート排水路を導入することである．圃場整備により農作物の収量が増え，農作業は楽になったが，水田に生息する生物には住みにくい環境になった．例えば，昔ながらの素堀りの排水路では，水田面と高さがあまり変わらないので，魚などが水田に入っていくことができる．一方，圃場整備によりコンクリート化された排水路では，水田面との落差が大きいために，魚などが水田に行き来することができない．また，ニホンアカガエル（*Rana japonica*），トウキョウダルマガエル（*Rana porosaporosa*）などはコンクリート化された排水路をのぼれない．そのため，圃場整備された水田では，ニホンアカガエル，トウキョウダルマガエル，アメリカザリガニ（*Procambarus clarkii*），淡水魚（ドジョウ（*Misgurnus anguillicaudatus*）など）が減少する（Fujioka and Lane, 1997；藤岡, 1977）．1960年代後半以降，大きく減少している渡り鳥の一種，チュウサギ（*Egretta intermedia*）は，これらの動物を主なエサとしているので，圃場整備によるエサの減少がチュウサギの個体数を減らしたのではないかと考えられている．

以上のように，圃場整備や農業の機械化は，労働を容易なものとし，農業生産を高めてきた一方，生物多様性という視点からは，一部の魚類，両生類などの生物群の減少をもたらし，生物多様性の低下をまねいてきた．

11.4.2 自然再生事業

近年，生態系の健全性を回復するため，過去に失われた自然を積極的に取り戻す多様な取り組みがなされている．

政府レベルでは，2001年7月，総理主宰の「21世紀『環の国』づくり会議」の報告において「順応的管理の手法を取り入れて積極的に自然を再生する公共事業の必要性」が提言された．翌2002年3月に地球環境保全に関する関係閣僚会

議により決定された「新・生物多様性国家戦略」においては，「自然再生」は，今後展開すべき施策の大きな3つの方向の一つとして，「保全の強化」「持続可能な利用」とともに位置づけられた．

同年12月には議員立法による「自然再生推進法」が成立した．この法律は，自然再生を総合的に推進し，生物多様性の確保を通じて自然と共生する社会の実現を図り，あわせて地球環境の保全に寄与することを目的とする．その主たるねらいは，自然再生事業を，NPOや専門家をはじめとする地域の多様な主体の参画と創意により，地域主導のボトムアップ型で進める新たな事業として位置づけ，その基本理念，具体的手順などを明らかにすることにある．

ここで，自然再生とは，「過去に損なわれた自然環境を取り戻すため，関係行政機関，関係地方公共団体，地域住民，NPO，専門家等の地域の多様な主体が参加して，自然環境の保全，再生，創出等を行うこと」と定義されている．具体的な事業の例としては，北海道の釧路湿原においては，直線化された河川の再蛇行化などにより，乾燥化が進む湿原の再生を目指す事業が進められている．また都市近郊の里地里山における事例としては，例えば埼玉県くぬぎ山地区（川越市，所沢市，狭山市，三芳町の4市町村にまたがる平地林）において，産業廃棄物処理施設の集積などにより失われた武蔵野の雑木林を再生することなどを内容とする自然再生事業が，関係省庁や関係自治体が連携・協力し，市民参加も得ながら進められている．

11.4.3 環境保全型農業への転換

一方，農政の側からも環境保全型の農業への転換が積極的に進められている．環境に対する国民意識の高まりを背景として，1999年7月に制定された食料・農業・農村基本法においては，国土や環境の保全，文化の伝承等の農業・農村の有する多面的機能については，将来にわたって適切かつ十分に発揮されるべきことや，農業生産基盤の整備にあたっては，環境との調和に配慮しつつ行うべきことが規定された．

2003年12月に発表された農林水産環境政策の基本方針のなかでは，健全な水・大気・物質の循環と，健全な農山漁村環境の保全の各分野ごとに

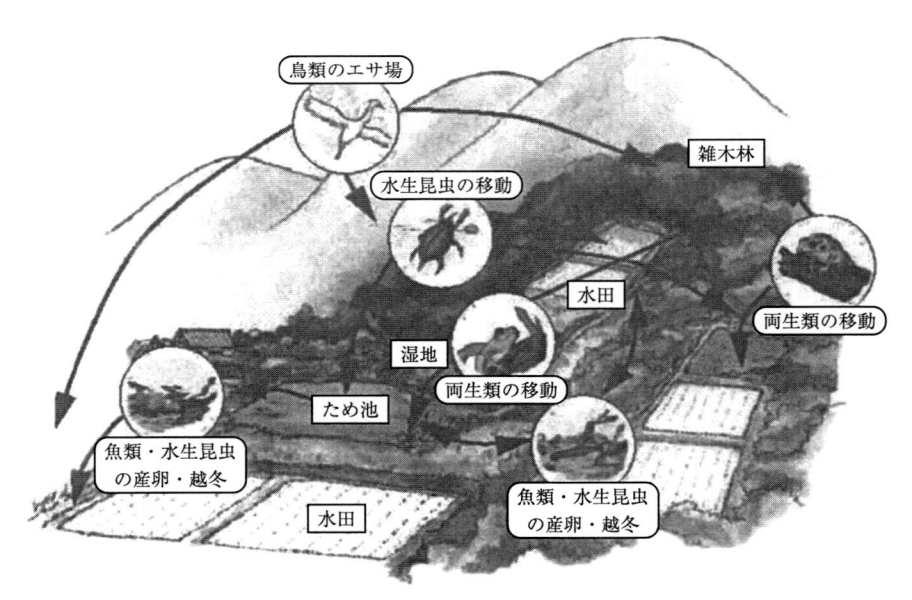

図11.3 多様な生物のすみかとしての里地里山

施策が掲げられている．そのなかでは図11.3に示したように多様な生物のすみかとしての里地里山の保全も重要施策の一つとして位置づけられている．

〔恒川篤史〕

文　献
1) Fujioka, M. and Lane, S. J. (1997)：The impact of changing irrigation practices in rice fields on frog populations of the Kanto Plain, central Japan. *Ecological Research*, **12**：101-108.
2) 藤岡正博 (1997)：水田がはぐくむ水生動物とサギ類．生物の科学（遺伝，別冊9号）：66-77.

関連ホームページ
1) 環境省（2001）：日本の里地里山の調査・分析について（中間報告）：http://www.env.go.jp/nature/satoyama/chukan.html
2) 農林水産省（2003）：農林水産環境政策の基本方針—環境保全を重視する農林水産業への移行．循環型社会構築・地球温暖化対策推進本部：http://www.maff.go.jp/kankyo/
3) 農林水産省資料：http://www.maff.go.jp/kankyo/kihonhousin/gaiyo.pdf

11.5　伝統農法の現代的見直し

11.5.1　伝統農法とは？

伝統農法（traditional farming）という用語は，農業機械や化学肥料，農薬が導入される以前の段階の農業，しかも近代的な育種方法によって育成された品種を用いずに在来の作物品種を栽培する農業のあり方をさして使われることが多い．元来は，どの時代であるかに関係なく新しい技術が普及することでおき換えられていく従前の農法をさすが，そのような場合には，むしろ在来農法（local farming）あるいは慣行農法（indigenous farming）といった言葉が用いられる．ここでは伝統農法という用語を，近代農法が世界の農業現場の大勢を占めつつある現代において，在来品種や在来技術あるいは慣行技術の内容のみならず，それらを運用する農民の感性や伝統知識も包摂する概念として用いることにする．

11.5.2　近代農業と伝統農法

効率的な生産という概念はごく最近までの農学と技術改良ならびに普及の一貫した基本であり続けてきた．これを実現するためには，なるべく少ない労働者が均一な大規模圃場で高速機械を用い，施肥反応に優れた品種に対し速効性肥料を何度も投入して，短期間にできる限りの多収を得ることが求められる．目的とする作物以外の生物の共存を許さず，除草剤・殺虫殺菌剤を絶え間なく散布する必要がある．このような農業は，わが国においては生産者に大きな負担を強いるだけでなく，環境負荷を高め，一方では消費者からも生産物が敬遠されたために，自然と変容していった．この20年間において稲作が「とれる品種」から「おいしいお米」へ転換したことは，その象徴ともいえる．とはいうものの，営農のための燃料や資材の原材料のほとんどは国外からの供給に依存している．他方，そのようにして生産された食糧だけでは国内の需要にはるかに及ばず，世界各地から農作物や食品という形で膨大な量の水や窒素などを輸入しなければならなくなっている．

このような傾向を問題視する人々によって，いわゆる有機農業を含む様々な農法が提唱されてきた．これらの多くは「減農薬・減化学肥料」に象徴されるように，近代農業の個別技術に即自的に対応したアンチ近代技術の提案であったといえる．それとは別に，ほとんど消え去りつつあったわが国の伝統農法や世界各地の伝統農法を見直し，これに学び，さらに現在の経営に活用するという立場も現れた．資源として在来品種を見直した結果，赤米や雑穀栽培が復活したり，在来野菜果樹を用いた農産加工販売が「地産地消」「一村一品」を合い言葉に，日本のみならず熱帯諸国でも盛んになってきている．

11.5.3　伝統農法の事例

伝統農法に共通して認められることとして，自然の土地条件を大きく改変せずに，その条件に対して耕種的な適応を行うことによって安全に生産

をあげようとすることがある．近代農法が容易には入り込めないような，いわゆる開発途上の地域において，多くの事例を見出すことができる．このような地域で営まれる農業は，ややもすれば原始的で粗放な農業と思われがちである．焼畑農業や天水田稲作はその典型であろう．ところが，焼畑農業や天水田稲作が行われている村に腰を据えて時間をかけて研究したいくつかの報告を読むと，農民たちの鋭い自然環境観察眼と，身の周りの資源を総動員してその自然を生産に巧みに生かしていく様々な方法に驚嘆する．

　耕地の微細な立地条件の違いを鋭敏に認識している例として，東北タイの天水田を取り上げてみよう（田中編，2000）．この地域は，緩やかな起伏がどこまでも続く台地状の地形で，雨期の降水量も不足がちのために天水田が広がっている．そのような地形では，2mにも満たないような高低差であっても耕地の水条件に違いが生じる．最も高いところにある田では，雨の多い年でさえ田植え時にわずかな湛水がみられるのみで，後はほぼ畑状態が続く．これに対して，最も低いところの田では，最大で水深70〜80 cmの湛水状態が雨期の終わりまで続くというような生態的な条件の差異が認められる．農民は高位田には主に早生品種を，低位田には晩生品種を植えることで，高位田では干ばつ害を避け，低位田では湛水期間をイネの生育に十分に活用してきた．ここは砂質土壌のために田植えのときに指で苗を挿入することができず，棒で穴を開けることも多い（図11.4）．そのため，降水量が少ない年は高位田では田植えができないか，たとえできたとしても途中で枯死することも少なくない．反対に，多雨による氾濫によって低位田が水没することもある．このように年次変動する降雨に対して，農民は地形の低みから高みに連続的に水田をつくることで最低の生産の確保を図ってきた．

　些細な高低差が重大な意味を持つ天水田とは対照的に，数千mの標高差に対する適応例がアンデスでみられる（田中編，2000）．ここでは農家

図11.4　東北タイにおけるイネの穴あけ移植

の本宅は標高4,000 mあたりに設けられていて，これより5,000 mあたりまでの草原にリャマなどを放牧する．4,200〜3,000 mではジャガイモ，3,000〜1,000 mではトウモロコシを栽培する．いずれの作物も，高度に応じて品種や作期などが異なっている．このように，アンデスの農民は，克服しがたいように見える非常に大きな標高差を，多様な生態資源として利用してきたといえる．

11.5.4　伝統農法の特徴

　以上の事例では，いずれも地形条件にふさわしい作物や品種を配置することによって，環境変異や年次変動を緩和し安定的な生産を得ようとしている．耕地条件の微小な変異に対して，また気象条件の変動に備えて，普段から多数の作物品種を用意することは伝統農法の重要な特徴である．上記の東北タイの村でも，およそ600 haの水田で30あまりの品種が栽培されていた．わが国の古い農書にも，水田土壌や地形水利に応じて多数の品種を使い分ける例が数多く見出される（飯沼編，1976）．畑作で各種の作物や品種が混播・混植される事例は，枚挙にいとまがない．上記のアンデスのジャガイモ畑でも30種類のジャガイモの混植が観察されている．インドやアフリカの乾燥地帯ではイネ科作物にマメ類やイモ類を加えた多彩な混作がみられる．このような技術は基本的に斉一な管理や機械化になじまない性質を有しており，手入れの労力は相当なものであるが，その

目的は常に代替物を用意して気まぐれな自然のもたらす脅威に備えるという危険分散（diversification of risk）にある．

そのような努力を払っても，自然環境の厳しさから決して免れられないことは農民自身がよく心得ている．東北タイの農家の米倉は消費量の3年分を貯蔵できるだけの容量が基本である．数年に一度は起こる洪水にも悲嘆にくれることなく，水没した稲田に舟を繰り出して魚捕りに励む．彼らの農業経営のサイクルは12カ月ではなく，少なくとも36カ月ないしそれ以上の周期で回転していると見なすことができよう．このような長期的な損得勘定が，伝統農法のもう一つの特徴である．ここにあるのは，あえて自然に克つことは目指さないが，容易には負けないしなやかな農民の姿である．

11.5.5 伝統農法に学ぶもの

伝統農法の特徴を強調すると「それでは昔に帰ればよいのか」という反応に出会うことが多いが，伝統農法の精髄は「暮しの大半を農業だけに費やすことと低い生産に甘んじるべき」ということにあるのではない．事例研究から明らかなように，伝統農法もその土地，その時代にあって環境適応的に最高点にまで達した極相の農法であり，農民が自分の相手とする耕地や自然環境を精密に理解することに基づいて，社会経済や慣習の許す範囲であらゆる資源を利用することにより実現させた成果である．したがって，伝統農法に学ぶべきことは，まず環境を研究し尽くし，その結果に応じて対策を考え，実現を図るということであろう．水利学者の海田（2003）が提案する「風土の工学」はこの点できわめて示唆に富む．すなわち，「農村生活の必要性の中から生まれ，定着した技術だけが本当に使われる」のであり，「要は百姓のすることをよく観察し，彼らの在地化過程を先取りすればよい」．例えば，稲作にあっては「単純化した稲作灌漑農業に特化するのではなく，在地の技術を十分に生かし，多様な土地利用を生かすような技術のかたち」が，今まさに近代農法が席巻しつつある熱帯地域では望ましい姿ではないかということである．その結果として生まれてくるのは，「ほどほどのインプットでほどほどのアウトプットを得て，ほどほどに労働を楽しむが，やはりほどほどに貧しいのは致し方ない，というそんな農の風景」である．この時代にあって，伝統農法を見直す際の基軸となりうる「農の哲学」というべきであろう．　　〔宮川修一〕

文献

1) 飯沼二郎編（1976）：近世農書に学ぶ，日本放送協会．
2) 海田能宏編著（2003）：バングラデシュ農村開発実践研究，コモンズ．
3) 田中耕司編（2000）：講座人間と環境3 自然と結ぶ「農」にみる多様性，昭和堂．

11.6 施設型作物栽培と植物工場

11.6.1 施設園芸と植物工場

施設園芸とは，ガラス温室，プラスチックハウス（以下ハウス），雨よけ施設，トンネルなどの施設内で行われる園芸作物の栽培のことをさすが，場合によってはべたがけ栽培も含まれる．わが国におけるガラス温室・ハウスの設置面積は2001年現在で約5万3,000 ha，雨よけ施設・トンネルの面積は約6万 ha である．施設園芸のそもそもの始まりは，作物生育時の温度環境を被覆資材で改善し，不時栽培，不適地栽培を実現することにあった．しかし現在，高度集約的施設園芸で行われている環境制御は，基本技術である保温・加温・換気にとどまることなく，冷房も含めた温湿度環境，光環境，炭酸ガス環境などの複合的なコンピュータ制御，さらには養液栽培技術による根部環境制御にまで及んでいる．

このような環境制御技術の発展こそが，施設における作物栽培技術の根幹であると考えられる．作物の収量・品質を向上させる手段として，作物側よりも，むしろそれを取りまく生育環境側を積極的に改変しようという働きかけの方向性が，施

設型栽培技術の大きな特徴である．環境制御技術以外では，栽培管理作業の省力化・自動化技術もまた，施設園芸における栽培技術の大きな特徴である．これは，作業効率・面積利用効率の改善を通して，生産効率を向上させようとするものであり，資本投入が大きな施設園芸においては不可欠の視点である．

植物工場は，このような施設園芸における環境制御および省力化・自動化技術の展開をさらに高度に推し進めた形態であり，施設園芸の延長線上に位置するシステムである．植物工場については，一時期，人工光利用・完全制御型の工場的植物生産システムという定義が定着していた．しかし現在では，太陽光利用型あるいは併用型の大規模養液栽培システムにまで植物工場の概念が広げられ，「環境制御や自動化などハイテクを利用した植物の周年生産システム」として定義されている．

11.6.2 施設内環境の制御技術

a. 温度の制御

現在，ガラス温室・ハウスの設置面積の約4割が加温設備を備えている．ハウスではほとんどが温風暖房方式であり，ガラス温室ではこれに温水暖房方式も加わる．いずれも，運転経費節減と省エネルギーが課題であるため，効率的な温度設定はもとより，カーテン，二重被覆，外面被覆などの保温技術の進展と低コスト化が求められる．人工光利用型（完全制御型）の植物工場では，照明からの放熱と断熱壁面があるため，冬期でも暖房の必要はない．

一方，40℃を超えることがある夏場の高温への対策としては，これまでは主に換気や遮光による昇温抑制だけであったが，近年は高軒高や屋根開放型ハウスも各種開発され，通気性を高める技術が進展している（図11.5）．冷房装置の普及はまだ温室・ハウス面積の1割にも満たないが，夏期の生産性低下が問題となっている暖地では徐々に導入されている．現在主流となっているのは蒸発冷却方式の一種である細霧冷房で，粒径およそ

図11.5 屋根開放型温室（イタリア，Serre社，フチュラ温室）

100μm以下の細霧を気化させることで気温を低下させる．ノズルを室内全体に配置し，冷房以外にも薬剤散布や葉面散布など多目的に利用できるタイプの導入が進んでいる．完全制御型植物工場や，コチョウラン（*Phalaenopsis* sp.）・イチゴの花芽誘導など特殊な用途には，ヒートポンプ（冷凍機）冷房が用いられている．ヒートポンプ冷房の原理は，蒸発器で吸収された熱が冷媒によって凝縮器へと輸送され，そこで外部に放熱されるというもので，家庭用の冷暖房エアコンと同じである．凝縮器の熱交換流体の違いによって水冷式と空冷式とがあり，大規模施設の冷房には屋外側にクーリングタワーを設ける水冷式が適している．また，深夜電力を利用して運転経費を抑えられる氷蓄熱方式も開発されている（図11.6）．ヒートポンプは冷暖房のほか，除湿運転が可能であり，施設内の湿度制御にも利用できる．

b. 湿度の制御

植物にとっての適湿の範囲は相対湿度50～90％とされるが，湿度が作物の生育・収量に及ぼす影響についてはいまだ一定した見解が得られていない．多湿条件で光合成が促進されるという報告もあれば，逆に蒸散抑制の結果生育が抑制されるという報告もある．病虫害についても，一般には灰色カビ病などのように多くが多湿条件で多発する一方で，うどんこ病や害虫はむしろ乾燥条件下で多発傾向にあるなど，単純ではない．このよ

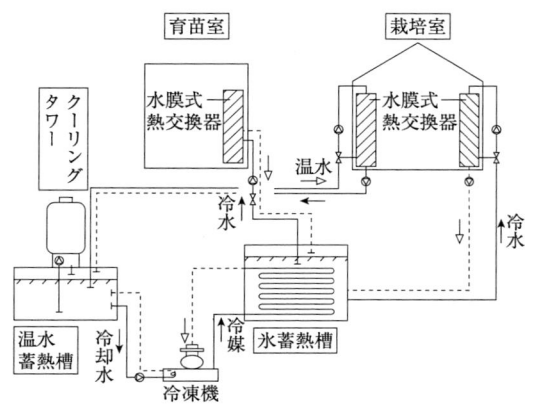

図 11.6 氷蓄熱式空調設備（電中研）

うな状況もあって，湿度制御を実施している施設は，一握りの高度複合環境制御システム装備の花卉温室などに限られている．植物工場でも冷房運転などによるなりゆきで適湿範囲に納まることが多いため，湿度制御はあまり行われていない．今後，湿度条件と作物生育・収量・品質との関係がさらに解明され，病害の予防などに活用されることが望まれる．

また，今後，温湿度制御に利用可能な省エネルギーシステムとして，コージェネレーション（コージェネ）システムがある．コージェネとは石油・ガスを燃料にしてエンジンを稼動させて発電し，その際発生した熱も冷暖房に同時に活用するというシステムであり，供給される電気量・熱量が必要な電気量・熱量と一致すればするほど省エネルギーとなる．完全制御型の植物工場では必要とされる電気量・熱量に変動が少ないため，実用性が比較的高いと考えられる．

c. 光環境の制御

温室・ハウスにおける光量の調節は，被覆資材による遮光と，人工光源による補光とで行う．遮光のための被覆資材として，夏期の昇温抑制用には遮光率20～70％で通気性の高い寒冷紗など，秋ギクの短日処理等シェード用には遮光率100％のPVCなどの軟質フィルムが用いられている．補光のための人工光源も，キク・イチゴの長日処理（電照栽培）用と，冬期の太陽光不足を補う補光栽培用とでは異なる．電照栽培では照度は数十lxで十分であり，また花芽形成にかかわる赤色光，遠赤色光も豊富に含まれることから，安価な白熱電球が使われる．一方，補光栽培用には光補償点以上の光強度（数千lx）が必要とされるため，高圧ナトリウムランプが一般的である．人工光利用型の植物工場では2万lx程度の光強度が必要であり，また光質も無視できないため，青色光の少ない高圧ナトリウムランプと赤色光の少ないメタルハライドランプとが組合わされるが，レタスなど葉菜類の生産であれば高圧ナトリウムランプ単独使用でも十分である．近年，開発が進んでいる人工光型植物苗工場（閉鎖型苗生産システム，図11.7）では，近接照明できることなどから，蛍光ランプの光強度でも十分とされている．

今後，実用化が期待されている光源としては，マイクロ波ランプ，発光ダイオード（LED），レーザーダイオード（LD）がある．マイクロ波ランプは，波長10 mm～1 mの電磁波（マイクロ波）をバルブ内に封入された物質に照射してプラズマ発光させるもので，ランプ下2 mで夏期の太陽光にも相当するきわめて高い光合成有効光量子束（$1200\ \mu mol/m^2/s$）が得られる．また，太

図 11.7 閉鎖型苗生産システムの多段棚
（太洋興業，苗テラス）

陽放射に近いスペクトル，長い寿命などの優れた特性を併せ持つため，実用化が期待される．LEDは近年技術進展の著しい光源であり，その原理は，化合物半導体（GaAlAsなど）のp-n接合に電流を流すことにより接合近傍で電子・正孔を再結合させ発光させるというものである．低電圧駆動，低発熱，コンパクト，軽量などの特徴がある．単色光なので必要な発光色を選んで目的に応じて組合わせて放射源（パネル）をつくり，近接照射できる（図11.8）．今後の課題は，高輝度化，高出力化，特に青色LEDの低コスト化，光変換されない電気エネルギーによるLEDチップ発熱への対処である．LDもLEDと同じ半導体光源であり，原理的にはレーザーの発振原理と同等である．光変換効率が高く長寿命でもあるため，将来性が見込まれているが，青色光LDの開発など，まだ課題も多い．しかし，これら次世代の光源は，宇宙基地などでも利用可能な光源として期待できる．

d. 二酸化炭素濃度の制御

大気中の二酸化炭素（以下CO_2）濃度はおよそ340 ppmで一定しているが，冬期に密閉状態の施設内のCO_2濃度は，1日の間に大きく変動する．作物の夜間の呼吸によって，早朝の施設内のCO_2濃度は外気よりも高くなるが，日中は光合成の結果，多少換気したとしても外気より常に低くなる．薄曇で無換気の日中には，100 ppm以下にまで低下することも珍しくない．施設内でCO_2を施用すると広範な作物で増収や品質向上がみられることは古くから知られており，冬期のCO_2施用が推奨されている．CO_2濃度が高まると植物の光合成の最適温度が高まるため，CO_2を施用する場合は通常よりも5℃程度高い温度で換気する．CO_2施用は，液化CO_2ボンベあるいはCO_2発生装置を利用して行う．液化CO_2ボンベを用いる場合は，赤外線ガス分析計とコントローラーを用いて自動濃度制御が可能であり，冬には750 ppm程度，春と秋には換気損失が多いため500 ppm程度に設定する．CO_2発生装置の場合は，プロパンガスまたは灯油を燃やして発生させることから，頻繁に点火・消火を繰り返して有害ガスを発生することがないような制御法とする．完全制御型植物工場では，明期に700〜1,500 ppmの範囲で施用する．今後，日射量や生育量に応じてCO_2施用を制御できるような技術の確立が期待される．

e. 地下部環境の制御

作物の地下部の環境は，地上部の生育とも密接な関係があり，これを制御しようとする試みは，作物栽培技術のなかでも重要な位置を占めることが多い．施設栽培では降雨による影響が少ないので，水分センサーと自動灌水装置を組合わせれば土壌水分をかなり制御することができる．養液土耕システムでは，水だけでなく肥料成分も含めて点滴灌漑で給液するため，理論的には作物の必要量に応じて効率的に施肥することが可能であり，

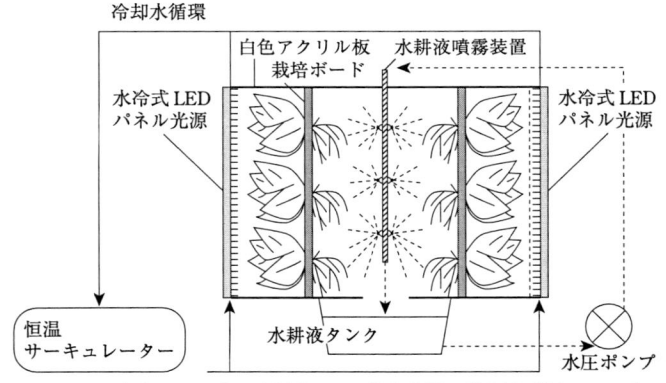

図11.8 水冷LEDパネル光源を用いた栽培装置の模式図（渡辺，2001）

実際に生育促進・増収効果も得られている．しかし，地下部の環境条件をさらに効率よく制御するためには，土壌を介さない養液栽培システムが望ましい．養液栽培では地下部の環境条件を制御できるのみでなく，自動化・機械化・高設化などによる労働生産性の向上も同時に達成されるため，植物工場のような大規模・高度集約的な施設園芸では不可欠の技術である．養液栽培システムでの培養液の調整方法は，一定の電気伝導度（EC）になるよう培養液タンクへ液肥を自動的に注入する，あるいは一定の希釈倍率で液肥を原水のラインに直接混入させるという方法がとられる．しかし，近年の環境保全的見地から，培養液をかけ流さずに循環利用しようとする動きがあり，その場合，上記の培養液調製法では，無機成分バランスが崩れて，制御したい濃度バランスが維持できずに生産性が低下する恐れがある．今後は培養液組成を循環用に検討し直すとともに，最終的には各成分をイオンメータと単肥で個別に制御する技術の確立が求められる．また，植物体そのものの栄養状態や生長量をモニタリングして，培養液の成分濃度や灌水量の制御に活用する技術の開発が望まれる．

11.6.3 栽培管理作業の効率化技術

資本投入の大きい施設園芸においては，投資した以上の資本が回収できるように資本生産性を高めることが必須の課題である．そのため，環境制御技術によって作物の生産性を高めることを目指すと同時に，一定の収量・品質を得るのに必要な経費を最小限に抑えるための栽培技術が重要である．これは，作業効率と面積利用効率をあげるための技術ということができる．作業効率を高めるためには，栽培管理作業の省力化・軽作業化・自動化・機械化などの各種技術を駆使し，また面積利用効率をあげるには，空間の立体的利用ならびに，自動化・機械化による通路面積の削減などを図る必要がある．

例えば，栽培ベンチに関する技術としては，近年，急増しているイチゴ高設栽培があげられる．これはロックウール耕やNFTなどの養液栽培システムを導入することで高設ベンチを可能としたもので，高設化により腰をかがめる作業が必要なくなり大きな省力効果が得られたと同時に，栽培ベンチを多段化することで面積利用効率も高められた．オランダでは新しくハイガター方式が導入され始めているが，これは栽培ベンチを温室の梁から吊り下げるという方式で，定植・収穫・撤去などの作業効率の向上が見込まれる．また，ホウレンソウなどのNFTでは，栽培ベンチを移動式にして定植・収穫場所を固定化することで作業環境を改善するとともに，通路面積も節約できる．植物工場では，三角パネルと噴霧耕によって栽培面を立体化したり，栽培ベンチの株間調整（スペーシング）を1軸または2軸で自動的に行うスペーシングマシンを導入するなどして面積利用効率を高めている．

その他の技術として，高い室内空間を効率的に利用するトマトハイワイヤー整枝システムにおける高所作業台車やつる下ろし装置などの各種装置や技術，また煙霧器，自動噴霧装置などを活用した農薬散布の無人自動化などがある．播種・接ぎ木・定植・収穫の自動化・ロボット開発などの研究も，現在，進行中である．

11.6.4 施設園芸の今後の展望

閉鎖型生態系生命維持システム（controlled (closed) ecological life support systems, CELSS）とは，食料生産と物質の再生循環を閉鎖系のなかで維持していく総合的・統合的なシステムであり，月面基地や火星有人探査など宇宙における長期有人活動を対象とした構想として研究が始まった．アメリカではCELSS地上実験施設バイオスフェア2で閉鎖環境下での実験が行われた．日本でも，青森県六ヶ所村に閉鎖型生態系実験施設が設置され，Closed Ecology Experimental Facility (CEEF) と呼ばれている．CELSSでの作物生産はすべて人工照明の養液栽培（水耕）であり（図

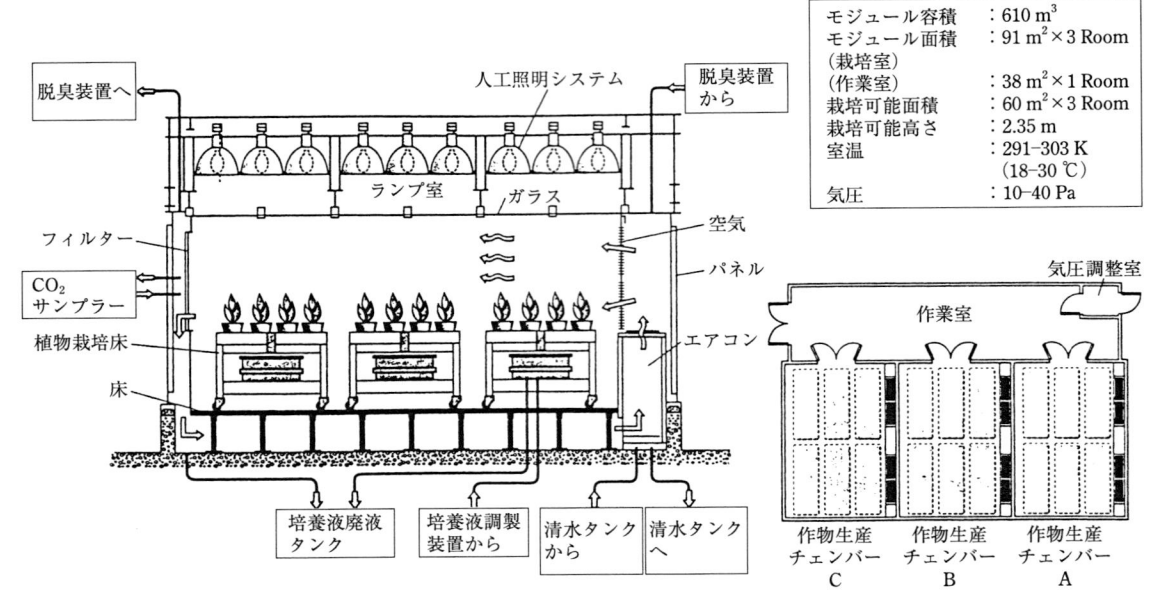

図11.9 CEEFにおける植物栽培室および栽培システム（大坪，1999）

11.9)，植物工場での技術と共通する部分が多く，また養液栽培で求められている閉鎖型システムへの移行の技術とも重なる．今後もこのような研究で得られた成果と施設園芸での栽培技術とは，相互に活用できるものと考えられる．

さらに，施設園芸で発展してきた養液栽培技術は，近年，屋上緑化や室内緑化とも接点を持ち始め，ハイドロボールなどを培地とした観葉植物の自動給液システムがビル内の緑化栽植事業に活用されている．今後は作物生産という枠にとらわれることなく，例えば観光施設や園芸療法，情操教育など様々な場面で，施設園芸での栽培技術や機器を応用し，逆にそこでのノウハウを施設園芸にも取り入れるといった動きが起こるであろう．

最後に，施設園芸や植物工場が今後も発展を持続するために重要な視点として，低コスト化と作業の快適性という課題をあげておきたい．低コスト化にむけては，研究機関が低コスト技術の開発に重点をおくことが重要であり，また同時に，温室やハウス，栽培装置などの資材に共通規格をつくるなどメーカー側の努力も必要である．作業の快適性という観点は，今後，雇用労働を活用した大規模・経営的農業によって後継者問題や労働条件の改善を図ろうとする際に必要であり，そのための技術開発が，今後のわが国の農業のあり方に大きな影響を与えるであろう．　　　〔峯　洋子〕

文　献
1) 大坪孔治（1999）：宇宙における長期滞在を目的とした植物生産システム―日本版バイオスフェア実験―. *SHITA REPORT*, **15**：62-74.
2) 高辻正基編（1997）：植物工場ハンドブック，東海大学出版.
3) 日本施設園芸協会編（1998）：四訂 施設園芸ハンドブック，園芸情報センター.
4) 渡辺博之（2001）：LEDを光源とした野菜工場. *SHITA REPORT*, **17**：13-22.

11.7 遺伝子組換え作物の開発と利用

11.7.1 遺伝子組換えと育種

最近，遺伝子組換えという言葉を目にする機会が増えている．一般に，遺伝子組換えはバイオテクノロジーの進歩を象徴する最先端技術の一つと考えられているが，本来は配偶子の形成，レトロウイルスやアグロバクテリウムの感染，トランス

ポゾンが転移した場合など，自然界でも広く認められる現象である．野生動植物を栽培化する過程で繰り返し行われてきた交配も，遺伝子組換えを利用した変異の創出といえる．そこでは，雑種強勢を得ることやまったく新しい形質を付与することを目的として，自然界では起こりえないような遠縁の種間でも人為的な交配が行われてきた．作物の栽培化の過程と育種の経緯を踏まえると，遺伝子組換え技術は，従来型育種の延長線上にあり，決して突出した技術でないことが理解できる．

従来型の育種では，有用遺伝子（変異）の探索（創出），実用品種への導入，評価・選抜と固定という過程を経て，新しい品種がつくり出される．遺伝子組換えは，その最初のステップを効率化し，さらに育種の可能性を広げる効果がある．例えば，イネの優良品種であるコシヒカリには，草丈が伸びて倒伏しやすい欠点がある．この欠点は，コシヒカリに半矮性の形質（遺伝子）を導入することで解消できる．半矮性遺伝子を導入するためには，コシヒカリと半矮性遺伝子を持つ品種を交配すればよいが，半矮性のコシヒカリを作出するためには，半矮性遺伝子座以外のすべての染色体領域をコシヒカリに置換しなければならない．理論的には長い年月をかけて雑種個体にコシヒカリを何回も戻し交雑することにより可能であるが，実際には目的遺伝子座以外のすべてを置換することはきわめて困難である．さらに，目的遺伝子座の近傍にコシヒカリの形質を決定する重要な遺伝子座がある場合や，目的形質が複数の遺伝子座に支配されている量的形質の場合は，従来型育種では目的とするコシヒカリをつくり出すことができなかった．しかし，遺伝子組換え技術を応用すれば目的遺伝子のみを直接導入することができるので，コシヒカリ本来の性質を失うことなく，短期間で効率的に新しい形質を付与することができる．

11.7.2 有用遺伝子の単離

遺伝子組換え作物を作出するためには，導入すべき有用遺伝子が必要となる．遺伝子にはタンパク質の設計図となる転写領域（コーディング領域）と，発現の時間的，空間的，量的な制御にかかわる転写調節領域（プロモーター領域）が存在し，転写領域，転写調節領域ともに有用遺伝子として利用できる．

シロイヌナズナ（*Arabidopsis thaliana*）とイネのゲノムシークエンスが解読され，各種マーカーや突然変異体プール，マイクロアレイなど様々なゲノム解析ツールが整備されたことにより，遺伝子の単離と機能解析の効率は飛躍的に向上した．従来は解析が困難であったQTL（量的遺伝子座）についても遺伝子が同定され始めており，農業的重要形質にかかわる有用遺伝子に関してはすでに研究競争が加熱している．特にイネの研究成果はイネに直接応用できるばかりでなく，ほかのイネ科作物にも応用できることから，その波及効果はきわめて高い．

11.7.3 遺伝子の導入法

遺伝子の導入法には，アグロバクテリウム法，エレクトロポレーション法，パーティクルガン法などがある．

病原性土壌細菌であるアグロバクテリウムは，プラスミドと呼ばれる環状DNA上の遺伝子を宿主植物の核DNAに組込ませ，自らの増殖に適した環境をつくり出す．この性質を利用したのがアグロバクテリウム法である．アグロバクテリウムのプラスミドにはT-DNA領域とVir（Virulence）領域がある．T-DNA領域が植物へ組込まれるが，T-DNA領域のプラスミドからの切り出しと植物ゲノムへの組込みに必要な遺伝子がVir領域に含まれている．したがって遺伝子組換え技術として応用する場合にはT-DNA領域の内部を目的遺伝子におき換えるが，現在ではT-DNA領域とVir領域を別々のプラスミドに分乗させたバイナリーベクター系が用いられることが多い．

バイナリーベクター系では，T-DNA領域を持つプラスミドに目的遺伝子を組込み，病原性が除かれVir領域を持つプラスミドを含むアグロバクテリウムに導入する．次に，このアグロバクテリウムを植物片や培養細胞に感染させる．その後，目的遺伝子が核DNAに組込まれた細胞のみを選抜・培養し，再生植物個体を得る．通常は，目的遺伝子と一緒に抗生物質耐性遺伝子も組込み，抗生物質への耐性を指標に細胞を選抜する．

アグロバクテリウム法で遺伝子組換え植物を得るためには，宿主となる植物の培養・再分化技術が確立していることのほか，アグロバクテリウムが感染できることが必要条件となる．アグロバクテリウムは本来，イネには感染しないが，宿主植物由来の感染を促す物質であるアセトシリンゴンを添加することにより，アグロバクテリウム法によるイネの遺伝子組換えが可能となった．

エレクトロポレーション法では，目的遺伝子を含むプラスミド溶液とプロトプラストを混合し，電圧をかけることによって原形質膜に孔をあけ，そこから細胞内にプラスミドを導入する．プロトプラストをカルシウムとポリエチレングリコールで処理し，導入効率を高める場合もある．アグロバクテリウム法のように宿主特異性の影響を受けることはないが，この方法が利用できるのはプロトプラストからの再分化技術が確立している植物種に限られる．

パーティクルガン法では，金やタングステンなどの金属微粒子の表面にプラスミドDNAを付着させ，高圧ガスを用いた空気銃のような装置により植物組織や培養細胞に対し射出する．そうすると，金属微粒子が細胞を貫通する際にプラスミドDNAが細胞内に残る．この方法は，培養・再分化技術が確立している植物種に広く応用できる．

11.7.4 遺伝子組換え作物の安全性・リスク評価

遺伝子組換え技術を利用して作出された生物を利用するためには，安全性の評価が義務づけられている．遺伝子組換え作物の場合，具体的には環境に対する安全性と食品としての安全性が評価される．

遺伝子組換え作物を作出すると，まず実験段階での安全性評価を文部科学省の「組換えDNA実験指針」に従って行う．具体的には閉鎖系および非閉鎖系の実験施設（温室）で，形態や体成分，花粉の稔性や飛散性，遺伝的特性などについて調査する．実験段階での安全性が確認されると，産業利用段階での安全性評価を農林水産省の「農林水産分野等における組換え体利用のための指針」に従って行う．具体的には隔離圃場で，花粉の飛散などによる他の生物への影響や，遺伝子組換え体自身の雑草性などを調査する．これらの調査結果に基づき，作出された遺伝子組換え作物の環境に対する影響が原品種を超えていなければ，原品種と同様に，一般圃場において栽培しても問題ないと判断される．さらに食品として利用する場合には，厚生労働省の「組換えDNA技術応用食品・食品添加物の安全審査基準」に従って審査される．

遺伝子組換え生物の使用による生物多様性への悪影響を防止することを目的として，2000年1月に「生物の多様性に関する条約のバイオセーフティに関するカルタヘナ議定書」が採択された．この議定書を締結するための国内担保法として，「遺伝子組換え生物等の使用等の規制による生物の多様性の確保に関する法律」が2003年6月に成立・公布された．さらに，文部科学省の「組換えDNA実験指針」は廃止され，改めて法制化された．様々な法制化とそれに伴う意識の向上により，今後の遺伝子組換え生物の研究・開発は，より整備された安全管理体制のもとで進められることになる．

11.7.5 遺伝子組換え作物の利用に向けた課題

これまでに，遺伝子組換え技術そのものが危険であるとする科学的根拠はないことが示されている．今後は，作出された個々の遺伝子組換え生物

（作物）について様々な立場からメリットとリスクを比較し，その有用性を総合的に評価・判断することが重要となる．

北米，中南米，中国などでは遺伝子組換え作物の作付面積が急増しているが，わが国ではほとんど作付けされていない．その原因として，社会的受容（public acceptance）と知的所有権がある．社会的受容が低い理由には，消費者に対する啓蒙が遅れていることと，消費者の直接的な利益に結びつく遺伝子組換え作物が実用化されていないことがあげられる．食料の豊富な先進国では，遺伝子組換え作物のメリットを実感しにくいのも事実である．一方で，遺伝子組換え技術は効率的な新品種作出を可能とするため，育種の企業化を加速させる．遺伝子組換え作物の開発には遺伝子特許のほかに，作出技術にかかわる基本特許が関与する．したがって，より多くの遺伝子特許と基本特許を取得した企業が市場を独占する可能性があり，アグリビジネスの構造は大きく変わろうとしている．

研究競争力の強化や知的所有権の確保，産業基盤の構築のためにも基礎研究は重要であるが，国際的視野に立てば，発展途上国における食料不足や貧困の問題，環境問題に対する国際貢献と新たな産業育成につながる応用研究が求められている．　　　　　　　　　　　　　　〔坂本知昭〕

11.8　栽培研究と普及事業

11.8.1　試験研究機関

わが国の農業関係の試験研究機関（agricultural research and experiment agency）は，明治時代になって初めて設立され，それ以来，わが国の農業を先導する技術開発を進めてきた．21世紀に入り，「くらしといのち」の安全と安心が求められる社会となり，農業の研究機関は大きな変革期を迎えている．現在の試験研究機関は，大学，国公立試験研究機関，民間研究機関に分けられるが，その概要と位置づけを表11.1に示した．

a．大　学

明治政府は農業の革新に力を入れ，明治のはじめに札幌農学校（1876（明治9）年）と駒場農学校（明治10年）を，明治の末には各地に高等農林学校を設立し，これらが大学の農学部へと発展した．その後，社会の要請に応じて，国公立・私立の多くの大学に農学部が設置されて近年にいたった．これらの大学の農学部は，多様な農業分野の基礎研究を担い，多くの成果をあげてきた．

国立大学は2004（平成16）年度から独立行政法人に移行し，かなりの公立大学もそれに続く状況である．これに伴い，各大学は地域に密着した研究を視野に入れて，研究範囲を応用研究の領域へと広げつつある．今後とも，日本農業を先導する先進的，基盤的な技術開発を担うことが期待される．

b．国公立試験研究機関

公的な研究機関としては，明治中期に初めて国の農事試験場が設置され，明治後半には各府県に農業試験場が開設された．これらの研究機関は，時代の影響下で多くの変遷を経ながら，わが国の農業技術に関する多様な研究を担い，多くの技術開発を行ってきた．最近，国・県レベルとも，これらの研究機関の組織再編が大がかりに進められている．

国レベルでは，農業生産に関する基幹的な研究機関として農業・生物系特定産業技術研究機構が発足した．ここでは水田・畑作・園芸・畜産・農業機械の基盤的研究と，北海道から九州・沖縄にいたる各地域における農業の技術革新を目指した研究が実施されている．また，先行的・基礎的分野の研究機関として，バイオテクノロジー，農業生産環境，農業工学，食品，森林などに関する研究所が設立され，専門的研究を進めている．これらの研究機関は，基礎研究と応用研究を柱に，その成果を生かした実用化研究にも取り組んでいる．

都道府県レベルでは，各県に農業研究機関が設置され，各地の自然環境条件と社会条件に適した

表 11.1 農業関係研究機関と研究の位置づけ（2005年4月現在）

研究機関 普及組織		研究の位置づけ				
		純粋基礎研究	目的基礎研究	応用研究	実用化研究	普及
大 学	【国立】（H16から独立行政法人）	―	―	----		
	【公立】都道府県立（独立行政法人を含む） 同農業大学校	―	―	----	----	
	【私立】	―	―	----		
国公立 独立行政法人 試験研究機関	【国立】 ●農林水産政策研究所		―			
	【独立行政法人】 ●農業・生物系特定産業技術研究機構（中央農業総合研究センター，作物，果樹・花き・野菜茶業・畜産草地・動物衛生各研究所，北海道・東北・近畿中国四国・九州沖縄農業各研究センター）		―	―	----	
	●専門研究機関（農業生物資源，農業環境技術，農業工学，食品総合，森林総合，国際農林水産業研究センター等の研究所）		―	―		
	【公立】 都道府県の農業関係試験研究機関（独立行政法人を含む）			―	----	
民間企業	農薬，資材，農作業機械等の開発研究機関			----	―	
新たな 普及組織	各県の実情に応じた農業支援センター等の組織（H17から）					―

注 1) 研究の分類
・基礎研究 ┌ 純粋基礎研究：純粋に学術的な基礎研究
　　　　　　└ 目的基礎研究：特定の産業分野における科学的知識の拡大をねらいとする基礎研究
・応用研究：基礎的知見を応用し，特定の産業目的のもとに目標を持って行う研究
・実用化研究：基礎研究や応用研究の成果を利用して，生産に利用できる新技術を組み立てる研究
2) ―――― 主研究領域　　……… 従としての研究領域

農業技術の開発を進めている．最近は，個別研究機関を総合農業試験場に統合再編して，現場に役立つ総合的な技術開発を進める傾向が強い．これらの研究機関は，応用研究と実用化研究を柱としつつ，普及部門と連携して現場に役立つ研究を進めている．

c． 民間の研究機関

農業生産資材である農薬，農業資材，農作業機械などの開発は，民間企業の研究機関によって担われている面が多い．

d． 普及事業

普及事業のあり方が五十数年ぶりに見直され，2005年度から新しい普及体制が発足した．従来の専門技術員制度をなくし，普及員を技術のスペシャリストと地域農業のアドバイザーの2タイプに分け，各県の実状にあわせた普及体制を組織し，農業支援センター等を拠点として農家を支援することを基本としている．スペシャリストは，農業試験場および農業大学校と協力して，先進的・専門的技術の指導を行い，アドバイザーは産地づくりや地域リーダーの育成などを通して，先進的農業者を中心に支援を進めている．

e． 栽培学の研究方向

これからの農業研究に求められるものは，環境を保全しつつ，安全な食料を持続的に生産する技術の開発である．このためには，先進的な技術開

発と現場に役立つ総合的技術開発の2つの方向が重要となる．栽培学は後者を担う中心的部門である．新しい栽培学では，従来の実験科学的方法とともに，経験科学的方法を生かし，圃場レベルで新しい研究を展開することが期待される．

〔深山政治〕

文　献
1) 川井一之 (1970)：農業研究の革新と管理，養賢堂，pp. 72-85.
2) 川嶋良一 (1986)：農業技術研究の原点を求めて，養賢堂，pp. 197-279.
3) 野口弥吉・川田信一郎監修 (1987)：「研究・普及・教育」．第二次増訂改版　農学大事典，養賢堂，pp. 1942-2007.

11.8.2　産官学の連携

a.　技術普及と産官学連携

作物栽培研究の成果は幅広く普及することが期待されるが，新技術の多くは顧（かえり）みられることがないのも現実である．すべてそれなりに有用なはずなのに，なぜだろうか．一つの答えは，技術価値の大小である．有用な技術は必ず金銭に換算できる利益をもたらす．作物の収量や品質が向上すれば農家の実入りは大きいし，省力化が進めば空いた時間でほかの仕事から収入が得られる．1920年代，アメリカでトウモロコシのハイブリッド品種が登場した．多収による農家の利益は大きく，種子は高値で買われ，急速に普及し，アメリカの農業生産に大きく寄与した．種子会社は大きく発展し，さらに品種改良が進み，農家も社会も潤うという好循環をもたらした．このように，技術が最も速く広く普及するのは，商業的な利用が成功した場合である．したがって，技術普及のための産官学連携における最大の目的は，技術の商業利用の促進といえる．そこで，技術の商業利用の成功条件と産官学の役割を考えてみたい．

b.　ビジネスモデル

第一の条件は，企業が利益を得る仕組み（ビジネスモデル）である．どんなに技術価値が高くとも，相応の対価が得られなければ，投資回収すらできない．長い時間をかけてイネの多収品種を育成しても，自家採種ができれば翌年からは売れない．多収による農家の利益が大きくても，入手の容易なものに高い金は払えないのである．ハイブリッド品種の例では，次代の種子が栽培に不適という生物学的特徴がビジネスモデルを成立させた．入手の困難性が，本来の価値に見合った値をつけたのである．

法的に新技術が保護されれば，同様なことが可能になる．これが特許制度や新品種保護制度などの知的財産権制度である．特許制度は，新技術の開発者に，技術開示と引き換えに，一定期間の独占利用を保証する．開発者は，技術の普及によって利益を得ることができるし，競合者も次の技術開発に早く着手でき，社会的な利益はきわめて大きい．特許取得は技術普及の近道なのである．農業分野でも，切花用バラの栽培法の特許を基に，技術普及と実施許諾料の徴収を目的としたバラの栽培法研究会が組織された例があり，注目される．

技術普及のためには，大学による特許の取得も重要であり，ライセンスを受けた企業の事業が成功すれば，ともに利益を享受できる．実際，アメリカには，年数十億円のライセンス収入を得る大学もある．ただし，特許権者の権利が強すぎても，弱すぎても制度本来の目的は達成できない．調和のとれた知的財産権制度の維持は，「官」の大きな役割である．一方，農業分野には，企業が利益を得ることが難しく，国や地方公共団体が担うべき事業も多い．しかし，「官」の事業は，外部からの圧力を受けにくく非効率になるおそれがあるので，企業にはできないもの，すなわち，ここで議論している条件に適合しないものに限定されるべきである．

c.　産・官・学の役割分担

第二の条件は，性能とコスト両面での顧客満足である．技術レベル向上のためにまず必要なのは，産官学がそれぞれ本来の役割を果たすことで

ある．基礎的な研究知見の提供と基礎学力・教養・専門性を備えた人材の供給が大学，商業化に比較的近い応用研究が企業，そして，基礎と応用の間を橋渡しするのが国公立の研究機関の機能であろう．そのうえで，早い段階から双方向の情報交換が行われれば，すばやい商業化，すれ違いの防止，技術の価値の最大化を図ることができる．また，地域に特有な技術課題に，産官学が一体となって取り組むことが，地域振興のため重要である．一方，ゲノムプロジェクトのような，大型でかつ国際的なプロジェクトの推進には，産官学すべての主体的な関与が欠かせない．

d. 法令対策

第三の条件は，法令などへの適合である．既存の法制度が新技術に対応できないことは多い．ジャガイモの種イモは防疫上の理由から長年生産・流通が規制され，国が管理してきた．マイクロチューバーと呼ばれる微小な塊茎を試験管内で生産する効率的な無病種イモ供給技術が開発された後も，1999年に規制緩和されるまで法令が技術普及の障害になってきた．行政には，技術の変化を先取りしたすばやいルール整備の対応が求められるし，企業の側も，単なる理念的な規制緩和の要求ではなく，具体的な技術と商品をもとにした建設的な提案をすべきである．

e. 知的財産権

第四の条件は，他者の権利を侵害しないことである．よく問題となるのは，他者の知的財産権である．誤解されることが多いが，特許の本質は，他者の実施を排除する権利であって，自らの実施を保証するものではない．遺伝子組換えによる新品種には，遺伝子・プロモーター・選抜マーカー遺伝子・遺伝子導入法・導入した登録品種の権利等々が複雑に関与しており，すべての権利者からの実施許諾が必要である．他者の権利を尊重したうえで，経済的に見合った条件で許諾を得るのは企業の腕の見せ所である．

f. ベンチャー企業

画期的な新技術の商業化の担い手として，意思決定の遅い大企業ではなく，ベンチャー企業が期待されている．しかし，ベンチャーを経営できる人材の不足，規制面の制約，制度的な不備，ベンチャー自身の技術基盤の弱さなど，問題点も多く指摘されており，産官学それぞれの貢献が必須である．

g. 大学とTLO

最後に，知的財産権の重要性を再度強調したい．わが国では，産官学のすべてにおいて，特許についての知識が不足している．単に特許担当者がいればよいのではなく，技術者，研究者，管理者，契約担当，大学教員，学生など，すべての関係者が十分な知識を身につける必要がある．充実した特許教育の実施は，大学の責務の一つである．また，効率的な技術移転の仕組みも重要である．わが国でも，ようやく技術移転担当部門（technology license office, TLO）を設ける大学が増えてきたが，まだまだ，不慣れな職員・教員が手探りで業務を行っている場合が多い．今後の充実強化が望まれる．

〔小鞠敏彦〕

11.8.3 海外技術協力

a. 日本の海外技術協力の現状

農業分野におけるわが国の海外技術協力は，大別すると2つの分野に分けることができる．一つは，最新の先端技術等に関する欧米の先進諸国との共同研究や研究交流である．これは，わが国の農業技術水準の向上とともに，先進諸国間の協調のためにも重要である．もう一つは，発展途上国への技術協力であり，近年，その重要性が増している．増大する人口圧は年々1人当たりの耕地面積を減らし，食糧供給を不安定にし，同時に，農業の生産基盤である耕地，草地，森林，河川などの環境条件を劣化させたりあるいは破壊している．このような状況のもとで，発展途上国の農業生産力の強化と自然環境の保全はきわめて重要な課題であり，同分野におけるわが国の技術協力が大いに期待されている．そこで，ここでは発展途上国への技術協力を中心に海外技術協力の現状を

述べることとする．

農業分野の技術協力の目的は，技術移転と適正技術開発の応用力の養成を通して，発展途上国における国づくりを担う人材を育成し，それぞれの国の農業開発に貢献することにある．ODA（政府開発援助）による技術協力としては，研修員の受け入れ，専門家や青年海外協力隊員の派遣，機材供与，それらを組合わせたプロジェクト方式技術協力，さらには開発計画策定のための調査団の派遣による開発調査などがあり，その実施機関はJICA（独立行政法人国際協力機構）である．最近では，NGOによる活動が発展途上国の地域住民に密着した草の根レベルでの対応が可能であるという点で重要な役割を果たしている．外務省によるNGO活動に対する支援としては，「NGO事業補助金」や「日本NGO支援無償資金協力」があり，JICAも「草の根技術協力」を創設してNGOに対する支援を強化している．

以上のような個々の発展途上国に対するわが国の協力，すなわち，2国間の協力に加えて国際機関を通した多国間協力にも力が注がれている．多国間協力では，わが国が支出した拠出金，出資金あるいは現物による援助などが，国際機関を通して発展途上国の支援に使われる．こうした国際機関には世界銀行，FAO（国連食糧農業機関），UNDP（国連開発計画）などが含まれる．農業分野に着目すると，研究，研修，研究成果の広報・伝達により発展途上国の食料生産の改善を図ることを目的として，1972年にCGIAR（国際農業研究協議グループ）が発足した．CGIARは，傘下の国際農業研究センターに対して資金と提言を提供する役割を果たしている．現在，これらの研究センターは総数15であり，その概要は表11.2の通りである．

b. 海外技術協力と人材育成

研修員受け入れ事業は最も基本的な人材育成事業であり，それぞれの国で農業開発に積極的な役割を果たす人材を受け入れ，わが国の農業の様々な分野の専門知識や技術の移転を行っている．

JICAでは，① 栽培管理・育種分野，② 農業基盤整備分野，③ 農業機械分野，④ ポストハーベスト・農産加工・流通分野，⑤ 農業行政・普及分野の5つの分野において研修コースが実施されている．このうち，集団研修コースとしては稲作技術，稲作機械化，灌漑排水，野菜生産等を中心として，要望に応じて野菜採種や養液栽培などのコースも実施してきた．また，特定の国や地域を対象とした国別・地域別特設コースとしても栽培関連の研修が実施されている．最近では，熱帯農林資源の持続的利用や持続的な水資源開発といったコースにおいて，資源管理や持続的農業開発に焦点をあてた研修も行われるようになっている．

実際の研修では，研修員は体系的な技術の習得に加えて，そうした技術の成立過程や諸条件を踏まえつつ，異なる自然社会条件に適合する新たな適正技術を開発する応用力や問題解決能力を身につける必要がある．そこで，栽培関係の研修では，播種段階から管理，収穫，調整までの一貫した技術体系に関連する技術や知識を総合的に修める必要があり，播種段階に限れば，品種選定，耕転，灌漑・水管理，施肥等の質の異なる諸技術を合理的に会得できるような研修が実施されている．普及分野については，一般に発展途上国においては普及事業が制度的にも内容的にも整備されていないため，農業普及関係の人材の育成が急務となっている．このため，当初「農業普及コース」として開始された研修が，「農業普及指導者コース」を経て，現在は「農業普及企画管理者コース」として実施されている．ここでは，わが国の農業改良普及事業およびその背景についての知識だけでなく，農業改良普及事業が形成されてきた過程や実際の進め方を説明し，その間にとられてきた行政措置等に関する情報も提供している．さらに，普及職員の養成や訓練の方法に関する研修も含まれている．その他には農協の役割や農業情報システムに関連した研修も行われている．

c. 海外技術協力と栽培研究

プロジェクト方式技術協力，開発調査，専門家

表 11.2 国際農業研究センターの概要

国際農業研究センター	略称	本部所在地	対象作目と業務	設立年
Africa Rice Center	WARDA	Bouake Cote d' Ivoire	西アフリカ15カ国のための稲作技術，改良品種の選抜と普及	1970
International Center for Tropical Agriculture	CIAT	Cali Colombia	キャッサバ，マメ類，イネ，熱帯草地肉畜生産の研究研修	1967
Center for International Forestry Research	CIFOR	Bogor Indonesia	適切な森林管理，森林生産物の持続的利用，森林の環境機能の維持	1993
International Maize and Wheat Improvement Center	CIMMYT	Mexico City Mexico	トウモロコシとムギ類の育種研究，遺伝資源の収集と保存	1966
International Potato Center	CIP	Lima Peru	ジャガイモの野性種・近縁種を含めた遺伝資源の収集，利用，育種	1970
International Center for Agricultural Research in the Dry Area	ICARDA	Aleppo Syria	オオムギ，コムギ，レンズマメ，ヒヨコマメ等の作付体系	1975
International Crops Research Institute for the Semi-Arid Tropics	ICRISAT	Hyderabad India	ソルガム，パールミレット，ヒヨコマメ，キマメ等の作付体系	1972
International Food Policy Research Institute	IFPRI	Washington DC USA	食糧需給，食糧政策の分析による食糧の増産，貿易，配分の改善	1974
International Institute for Tropical Agriculture	IITA	Ibadan Nigeria	イネ，トウモロコシ，ダイズ，ササゲ，キャッサバ等の作付体系	1967
International Livestock Research Institute	ILRI	Nairobi Kenya	家畜生産システムの改善や畜産振興のための研究ならびに研修	1995
International Plant Genetic Resources Institute	IPGRI	Rome Italy	絶滅の危険がある作物遺伝資源の収集，記載，評価，保存，利用	1974
International Rice Research Institute	IRRI	Los Banos Philippines	水稲，陸稲の多毛作体系等に関する研究，研修	1960
International Water Management Institute	IWMI	Colombo Sri Lanka	統合的水資源管理，持続的地下水資源管理等に関する研究研修	1984
World Agroforestry Center	ICRAF	Nairobi Kenya	アグロフォレストリーに関する研究，研修，普及，情報の提供	1977
World Fish Center	WFC	Penang Malaysia	水産養殖分野における生産性の維持向上と水域環境の保全	1977

派遣などの活動における栽培研究ならびに普及事業分野での最近の実績によると，案件数としては開発調査が最も多く，東南アジア，中南米，アフリカでの農業農村開発や灌漑開発における開発計画の策定が中心となっている．開発調査では，発展途上国の社会経済開発に重要な役割を持つ公共的な開発計画の推進に寄与することを目的として，開発計画策定のための調査，開発計画の技術的・経済的妥当性の検討のための調査などを実施している．一方，プロジェクト方式技術協力は東南アジアと中南米が中心で，野菜生産技術の改善を含む栽培研究分野と農業普及改善や農業技術者訓練センターといった普及事業分野における実践的な活動が実施されている．これまでに数多くの成果をあげており，現地に適応する作付体系の確立と栽培技術の改善に技術普及を組合わせた活動が，代表的な事例に共通した内容となっている．プロジェクト方式技術協力に対する要請内容は，環境への対応や総合農業開発などのほかに，バイオテクノロジーや植物遺伝資源の保存と利用，大学や研究機関における共同学術研究，乾燥・半乾燥地の農業開発，さらには流通・加工部門にまで

広がっている．地域や分野によっては，協力対象国に対する技術協力の経験と技術的蓄積を有する第三国や国際機関との協力も実施されている．

NGO 事業補助金事業実績によると，地域総合振興事業に対する支援が多く，農業分野では農漁村開発，人材育成，女性自立支援等が主な対象事業となっている．一方，日本 NGO 支援無償資金協力は対象地域の草の根レベルに直接裨益（ひえき）する事業を対象としており，栽培・普及分野における最近の傾向としては，環境保全型農業や有機農業の振興に関する事例が目立つ．草の根技術協力事業は，NGO や自治体，大学等がこれまでに培ってきた経験や技術を活かして企画した事業を JICA（国際協力機構）が支援し共同で実施する事業で，応募団体の種類や経験から草の根パートナー型，草の根協力支援型，地域提案型に分けられる．栽培・普及分野における最近の傾向をみると，やはり環境保全型農業や有機農業の普及に関する事例が多い．地域提案型の実績をみると，野菜栽培技術，畑作技術，園芸技術，堆肥製造技術等に関連した専門家の派遣や研修員の受け入れが活発に行われている．

FAO や UNDP といった国際機関，あるいは国際農業研究センターにおいても様々な栽培研究や普及事業が実施されている．こうした国際機関には職員の国別構成に偏向のないように，できる限り広い地理的範囲から職員を採用する原則がある．しかしながら，わが国の分担金・拠出金の額に比較して，国際機関で働く日本人職員の数はきわめて低い水準にある．これに対し，外務省では毎年若手職員の選考試験を実施しており，この試験に合格すると原則 2 年間の任期で，派遣取り決めを結んでいる国際機関にアソシエート・エキスパートなどとして派遣される．任期終了後，引き続き国際機関に正規職員として採用される者も多い．こうした機会を利用して，より多くの日本人が国際機関職員を目指し国際的に活躍することが期待されている．

d. 海外技術協力における課題

以上みてきたように，様々な技術協力の場面で栽培研究や普及事業が実施されているものの，そうした活動を担う人材は不足している．技術移転とは，日本の技術をそのまま発展途上国に持ち込めばいいというものではない．真の技術移転は，地域の伝統文化あるいは習慣や考え方を理解して，現地に溶け込んではじめて可能となる．したがって，発展途上国での業務の遂行には，専門技術に加えて社交性や語学力も要求される．若い人材がボランティア活動に参加して現地の農民たちと一緒に汗を流し，国際機関が実施する活動を肌で感じるといった経験を積むことが大いに期待されている．近年，わが国に対する農業分野における技術協力要請内容は，多様化，高度化の傾向が著しい．つまり，拡大しつつある発展途上諸国間の経済発展の格差への幅広い対応が求められているだけでなく，環境保全と持続的な農業生産手法の確立が重要課題となっている．そのため，わが国の農業協力においては，以下の諸点を十分に考慮した取り組みが必要となっている．

① 協力体制と機能強化：協力内容の質の向上を図るため，協力対象国の実情の把握に努め，国別・地域別の農業協力方針の策定を進める．

② 各協力形態間，援助機関などとの連携強化：農業協力の効果を高めるため，専門家派遣，開発調査，資金協力等の各種形態の協力を有機的に組合わせ，事業の複合化を図っていく．

③ 研究協力の推進とソフト部門協力の強化：発展途上国における農業開発の問題はそれぞれの地域に固有である場合が多く，先進国からの技術移転だけでは解決され難いため，発展途上国自身の研究開発能力の向上に役立つ協力を実施していく．

④ 環境に配慮した持続的農業開発：環境と調和のとれた農業開発あるいは資源の持続的な管理を伴う農業開発に，発展途上国が自ら取り組む姿勢を積極的に支援する協力を実施していく．

⑤ 貧困への取り組みと「開発と女性」への配

慮：多くの発展途上国では，都市と農村の間や地域間に格差が生じているため，この格差を是正するための農村総合開発や小規模農業開発を推進し，「住民参加」や「開発と女性」への配慮を十分に行う．

⑥ NGO および地方公共団体との連携：先進国と発展途上国双方の NGO の連携体制強化を図っていく．

〔大沼洋康〕

文　献

1) 岸本　修編著（1984）：熱帯農業入門，古今書院．

関連ホームページ

1) 外務省国際機関人事センター：
   http://www.mofa-irc.go.jp/
2) 国際農業研究協議グループ：
   http://www.cgiar.org/
3) 政府開発援助 ODA ホームページ：
   http://www.mofa.go.jp/mofaj/gaiko/oda/
4) 独立行政法人国際協力機構：
   http://www.jica.go.jp/ Index-j.html

作物栽培・食料・人口などに関する
日本および海外のホームページ

　ここに紹介するのは作物の栽培，生産・流通，食料需給，人口などに関する解説，統計，文献，リンク集のサイトである．誰でもアクセスしてデータが得られる日本国内および海外の**無料**のホームページについて，いくつかの例を紹介する．

I. 作物の栽培・生産・バイオテクノロジー関連
1. 「農林水産省ホームページ」（農林水産省）

    http://www.maff.go.jp/

　日本政府の農林水産省が管轄する政策，統計，研究など，すべての範囲にわたる情報が集積され，公開されている．何と言っても，食料の生産から消費まで全般に関して日本を代表するホームページであり，国内の食料問題に関しては，まずこのホームページを訪れたい．一般的に国民が関心を持つ内容や，新しい政策の内容のほか，子ども用のページや用語の解説もあり，初心者にとっても閲覧しやすい．「農林水産関係用語集」(http://www.maff.go.jp/yougo_syu/) では，当ホームページで不可解な用語を調べることができる．言語は日本語．

2. 「作物学用語集」（宇都宮大学農学部作物栽培学研究室　吉田智彦）

    http://www.d1.dion.ne.jp/~tmhk/yosida/jutugo.htm

　このホームページのタイトルは「作物学用語集」であるが，内容は栽培，生理，遺伝資源，育種，コメの食味，害虫，環境，土壌など，多岐にわたっており，用語解説の域を越え，作物および栽培のテキストとしても活用できる内容のものとなっている．

3. 「Biotechnology in Food and Agriculture（食糧と農業のバイオテクノロジー関連）」（国連・食糧農業機関＝FAO）

    http://www.fao.org/biotech

　バイテクに関するデータを集約し，リンクで結んでいる．これまでのFAOのバイテクに関する広範な資料が閲覧できる．言語は英語，フランス語，スペイン語．

4. 「Biotechnology Information Directory Section（バイテク情報一覧）」（Cato社（アメリカ））

    http://www.cato.com/biotech/

　世界各国のバイテク関係の組織のホームページのアドレス一覧などを掲載．学会組織から会社，研究所など，広範囲に及び，薬品製造関係の組織も含んでいる．言語は英語．

5. 「Agricultural Biotechnology（農業におけるバイテク）」（アメリカ農務省＝USDA）

    http://www.usda.gov/agencies/biotech

　アメリカ農務省のバイテクに対する対応，研究，法律，貿易など，多方面にわたる内容を掲載．言語は英語．

II. 食料の需給および統計

1. 「世界の食料統計」（鳥取大学農学部）

   http://worldfood.apionet.or.jp/graph

世界の200カ国・地域における主要穀物および主要畜産物の生産面積，単収，生産量，消費量，在庫量，輸出入量，人口，1人当たり消費量をグラフと数値で公開．1960年から現在までの毎年の年次データ．オリジナルデータは下記のアメリカ農務省（II-3）およびアメリカ国勢調査局（III-4）より．言語は日本語，英語，中国語，スペイン語．

2. 「FAOSTAT Agriculture Data（FAO統計の農業関連データ）」（国連・食糧農業機関＝FAO）

   http://faostat.fao.org/faostat/collections?version=ext&hasbulk=0&subset=agriculture

国連のメンバー国における主要農産物に関する1961年から2002年までの詳しい年次データ．農産物の種類も豊富で，下記のUSDAのデータより多い．灌漑面積，農業機械，肥料農薬などのデータもある．表紙のページの下部に人口のデータもある．必要なデータを組み立ててダウンロードしなければならないので慣れが必要．なお，アドレスは長いので，http://faostat.fao.org のページにアクセスし，画面の左下のAgricultureをクリックしてもよい．言語は英語．

3. 「PSD Online（世界の食料需給オンラインデータ）」（アメリカ農務省＝USDA）

   http://www.fas.usda.gov/psd/complete_files/default.asp

主な農林水産物（穀物，繊維作物，畜産物，一部の魚介類と森林関係）の数値データ．品目により，多いものは世界200カ国・地域に及ぶ．1960年から現在までの年次データで毎月更新される．エクセルのファイルでダウンロードするが，見やすくするために数値の並べ替えをする必要がある．上記の「世界の食料統計」の出所である．言語は英語．

4. 「E-Mail Delivery Of Reports（E-メールによる報告書の配達）」（アメリカ農務省＝USDAおよびコーネル大学）

   http://usda.mannlib.cornell.edu/

アメリカの農産物が主体であるが，世界の農畜産物の生育，生産・流通の状況などをまとめたものを定期的にメールで送ってくれる．月刊のものが多いが，週刊のものもある．各農産物，畜産物など60余りの品目または情報項目にわたっており，それぞれ配達の日が異なる．主要穀物などについては，毎月アメリカ農務省から公表される内容が配達される．このアドレスのページの上部にあるReports by e-mailのボタンを押して，自分のアドレスと欲しい報告書をその画面で登録する．また，過去の報告書を閲覧することもできる．アドレスは，配達されるメールの中に記されている．言語は英語．

III. 世界各国の人口

1. 「将来推計人口データベース」（国立社会保障・人口問題研究所）

   http://www.ipss.go.jp

このトップページの左側にある「人口問題関係」をクリックすると，日本の人口の2000年から2050年までの総人口と年齢層ごとの推移を図と表で示す．市町村別のデータもある．

2. 「United Nations Population Information Network（国連人口情報ネットワーク）」（国連＝United Nations）

   http://www.un.org/popin/data.html#Global%20Data

世界の人口に関する数値データから社会問題まで，種々のテーマで報告されている．このサイトからさらに深く入っていく必要がある．言語は英語．

3. 「United Nations Expert Meeting on World Population in 2300（紀元2300年における世界の人口）」（国連人口局＝United Nations, Population Division）

   http://www.un.org/esa/population/publications/longrange2/longrange2.htm

2300年までの世界の人口見通しが掲載されている．世界の地域およびシナリオ別の人口見通しなどが報告されている．この見通しは必要に応じて更新され，またホームページ上で発表される．言語は英語．

4. 「International Data Base（国際データベース）」（アメリカ国勢調査局＝U. S. Census Bureau）
http://www.census.gov/ipc/www/idbnew.html

世界各国の人口の統計が数値としてまとめてある．メニュー方式で，国，年，合計，男女別などを選択し，Onlineで数値を見ることができる．もう一つは，全体のデータをソフトも含めてダウンロードすることができる．上記の「世界の食料統計」の中の人口の元データ．言語は英語．

IV. 農産物の国際価格

1. 「International Financial Statistics（国際金融統計）」（国際通貨基金＝IMF）
http://ifs.apdi.net/imf/

International Financial Statistics Yearbookのデータをすべてここで閲覧できる．IMFのメンバー各国における財政データが過去数十年にわたって収録されている．正式には料金を払って閲覧することになっているが，無料のトライアル・アカウントがあり，これを活用することができる．この中に主要な農産物の国際価格が掲載されている．年次データ．言語は英語．

2. 上記の「II-4．E-メールによる報告書の配達」のそれぞれの報告書の中に，アメリカ，その他の主要国際市場の価格データが過去何年間かにわたって掲載されている．各品目のYearbookに過去の多くのデータが収録されている．言語は英語．

3. 「農畜産物市況等」（農林水産省統計部）
http://www.maff.go.jp/www/info/mreport.html

日本国内の主要市場における生鮮食品や畜産物の市況が公開されている．

4. 「コメ，コムギ，コーン及びダイズに関する国際価格（月別，年別）」（鳥取大学農学部）
http://worldfood.apionet.or.jp/pricechart/Indexriceprice.html

世界の主要穀物市場の価格動向を数値とグラフで表示している．年次データは1960年代から．

V. 世界の地図・地理データ

1. 「Holt, Rinehart and Winston World Atlas（HRW社の世界地図）」（HRW社）
http://go.hrw.com/atlas/norm_htm/world.htm

世界各国の地図および主要都市が掲載されている．操作は簡単．言語は英語，スペイン語．

2. 「UT Library Online Map Collection（テキサス大学図書館オンライン地図）」（University of Texas）
http://www.lib.utexas.edu/maps/

世界各国の詳細な地図が収録してある．各国の詳しい地理的状況，道路・鉄道網などがよく分かる．国によってはPolitical Map（政治関連地図）も収めてある．言語は英語．

VI. その他のリンク集

1. 「作物学・農学関連WWWサーバーリスト」（信州大学農学部作物学研究室　萩原素之）
http://karamatsu.shinshu-u.ac.jp/lab/hagiwara/link.html

国内外の農業に関する試験場や大学のホームページに関する豊富なリスト．特に，稲作に関しては細かく整理されたリストが用意されている．

2. 「農林水産業に関する統計データ」（農林水産省統計部）
http://www.maff.go.jp/tokei.html

農林水産省が発表する近年の統計が公表されている．近年の年間データおよび月刊データが公開されているが，過去数十年にさかのぼるデータは少ない．

3. 「農業経済研究のためのウェブ・サイト紹介」（高橋伊一郎）
   http://www.rr.iij4u.or.jp/~itaka/
   国内外の農業経済・政策関連のホームページに関するリンク集．技術面などに関するホームページも含まれ，内容豊富なリストである．

4. 「インターネット農業関連URL集」（平成10年度・都道府県農業農村活性化のためのインターネット事例調査）
   http://www.ic-net.or.jp/home/gorobe/rice/link_hp/agr_link
   このリンク集が作成されたのは平成10年頃だと思われ，リンク先のサイトが表示されないものが数多くある．しかし，ここに掲載されているリンク先は作物だけでなく，畜産，飼料，さらには農薬関連産業など，膨大な量となっており，現在も継続して掲載されているサイトが多いため，貴重なリンク集である．

5. 「CGIARホームページ」（国際農業研究グループセンター）
   http://www.cgiar.org
   CGIARはフィリピンのIRRI（International Rice Research Institute）やワシントンのIFPRI（International Food and Policy Research Institute）など，世界の16の農水産関連の国際研究機関で構成されているが，そのホームページをリンクしている．これらの研究機関における研究の内容や成果をそれぞれの研究所のホームページで公開している．言語は主として英語．

6. 「外国政府の統計機関」（総務省統計局）
   http://www.stat.go.jp/info/link/5.htm
   100カ国以上の各国の統計機関のサイトのリンク集である．このページは日本語であるが，各国のサイトは必ずしも英語ではなく，それぞれの国の言語の場合が多い．しかし，各国政府機関の統計のリンク集としては豊富である．

アドバイス

1. 世界には膨大なデータがホームページによって公開されており，ここに紹介したものはほんの一部である．海外のサイトを検索する場合は，アメリカのヤフー（http://www.yahoo.com）やAltaVista（http://www.altavista.com）などで英語のキーワードを入れてサーチするとよい．そのほかにも検索できるサイトがあるので，searchの単語を入れて検索すると，検索そのものを主とするかなりの数のホームページが出てくる．

2. 海外のホームページにおいては，FAOをはじめ，英語による掲載が主であり，日本語による情報提供はほとんどない．しかし，量や種類においては日本のホームページとは比較できないほどに豊富である．日本のものだけでなく，海外のホームページも積極的に訪問することが，効果的な情報収集の秘訣である．

3. ホームページ検索のポイント：**キーワードを次々に入れる**

現代社会では無数のホームページが存在する．それだけに，自分の求めている情報はどこかに存在すると考えてよい．時間を余りかけずに目的のホームページを探す際に重要なものがキーワードである．例えば，稲の栽培の情報が知りたいと思えば，「稲　栽培」というキーワードを入れて検索してみる．ダイコンの栽培方法が知りたい場合には「ダイコン　栽培」というように，短いキーワードを入れていく．とにかく，色々なキーワードを考えて，それを入れて検索していく．これを何度か繰り返せば，目的のホームページにたどり着くことができるだろう．

なお，上記のホームページのアドレスは時おり変更されることもあるので，その場合も機関名やキーワードで検索すると良い．

〔伊東正一〕

索　引

欧　文

AEC（anion exchange capacity）　35
ATER（area time equivalent ratio）　124
CEC（cation exchange capacity）　35
CELSS（controlled (closed) ecological life support systems）　207
EC（electric conductivity）　35
FACE（free-air CO_2 enrichment）　158
IPC（integrated pest control）　169
IPM（integrated pest management）　79, 91, 170
LAI（leaf area index）　99
LER（land equivalent ratio）　123
LISA（low input sustainable agriculture）　168
LWR（leaf weight ratio）　100
NAR（net assimilation rate）　100
NFT（nutrient film technique）　93
NPP（net primary production）　139
PPFD（photosynthetic photon flux density）　41
RGR（relative growth rate）　99
RYT（relative yield total）　123
TLO（technology license office）　214
VA菌根菌（vesicular-arbuscular mycorrhizal fungi）　51, 76

ア　行

秋播性品種（コムギ）（winter wheat）　43
アグロフォレストリー（agroforestry）　185
揚げ床栽培（raised bed system）　173
畦塗り（levee coating）　171
圧密層（pan）　64
アフリカセンター（African center）　15
雨（降雨）（rainfall）　170
アレー・クロッピング（allay cropping）　155
アレロケミカル（allelochemicals）　52
アレロパシー（allelopathy）　52, 119

育苗（raising seedling）　59
移植（transplanting）　61
移植栽培（tranplanting sowing）　59
一次作物（primary crop）　7
一年生雑草（annual weed）　48
逸出（escape）　7
移動耕作（shifting）　140
稲わら（rice straw）　181
イネ科作物（gramineous crop）　121
イモ類（tuber crop）　19

陰イオン交換容量（anion exchange capacity, AEC）　35
インドセンター（Indian center）　15
インベントリー（inventory）　26

植え傷み（transplanting injury）　61
植付け（planting）　59
浮稲（floating rice）　144
畝（ridge）　66
畝間（inter-row space）　66
畝間灌漑（furrow irrigation）　171

エアロビックライス（aerobic rice）　172
栄養繁殖体（vegetative progagule）　48
園芸作物（horticultural crop）　19
園芸療法（horticultural therapy）　94
塩水選（seed selection with salt solution）　57
エンドファイト（endophyte）　51

押し倒し抵抗値（pushing resistance）　77
帯状間作（strip intercropping）　122
温床（hotbed）　60

カ　行

科（family）　28
開発経済植物（improved plant）　25
開発中経済植物（underexploited plant）　25
化学生態学（chemical ecology）　51
化学的（雑草）防除（chemical weed control）　49, 79
過灌漑（inappropriate irrigation）　153
垣根仕立て（espalier training）　86
隔年結果（biennial bearing）　86
攪乱（disturbance）　6, 200
攪乱依存性植物（ruderal）　6
隔離床栽培（isolated culture）　92
過耕作（over cultivation）　153
禾穀類（cereal）　19
火山灰（volcanic ash）　63
芽条変異（bud mutation）　82
褐色森林土（Brown Forest soil）　63
褐色低地土（Brown Lowland soil）　63
活着（seedling establishment, rooting）　61
過伐採（overcutting）　154
過放牧（overgrazing）　153
仮植（temporary planting）　61
カリフ（kharif）　144
灌漑（irrigation）　69
灌漑水（irrigation water）　170

灌漑農業（irrigation agriculture）170
還元（reduction）120
緩効性肥料（slow-release fertilizer）67
慣行農法（indigenous farming）201
（間作）構成作物（component crop）122
間作（栽培）(intercropping) 116, 121, 141, 155
間断灌漑法（alternative wetting and drying, intermittent irrigation）172
灌水同時施肥（fertigation）93
乾田直播（栽培）(direct seeding on well-drained paddy field）173
干ばつ回避（drought avoidance）172
干ばつ逃避（drought escape）171
寒冷紗（cheese cloth）83

機械的（雑草）防除（mechanical weed contorol）79
危険分散（diversification of risk）203
技術移転担当部門（technology license office, TLO）214
北（メソ）アメリカセンター（Mesoamerican center）16
拮抗作用（antagonism）76
休閑（fallow）120, 140
休眠（dormancy）57
休眠型（dormancy form）48
休眠打破（dormancy breaking）57
競合（作用）(competition) 49, 61, 122
夾雑物（impurity）57
切り返し剪定（cutting back pruning）86
亀裂（crack）172
均平化（land leveling）171

クーゼ灌漑（Khuze irrigation）156
グライ土（Gley soil）63
群落吸光係数（canopy light extinction coefficient）98

経済学的収量（economic yield）101
経済的被害許容水準（economic injury level, EIL）79
茎粒（stem nodule）50
下水汚泥（sewage sludge）180
結果習性（fruting habit）86
減水深（water loss in depth）170

耕うん（tillage）64
硬化（処理）(hardening) 60, 85
降下浸透（deep percolation）170
耕起（intertillage）172
耕起直播（dry seeding）173
工芸作物（industrial crop）19
光合成有効光量子束密度（photosynthetic photon flux density, PPFD）41
光合成有効放射（photosynthetic active radiation）41
後熟（after ripening）57
耕種的（病害・虫害）防除（cultural pest control）78
耕種的（雑草）防除（cultural weed control）79
交信攪乱法（communicaiton disruption）79
高設栽培法（above-ground cultivation）92
耕地雑草（arable weed）48
耕盤（plow sole）171

耕盤層（plow sole pan）64
広葉雑草（broadleaved weed）48
黒ボクグライ土（Gleyed Andosol）63
黒ボク土（Andosol）63
個体群生長速度（crop growth rate, CGR）99
コットンベルト（Cotton Belt）146
ころび型倒伏（root lodging）76
根域（rooting zone）74
根圏（rhizosphere）75
混合農業（mixed farming）145
混合花芽（compound flower bud）86
混合間作（mixed intercropping）122
根栽農耕文化圏（tuber-crop agriculture region）13
混作（mixed cropping) 116, 121, 141
混作（栽培）(mixed cropping）155
混播（mixed sowing）59
コーンベルト（Corn Bert）146
コンポスト（compost）180
根粒（root nodule）50
根粒菌（rhizobia）50, 75

サ　行

催芽（hastening of germination）58
最小耕起法（minimum tillage）172
栽植密度（planting density）62
栽培化（domestication）7
栽培化症候群（domestication syndrome）7
栽培植物（cultivated plant) 6, 25
（栽培植物の）多様性センター（diversity center）12
栽培品種（cultivar）25
細霧冷房（fog cooling）91
在来農法（local farming）201
作況（crop situation）108
作業効率（working eficiency and result）132
作付順序（corpping sequence）116
作付体系（cropping system）136
作物（crop）18
挿し木（cutting）83
挫折型倒伏（breaking type lodging）76
殺菌剤（fungicide）78
雑草（weed) 7, 48
雑草害（weed loss）49
殺虫剤（insecticide）79
砂漠化（desertification）152
サバンナ農耕文化圏（Savanna agriculture region）13
酸化（oxidation）120
三期作（triple cropping）118
散播（broadcasting, broadcast sowing）59
三圃式（農業）(three-course rotation, three-field rotation) 120, 140

自家受粉（自殖）作物（self pollinated crop）19
資源植物（economic plant）25
施設栽培（protected cultivation）90
持続的農業（sustainable agriculture）156
膝高期（knee high stage）104
シードテープ（seed tape）58

締め固め（soil compaction）171
社会的受容（public acceptance）211
種（species）28
収穫指数（harvest index）101
収量構成要素（yield component）100
収量予測モデル（yield prediction model）108
樹冠（tree crown）86
種子（seed）56
樹枝状体（arbuscule）51
樹勢更新（regeneration of plant vigor）73
種苗（seed and seedling）57
主要作物（major crop）26
純一次生産（net primary production, NPP）139
順化（acclimation）85
馴化（domestication）7
準主要作物（sub-major crop）26
純正花芽（pure flower bud）86
純同化率（net assimilation rate, NAR）100
春播性品種（コムギ）（spring wheat）43
障害型冷害（cool summer damage due to delayed growth）81
蒸散（transpiration）170
蒸散効率（transpiration efficiency）172
条播（drilling, row sowing）59, 173
蒸発（evaporation）170
照葉樹林センター（shiny leaves forest center）16
植物園（botanic garden, botanical garden）28
植物寄生性センチュウ（plant-parasitic nematode）76
植物探検（botanical exploration, botanical expedition）27
植物ホルモン（plant hormone）88
食用作物（food crop）19
除草（weeding, weed control）59
除草剤（herbicide）48
飼料作物（forage crop）19
代かき（puddling and levelling）61, 171
シンク（sink）102
新根の発生（伸長）（rooting）61
浸種（seed soaking）58
深層施肥（deep application）68
新大陸農耕文化圏（New World agriculture region）13

水食（water erosion）172
水田転換畑（upland field converted from paddy field）120
水田土壌（paddy soil）33
水稲麦間不耕起直播栽培（wheat-rice no-till double cropping）174
随伴作物（companion crop）20
砂（sand）63
スプリンクラー灌漑（sprinkler irrigation）171

清耕栽培（clean cultivation system）66
整枝（training）85
生態的（雑草）防除（ecological weed control）79
生物学的収量（biological yield）101
生物的（雑草）防除（biological weed control）79
生物農薬（biopesticide）78
精密農業（precision farming, precision agriculture）4, 175

節水（water-saving）171
潜在収量（potential yield）108
選種（seed selection, seed grading）57
全層施肥（fertilizer incorporation of plow layer）68
選択性接触型除草剤（selective contact herbicide）173
剪定（pruning）85

総合的害虫（有害生物）管理（integrated pest management, IPM）79, 91, 169
総合防除（integrated pest control, IPC）169
草生栽培（sod culture）66, 174
総体収量比（relative yield total, RYT）123
相対生長速度（relative growth rate, RGR）99
層別刈取法（stratified clipping method）98
属（genus）28
側条施肥（side dressing）68
俗名（vernacular name）28
疎植（sparse planting）62
ソース（source）101

タ 行

耐乾性（drought resistance）171
対抗植物（antagonistic plant）119
代替農業（alternative agriculture）193
代替法（replacement series）122
太陽熱消毒（solar thermal disinfeciton）93
田植え（rice transplanting）61
他感作用（allelopathy）52, 119
他家受粉（他殖）作物（cross pollinated crop）20
多湿黒ボク土（Wet Andosol）63
助け合い（効果）（cooperation）61
棚仕立て（trellis training）86
種物（seeds）56
多年生雑草（perennial weed）48
多毛作（multiple cropping）118, 141
多様性（diversity）27
単為結果性（parthenocarpy）92
短期休閑耕作（short fallow）140
断根処理（root pruning）73
単作（monoculture, single cropping）116
短日作物（short-day crop）20
単播（single sowing）59

地域（副）作物（minor crop）26
遅延型冷害（floral sterility caused by low temperature）81
置換作物（catch crop）20
地中海センター（Mediterranean center）15
地中海農耕文化圏（Mediterranean agriculture region）13
窒素の利用率（nitrogen recovery rate）68
地表被覆稲生産システム（ground cover rice produciton system）171
地方品種（land race）26
中耕（intertillage）59, 65, 172
長日作物（long-day crop）20
直播栽培（direct sowing culture）59

接ぎ木（grafting）　84
接ぎ木親和性（graft compatibility）　84
接ぎ木不親和（graft incompatibility）　85
接ぎ木不調和（graft discordance）　84
土寄せ（molding）　65

蹄耕法（hoof cultivation）　172
定植（setting, planting）　61
低投入持続的農業（低投入持続型農業）（low-input sustainable agriculture, LISA）　4, 193
摘果（fruit thinning）　87
摘花（flower thinning）　87
摘芯（pinching）　87
摘蕾（removal of flower bud）　87
手取り除草（hand weeding）　49
テラス栽培（terrace cultivation）　155
電気伝導度（electric conductivity, EC）　35
天水農業（rainfed agriculture）　170
天敵（natural enemy）　78
点滴灌漑（drip irrigation）　155, 171
伝統的農耕技術（traditional cultural technology）　157
伝統農法（traditional farming）　201
電熱温床（electric hotbed）　60
田畑輪換（paddy-upland rotation）　120
点播（hill sowing）　59

等高線栽培（contour farming）　155
倒伏（lodging）　76
東南アジアセンター（Southeast Asian center）　16
土壌（soil）　63
土壌-植物体-大気連続体（soil-plant-atmosphere continuum, SPAC）　38
土壌処理除草剤（soil applied herbicide）　173
土壌侵食（soil erosion）　153, 172
土地等価比（land equivalent ratio, LER）　123
取り木（layering, layerae）　82

ナ　行

内部品質（internal quality）　95
苗木（nursery stock）　60
苗素質（character of seedling）　60
苗立ち期（establishment）　105
苗床（nursery bed）　60
中干し（midseason drainage）　73
なびき型倒伏（bending type lodging）　76

二期作（double cropping）　118
二次休眠（secondary dormancy）　57
二次作物（secondary crop）　7
ニトロゲナーゼ（nitrogenase）　50
二毛作（double cropping）　118

熱単位（thermal unit）　111
捻枝（twistng）　87
粘土（clay）　63

農業（agriculture）　18

農業革命（agricultural revolution）　145
農耕文化（圏）（agriculture zone）　12
のう状体（vesicle）　51
濃度（塩類）障害（salt damage）　173
ノーフォーク式輪作（Norfolk four-course rotation）　141

ハ　行

灰色低地土（Gray Lowland soil）　63
バイオマス（biomass）　108, 179
バイオレメディエーション（bioremediation）　188
排水（drainage）　170
培土（ridging, earthing up, molding）　59, 65
ハイブリッド品種（hybrid variety）　146
白色根（white root）　73
播種（sowing, seeding）　59
畑土壌群（upland soil group）　63
発育速度（developmental rate）　111
発育モデル（phenology model）　111
ハードニング（硬化）（hardening）　60
母株（stock plant）　83
パーマカルチャー（permaculture）　182
パン（peroxyacetyl nitrate, PAN）　161
半栽培（semi-domestication）　7
半栽培植物（semi-domesticated plant）　25
繁殖（reproduction）　19

ビオトープ（biotop）　189
被害許容水準（economic injury level, EIL）　170
東アジアセンター（East Asian center）　16
肥効調節型肥料（controlled release (availability) fertilizer）　173
非選択性接触型除草剤（nonselective contact herbicide）　173
非農耕地雑草（non-arable weed）　48
非破壊評価（nondestructive evaluation）　95
被覆作物（cover crop）　20, 119
被覆尿素（plastic coated urea）　173
表層施肥（surface application）　68
苗圃（nursery garden）　60
標本館（herbarium）　28
比葉面積（specific leaf area）　100
品質情報（quality information）　94
品種（cultivar, variety）　25
品種（forma：form）　28
品種退化（degeneration of variety）　58

ファイトレメディエーション（phytoremediation）　166, 188
ファゼンダ（fazenda）　147
風食（wind erosion）　172
付加法（additive series）　122
深水稲（deep water rice）　144
復元田（paddy field converted from upland field）　121
複合作付体系（multiple cropping system）　121
不耕起移植（栽培）（no-till transplanting）　173
不耕起乾田直播（栽培）（no-till direct sowing on well-drained paddy field）　173

不耕起栽培（技術）(no-tillage cultivation) 146, 172
不耕起二毛作（no-till double cropping）174
部族変種（folk variety）26
普通畑土壌（field crop soil）33
物質循環（material cycle）136
物理的防除法（physical weed control）79
不定根（adventitious root）83
フードシステム（food system）2
フードマイレージ（food mileage）2
プライミング（priming）58
プロセス積み上げ型モデル（process-based model）108

閉鎖型生態系生命維持システム（controlled (closed) ecological life support systems, CELSS）207
平年収量（normal crop）109
べたがけ（row cover）91
変種（varietas : variety）28

ポストハーベストテクノロジー（postharvest technology）94
ポストハーベストロス（postharvest losses）94
保全的農法（conservation culture）172
圃場容水量（field moisture capacity）38

マ 行

毎年耕作（annual cultivation）140
間引き（thinning）59, 61
間引き剪定（thinning-out purning）86
マメ科作物（legume）119, 121
マメ類（pulse）19
マルチ（mulch）65, 91

未開発経済植物（unexploited plant）25
実生苗（seedling）60
水収支（water balance）170
水生産性（water productivity）171
水利用効率（water use efficiency）170
密植（dense planting）62
緑の革命（Green revolution）143, 194
南アメリカセンター（South American center）16
民族植物学（ethnobotany）26

無胚乳種子（exalbuminous seed）57

芽かき（disbudding）87

面積・時間等価比（area time equivalent ratio, ATER）124
毛管水（capillary water）170
モノカルチャー（monoculture）147

ヤ 行

野化（run-wild）7
焼畑（農業）(shifting cultivation, slash-and-burn agriculture) 120, 140
屋敷畑（home garden）26
野生祖先種（wild ancestor）7

有機性廃棄物（organic waste）179
有胚乳種子（albuminous seed）57
床土（rooting medium）83

陽イオン交換容量（cation exchange capacity, CEC）35
葉重比（leaf weight ratio, LWR）100
養生（healing）85
要水量（water prequirement）171
葉面積指数（leaf area index, LAI）99
葉面積比（leaf area ratio）100
予措（pretreatment）57

ラ 行

ラビ（rabi）144

リーチング（leaching）155
立地（location）52
流出（runoff）170
緑肥作物（green manure crop）118
リレー間作（relay intercropping）122
輪作（crop rotation）118, 137

冷床（cold bed）60
礫（gravel）63
列条間作（row intercropping）122
連作（continuous cropping）116
連作障害（injury by continuous cropping）116

漏水（seepage）170
ロックウール（rockwool）93

ワ 行

矮性台木（dwarfing rootstock）74, 84

編著者略歴

森田茂紀（もりた しげのり）

1954 年	神奈川県に生まれる
1983 年	東京大学大学院農学系研究科博士課程修了
現　在	東京大学大学院農学生命科学研究科教授 農学博士

大門弘幸（だいもん ひろゆき）

1956 年	東京都に生まれる
1985 年	大阪府立大学大学院農学研究科博士後期課程単位取得退学
現　在	大阪府立大学大学院生命環境科学研究科教授 農学博士

阿部　淳（あべ じゅん）

1962 年	長野県に生まれる
1990 年	東京大学大学院農学系研究科博士課程単位取得退学
現　在	東京大学大学院農学生命科学研究科助手 農学博士

栽培学―環境と持続的農業―

2006 年 2 月 25 日　初版第 1 刷
2022 年 11 月 25 日　　第 12 刷

定価はカバーに表示

編著者　森　田　茂　紀
　　　　大　門　弘　幸
　　　　阿　部　　　淳
発行者　朝　倉　誠　造
発行所　株式会社　朝　倉　書　店
東京都新宿区新小川町 6-29
郵便番号　162-8707
電　話　03（3260）0141
FAX　03（3260）0180
https://www.asakura.co.jp

〈検印省略〉

© 2006〈無断複写・転載を禁ず〉　　シナノ・渡辺製本

ISBN 978-4-254-41028-0　C 3061　　Printed in Japan

JCOPY 〈出版者著作権管理機構 委託出版物〉

本書の無断複写は著作権法上での例外を除き禁じられています．複写される場合は，そのつど事前に，出版者著作権管理機構（電話 03-5244-5088，FAX 03-5244-5089，e-mail: info@jcopy.or.jp）の許諾を得てください．

好評の事典・辞典・ハンドブック

火山の事典（第2版）	下鶴大輔ほか 編	B5判 592頁
津波の事典	首藤伸夫ほか 編	A5判 368頁
気象ハンドブック（第3版）	新田 尚ほか 編	B5判 1032頁
恐竜イラスト百科事典	小畠郁生 監訳	A4判 260頁
古生物学事典（第2版）	日本古生物学会 編	B5判 584頁
地理情報技術ハンドブック	高阪宏行 著	A5判 512頁
地理情報科学事典	地理情報システム学会 編	A5判 548頁
微生物の事典	渡邉 信ほか 編	B5判 752頁
植物の百科事典	石井龍一ほか 編	B5判 560頁
生物の事典	石原勝敏ほか 編	B5判 560頁
環境緑化の事典	日本緑化工学会 編	B5判 496頁
環境化学の事典	指宿堯嗣ほか 編	A5判 468頁
野生動物保護の事典	野生生物保護学会 編	B5判 792頁
昆虫学大事典	三橋 淳 編	B5判 1220頁
植物栄養・肥料の事典	植物栄養・肥料の事典編集委員会 編	A5判 720頁
農芸化学の事典	鈴木昭憲ほか 編	B5判 904頁
木の大百科［解説編］・［写真編］	平井信二 著	B5判 1208頁
果実の事典	杉浦 明ほか 編	A5判 636頁
きのこハンドブック	衣川堅二郎ほか 編	A5判 472頁
森林の百科	鈴木和夫ほか 編	A5判 756頁
水産大百科事典	水産総合研究センター 編	B5判 808頁

価格・概要等は小社ホームページをご覧ください．